城市更新研究系列丛书　阳建强 主编
中国城市规划学会城市更新学术委员会 组织编写

城市更新与可持续发展

Urban Regeneration and Sustainable Development

阳建强　等著

东南大学出版社 · 南京

内 容 简 介

本书收录了2019中国城市规划学会城市更新学术委员会年会的发言论文，以及精选了部分城市更新学术委员会委员在以往年会中的发言论文。这些研究论文涵盖了城市更新的理论研究思考、空间品质提升、社区发展、制度建设、技术创新等多个领域。本书体现了我国在城市更新研究与实践上的最新进展，能极大地提高城乡规划、建筑设计、房地产、公共管理等领域的相关从业人员对城市更新的理解和认知。

本书适用于广大的城乡规划研究、设计、管理人员，也可作为城乡规划学、建筑学、风景园林学等学科的本科生和研究生的课程辅助教材，还可作为各行各业相关人员了解城市更新理论与实践最新进展的参考书。

图书在版编目(CIP)数据

城市更新与可持续发展 / 阳建强等著. — 南京 ：东南大学出版社，2020.10
（城市更新研究系列丛书 / 阳建强主编）
ISBN 978-7-5641-8769-9

Ⅰ.①城… Ⅱ.①阳… Ⅲ.①城市规划-研究-中国 Ⅳ.①TU984.2

中国版本图书馆CIP数据核字(2019)第283084号

城市更新与可持续发展
Chengshi Gengxin Yu Kechixu Fazhan

著　　者　阳建强等
责任编辑　宋华莉
编辑邮箱　52145104@qq.com

出版发行　东南大学出版社
出 版 人　江建中
社　　址　南京市四牌楼2号(邮编:210096)
网　　址　http://www.seupress.com
电子邮箱　press@seupress.com

印　　刷　南京玉河印刷厂
开　　本　787 mm×1 092 mm　1/16
印　　张　18
字　　数　428千字
版 印 次　2020年10月第1版　2020年10月第1次印刷
书　　号　ISBN 978-7-5641-8769-9
定　　价　58.00元

经　　销　全国各地新华书店
发行热线　025-83790519　83791830

丛书编委会

序　言

城市更新自产业革命以来一直都是国际城市规划学术界关注的重要课题，是一个国家城镇化水平进入一定发展阶段后面临的主要任务。

我国在经历经济体制转轨和高速城镇化发展的一系列社会经济变迁之后，已转向中高速增长和存量更新，进入以提升质量为主的转型发展新阶段。在生态文明宏观背景以及“五位一体”发展、国家治理体系建设的总体框架下，城市更新的原则目标与内在机制均发生了深刻变化。新阶段的城市更新更加注重城市内涵发展，更加强调以人为本，更加重视人居环境的改善、城市活力的提升、产业转型升级以及土地集约利用等重大科学问题。

目前我国城市更新事业获得了社会各界的广泛关注与深度参与。在中央政府指引、地方政府响应的背景下，越来越多的私人部门与社会群体参与到城市更新之中，为过去政府和市场主导的物质更新提供了更广阔的视角与更持久的动力，形成了政府力量、市场力量、社会力量共同参与的城市更新分担机制。

许多城市结合各地实际情况积极推进城市更新工作，呈现以重大事件提升城市发展活力的整体式城市更新，以产业结构升级和文化创意产业培育为导向的老工业区更新再利用，以历史文化保护为主题的历史地区保护性整治与更新，以改善居民居住生活环境为目标的老旧小区、棚户区和城中村改造，以及突出治理城市病和让群众有更多获得感的“城市双修”等多种类型、多个层次和多维角度的探索新局面。

与此同时，我们也清楚地看到，在城市更新实际工作中，由于对城市更新缺乏全面正确的认识，城市整体系统与组织调控乏力，历史文化保护意识淡薄，以及市场机制不健全和不完善等原因，城市更新在价值导向、规划方法以及制度建设等方面仍暴露出一些深层的问题。

如何基于新时代背景下的形势发展要求和城市发展客观规律，全面科学理解城市更新的本质内涵与核心价值？如何充分认识城市更新的复杂性、系统性、多元性和政策性？以及如何建立持续高效而又公平公正的制度框架？如何借助社会和市场合力有效推动城市更新、促进城市整体功能提升与可持续发展？这些问题急需要学界和业界从基础理论、技术方法和制度建设等方面开展长期、广泛和深入的研究与探讨。

中国城市规划学会城市更新学术委员会顺应当前城乡形势，瞄准国际城市更新学术前沿，围绕国家城市更新的重点工作、重大问题和重要科技课题，每年主办一年一度的中国城市规划学会城市更新学术委员会年会、中国城市规划年会城市更新专题会议和中国城市规划年会相关城市更新主题自由论坛，以及按照地方实践需求不定期召开形式多样和内容丰富的高端学术会议，邀请城市更新学术领域的专家、学者、政府官员和业界人士做主旨报告和学术交流，并大力扶植青年学者，积极鼓励博士研究生和硕士研究生参会、宣读论文与发言，其宗旨在于为广大城乡规划科学工作者、技术人员、管理人员、高校师生、广大学会会员及社会各界人士提供综合性、专业性和高水平的学术交流平台。

这些学术会议日益受到住房和城乡建设部、自然资源部和其他相关政府部门的高度重视和城乡规划科技人员的积极响应，已成为广大城乡规划科技工作者了解城市更新学术动态、交流学术观点、发表学术成果和结识同行专家最重要的学术活动。

“城市更新研究系列丛书”编写出版的目的主要是记录参加学术会议作者的学术思想和实践成果，并将随着每年学术会议的主办持续不断地分期发表与出版，以能够起到集思广益和滴水穿石的作用，为促进城市更新理论与实践工作的发展，提高城市更新研究领域的学术水平，以及推动我国城市高质量发展和空间品质提升做出积极的贡献。

中国城市规划学会城市更新学术委员会主任委员

阳建强

2019 年 11 月

前　言

中国城市规划学会城市更新学术委员会(简称城市更新学术委员会)于2016年恢复成立以来已主办4次学术年会。“2016中国城市规划学会城市更新学术委员会年会”于2016年12月16—17日在东南大学召开,会议主题为“搭建平台,促进发展”,参加人次100余人,讨论了城市更新学术委员会的宗旨和工作任务,审议并通过了《中国城市规划学会城市更新学术委员会工作规程》,共同见证了中国城市规划学会城市更新学术委员会恢复成立的历史性时刻。“2017中国城市规划学会城市更新学术委员会年会”于2017年9月2—3日在上海交通大学召开,会议主题为“城市更新与城市治理——从战略到策略的转型创新”,参加人次500余人,会议针对我国新型城镇化的推进和城市空间发展转型的大背景,围绕“城市更新与城市治理”“中心区更新与修补”“工业区更新与再生”等方面展开了积极的学术探讨和交流。“2018中国城市规划学会城市更新学术委员会年会”于2018年10月19—21日在重庆大学召开,会议主题为“社区发展与城市更新——基于地方的多元探索创新”,参加人次300余人,会议针对新时期强调以人为核心、注重内涵发展和突出城市品质提升的发展需求,就“社区发展与城市更新”“社区规划与社区治理”“社区营造与公共参与”等方面展开了积极的学术探讨和交流。“2019中国城市规划学会城市更新学术委员会年会”于2019年8月30日—9月1日在清华大学召开,会议主题为“城市更新,多元共享”,参加人次400余人,会议围绕如何通过城市更新推进空间特色营造、增强城市活力、改善生活品质以及实现公正与公平、开放与共享等问题,就“多元路径”“空间营造”“包容共享”“多样生活”等主题展开了积极的学术探讨和交流。与此同时,城市更新学术委员会还举办了中国城市规划年会城市更新专题会议、中国城市规划年会相关城市更新主题自由论坛、城市更新学术研讨会等多种形式的学术交流。

众多城乡建设与规划领域的专家、学者,通过参与上述会议,发表真知灼见,交换实践经验,形成意见共识,积极推动了我国城市更新的学术发展。作为公益性社会组织,我们一直在思考,如何能够避免学术“圈子文化”,如何能够让更多的人聆听到我们的声音,如何能够让更多的人加入我们的队伍中来。本书恰好为我们提供了一个很好的平台。

《城市更新与可持续发展》是由城市更新学术委员会组织编写的“城市更新研究系列丛书”的第一部专集,遴选了2016年、2017年、2018年城市更新学术委员会年会的部分优秀论文，并收录了2019年年会的所有宣读论文。涵盖了城市更新的理论研究思考、空间品质提升、社区发展、制度建设、技术创新等多个领域，体现了我国在城市更新研究与实践上的最新进展。

我们希望通过本书的出版，可以为众多正在城市更新领域开展工作或者对此深感兴趣的人士，提供一个了解国内外城市更新最新研究和实践进展的途径。我们也希望未来有更多的有识之士可以为推动我国城市更新的发展建言献策，期待他们的名字出现在今后城市更新研究系列丛书之中。

本书出版获得江苏省高校优势学科建设工程项目资助。在成书过程中，城市更新学术委员会秘书处的老师们付出了巨大的心血和汗水，东南大学出版社的编辑字斟句酌保障了图书的质量，在此一并深表感谢。

最后，由于城市更新研究仍在不断探索，加之碍于本书撰稿人众多，编纂与联络工作甚巨，难免存在诸多问题和不足，如有纰漏，还望斧正！

《城市更新与可持续发展》编辑组

2019年11月

目　录

第一章　城市更新的理论探索与思考

第二章　城市更新与品质提升

第三章　城市更新与社区发展

第四章　城市更新的制度建设与技术创新

第一章

城市更新的理论探索与思考

走向持续的城市更新*

——基于价值取向与复杂系统的理性思考

阳建强

东南大学建筑学院

摘　要：城市更新是我国进入以提升质量为主的转型发展新阶段的重要课题之一，基于国际发展趋势和新常态背景下的中国现实，走向持续、健康与和谐的城市更新十分必要。从世界人居环境发展趋势、国家新型城镇化发展要求、国家经济发展政策、国家现实城市建设工作重点等方面分析城市更新的现实背景，剖析当前城市更新存在的问题与面临的挑战，回顾国际城市更新的发展历程与趋势，梳理与分析城市更新价值体系的重大转向和城市更新复杂系统的现实反映。在此基础上，从城市更新目标、学科建设、规划理论以及制度设计等方面对城市更新的未来发展进行了思考与展望，提出面向更长远与更全局的更新目标，构建学界与业界跨学科、跨部门的交流平台，改变现有的和传统的城市规划理论与方法，以及发挥政府、市场、社会与群众的集体智慧等构想与建议。

关键词：城市更新；价值取向；复杂系统；持续发展

经过30余年的城市快速发展，我国的城镇化已经从高速增长转向中高速增长，进入以提升质量为主的转型发展新阶段，城市更新在注重城市内涵发展、提升城市品质、促进产业转型、加强土地集约利用的趋势下日益受到关注。近年来，北京、上海、广州、南京、杭州、深圳、武汉、沈阳、青岛、三亚、海口、厦门等城市结合各地实际情况积极推进城市更新工作，呈现以重大事件提升城市发展活力的整体式城市更新、以产业结构升级和文化创意产业培育为导向的老工业区更新再利用、以历史文化保护为主题的历史地区保护性整治与更新、以改善困难人群居住环境为目标的棚户区与城中村改造，以及突出治理城市病和让群众有更多获得感的城市"双修"等多种类型、多个层次和多维角度的探索新局面。

如何基于新常态背景下的形势发展要求和城市发展客观规律，全面正确理解城市更新的本质内涵与核心价值？如何充分认识城市更新的复杂性和多元性？如何提高城市更新的科学性和合理性？以及如何促进城市整体功能提升与结构优化，走向持续健康和谐发展？这些问题需要学界和业界共同讨论。

---

* 国家自然科学基金项目(51778126)

1 城市更新的现实背景与形势需求

新中国成立初期至改革开放，城市更新总的思想在于充分利用旧城，更新改造对象主要为旧城居住区和环境恶劣地区。改革开放以后，随着市场经济体制的建立、土地的有偿使用、房地产业的发展、大量外资的引进，城市更新由过去单一的“旧房改造”和“旧区改造”转向“旧区再开发”。进入新的发展阶段，城市更新所处的发展背景与过去相比，无论更新目标、更新模式还是实际需求均发生了很大变化（如图 1）。

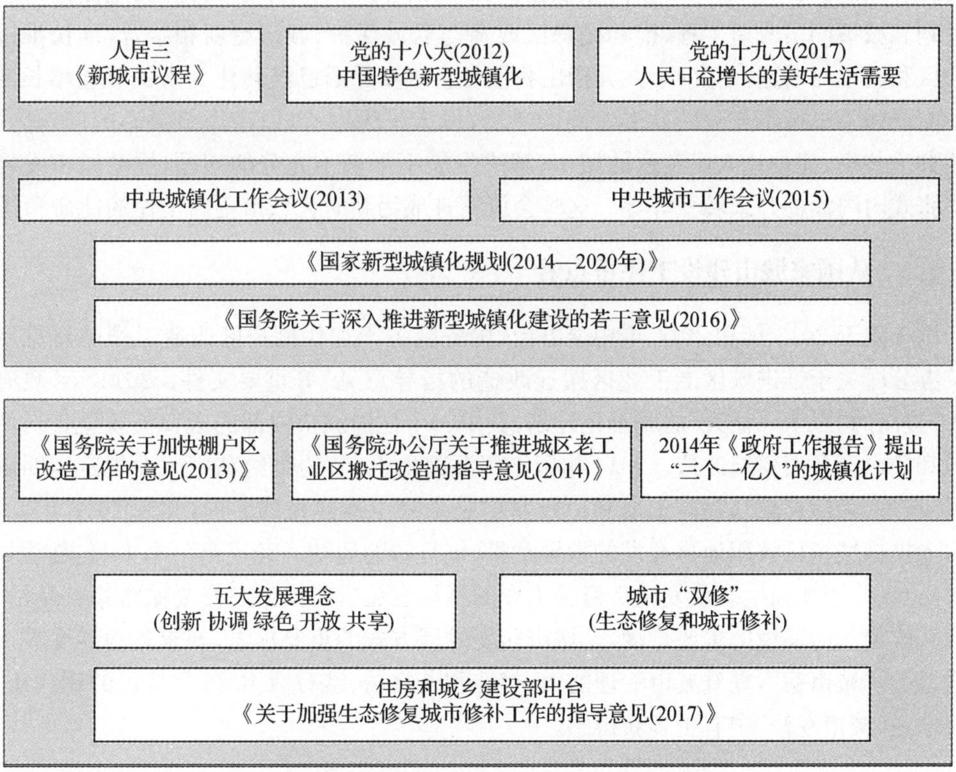

图 1 城市更新的政策背景（图片来源：笔者自绘）

1.1 从世界人居环境发展趋势看

继 1976 年在加拿大温哥华召开的“人居一”和 1996 年在土耳其伊斯坦布尔召开的“人居二”，2016 年在厄瓜多尔基多举办“人居三”并通过了一份具有里程碑式的政策文件《新城市议程》（*New Urban Agenda*）。与之前的《人居议程》相比，《新城市议程》更加包容和全面，涉及经济、环境、社会、文化等多个不同的问题领域；同时，《新城市议程》的内容与可持续发展目标密切关联，提出通过良好的社会治理、优良的规划设计和有效的财政支撑，应对气候变化、社会分异等全球性挑战，并倡导社会包容、规划良好、环境永续、经济繁荣的新的城市范式，对全球的城市规划以及城市更新工作提出了新的要求[1]。

1.2 从国家新型城镇化发展要求看

《国家新型城镇化规划(2014—2020年)》根据世界城镇化发展普遍规律和我国发展现状,指出"城镇化必须进入以提升质量为主的转型发展新阶段",提出了优化城市内部空间结构、促进城市紧凑发展和提高国土空间利用效率等基本原则。2015年12月召开的中央城市工作会议强调城市工作是一个系统工程,要坚持集约发展,提倡城市修补和更新,加快城市生态修复,树立"精明增长""紧凑城市"理念,推动城市发展由外延扩张式向内涵提升式转变等等。《中共中央 国务院关于进一步加强城市规划建设管理工作的若干意见》(2016年2月)提出围绕实现约1亿人居住的城镇棚户区、城中村和危房改造目标,实施棚户区改造行动计划和城镇旧房改造工程,推动棚户区改造与名城保护、城市更新相结合,加快推进城市棚户区和城中村改造。党的十九大指出我国社会主要矛盾已经转化为人民日益增长的美好生活需要和不平衡不充分的发展之间的矛盾,以人民为中心,以市民最关心的问题为导向,共建共治共享,建设让人民满意的城市;解决发展不平衡不充分的问题,推动城市发展由外延扩张式向内涵提升式转变等等。这些会议精神成为新时代城市更新工作的使命和任务。

1.3 从国家城市建设工作重点看

国务院于2013年和2014年相继出台《国务院关于加快棚户区改造工作的意见》和《国务院办公厅关于推进城区老工业区搬迁改造的指导意见》等重要文件。2014年《政府工作报告》提出的"三个一亿人"的城镇化计划,其中一个亿的城市内部的人口安置就针对的是城中村和棚户区及旧建筑改造。2014年国土资源部出台《节约集约利用土地规定》,明确提出"严控增量,盘活存量",提高土地利用效率将是未来土地建设的方向,并于2016年发布《关于深入推进城镇低效用地再开发的指导意见(试行)》的通知。2017年3月6日,住房城乡建设部出台《关于加强生态修复城市修补工作的指导意见》,指出生态修复城市修补是治理"城市病"、改善人居环境的重要行动,是城市转变发展方式的重要标志,要求各地转变城市发展方式,治理"城市病",提升城市治理能力,打造和谐宜居、富有活力、各具特色的现代化城市,让群众在"城市双修"中有更多获得感。

2 城市更新存在的问题与面临的挑战

就当前城市更新工作而言,由于对城市更新缺乏全面正确的认识,历史文化保护意识淡薄,以及市场机制不完善等,城市更新在价值导向、规划方法以及制度建设等方面仍暴露出一些深层问题。

2.1 价值导向缺失,公共利益最大化难以保障

一些城市受单一经济价值观影响,更新目标以空间改造、土地效益为主,更新方式以见效显著的拆除重建为主,仅注重存量土地盘活、土地供应方面以及短期经济利益的再分配,忽视城市品质、功能与内涵提升,有利可图的项目往往开发已尽,而一些较难产生可观收益的基础设施和急需更新改造的地区却无人问津,使得旧城的房地产开发陷入很大的盲目性。

在城市更新的操作过程中，受市场力的驱动往往按照地段的级差地租以及经济价值重新组织城市功能，忽略了更新地段中丰富的社会生活和稳定的社会网络，引发利益格局扭曲、利益分配不公、公益项目落地困难、社会矛盾加剧等问题。加上政府不再完全掌控所有土地资源，难以统一配置公共服务设施，导致公共利益要素和可交由市场博弈的要素混淆不清，如何实现公共利益的最大化成为城市更新要解决的关键问题。

2.2　系统调控乏力，城市病无法得到彻底解决

城市更新是一项宏观性、系统性极强的工作，在操作过程中，现有城市更新开发主体只满足各类技术标准等底线要求，往往压缩公共服务设施配套以及开放空间，随意增加开发量，获取自身利益的最大化，破坏了城市更新的整体协调和综合开发。由于缺乏城市功能结构调整的整体考虑，单个零散的更新项目往往背离城市更新的宏观目标，无法从本质上解决城市布局紊乱、城市交通拥堵严重、环境质量低下，以及交通设施、市政设施、公共设施利用效率低下等问题。

2.3　历史保护观念错误，建设性破坏现象突出

“文物保护单位”“历史文化街区”等具有法定地位的对象依托《文物保护法》《历史文化名城保护条例》等法律法规的保护要求得到较好保存，但城市中仍然存在大量达不到入选条件的优秀建筑及地段，在城市更新实施过程中由于对它们的重要性认识不够，同时受经济利益驱动以及文化遗产保护观念错误，一些地方政府在政策执行过程中存在误解国家政策精神等问题，片面注重土地的经济利益，出现了不少“大拆大建”“拆旧建新”和“拆真建假”等破坏现象，给城市文化遗产保护造成巨大损失。

2.4　市场机制不健全，部门之间条块分割严重

随着以产权制度为基础、以市场规律为导向、以利益平衡为要求的城市更新的推进，各方利益主体话语权逐步提高，传统城市更新运作及管理体制机制越来越暴露出在利益协调平衡机制、公众参与协商机制、更新激励机制等方面的不足和缺位。虽然在一些城市中新近成立了城市更新管理机构，但是由于更新政策大多局限于部门内部，规划、发改、国土、房产与民政等主管部门分别从相应的领域开展相关工作，部门与部门之间缺乏联动，项目行政审批程序、复建安置资金管理以及政府投资和补助等相关配套政策仍缺乏有机衔接。

3　欧美城市更新的发展及其启示

自产业革命以来，城市更新一直都是国际城市规划学术界关注的重要课题，是世界范围内各国城镇化水平进入一定发展阶段后面临的主要任务。欧美城市更新的兴起主要是为了解决工业革命之后出现的整体性城市问题，这一城市更新运动发展至今，其内涵与外延已变得日益丰富，由于不同时期发展背景、面临问题与更新动力的差异，其更新的目标、内容以及采取的更新方式、政策、措施亦相应发生变化，呈现出不同的阶段特征[2]。

1940—1960年代，战后欧洲的城市建设百废待兴，基础设施亟须建造、旧住宅急需维

修、贫民窟亟待清除，以中心城区土地再开发以及内城复苏为核心的城市更新成为关注的焦点。英国侧重于土地再开发，同时新建住宅、改造老城、开发郊区。法国和德国则侧重于基础设施的重建与布局。由于当时的重建以建筑师为主，主要以大规模物质更新为特征，所提出的大胆设想对推动城市更新起到了一定的作用。但是，仍然有一些社会经济的问题没有得到解决，人口流失与历史保护观念的缺乏，加剧了欧洲老城社会网络的断裂。

1960—1970年代，人们发现大规模物质更新，不仅未能减缓地区的衰败，还因为毁灭性的社区清理和拆除，为城市埋下了社会与种族不安的重要因子。在政治压力下，过去推倒重建式的城市更新活动加入了许多社会、经济方面的内容。各国分别开始探索低收入住宅的建设、附属设施与公共设施的补充、混合使用的土地利用模式，城市更新涉及的内容也更加广泛，纳入了重要的公众参与程序，奠定了后期邻里复兴计划的雏形。

到1970年代末，人们广泛意识到必须从根本上激活内城的活力，解决内城衰退问题。逐渐出现一种以“邻里复兴”(Neighborhood Revitalization)的概念取代“城市更新”(Urban Renewal)的倾向。其实质是通过制定优先教育区域、建立城市计划基金资助社区等社区发展工程，既给衰败的邻里输入新鲜血液，又可避免原有居民被迫外迁造成的冲突，同时还可强化社区结构的有机性，最终实现社区内部自发的“自愿式更新”(Incumbent Upgrading)。英国制定法律和条例，加强对内城更新的监督管理，通过政府资助和税收政策，帮助内城的复兴开发。法国则注重城市管理和城市发展的关系，旧区改建、住宅更新、保护自然环境、限制独立式小住宅蔓延成为当时人们普遍关注的问题。在美国的社区开发计划从过去单一的政府主导，逐步转变为由中央政府、地方政府以及民间力量加以合作的社区更新计划。

进入1990年代，可持续发展的理念成为世界发展的主流价值观，城市更新开始更多地引入绿色更新的概念。在美国，持续的城市蔓延与郊区化造成了严峻的土地浪费和生态危机，为了有效控制城市蔓延，由马里兰州率先提出“精明增长”策略，后逐步推广为美国全国范围的一种“城市增长控制”规范。纽约、西雅图、波特兰等大城市纷纷开展了以“绿色、低碳、可持续”为主题的总体规划编制与指标评估，在传统城市更新领域开始融入绿色主线。在欧洲，环境的可持续发展理念在整个欧洲地区逐渐达成了共识，城市更新围绕城市再生和可持续发展理念，聚焦城市物质改造与社会响应、城市机体中诸多元素持续的物质替换、城市经济与房地产开发、社会生活质量提高的互动关系、城市土地的最佳利用和避免不必要的土地扩张以及城市政策制定与社会协调等内容。此外，城市复兴的资金更加注重公共、私人、志愿者之间的平衡，强调社区作用的发挥，同时更加注重文化的传承和环境的保护。

纵观欧美城市更新的发展演变，可以看出几个主要的趋势：

(1) 城市更新政策的重点从大量贫民窟清理转向社区邻里环境的综合整治、社区邻里活力的恢复振兴、城市功能结构的调整提升以及城市社会经济文化的全面复兴。

(2) 城市更新规划由单纯的物质环境改善规划转向社会规划、经济规划和物质环境规划相结合的综合性更新规划，城市更新工作发展成为制定各种不可分割的政策纲领。

(3) 城市更新方法从急剧外科手术式的推倒重建转向小规模、分阶段和适时的谨慎渐进式改善，强调城市更新是一个连续不断的更新过程。

(4) 城市更新组织从市场主导、公私伙伴关系转向公、私、社区多方合作，更加注重社区参与和社会公平的城市更新管治模式。

4 城市更新基本特征属性的再认识

4.1 城市更新价值体系的重大转向

面对城市的复杂问题，城市更新的思想与理论日趋丰富，呈现出由物质决定论的形体主义规划思想逐渐转向协同理论、自组织规划等人本主义思想的发展轨迹，同时也直接反映了城市更新价值体系的基本转向（如图 2、图 3）。

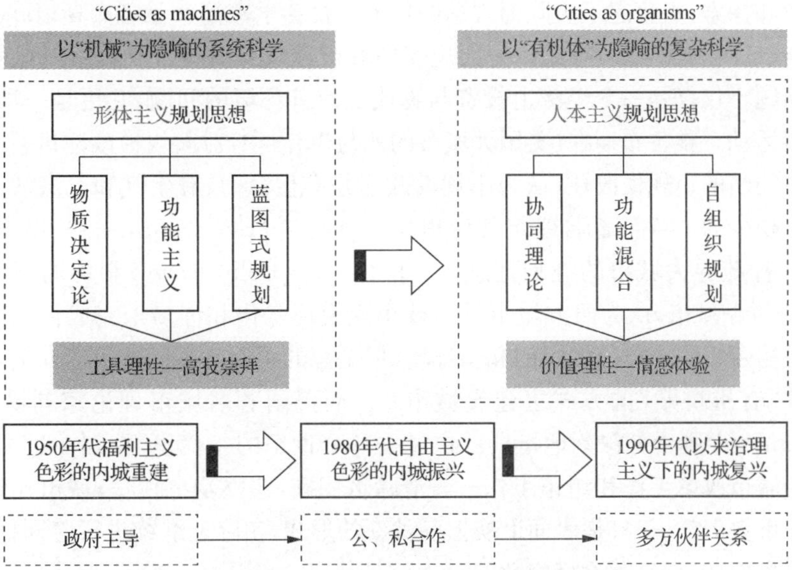

图 2　城市更新的思想演变（图片来源：笔者自绘）

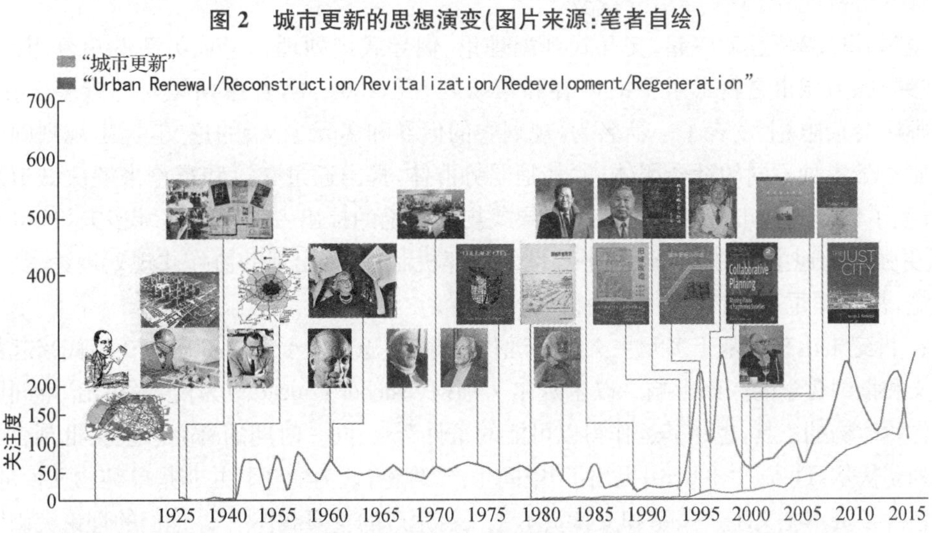

图 3　基于知网中文索引与外文索引的"城市更新"文献统计（图片来源：笔者自绘）

早期城市更新主要是以"形体决定论"和功能主义思想为根基，引为经典的当是奥斯曼（Osman）的巴黎改建，勒·柯布西耶（Le Corbusier）1925 年为巴黎设计的中心区改建方案（Plan "Voisin"de Paris）和以其为首的 CIAM 的"现代城市"，以及英国皇家学院拟订的伦敦改建规划设计。虽然这些构想较之以前纯艺术的城市规划,更多地使现代技术和艺术得到了融合,并且内容也扩大了。但是,从本质上仍无一例外地继承了传统规划观念,仍然没有摆脱建筑师设计和建设城市的方法的影响,把城市看成一个静止的事物,倾向于扫除现有的城市结构,代之以一种崭新的新理性秩序,指望能通过整体的形体规划总图来摆脱城市发展中的困境。这些现代城市理论所遗留的影响是当初提议者从未想到的,这种思想在第二次世界大战后的城市重建、更新和扩建中酿下苦果。

面对日益激烈的社会冲突和文化矛盾,许多学者从现实出发,敏锐地觉察到了用传统的形体规划和用大规模整体规划来改建城市的致命弱点,纷纷从不同立场和不同角度进行了严肃的思考和探索,担负起了破除旧观念的任务。社会学家简·雅各布斯(Jane Jacobs)、赫伯特·甘斯(Herbert Gans)等人认为大规模的城市重建是对地方性社群的破坏,并揭示解决贫民窟问题不仅仅是一个经济上投资与物质上改善环境的问题,它更是一项深刻的社会规划和社会运动。雅各布斯在《美国大城市的死与生》[3]中,对大规模改建进行了尖锐批判,主张进行不间断的小规模改建,认为小规模改建是有生命力、有生气和充满活力的,是城市建设中不可缺少的。芬兰著名建筑师伊里尔·沙里宁(Eliel Saarinen)提出"有机疏散理论",倡导一种疏导大城市的规划理念[4]。科林·罗(Colin Rowe)和佛瑞德·凯特(Fred Koetter)的《拼贴城市》认为西方城市是一种小规模现实化和许多未完成目的的组成,那里有一些自足的建筑团块形成的小的和谐环境,但是总的画面是不同建筑意向的经常"抵触",提出以一种"有机拼贴"的方式去建设城市[5]。而美国著名城市理论家刘易斯·芒福德(Lewis Mumford)则十分深刻地指出:"在过去一个世纪的年代里,特别在过去 30 年间,相当一部分的城市改革工作和纠正工作——清除贫民窟,建立示范住房,城市建筑装饰,郊区的扩大,'城市更新'——只是表面上换上一种新的形式,实际上继续进行着同样无目的的集中并破坏有机机能,结果又需治疗挽救。"[6]

至"邻里复兴"运动兴起,交互式规划理论、倡导式规划理论又成为新的更新思想来源,多方参与成为城市更新最重要的内容和策略之一。1965 年,费恩斯坦与达维多夫在《美国规划师协会杂志》上发表了一篇名为《规划中的倡导和多元主义》的论文,提出规划师应该代表并服务于各种不同的社会团体,尤其是弱势群体,提出通过交流和辩论来解决城市规划问题,开创了倡导式城市规划理论。而倡导式规划理论的提出者保罗·达维多夫(Paul Davidoff),更强调沟通主体的多元性和平等性的博弈机制,此后出现的协作式规划理论、交互式规划理论,都同样重视"自下而上"的社区参与[7-8]。

20 世纪末出现的基于多元主义的后现代理论,在思想上受到 1960、1970 年代兴起的后结构主义和批判哲学的深刻影响。以米歇尔·福柯(Michel Foucault)为代表,提出"空间既是权力运作所建构的工具,也是其运作得以可能的条件"[9]。同一时期的马克思主义批判哲学家亨利·列斐伏尔(Henri Lefebvre)提出了"空间生产"理论,认为"空间"并非是单纯物质性的场所,而是包含了资本主义生产关系和支持资本主义再生产的重要载体[10]。他们的理论突破了传统的经济学、社会学、公共管理学分析,为城市更新研究开启了一种全新的政治经济学视角。在质性研究的框架下,城市更新研究不再停留于表面的资金平衡、多方参与和协调,开始深入更新机制背后的空间权力、资本运作与利益博弈的交互关系。大卫·哈维(David Harvey)便是基于对马克思主义的批判性再解读,从资本、社会等更大的视野思考城市问题,提出了"空间正义”的概念，倡导来到城市中的人应平等地享有空间权力[11]。至 20 世纪末，著名规划理论学者曼纽尔·卡斯特(Manuel Castells)基于对社会发展趋势的基本判断，提出“社会公平”必将成为新阶段规划实践的核心议题，为城市规划理论研究的“社会”转向奠定了基础[12]。近年来影响力较大的《公正城市》(*The Just City*)，便将目光聚焦于弱势群体，提出“新自由主义”导向下的城市更新应当重新审视对边缘化社区、贫困社区等弱势群体的关注[13]。

在中国，伴随中国城市发生的急剧而持续的变化，城市更新日益成为城市建设的关键问题和人们关注的热点。许多专家学者从不同角度、不同领域对其展开了研究，代表性的有吴良镛的“有机更新”思想和吴明伟的“走向全面系统的旧城改建”思想。吴良镛先生于 1979 年在北京什刹海地区规划研究中，提出了“有机更新”的理论构想。在获得“世界人居奖”的菊儿胡同住房改造工程中，以“类四合院”体系和“有机更新”思想进行旧居住区改造，保护了北京旧城的肌理和有机秩序，强调城市整体的有机性、细胞和组织更新的有机性以及更新过程的有机性，从城市肌理、合院建筑、邻里交往以及庭院巷道美学四个角度出发，对菊儿胡同进行有机更新。其“有机更新”理论的主要思想，与国外旧城保护与更新的种种理论方法，如“整体保护”(Holistic Conservation)、“循序渐进”(Step by Step)、“审慎更新”(Careful Renewal)、“小而灵活的发展”(Small and Smart Growth)等汇成一体，并逐渐在苏州、西安、济南等诸多历史文化名城推广，推动了从“大拆大建”到“有机更新”的城市设计理念转变，为达成从“个体保护”到“整体保护”的社会共识做出了重大贡献[14-15]。吴明伟先生一贯重视规划实践，善于把握宏观与微观、整体与局部之间的关系，带领学术团队相继在南京、绍兴、苏州、杭州、曲阜、泉州等城市完成一批城市中心区综合改建、旧城更新规划和历史街区保护利用工程，结合实践提出了系统观、文化观、经济观有机结合的全面系统的城市更新学术思想，对指导城市更新实践起到了重要的积极作用[16-17]。

与此同时，一系列城市更新研究论著亦相继出版，如《旧城改造规划·设计·研究》《现代城市更新》《当代北京旧城更新》《城市更新与改造》等[18-21]。各地学者结合自己的工程实践和学术背景，在旧城结构与形态、历史文化环境保护、旧城居住环境改善、土地集约利用、中心区综合改建、老工业区更新改造以及城市更新政策等方面进行了卓有成效的探索。

4.2 城市更新复杂系统的现实反映

城市更新涉及城市社会、经济和物质空间环境等诸多方面，是一项综合性、全局性、政策性和战略性很强的社会系统工程(如图 4)。从城市更新复杂的空间系统看，随着对土地资源短缺认识的不断提高和对增长主义发展方式的反思[22-23]，我国城市发展从“增量扩张”向“存量优化”的转型已得到政府及社会各界的广泛重视[24-25]。规划工作的主要对象不再是增量用地，而是由功能、空间、权属等重叠交织形成的十分复杂的现状城市空间系统：功能系统涉及绿地、居住、商业、工业等方面，空间系统包括建筑、交通、景观、土地等，权

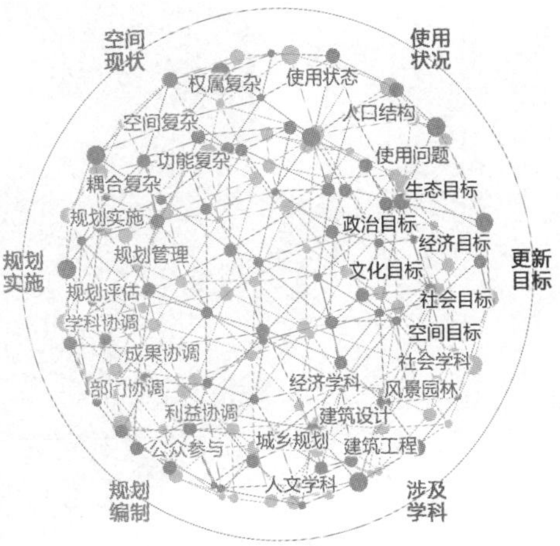

图 4 城市更新的复杂系统(图片来源:笔者自绘)

属系统主要有国有、集体、个人等，在耦合系统方面则包括功能结构耦合、交通用地耦合、空间结构耦合等(如图5)。

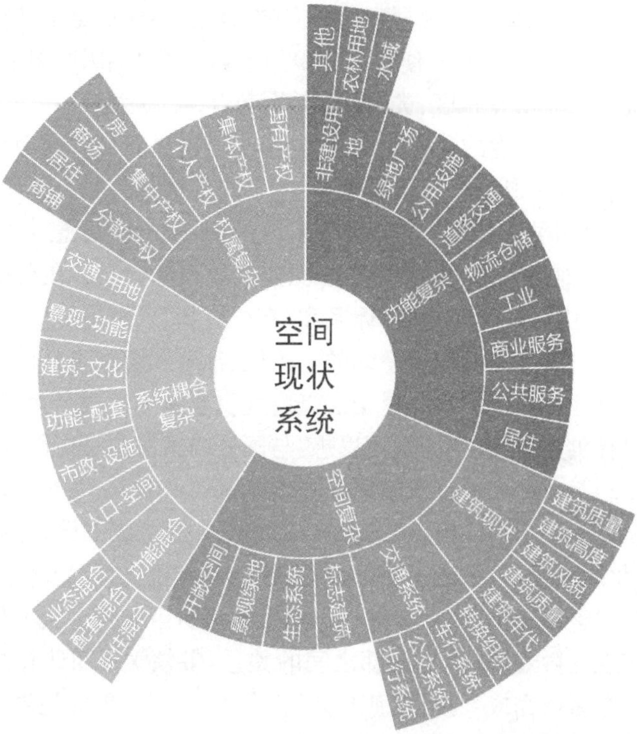

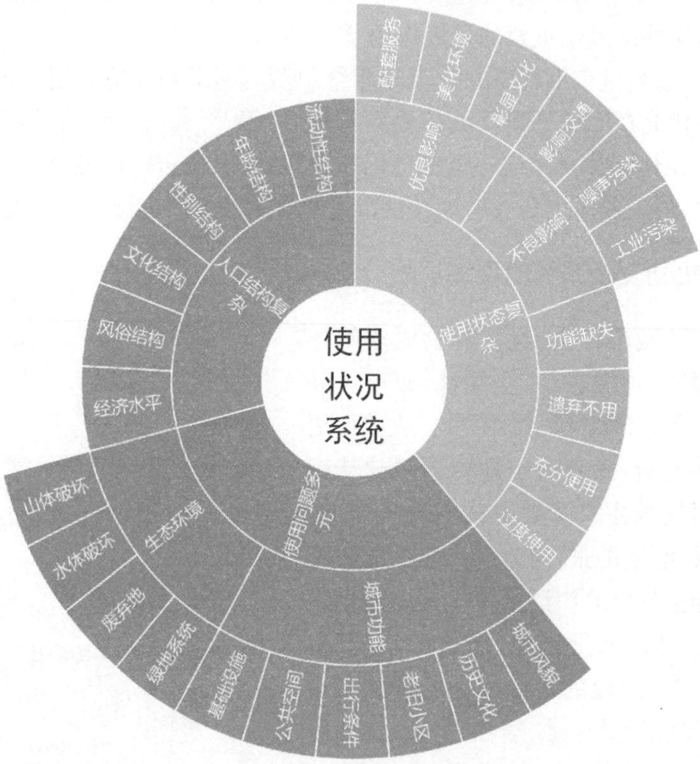

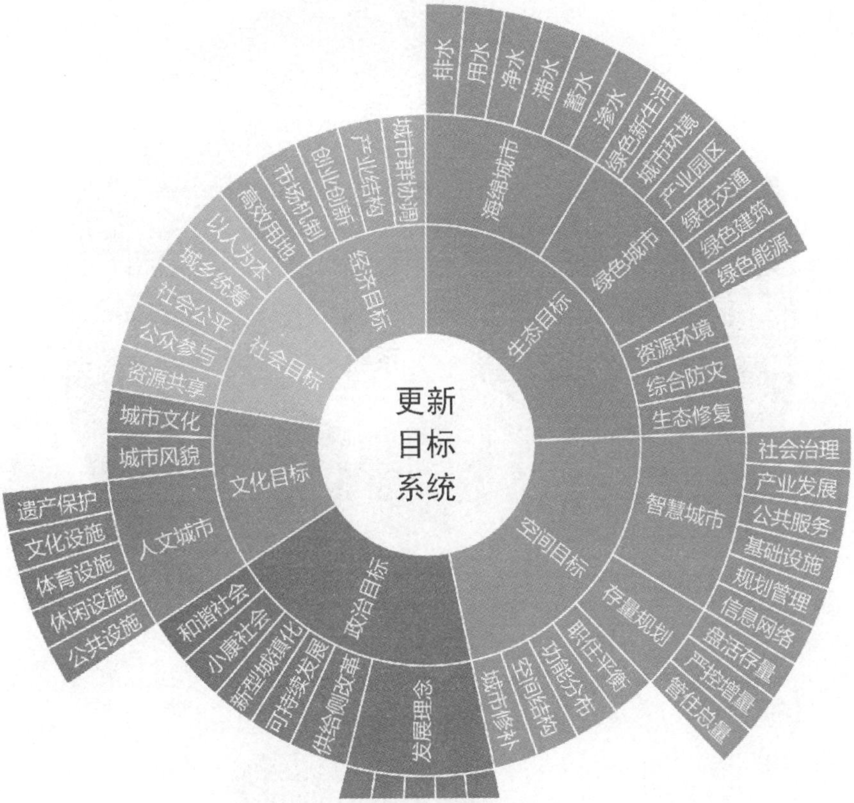
更新目标系统
生态目标
海绵城市
排水
用水
净水
滞水
蓄水
渗水
绿色城市
绿色新生活
城市环境
产业园区
绿色交通
绿色建筑
绿色能源
资源环境
综合防灾
生态修复
空间目标
智慧城市
社会治理
产业发展
公共服务
基础设施
规划管理
信息网络
存量规划
盘活存量
严控增量
管住总量
职住平衡
功能分布
空间结构
城市修补
政治目标
发展理念
供给侧改革
可持续发展
新型城镇化
小康社会
和谐社会
文化目标
人文城市
遗产保护
文化设施
体育设施
休闲设施
公共设施
城市风貌
城市文化
社会目标
资源共享
公众参与
社会公平
城乡统筹
以人为本
经济目标
高效用地
市场机制
创业创新
产业结构
城市群协调

涉及学科系统
建筑工程
开发经营
给水排水
暖通工程
声学工程
地下工程
建筑施工
结构工程
风景园林
景观营造
植物配置
造园历史
城市绿化
庭园设计
风景区设计
公园设计
建筑设计
居住建筑
公共建筑
地下建筑
室内环境
室外环境
设计原理
建筑历史
城乡规划
信息网络
邮政设施
市政设施
交通运输
城市经济
城市规划
区域规划
理论
人文学科
考古
哲学
艺术
文学
语言
经济学科
应用经济学
理论经济学
宏观经济学
微观经济学
产业经济学
政治经济学
社会学科
法律
军事
政治
宗教
民族
历史

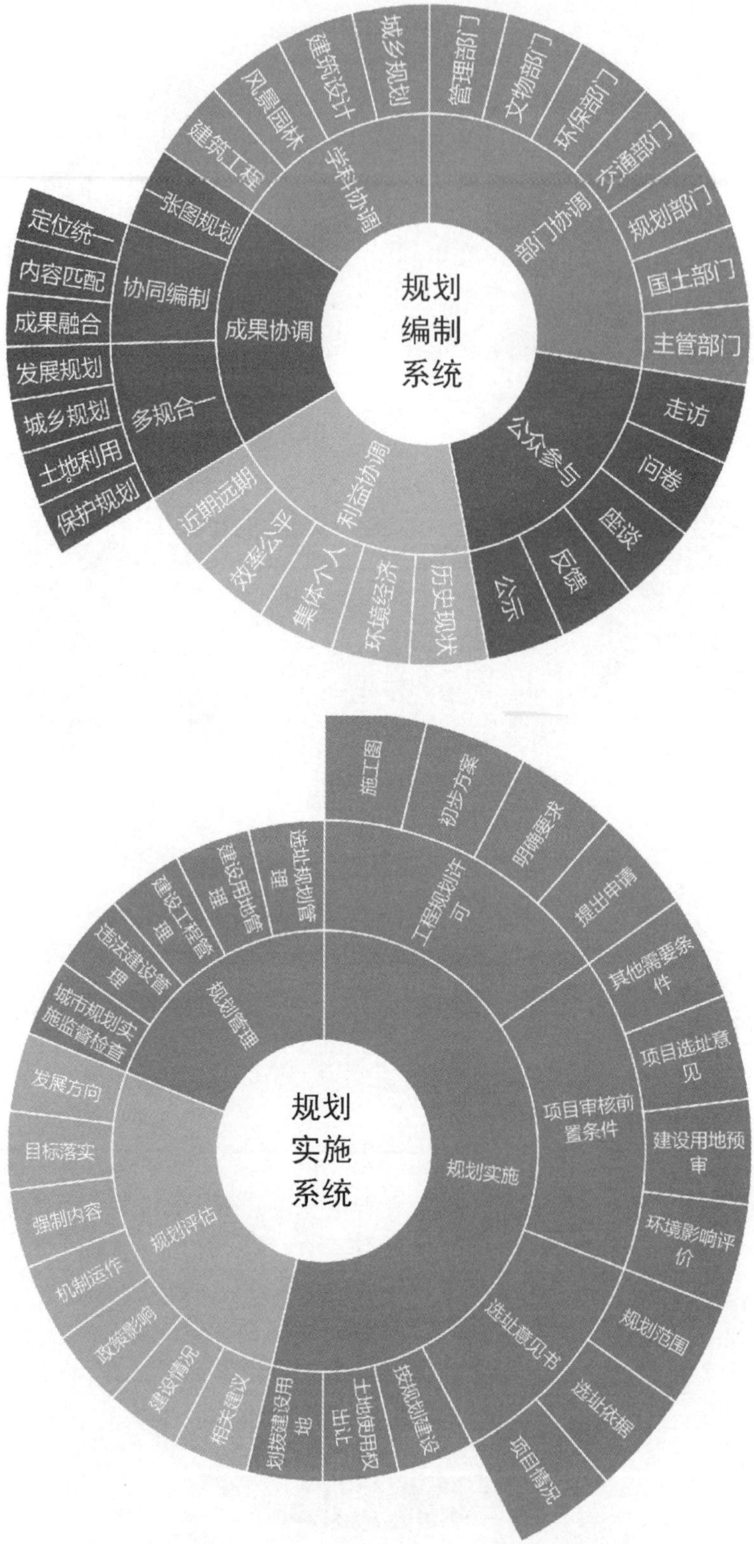

图 5　城市更新系统的相关子系统（图片来源：笔者自绘）

就其物质建设方面而言，从规划设计到实施建成将受到方针政策、法律法规、行政体制、经济投入、市场运作、基础设施、土地利用、组织实施、管理手段等诸多复杂因素影响，在人文社会因素方面还与社区邻里、公众参与、历史遗产保护、社会和谐发展、相关利益者权利和产业结构升级等社会经济特定文化环境密切相关，反映出城市更新的经济、社会、文化、空间、时间等多个维度。城市更新需要适应国家经济发展转型和产业结构升级，注重旧城的功能更新与提升，需要关注弱势群体，同时也需要重视和强调历史保护与文化传承，为城市提供更多的城市公共空间、绿色空间，塑造具有地域特色、文化特色的空间场所。

必须清楚地认识到，在市场经济的现实状态下，城市更新是一个非常复杂与多变的综合动态过程。一方面，市场因素起着越来越重要的作用，城市更新不能脱离市场运作的客观规律，而且需要应对市场的不确定性预留必要的弹性空间；另一方面，城市更新体现为产权单位之间以及产权单位和政府之间的不断的博弈，体现为市场、开发商、产权人、公众、政府之间经济关系的不断协调的过程，在政府和市场之间需要建立一种基于共识、协作互信、持久的战略伙伴关系。无论是对工业区、居住区还是对城中村的更新，都面临着产权关系的问题，在城市更新规划的编制和实施过程中，需要认识并处理好复杂的经济关系，处理好房地产的产权关系，加强经济、社会、环境以及产权等方面的综合影响评价，只有这样，城市更新才会真正落到实处，才能适应新形势的发展需求。

此外，在市场经济条件下，城市规划是国家对于城市发展特别是对房地产市场进行调控的重要手段。城市更新既要发挥市场的积极作用，处理好有关经济关系和产权关系，更必须体现城市规划的公共政策属性，保证城市的公共利益，全面体现国家政策的要求，守住底线，避免和克服市场的某些弊端和负能量。总之，城市更新需要重视经济效益，但是绝不能以经济效益为唯一目标，而是必须促进经济社会和生态文明协调发展，努力满足多元主体的需求，并且协调好它们之间的关系[26-27]。

5 城市更新未来发展的思考与展望

5.1 面向更长远与更全局的更新目标

中国现阶段城市更新的实质就是基于新型城镇化这一宏观深刻变革背景下的物质空间和人文空间的重新建构，它不仅面临过去历史上遗留的物质性老化、基础设施短缺和功能结构性衰退问题，而且更交织着转型期新出现的城市土地空间资源短缺、城市产业结构转型、城市功能提升，以及与之相伴而随的传统人文环境和历史文化环境的继承和保护问题[27]。

城市更新作为城市转型发展的调节机制，意在通过城市结构与功能不断的调节，城市发展质量和品质的提升，增强城市整体机能和魅力，使城市能够不断适应未来社会和经济的发展需求，以及满足人们对美好生活的向往，建立起一种新的动态平衡。从深层意义上，城市更新应看作整个社会发展工作的重要组成部分，从总体上应面向提高城市活力、促进城市产业升级、提升城市形象、提高城市品质和推进社会进步这一更长远全局性的目标[28]。因此，急需摆脱过去很长一段时间仅注重“增长”“效率”和“产出”的单一经济价值观，重新树立“以人为核心"的指导思想，以提高群众福祉、保障改善民生、完善城市功能、传承历史文化、保护生态环境、提升城市品质、彰显地方特色、提高城市内在活力以及构建宜居环境为根本目标，运用整治、改善、修补、修复、保存、保护以及再生等多种方式进行综合性的更新改造，实现社会、经济、生态、文化多维价值的协调统一，推动城市可持续与和谐全面发展。

目前我国许多城市的更新实践均反映了这一目标趋向。北京市结合城市基础设施建设适时提出"轨道＋"的概念，提出"轨道＋功能""轨道＋环境""轨道＋土地"等更新模式，为轨道工程建设赋予更多的城市内涵，变单一工程导向为城市综合提升导向，将单一的工程设施建设，转变为带动重点功能区提升、旧城风貌保护、社区设施完善、城市交通改善的重要契机，带动城市功能与环境的整体提升完善[29]。上海新一轮的城市更新坚持以人为本，不局限于居住改善，更要关注商业商务办公、工业、公共服务、风貌保护的统筹，致力于更加关注空间重构和功能复合、更加关注生活方式和空间品质、更加关注城市安全和空间活力、更加关注历史传承和特色塑造、更加强调"低影响"和"微治理"以及更加关注公众参与和社会共治等空间治理策略，提出了富有人性化和情怀的"街道是可漫步的，建筑是可阅读的，城市是有温度的"城市更新口号，强调城市的品质、特色和温度在城市更新中的核心价值和作用，以城市更新为契机，实现提高城市竞争力、提升城市魅力以及提升城市的可持续发展三个维度的总体目标，实现城市经济、文化、社会的融合发展[30-31]。

5.2 构建学界与业界跨学科跨部门的交流平台

随着新时期城市更新目标趋向更长远、更多元和更全局，以及城市更新成为当前和未来中国社会现代化进程中矛盾突出和集中的领域，人们越来越清楚地认识到，城市更新不仅是极为专业的技术问题，同时也是错综复杂的社会问题和政策问题，任何专业、任何学科和任何部门都难以从单一角度破解这一复杂巨系统问题。

城市更新学科领域不仅需要注重物质环境的改善，更应置于城市政策、经济、社会、文化等的整体关联之中加以综合协调，尤其需要基于新型城镇化背景聚焦当代中国城市更新的重大科学问题和关键技术，通过城乡规划学、建筑学、风景园林学、地理学、社会学、经济学、行政学、管理学、法学等多学科、多专业的渗透、交叉和融贯，构建城市更新的基础理论和方法体系：一方面，城乡规划学、建筑设计、风景园林、建筑工程作为城市更新的主干学科，需要从城乡、建筑、房屋、道路、交通、市政工程等方面完善自身学科框架；另一方面，应广泛吸收人文学科的营养，加强传统的城市规划学科和经济学、社会学、法律学的有机结合，使城市更新更加符合经济和社会规律，从而提高城市更新的科学理性与现实基础[26]。（如图 6）

必须基于价值目标建立综合协调机制，在学科建设上一定要搭建学界、业界的跨学科、跨行业、跨部门的交流平台，需要学界和业界集思广益，共同应对。顺应这一时代需求，为了促进跨学科、全方位、系统化研究城市更新问题，中国城市规划学会于 2016 年 12 月恢复成立城市更新学术委员会，其主要宗旨即是立足新型城镇化背景下的城市更新实践，跟踪国际学术前沿与行业动态，凝练城市更新的科学问题，把握城市更新发展未来趋向，整合多学科研究成果，加强行业内的学术交流，加强学界与业界的沟通，引导学界和业界开展城市更新领域的学术研究和实践，提升我国城市更新规划的理论和实践水平。同时面对我国城市建设发展实际，开展城市更新领域的学科和专业教育研究，推进继续教育与专业技能培训工作，引领城市更新学科队伍建设和人才培养，促进学术研究和专业知识的普及，搭建多学科交叉融合的学术平台，以更好地推进城市更新领域的基础理论与应用实践的发展，全面提高城市更新研究领域的学术水平。

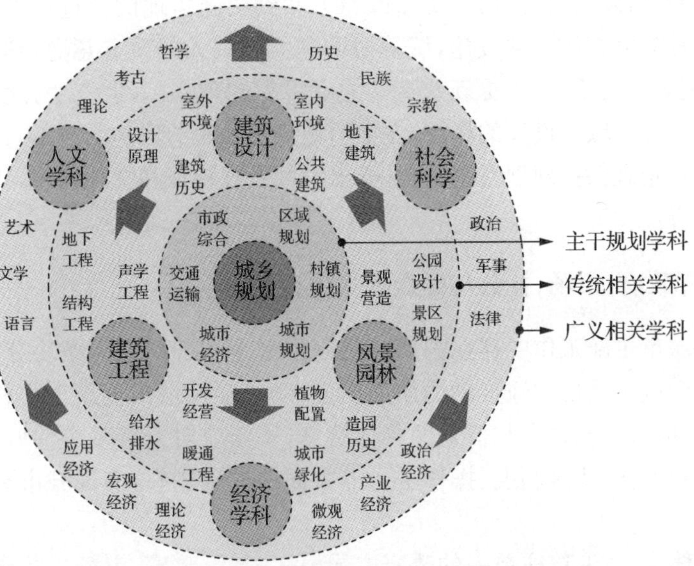

图 6　城市更新涉及的相关学科（图片来源：笔者自绘）

5.3　改变现有的和传统的城市规划理论与方法

现时期城市更新具有复杂性、矛盾性和艰巨性等突出特征，与新区建设相比，城市更新不仅是空间与土地资源的分配，更是利益重新调整和土地开发权力再配置。就现有城市规划编制体系与方法而言，难以满足城市更新实践的深度要求，各产权单位的诉求、原有产权人利益及公共利益保障、土地升值与收益、商业开发中拆迁利益补偿、土地的整理和储备、危破旧房修缮与维护，以及历史建筑的征收、购买、修缮和活化利用等均难以转化成控制性详细规划的规划控制指标。因此，需要改变现有城市规划的固定思维和套路，从以工程设计为主的传统型物质空间规划转向基于目标、政策与制度设计的现代型综合系统规划，实现从静态目标到动态过程控制、从单一尺度到多维尺度以及从精英规划向社会规划的转型。

在宏观层面，需要整体研究城市更新动力机制与社会经济的复杂关系、城市总体功能结构优化与调整的目标、新旧区之间的发展互动关系、更新内容构成与社会可持续综合发展的协调性、更新活动区位对城市空间的结构性影响、更新实践对地区社会进步与创新的推动作用等重大问题，以城市长远发展目标为先导，制定系统的和全面的城市更新规划，提出城市更新的总体目标和策略[28]。

在微观层面，开展土地、房屋、人口、规划、文化遗存等现状基础数据的分析工作，建立国土、规划、城乡建设、房屋地籍等各行政管理部门基础数据共享机制，运用“大数据＋信息分析＋互联网”实行更新改造全程动态监管。同时更需要有艰苦工作的准备，充分考虑社会各方利益的多元化，对地段内各产权单位的诉求进行深入细致的调查研究，在规划编制和审批过程中，倡导“自上而下”和“自下而上”相结合的“参与式规划”，建立“社区规划师”制度，通过各种途径了解社区居民诉求，提供精准化的公共服务，提高居民认同感。对每一项更新改造项目进行成本效益分析、产业空间绩效、空间改造价值判断以及土地增值测算，建立从地区问题评估诊断、再发展潜力分析、更新改造方案到实施落地的全过程设计管理制度，明确地区需要重点补充完善的公共设施，统筹协调利益相关人的改造意愿，细化权益变更、建设计划、运营管理等相关要求，使更新改造建立在可靠的现实基础上。与此同时，在城市更新的整个过程中要加强城市设计的作用，注重旧城传统风貌的保护与延续，使城市更新规划与旧城保护规划和景观保护规划紧密结合，突出旧城景观特征和文化内涵，提升城市精细化设计和管理水平[27]。

5.4 发挥政府、市场、社会与群众的集体智慧

针对当前城市更新工作中存在的市场机制不健全和部门之间条块分割的突出问题，需要从城市整体利益和项目实施推动的角度出发，明确涉及城市更新工作相关不同政府部门的职责，发挥政府、市场、社会与群众的集体智慧，不断应对复杂多变的城市更新实践需求，通过在城市更新主体、法规制度、操作平台等方面的探索创新，实现城市更新的有序推进和良性循环。

在更新主体上：改变以往单一的政府主导模式，基于政府、市场与社会并举的合作参与机制，充分调动政府、市场和社会三大主体参与城市更新的积极性，加强沟通协作，共同治理，共同缔造。

在法规制度上：进一步健全城市更新相关法律法规，在充分发挥政府统筹引领作用的基础上，明确政府行为与市场行为的边界，建立宏观的运行调控机制，在体现国家政策的要求和保障公共利益的前提下，创新财税、规划、产权和土地政策，通过制定合理的引导、激励和约束政策，积极推动房地产市场的理性发展。

在操作平台上：搭建多方合作和共同参与的常态化制度平台，加强发改、规划、建设、房产、土地以及民政等部门的协调与合作，促进包括企业部门、公共部门、专业机构与居民在内的多元利益角色的参与和平衡，保障城市更新工作的公开、公正和公平。

近年来，不少城市结合实际需求在制度设计、利益平衡和规划管理等方面开展了积极的探索与创新。广州市设立办公室、组织人事处(政策法规处)、计划资金处、土地整备处、前期工作处、项目审核处和建设监督处等机构，组建成立专门的城市更新管理机构，承担起草相关地方性法规、规章，组织编制城市更新相关规划、计划，统筹管理和监督使用城市更新资金，统筹标图建库、测绘工作、完善历史用地手续报批及供地审核等职责[32]。深圳城市更新工作在规划管理制度创新、利益平衡机制构建等方面进行探索，坚持以政府引导、市场运作为原则，充分关注各方权益，厘清现有产权关系，尊重市场规律，由市场和政府共同推动更新，建立起“法规—政策—技术标准—操作指引”四个层面的城市更新规划技术与制度体系，以规则协调平衡包括政府、市场、原权利人等在内的各方利益[33]。上海制定颁布了《上海市城市更新实施办法》《上海市城市更新规划土地实施细则(试行)》以及《上海市城市更新规划管理操作规程》《上海市城市更新区域评估报告成果规范》等相关配套文件，明确了城市更新的定义和适用范围，城市更新

实施的组织架构、工作流程、土地与规划管理政策等内容[34]。这些创新对发挥政府、市场、社会与群众的共同作用,以及有效推进城市更新工作起到了积极的作用。

6 小结

城市更新是一项综合性、全局性、政策性和战略性很强的社会系统工程,面广量大,矛盾众多,牵一发而动全身,不可能一蹴而就,需要一个长期、艰巨和复杂的实现过程。

当前城市更新暴露出价值导向缺失、系统调控乏力、历史保护观念错误、市场机制不健全以及部门之间条块分割等深层问题,急需借鉴国内外先进经验,瞄准国际发展趋向,基于价值取向和复杂系统开展理性思考,敢于直面和破解现实中的难题,致力于走向持续的城市更新。

必须摆脱长期以来受单一经济价值观的约束,回归"以人为本",以人民对美好生活的向往为蓝图,守住城市发展的底线,将城市更新置于城市社会、经济、文化等整体关联加以综合协调,面向提高群众福祉、保障改善民生、改善人居环境、提高城市生活质量、保障生态安全、传承历史文化、促进城市文明、推动社会和谐发展的更长远和更综合的目标。

必须充分掌握城市发展与市场运作的客观规律,在复杂与多变的现实城市更新过程中,认识并处理好功能、空间与权属等重叠交织的社会与经济关系,改变现有的和传统的城市规划理论与方法,加强对法律法规、行政体制、市场机制、公众参与以及组织实施等方面的深度研究,建立政府、市场和社会三者之间的良好合作关系,发挥集体智慧,遵循市场规律,保障公共利益,加强部门联动,促进城市更新的持续、多元、健康与和谐发展。

(本文根据笔者在 2017 中国城市规划年会"复杂与多元的城市更新"专题会议上作的主题报告整理而成。感谢葛天阳、陈月等对本文的帮助。)

原文载于:阳建强. 走向持续的城市更新——基于价值取向与复杂系统的理性思考[J]. 城市规划,2018,42(6):68-78.

参考文献

[1] 石楠. "人居三"、《新城市议程》及其对我国的启示[J]. 城市规划, 2017(1):9-21.

[2] 阳建强. 西欧城市更新[M]. 南京:东南大学出版社, 2012.

[3] JACOBS J. The Death and Life of Great American Cities: The Failure of Town Planning[M]. London: Penguin Books, 1984.

[4] SAARINEN E. The City: Its Growth, Its Decay, Its Future[M]. New York: Reinhold Publishing Corporation, 1943.

[5] ROWE C, KOETTER F. Collage City [M]. Cambridge: MIT Press, 1976.

[6] 刘易斯·芒福德. 城市发展史:起源、演变和前景[M]. 倪文彦,宋俊岭,译. 北京:中国建筑工业出版社,1989

[7] DAVIDOFF P. Advocacy and pluralism in planning [J]. A Reader in Planning Theory, 1973(4):277-296.

[8] 王丰龙,刘云刚,陈倩敏,等. 范式沉浮:百年来西方城市规划理论体系的建构[J]. 国际城市规划, 2012(1):75-83.

[9] 米歇尔·福柯. 必须保卫社会 [M]. 2 版. 钱翰,译. 上海:上海人民出版社, 2010.

[10] 亨利·列斐伏尔. 空间的生产[M]. 南京：南京大学出版社，2012.
[11] HARVEY D. Social Justice and the City[M]. London：Edward Arnold，1973:368.
[12] CASTELLS M. The Castells Reader on Cities and Social Theory[M]. Hoboken：Wiley-Blackwell，2002.
[13] FAINSTEIN S S. The Just City[M]. New York：Cornell University Press，2010.
[14] 吴良镛. 从“有机更新”走向新的“有机秩序”：北京旧城居住区整治途径[J]. 建筑学报，1991(2)：7－13.
[15] 吴良镛. 北京旧城与菊儿胡同[M]. 北京：中国建筑工业出版社，1994.
[16] 吴明伟，柯建民. 南京市中心综合改建规划[J]. 建筑师，1987(27)：107－121.
[17] 吴明伟. 走向全面系统的旧城更新改造[J]. 城市规划，1996(1)：4－5.
[18] 清华大学建筑与城市研究所. 旧城改造规划·设计·研究[M]. 北京：清华大学出版社，1993.
[19] 阳建强，吴明伟. 现代城市更新[M]. 南京：东南大学出版社，1999.
[20] 方可. 当代北京旧城更新[M]. 北京：中国建筑工业出版社，2000.
[21] 薛钟灵，虞孝感，阿克曼·M. K.，等. 城市更新与改造[M]. 北京：中国科学技术出版社，1996.
[22] 罗静，曾菊新. 城市化进程中的土地稀缺性与政府管制[J]. 中国土地科学，2004(5)：16－20.
[23] 迟福林. 改变“增长主义”政府倾向[J]. 行政管理改革，2012(8)：25－29.
[24] 张京祥，赵丹，陈浩. 增长主义的终结与中国城市规划的转型[J]. 城市规划，2013(1)：45－50，55.
[25] 施卫良，邹兵，金忠民，等. 面对存量和减量的总体规划[J]. 城市规划，2014(11)：16－21.
[26] 陈为邦. 关于城市更新的探讨[EB/OL]. (2015－10－08)[2018－04－15]. http://www.planning.org.cn/solicity/view_news? id=682
[27] 阳建强，杜雁. 城市更新要同时体现市场规律和公共政策属性[J]. 城市规划，2016(1)：72－74.
[28] 阳建强. 中国城市更新的现况、特征及趋向[J]. 城市规划，2000，24(4)：53－55.
[29] 施卫良. 地铁国贸站“轨道＋”模式改造案例研究[J]. 城市规划，2016(4)：99－102.
[30] 徐毅松，廖志强，刘晟. 新理念、新目标、新模式：上海超大城市转型发展的思考与探索[J]. 城市规划，2017(8)：17－28.
[31] 庄少勤. 上海城市更新的新探索[J]. 上海城市规划，2015(5)：10－12.
[32] 王世福，卜拉森，吴凯晴. 广州城市更新的经验与前瞻[J]. 城乡规划，2017(6)：80－87.
[33] 邹兵. 由“增量扩张”转向“存量优化”：深圳市城市总体规划转型的动因与路径[J]. 规划师，2013(05)：5－10.
[34] 杨帆. 上海城市土地空间资源潜力、再开发及城市更新研究[J]. 科学发展，2015(11)：34－41.

回归日常生活

——城市更新中的社会修补

洪亮平　郭紫薇

华中科技大学建筑与城市规划学院

摘　要：告别粗放扩张和人口红利阶段后，我国城市面临着可持续发展的新挑战。城市更新作为存量空间资源再分配的有效手段，通过对城市中业已存在的社会隔离、空间剥夺等社会问题进行修补，能够有效提升城市潜力和居民幸福感。本文将“回归日常生活”作为城市更新中对社会空间进行修补的出发点，从聚居形态的视角梳理了我国城市社会空间组织的历史演变，并通过对武汉市的实例研究揭示了当前居住与日常生活的分异矛盾。基于此，认为城市更新中的社会修补应当从日常生活中的主体、事件、场所三者的相互关系入手，实现空间利益再分配、社会网络再培育和地方特色再唤醒的价值目标。最后根据城市空间社会论，提出“邻里—社区—城市(区)”三个社会修补的层次及主要工作内容。

关键词：城市更新；日常生活；社会修补；人本导向；空间正义

0　引言

告别了粗放扩张和人口红利阶段后，城市面临着可持续发展的新挑战。当前我国的城市建设依赖于资本和市场驱动，以发挥土地价值和获取高额利润为首要目标，对城市发展的社会维度造成了较大的损害。城市建设的速度越来越快，城市的面貌日新月异，但是城市居民却日益感到焦虑和迷茫。这种“现代性体验”[1]很大程度上源于城市更新过程中土地和功能快速转换带来的城市社会空间破碎和地域特色流失问题。

根据国际管理咨询公司科尔尼(A. T. Kearney)发布的 2017 年全球城市竞争力评价来看，“全球城市指数”(GCI)和“全球潜力城市指数”(GCO)都把城市社会生活的质量和生活体验看作城市实力的重要组成部分。我国的香港、北京、上海分别位于“全球城市”排名的第 5、第 9 和第 19 位，说明这三个城市在经济发展和人口聚集方面有较强竞争力，突出表现为商业的繁荣。然而在挖掘未来卓越城市的“全球潜力城市”排行榜上，中国城市无一登上前 25 位，表明我国城市在居民幸福感营造、创新力培育、城市善治等社会维度需要做进一步的提升。(如图 1)

城市更新应该是一个多维度目标导向的规划建设活动，通过对城市中业已存在的社会隔离、空间剥夺等社会空间问题进行修补，能够有效提升城市可持续发展潜力和居民幸福

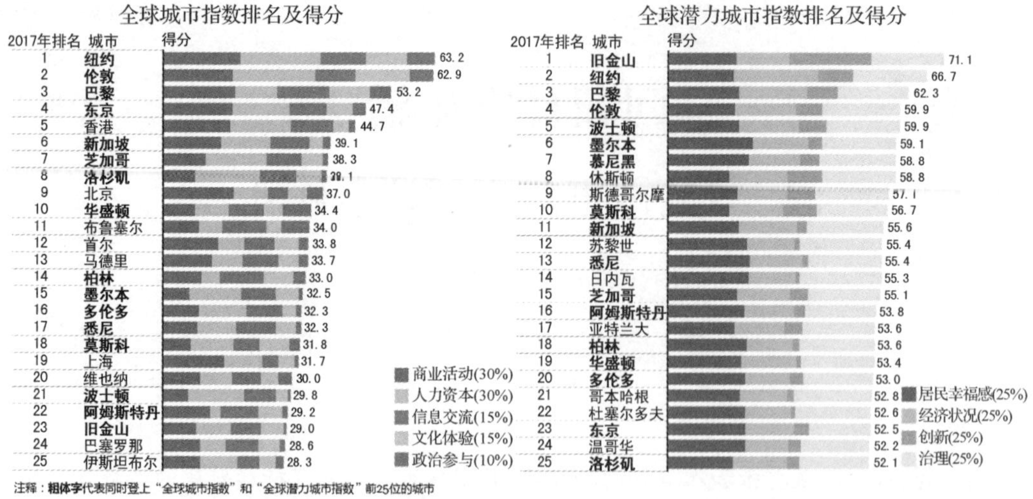

图1　全球城市及全球潜力城市排名(图片来源:科尔尼《2017年全球城市指数报告》)

感。尽管影响我国城市社会空间的因素众多,城市社会生活的演变也是众多因素共同作用的结果,然而,城市更新无疑是在空间上作用最直接的因素之一。因此,在我国即将步入新常态的转型阶段,城市更新作为城市存量空间资源再分配的有效手段,应当回归城市生活的本质,重新审视城市更新的目标和方法,对普通居民的日常生活体验给予更多的关注。

1　日常生活与城市社会空间的相关研究

1.1　国外研究进展

20世纪80年代开始,西方的哲学和社会学领域不约而同地向日常生活回归。西方一些学者认为,现代性导致的个人主义倾向、工具理性崇拜和人文精神泯灭等问题,已演变为资本主义世界最根本的危机[2]。查尔斯·泰勒在研究现代性的隐忧时表示“它们确实触及我们对现代社会感到困扰和迷惑的大部分问题”[3]。西方哲学理论界对此作了大量的研究和探索,总体而言,“日常生活”的概念界定可以分为三个层次:日常生活作为上层观念的意义源泉;日常生活作为存在本身;日常生活指代人们的现实生活。[4]哲学层面的思辨推动了城市科学和地理科学空间研究的重大学术转向,以“社会空间视角”来探索城市空间的学术成果大量涌现(见表1)。

表1　部分西方学者基于城市社会空间视角的研究(表格来源:笔者自制)

学者	主要理论	核心观点
尤尔根·哈贝马斯	生活世界理论	“文化、社会和个人作为生活世界的结构因素与文化再生产、社会统一和社会化的这些过程相适应……生活世界构成了一种现实的活动的背景……[是]依仗一种在语言理解的内部主观性中所构成的社会先天(1994)

续表

学者	主要理论	核心观点
米歇尔·德·塞托	日常生活实践	“正是发生在普通场所的日常空间行动(spatial action)为人们提供了城市的经历与知识”(1984)
阿格妮丝·赫勒	日常生活	“日常生活存在于每一个社会之中……每个人无论在社会劳动分工中所占据的地位如何,都有自己的日常生活”(1960)
亨利·列斐伏尔	空间生产	“空间性的实践界定了空间,它在辩证性的互动里指定了空间,又以空间为其前提条件……[空间生产理论是]从空间的生产到空间本身的生产……[社会的]空间是[社会的]产物”(1991)
爱德华·苏贾	社会—空间辩证法	“在任何意义上,人类的生命具有时空性及地理一历史性,并非时间或空间,并非历史或地理自身独立存在”(2010)
诺伯格-舒尔茨	场所精神	“恰像蜘蛛与他的网一般,每一个主体编织着其自身与客体特殊性质之间的关系,而后把这些股丝编织在一起,终了即可完成主体决然存在的基础”(1985)
大卫·哈维	后现代性的状况	“空间和时间的概念虽然是被社会地建构起来的,但是它们与客观事实的全体力量一同运作,并且在社会再生产的过程中扮演关键角色”(1990)
扬·盖尔	交往与空间	“专注于日常生活和我们身边的各种室外空间,主要论述日常社会生活及其对人造环境的特殊要求。正是在这种寻常的状态下,我们的城市和社区必须很好地完成自己的使命并令人愉快、舒畅”(2002)
简·雅各布斯	城市的多样性	“关于城市规划的第一个问题——而且我认为是最重要的问题是:城市如何能够综合不同的用途——在涉及这些用途的大部分领域——生发足够多的多样性,以支持城市文明?……多样性是城市的天性”(2005)

1.2 国内研究进展

城市空间的社会性成为一个非常活跃的交叉学科研究问题,国内许多学者做出了诸多探索。柴彦威研究了我国城市居民生活的最基本组织细胞——单位,并提出了我国独具一格的城市内部生活空间结构层次[5]。王兴中对我国城市日常生活进行了多角度观察,解析了城市日常行为场所的组织,构建了不同空间层次的城市生活空间质量评价指标体系,首次提出城市生活场所的“微区位”概念[6]。于海批判了资本对城市空间生产的主导,居民的日常生活被挤压和盘剥,城市的社会和空间呈现碎片化、封闭化、原子化、私有化和景观化特征①。

城市规划的理念与方法也逐渐向人的尺度和生活体验回归。张杰等反思了大尺度城市设计和空间实践对日常生活的忽视,提出了以“日常生活空间”为核心的七个城市设计思想[7]。杨贵庆提出“社会生态链”这一概念用以描述不同群体在社会生活中的关系模式,提倡城市土地的混合使用和城市空间的多样性[8]。陈振华提出我国“城市空间发展开始从生产性空间主导向生活性空间主导的模式转型”,进而探讨了城市空间需求转变下,城市规划

① 此处引用了复旦大学于海教授于 2017 年 6 月 3 日在第六届“金经昌中国青年规划师创新论坛”上的报告内容,报告题为《生活世界与共享空间》。

理念与规划策略的应对[9]。何艳玲认为我们的城市应当实现居民的情感幸福和相互支持，并提出“健康城市不只是简单意义上身心的健康，更重要的是在强调一种良性的发展和我们情感的相互依赖”①。

综上所述，欧美学术界已形成了丰富的关于日常生活空间的理论探讨，并且逐渐成为当前城市空间研究的主流价值导向。国内在这方面的研究成果主要集中在社会学和地理学领域，城乡规划学科的研究还处于起步阶段，且多是对规划理念转变的倡导，并未形成体系完整的规划流程和操作方法。从研究的层次上看，国内对日常生活空间的理解集中于第三个层次，即指代居民的实际生活，然而对日常生活空间所承载的价值意义和存在本源尚未进行深入的探讨。此外，目前的研究所倡导的日常生活意义都是基于资本主义国家现代化的生活方式，并没有把我国传统文化中的生活美学和审美志趣纳入日常生活的体系中。

2 城市社会空间结构演变和社会分异特征

2.1 城市社会空间结构演变

城市社会空间结构是日常生活的基本框架，日常生活空间的批判是源于对现代性的反思，任何一个民族国家、任何一个社群的日常生活都有其历史渊源，对于中国城市而言更是如此，因此有必要对城市社会空间结构的演变进行梳理。“城市社会空间”的定义为：城市不同社会阶层人群的集体行为在空间上的分布状况，最为直接的体现是不同群体在城市中的聚居行为。我国城市社会空间结构具有特殊性，城市聚居形态在几千年的演变中呈现出非常明晰的主线（如图 2）。通过对中国城市社会空间组织逻辑演变的历史梳理能够帮助我们理解当前城市社会空间的转型和冲突。

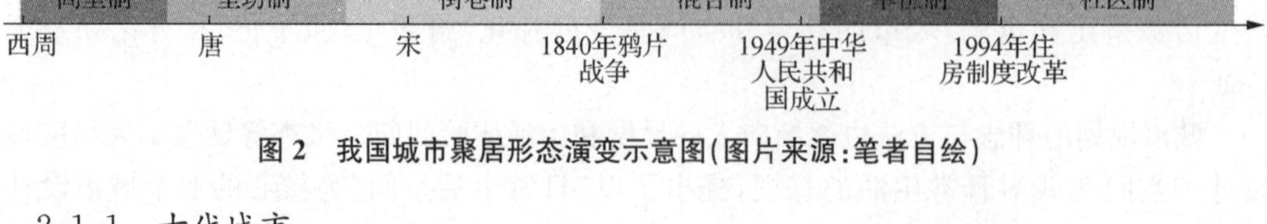

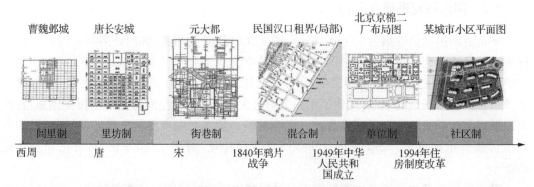

图 2 我国城市聚居形态演变示意图(图片来源:笔者自绘)

2.1.1 古代城市

古代中国是一个伦理社会，对私以家庭伦理为主导，对公以礼制思想为规束、以道德代宗教，在几千年的不断演化和发展中，形成了超稳态结构。通过修宗庙、建宗祠、置族田、立

① 此处引用了中山大学何艳玲教授于 2017 年 6 月 5 日在第五届清华同衡学术周上的报告内容，报告题为《更自主、更健康——复杂社会中的城市治理》。

族长、订族规，依据宗法规定的血缘法则，对社会各成员进行尊卑的划分，最终以《周礼》作为整个国家行政管理制度和社会生活的法则[10]。从帝国的都城、帝王的宫殿，到豪门世族的府园，再到普通百姓的宅院，都能够体现君臣、父子、夫妇位序关系。根据《管子》所倡导的“四民分业而居”的理念：“凡仕者近公(宫)，不仕与耕者近门，工商近市”，城市中逐渐形成按职业组织聚居的空间结构[11]。在城市居住空间布局上，西周时期开始实行闾里制度，除皇城以外，居住地分为“国宅”与“闾里”两部分。闾里制后来逐渐演变为里坊制，在唐代达到顶峰。随着手工业及商业的发达，里坊制逐渐崩溃，到宋朝时形成了开放的街巷制。虽然城市的社会生活不断变迁，但是社会的基本组织结构是异常稳固的。

2.1.2 近代城市

近代中国社会风云变幻，但中国城市社会空间组织理念仍然没有发生剧烈的变化，主要延用了街市制传统。1840 年鸦片战争后，中国开始了“开埠”时代，从沿海到沿江，从南方到北方，在半个世纪里我国共有 30 余个城市被设立为通商口岸，其中 15 个城市设有租界区和使馆区。开埠城市受到西方诸国城市建设理念的影响，其城市聚居形态呈现出中西交融的混合态。

2.1.3 当代城市

新中国成立后的计划经济时代里，单位制支撑起整个社会结构，直到 80 年代开始逐渐松动。1994 年《国务院关于深化城镇住房制度改革的决定》发布实施，住房公积金制度开始全面建立，标志着住房迈向商品化和社会化。此后，资本和市场很大程度上改变和重构了中国城市的居住空间和社区权力格局，社区空间取代单位成为社会结构的主要单元[12]。与此同时，快速的城镇化过程中还产生了多种特殊群体聚居的空间，如流动人口聚居区、城中村、保障房住区、养老地产等[13]。

2.2 社会分异特征——以武汉市为例

2.2.1 案例选取

历史延续、住房制度与土地功能制约等因素是大城市居住空间显著分异的主要原因[14]。自 20 世纪 80 年代开始，在“推土机”式的城市更新中形成了无数个社会空间的碎片和孤岛。本文以武汉市为研究对象，选取了当前四个典型社区：汉口近代里份——洞庭村、单位社区——红钢城九街坊、现代小区——橡树湾、城中村——烽火村(如图 3)，对四个社区的空间环境和社区属性进行分析(如表 2)。试图展示同一时空环境下城市居住形态和生活方式的巨大差异。在“时空压缩”的发展背景下，我国城市社会空间和日常生活发生了显著分异。

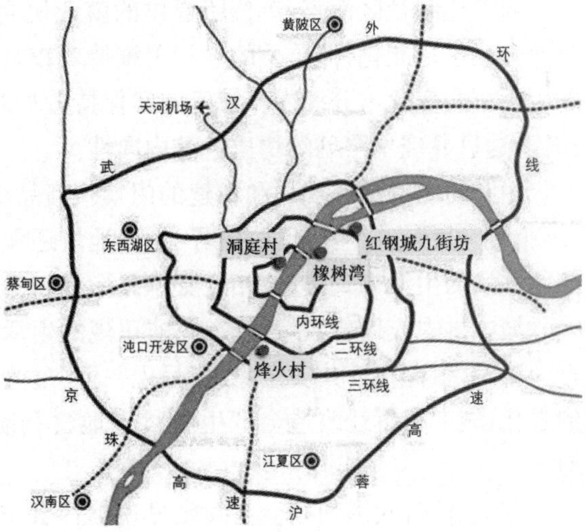

图 3　四个社区在武汉市的区位(图片来源：笔者自绘)

表 2　四个典型社区属性比较(表格来源:笔者自制)

	社区名称	洞庭村	红钢城九街坊	橡树湾	烽火村
	社区形象				
	同比例卫星图			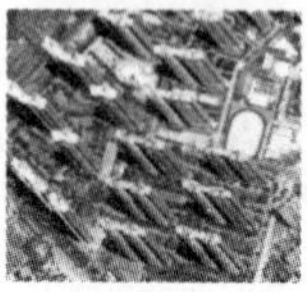	
社区属性	社区类型	近代里份社区	单位制社区	门禁式商品房小区(原为国棉二厂职工宿舍)	城中村
	形成年代	1930 年左右	1960 年左右	2013 年	2000 年左右
	社会区位	内环线以内	二环到三环之间	内环到二环之间	二环到三环之间
	居民主体	原住民	原住民	新中产阶级	村民+租客

2.2.2　社会分异特征

经过观察比较发现,近代传统里份社区的外部环境和公共服务设施发生了翻天覆地的变化,而住区自身要么被整体拆除重建、功能置换,要么在旧城里任其衰败。居民原有的低成本、非正规的消费和活动空间大量消失,居住环境日益恶化。这类住区的社会网络基础较好,但随着原住民的搬迁而发生不可逆的破裂。

对单位制社区而言,单位所提供的就业机会和服务水平已经大不如前。虽然年轻人的就业方式已多元化,但单位的老职工维持着较紧密的社会联系,社区中以单位为基本生活圈的生活方式变化十分缓慢。社区空间保持着相对整体的形态,与城市其他地方的混合、杂乱相比,这里显现出罕见的均质性和内向性。

短时间内的统一规划和新建的门禁式商品房小区,所有社会结构形成于瞬间,是典型的"绅士化"过程。由于小区的边界、周边地块还保留着原来的生活基因,新居民无可避免地要与原地块的生活方式接轨,相互影响并形成新的日常生活习惯。

城中村中充斥着大量低成本、非正规的生活生产方式。人员混杂,流动性大。违章建设行为频发,多存在公共安全隐患,呈现一种"过渡态"的半城镇化聚居形态。随着土地财产权的强化,城中村拆迁改造会产生大量土地食利阶层,而租房者将被驱赶到租金更低的边缘地区。

综上所述,我国的社会空间已显现出社会空间分异和多元化的态势。空间分异的背后是人群的分异,不同住区内的居民拥有截然不同的日常生活。弱势群体居住边缘化、社会隔离、空间剥夺的现象已经普遍存在。

3　基于日常生活的城市更新社会修补

在当前社会隔离和空间剥夺的困境前，城市更新作为存量空间资源再利用的主要手段，应当将社会修补纳入其价值目标和工作内容中。通过对主体行为规律的把握，建立以人为本的城市更新价值目标体系。在对日常生活空间解构的基础上，重新定义城市更新的工作层次，使更新工作与城市行为的空间层次形成有机的衔接。

3.1　人本导向的城市更新价值目标

主体、事件、场所是日常生活发生的三个基本要素，三个要素相互支撑形成日常生活的循环(如图4)。城市更新直接作用于场所，进而对主体和事件带来链式反应。在人本导向下，规划师应当从主体、事件、场所的相互关系入手，分析城市更新带来的三要素之间的变化，从而确保在物质更新的过程中仍然保持着三者的相对平衡。城市更新应当从三个方面进行规划目标的再审视。

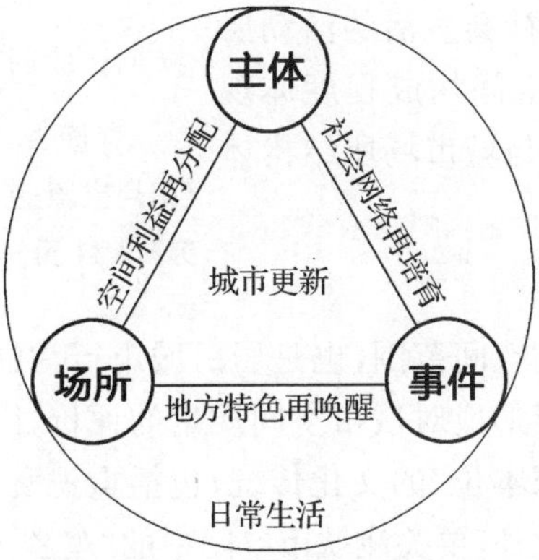

图4　人本导向的城市更新价值目标(图片来源:笔者自绘)

3.1.1　空间再生产——基于公平正义的空间利益再分配

爱德华·苏贾认为资本的空间生产过程使空间由生活的“场所”变成了“商品”[15]，资本在追求增值过程带来了社会隔离和空间资源不公平分配，城市中的弱势群体成为空间剥夺的对象，因此，寻求空间正义是对人的空间权利的捍卫。城市更新面临的最主要挑战即是处理复杂的产权关系和空间利益再分配的正义，政府的角色要进行合理界定。空间规划需综合考虑城市不同居民的需求，尤其是弱势群体、边缘群体和原住民。此外，通过税收制度对土地食利阶层进行限制，并且引导他们成为更新的参与者和行动者。

3.1.2　社会整合——基于共同体验的社会网络再培育

拥有共同体验的群体能够更容易地建立联系和产生情感。现代城市社会的关系网络除了来源于家庭和熟人，还来自许多“弱联系”的陌生人，集体记忆和共同体验是维系社会关系的重要纽带。因此，如果城市空间能够为人们创造更多的共同体验，以人的体验方式来营造空间，那么居民的联系会更紧密，从而有助于社会网络的形成和稳固。

3.1.3 秩序重塑——基于历史文脉的地方特色再唤醒

日常生活是经年累月逐渐形成的，包含着前人的经验与当下的体验，具有重复性和秩序性。不同地域、不同文化影响下的日常生活是千差万别的，但是全球化过程中这种差别变得越来越模糊。城市更新中应该试图去识别、恢复地方性的日常生活方式，与现代生活的需求发展相适应。地方特色即体现在居民日复一日的生活事件中，体现在不同地方文化下丰富多彩的城市空间中。

3.2 基于日常生活的社会修补层次

根据城市空间社会论，日常生活空间有明确的层次划分。人们以家庭为中心，形成与自身社会地位相符的“活动空间”与城市空间“活动层次”[6]，从最紧密到最松散有若干个梯度：家庭—邻里—社区—城市—区域—国家（如图 5）。基于此，将“邻里—社区—城市（区）”作为城市更新中社会修补的三个干预层次，与社会生活的活动层次相嵌套。邻里层次的社会空间构成程度体现了日常的生活质量水平，社区与城市场所结构体现了城市的生活空间质量。

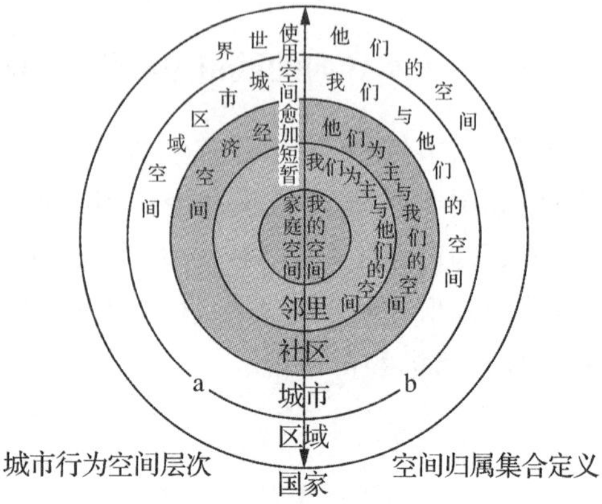

图 5 城市行为空间层次与定义

（图片来源：王兴中《中国城市生活空间结构研究》第 11 页）

3.2.1 邻里

邻里是日常生活最紧密的空间范围，也是居民城市行为的主要舞台。人们在生活中所感知到的宜居性和舒适性直接形成对城市空间质量的评价，因此邻里层次的更新要以居民的体验和感知为主线，重视“家本位”的文化传统，包括重视女性、儿童、老年人的需求，以舒适、安全、健康为更新导向。此外，要关注城市空间中的“鸡零狗碎”，这些小空间对规划师来讲往往不值一提，但对居民来讲却承载了大量非正规的日常活动。对这些微空间的适宜性改造将起到以点带面的作用。

3.2.2 社区

从国家行政管理体系来讲，最低一级的单位是街道办事处，街道办事处下辖的居民自治组织——社区居民委员会是基层的社区单元。社区再造是社会空间再造的钥匙。社区再造应该关注城市居民的群体属性，以群体的空间需求为基本点来重新定义社区形态和公共服务配置标准。鼓励和引导居民形成自治组织，进行自我管理、自我更新，促进行之有效的公众参与。

3.2.3 城市（区）

城市（区）层次的社会修补主要针对旧城区，既要遵循城市整体生活逻辑，也要与时俱进地审视当前生活发展的需求[16]。老城区的公共服务设施往往陈旧老化，建筑环境逐渐恶化，因此提升和完善老城基础设施是提升居住生活品质的首要问题。其次对老城中已遭到破坏的路网和空间格局进行连接、织补、再造，打通老城内部的微循环，重塑具有地方特色的城市空间格局。根据老城区居民的交通出行特点，完善慢行交通系统，与新区的交通进行有机整合。再次,城市中的历史街区、商业区有明确的范围界限和保护要求,但老城中还存在大量的非保护类街区,如旧居住区、旧工业区等,这类街区恰恰是城市活力和多样性的生动体现,但现行的规划和法规还没有对这些空间层次进行界定。旧城更新中应当针对街区的历史文化价值建立梯度式的更新策略,倡导渐进式的有机更新,在提升旧城居住品质的同时延续地方特色和社会网络。

4 结语

西方现代城市和城市规划理念均是以城邦制和公民社会为源头发展而来,与我国的伦理本位的文化内核有诸多不适之处。正如梁启超所说:"欧洲国家,积市而成;中国国家,积乡而成"[17]。自古缺乏集团生活的国人,生活在当下"两千年未有之大变局"中更加感到盲目和不知所措。人文社会学科早已对"千城一面""空间殖民化"所带来的社会问题进行批判,许多作家也对城市社会生活进行了细致入微的观察和描写,反观城市规划行业对这个问题的关注和理论储备并不够。习总书记多次强调要坚持"文化自信",即在运用国际视野和理论创新的同时,坚持以源远流长的传统文化为根本。

理想信念是行动之源。城市规划的工作领域聚焦于城市空间资源的分配与利用,空间上承载了犬牙交错的社会关系和城市生活事件。居民对城市的理解不单单是物质环境与个体行为的简单联结,更是一种基于生活经验的价值判断。城市更新要保护这种生活经验,珍视城市空间中留下的自发性痕迹。因此,未来的目标是要构建新常态背景下基于本民族个性和文化传统,让城市居民拥有认同感、归属感和自豪感的城市家园,为了营造"每个人的城市",让每个城市居民都能在城市中找到让自己舒适的空间。

参考文献

[1] 王小章. 齐美尔论现代性体验[J]. 社会,2003(4):4-8.
[2] 张郢娴. 从空间到场所:城市化背景下场所认同的危机与重建策略研究[D]. 天津:天津大学,2012.
[3] 查尔斯·泰勒. 现代性之隐忧[M]. 程炼,译. 北京:中央编译出版社,2001.
[4] 孙俊桥. 城市建筑艺术的新文脉主义走向[M]. 重庆:重庆大学出版社,2013.
[5] 柴彦威. 以单位为基础的中国城市内部生活空间结构:兰州市的实证研究[J]. 地理研究,1996(1):30-38.
[6] 王兴中,等. 中国城市生活空间结构研究[M]. 北京:科学出版社,2004.
[7] 张杰. 从大尺度城市设计到"日常生活空间"[J]. 城市规划,2003(9):40-45.
[8] 杨贵庆. "社会生态链"与城市空间多样性的规划策略[J]. 同济大学学报(社会科学版),2013(4):47-55.
[9] 陈振华. 从生产空间到生活空间:城市职能转变与空间规划策略思考[J]. 城市规划,2014(4):28-33.
[10] 李进. 宋元明清时期城市设计礼制思想研究[M]. 北京:人民日报出版社,2017.
[11] 洪亮平. 城市设计历程[M]. 北京:中国建筑工业出版社,2002.
[12] 冯革群,马仁锋,陈芳,等. 中国城市社会空间转型解读:以单位空间向社区空间转型为例[J]. 城市

规划，2016,40(1):60－65.
[13] 吴晓，强欢欢，等. 基于社区视野的特殊群体空间研究:管窥当代中国城市的社会空间[M]. 南京：东南大学出版社，2016.
[14] 曾文. 转型期城市居民生活空间研究:以南京市为例[D]. 南京:南京师范大学，2015.
[15] 爱德华 · W. 苏贾. 寻求空间正义[M]. 高春花，强乃社，等译. 北京:社会科学文献出版社，2016.
[16] 陈晓虹. 日常生活视角下旧城复兴设计策略研究[D]. 广州:华南理工大学，2014.
[17] 梁启超. 先秦政治思想史[M]. 北京：东方出版社，1996.

社会共生与底线公平：一种尝试性的城市更新逻辑

——以北京“共生院”为例

宋　煜

中国社会科学院社会学研究所

摘　要：“共生院”是城市发展转型过程中对老城区城市更新的一种尝试，既是创新也是摸索，尤其在理论挖掘和理念倡导上缺乏专业性的支撑。本文从社会共生与底线公平两个社会学理论出发，从老城保护和城市更新的视角对“共生院”所存在的诸如规划系统性、参与有效性和设计实用性等问题进行了分析。最后，本文也针对性地提出了诸多对策建议，如打破传统认识、创新社会治理、保障底线公平和实现可持续发展等，认为北京老城保护和城市更新应当着力于打造一座继承传统和面向未来的“新城”。通过“共生院”的示范，实现“共建共治共享”的城市基层治理格局，更好地展现北京作为“四个中心”的时代特征，最终让老城焕发新活力，成为新时代北京发展的增长极。

关键词：共生院；城市更新；老城保护；社会共生；底线公平

中共中央国务院在对《北京城市总体规划（2016 年—2035 年）》的批复中提出，北京要做好历史文化名城保护和城市特色风貌塑造，老城不能再拆，通过腾退、恢复性修建，做到应保尽保。针对城市核心区，更要强调精细的城市织补和文化传承。“共生院”是一种带有试验性质的混合院落，2018 年下半年首次在北京市西城区什刹海畔银锭桥胡同 7 号出现。目前，东城区交道口雨儿胡同、前门草厂胡同、西城区大栅栏茶儿胡同等地区都先后开展了试点工作。2019 年北京两会政府工作报告中将“共生院”作为城市更新的新路径，坚持“保障对保障”，按照申请式改善、“共生院”改造的思路，推进核心区平房院落有机更新。根据这种模式，大杂院内的居民可以根据自己的意愿进行“申请式”腾退，腾出来的空间再进行重新设计，引入新业态和新文化。

1　问题的提出

“共生院”目前并没有一个统一的界定，但其作为一种针对胡同肌理、平房院落的渐进式的有机更新，在一定程度上保留了历史风貌，也是对传统“整院腾退、整院改造”模式的有益补充。在老城保护过程中，很多居民从自己的实际需求考虑，更愿意住在老城区，就近享受医疗、交通、教育等方面的便利，这也就使得一些平房院落存在一部分腾退，而一部分仍然有老居民居住的情况出现。应当说这并不是一个新问题，“共生院”正是解决这一问题的一种尝试。这种一个院落的“共生”并不是“共生院”唯一的呈现方式。在老城区的改造过程中，整体拆迁的情况越来越少，但单一院落拆迁改造的可能性仍然存在。这类院落通过改造后或用于商业服务，或用于公益服务，与原有的老居民居住生活之间也形成了“共生关系”，在实践中也被称为“共生院”。为了更好地与单一院落“共生院”相区分，这一类型可以称为街区类的“共生院”。

通过对试点地区的调研发现，“共生院”目前仍然处于推动与磨合的阶段，在“谁来共生”“为何共生”“如何共生”等关键性问题上缺乏可行性的分析，特别是在理论层面缺乏依托和支持，很多工作片面强调规划师的作用、强调政府的协调力和基层组织的执行力，却忽视了“共生院”本身所具有的社会行为特征。本文正是基于此，将“共生院”作为城市更新的一种逻辑范式，作为一种社会现象来加以考察和研究，进而挖掘。

2 理论的缘起

老旧城区的平房院落改造大多按照“拆建”和“修缮”的逻辑开展，虽然伴随着北京旧城有机更新，出现了“微胡同”“微杂院”和“共生院”等新模式，但本质仍然是以上两种逻辑的体现。“共生院”虽名为“共生”，但更是体现出在转型期城市更新过程中的一种常态，即传统改造模式已经难以适应社会发展的需要。大众在精神文化方面的满足感，已经越来越强于物质利益所带来的愉悦，传统的院落改造受到了极大的挑战。因此，“共生院”的出现也具有一定的客观必然性，甚至对政府和管理者而言是一种无奈。

2.1 社会共生理论

“共生”本是一个生物学概念，最早由德国医生、著名的真菌学奠基人德巴里（H. A de Bary）在 1879 年提出：“共生是不同生物密切生活在一起。” 随后一百余年来，共生在生物学界得到了高度重视及重大发展。生物学界从广义上将“寄生”“共生”“共栖”均纳入“共生”的视域中。现在越来越多的人认为共生是自然界进化发展的一个重要路径。可以说，没有共生，就没有今天丰富多彩的生物世界[1]。随着生物共生论的发展，“共生”一词也逐渐为各国人文文化的研究者所关注并被借用来研究人文社会领域的问题。

美国芝加哥大学经验社会学派借用生物共生理论来研究人文社会问题，创立了人文区位学。这一理论认为“共生”是支配城市区位秩序最基本的因素之一。“共生中的竞争”和“竞争中的共生”构成了城市社区的区位秩序，其本质是在竞争中通过自身调整达到一定的社区平衡状态。这种平衡即社区内共生维持的条件，体现了社区的共生性质[2]。2002 年复旦大学胡守均教授在中国第一个用共生理论来研究社会问题，提出了独具中国特色的“社会共生论”。社会共生论认为：“共生”是在无法排除任何共生对象的客观前提下，主观地实现人类社会交往中照顾各方利益和理想的最佳机制和架构[3]。人们应当告别“消极共生”，走向“积极共生”，争取不同利益者的“共赢”，实现“美人之美、美美与共”的天下大同。

在“共生院”的实践中，规划师与地方政府提出了所谓的“建筑共生、文化共生和居民共生”的理念，但其出发点仍然是对非整院腾迁的一种无奈选择，最终表现出一种由老居民与新住户、老建筑与“新”建筑、老文化与新文化之间的“寄生”，可以认为其仍然处于一种“消极共生”的状态。

2.2 底线公平理论

社会共生理论所认为的“共赢”是从不同利益主体出发来讨论的，因此在城市更新过程中往往提出“多利益相关方”模式来解决不同主体间的问题。但是，各利益相关方在信息获取、自身能力和思想意识等方面往往是不平等的，每一个利益主体都可能在不同阶段发挥决定性的作用。“真正的公平”取决于权力的分配以及运作的方式，取决于责任和义务的“分散化”倾向如何发展，特别是政府在其中将扮演何种角色。如何才能保障一种可以感受到的“真实的公平”呢？中国社会科学院景天魁学部委员提出的“底线公平理论”是从中国问题出发，对社会保障和社会福利基础性的理论探讨，作为一种理论范式可以参考。

底线公平理论来自对福利国家社会发展困境的反思。所有建立社会保障制度的国家都会遇到一个难以解决的问题，即福利制度的建立过程是保障范围越来越大、保障项目越来越多、保障水平越来越高，但最终却成为一种几乎不可逆转的趋势。这个趋势的必然结果是高福利水平让国家财政难以支撑，整个社会激励不足、发展趋缓。与此同时，任何想要降低和缩小福利的努力都难以实行[4]。底线公平理论的核心是强调政府保障社会公平的责任底线和公民实现社会公平的基本权利底线的同一性[5]。保障底线公平的关键是如何确定“底线”。“底线”可以理解为一种“界限”，清晰且必须得到大众的广泛认同和可持续的保障。底线以下部分体现权利的一致性，底线以上部分体现权利的差异性，所有公民在这条“底线”面前所具有的权利一致性就是最终要实现的“底线公平”[6]。

从老城保护和城市更新的初衷来看，抓住老城区居民对美好生活的需求，在改善民生的同时激发老城区的新活力是“共生院”之所以获得政府支持的原因之一。但如何解决好已经腾退迁出和未迁出居民之间的公平问题，如何解决好“新住民”和老居民之间的公平问题，都可以利用“底线公平”的理念进行化解。解决温饱的需求（生存需求）、公共卫生和医疗保障的需求（健康需求）和基础教育的需求（教育需求），这三项需求是人人躲不开、社会又公认的“底线”[7]。其中，政府的角色至关重要，诸如政府的责任底线以及与市场的边界、政府责任和能力的基础部分和非基础部分、社会政策的制定与执行等，这也是由政府存在的意义决定的。

3 存在的问题

“共生院”的出现与老城保护密不可分，从“共生院”存在的“小问题”出发，往往体现出在老城保护工作中存在的一些“大问题”，可以归纳为以下三个方面：

3.1 规划建设缺乏系统性，规划引领的意识不强

“共生院”通过利用已腾退空间，植入新兴业态与居民共存，最终目的是实现私人空间与公共空间的共生。这种共生理念仍然是简单的“空间共生”，而不是基于一种治理思维的社会共生，进而造成了规划建设系统性缺失的问题。“共生院”的出现不仅仅是首都“疏解整治

促提升”专项行动后对腾退空间再利用的一种模式，也响应了近年来老城区四合院民宿旅游的兴起，让游客能够更深入地体验原汁原味的老北京生活。但院子里的老住户们情绪要复杂得多[8]。民宿的改造虽然可以让院落公共空间环境得到很大改善，但个人的隐私问题和“商住混居”问题将会日益突出。“共生院”更像是“共住院”，无论是原住户还是外来者，都是从自身的角度考虑空间改造价值，缺乏互惠互利的目标。

调研发现，地方政府在考虑老城区未来发展中缺乏产业布局的思路，仍然处于“走一步看一步”的状态，缺乏从服务首都核心功能的角度对未来老城区发展进行系统规划的意识。地方政府和企业对新植入的业态尚无清晰的考量，普遍认为应首先植入的是民宿业态，以后尝试更多像艺术书社、定制花坊、个性工作室等等文化创意产业，在符合本地区历史文化保护区的定位的前提下，让产业既服务游客也服务本地居民。这些认识如何与首都功能核心区的职能定位相适应，是一个需要全盘考虑的大问题。

3.2 多元参与缺乏有效性，责权认识仍然不统一

由于未来“共生院”发展中存在诸如土地属性变更等政策障碍，以及投入资金大等问题，社会力量特别是民营企业参与的积极性不高。相关项目大量地依赖或寄希望于财政资金进行前期开发和建设的支持，对后期的维护又缺乏长期考虑，地方政府、派出机关和建设企业的压力都很大。此外，中央单位和涉军单位拥有产权的空间在老城区占有一定比例，在老城保护和城市更新过程中主动参与少，积极性不高，涉及问题也较为复杂。

调研发现，对于现有“共生院”腾退空间的改造大多采用“冒出来一块，缝补一块”的小修小补模式，客观上难以满足本院居民在工作和生活的所有需要，无法全面落实区域统筹发展定位和空间布局要求，更缺乏从前期规划建设到后期管理维护的全流程管控。虽然有一些项目考虑过本院居民参与民宿运营，通过提供一些服务获取薪酬的方式实现互利，但目前仍然没有案例支撑。此外，公众缺乏获取公共空间信息的便利渠道和参与公共空间治理的长效机制，既缺乏公共空间信息公开的标准规范，也没有建立基于移动互联网的信息发布平台。在需求表达、辅助决策、运营管理等方面，目前也没有形成有效地促进公众参与治理的机制，导致公众的参与程度较低、参与人数较少。

3.3 空间设计缺乏实用性，民生设施建设欠考虑

目前，“共生院”中的腾退空间，特别是院内公共空间，在开发利用中大多被设计为绿色休闲空间。虽然这些设计元素让“共生院”更为美观，但却没有提供院内居民急需的实用功能，如储物空间和健身设施等，从而导致空间品质较差，难以体现“首都风范、古都风韵、时代风貌”的特色，使得“共生院”的成效并不明显。

“共生院”和街区民生设施建设的滞后与百姓对美好生活的期望差距较大。调研发现，在“共生院”试点的老城区平房院内，除了对政策期望过高而不愿腾退、为了孩子上学或存在家庭矛盾不愿腾退的住户外，大多生活的都是高龄老人和家庭困难群体。保障这些城市贫困群体的生活需求，适度建设养老服务设施和救助服务体系，也应当是“共生院”和街区空间改造提升的重要内容。另一方面，老城地区人口高度集中，人口密度很大，职住分离特征凸显。这些人群是否需要和如何提供相应的民生设施，也是老城地区保护的一大难题，需要在

“共生院”未来的产业引入和发展中予以考虑。

由于在“共生院”建设中缺乏长期规划，在智能化建设、防火防盗设施配套，以及无障碍公共环境建设上都存在不足，现有的街区导则在实施过程中仍然难以落地。同时，旅游产业是区级未来发展不可忽视的重要内容，这种大流量所对应的服务设施如何部署，如何与“共生院”和街区公共空间改造提升相互配合，都是大问题。作为代表中国传统文化聚集地的重要城区，最终要与首都作为全国文化中心和国际交往中心的城市定位相匹配。

4 对策与措施

“共生院”虽然提出了诸如建筑共生、居民共生、文化共生的理念，但在具体执行中更倾向于实现“共同生活”的目标，缺乏对社会共生的清晰思考，仍然属于一种“消极共生”。“共生院”的出现虽然是一种无奈的巧合，但也让我们重新看到了一种可能。我们不能把老城保护和有机更新孤立地认为是一个规划建设和改造提升的过程，而应该认识到这一进程正在重新书写历史，我们正在建设一座新生的城市、一座可持续发展的城市。未来应当将“以人民为中心”和“共建共治共享”的治理理念融入其中，从思想意识、政策创新、民生保障和可持续发展等方面做出改变。

4.1 在认识上要打破传统定式，更新理念促进发展

“共生院”模式是老城保护和有机更新的一种模式，核心是对腾退空间的再利用。“老城保护”不仅仅是保护老建筑和传统文化遗产，而是要保护自身独具特色的文化。文化的外在表现除了建筑物外，更多的是当地居民的生产和生活状态。要打破传统的“老城保护”定式，将一切工作的落脚点放在基于社会公平的有机更新上，才是未来“共生院”和街区更新的目标。

“共生院”的改造提升要寻找到社会公正和经济发展的平衡点，把公众的根本需求作为空间建设管理的出发点和落脚点。“以人民为中心”的执政理念应当体现在公共政策当中，落实到具体的行动之上。具体而言，政府应当在公共价值观的形成和履行中发挥核心作用，尽快出台街区层面的控制性详细规划，形成具有本地特色的街区设计导则。导则不仅要征求老百姓的意见，也要吸收基层政府和社会力量的意见，还要积极征询中央单位和涉军单位的意见，同时明确各自的职责和义务，在建设和维护过程中做到依法依规、保障有力。

加强专业研究工作，紧盯国内外动态和成果，发挥行业机构和社会组织的力量，引入专业的团队，开展跨界跨区域的交流，提升包括“共生院”在内的各类街区空间规划设计能力和运行水平。此外，政府不仅要以身作则、身体力行，还应当引导开发企业和居民形成正确的价值取向，对“共生院”建设背后的保障底线达成共识。

4.2 创新社会力量参与的方式，有效完善保障机制

“共生院”的共生不是简单的“共存”，更不是“寄生”，而应当强调建立一种“共建共治共享”的治理格局。为了保障“共生院”发展的可持续性，要让院内居民在规划、建设、使用和管理过程中实现参与“全覆盖”。在规划和建设阶段，充分听取居民意见，在信息公示的过程中

要主动组织代表会议和活动，保障居民充分的知情权，提高认可度，为改造工作提供民意基础。在使用和管理阶段，建立和完善社区自治制度，将规划部门、权属单位、居委会和其他自治组织纳入其中，形成党委领导、政府负责、社会协同、公众参与、法治保障的治理格局。

从问需于民，到还权于民，逐步提升公众参与“共生院”治理的意识和能力。为居民提供参与渠道，给居民赋予决策权力，让居民在议事和管理的实践当中得到锻炼。同时，要做到参与有结果、居民有效能，提高协商议事结果转化为实际政策和行动的转化率。居民参与治理，关键是居民能够看到参与的实际成果。为此，政府应当在合理管理居民期待的前提下，尽可能投入公共财政等资源，保障居民参与治理的结果落到实处。积极发挥民营资本和社会组织的力量，在强调社会效益的同时要对经济诉求持开放态度，引导民间资本采用“社会企业”的方式，社会组织通过政府购买服务方式介入“共生院”的运营工作，尽快出台民营经济参与老城保护和城市更新的鼓励政策。

在合法合规的前提下，由区级政府、街道办和市区两级规划部门研究出台针对“共生院”及历史文化街区公共空间的土地用途属性调整办法，让一些已经不符合现实需要的空间得以利用，从而为社会资本参与建设和运营扫清障碍，进一步优化营商环境。这样做既能够更快速地改善居民生产生活条件，也提升了相关规划的执行效率，实现“一张蓝图绘到底”的初衷。

4.3 改善民生是老城保护关键，适度集约建设设施

“共生院”的建设要时刻牢记满足老城区居民对美好生活需要的初心，因此改善民生是老城保护成功的关键所在。老城区民生设施建设应以满足老城居民的底线需求为准则，不需要“高大上”的公共服务设施，鼓励发展“小而灵”的服务业态。坚持适度和集约的原则，紧密围绕首都核心功能区的职能定位进行规划和建设。所谓“适度”是根据地区国民经济和社会发展情况，特别是人口结构和未来变迁来确定的；所谓“集约”是指在土地资源紧缺的情况下，坚持见缝插针、留白增绿，将腾退空间再利用与民生保障设施建设相结合。要摒弃过去在规划中按照区域划分建设公共服务设施的方法，不搞“一街一个”的建设方式，能够集中的尽量集中，如几个街道共同使用 1～2 个养老驿站，多个社区共用一个社区图书馆等，进而保障资源利用的效益。在民生设施的运营上采用公益方式，以政府补贴形式予以保障，按照“百姓出一点、社会掏一点、政府补一点”的多方投入方式运行，既能保障服务落地，也能促进消费，真正让百姓受惠。

政府相关部门会同街道、社区，完善基础资料的调研，形成供给侧与需求侧两套台账。一方面，投入力量，对平房院落的状况进行摸底调查，分析现有空间的单位权属、功能定位、建设品质和使用规划，分析腾退空间的单位权属、历史功能、当前状况和使用规划，建立完整的资源信息台账。另一方面，了解当地居民对公共空间的真实需求，综合考虑文化休闲、老年服务、儿童服务、交通管理、环境治理等方面的需求。结合资源状况和需求状况，明确腾退空间改造提升的范围、对象和层级。同时，要加强部门间数据的开放共享，加强智能化水平，开发相应的智能系统，及时掌握空间活动状况，特别是让老百姓了解空间建设与运营的情况。充分利用移动互联网、大数据技术，让公众能够简便地使用移动终端，及时反馈空间信息，保障动态掌握相关情况，为社会治理提供新的手段。

4.4 可持续发展是根本落脚点，符合首都功能定位

可持续发展是“共生院”最终的落脚点，也是对老城保护和城市更新的基本要求。“共生院”的维护运行应多采用社会力量，特别是社区社会组织的力量。要发挥引领、统筹的作用，在建成之后，采用委托运营、购买服务、场地置换服务等多种方式，将公共空间交由社会企业或社会组织进行运营。对集中成片的空间，可以同时委托多家社会组织或企业进行运营，使居民能够享受丰富多样的服务；对区域内的小而散的空间，吸纳一家上规模的社会组织或企业总体承接，提供统一的管理和服务。鼓励社会组织和企业利用志愿服务的方式，参与空间运营维护。

政府部门不断提高与社会力量进行合作的能力，明确委托运营的事项和购买服务的范围，形成社会力量和企业运营公共空间的运营标准、操作流程和考核方式，树立示范性、典型性的优秀案例。政府适当允许社会力量开展一些经营性的收费项目，形成商业性服务和公益性服务并存、商业服务收入补贴公益服务成本的良性循环，提升“共生院”运营维护的可持续性。

5 结语

在“社会共生”的理念指导下，以实现“底线公平”的目标为基础，北京老城保护和城市更新应当着力于打造一座继承传统和面向未来的“新城”。通过“共生院”的示范，实现“共建共治共享”的城市更新格局，提升地区营商环境，优化产业转型升级，提高社会文明程度，更好地展现北京作为“四个中心”的时代特征，最终让老城焕发新活力，成为新时代北京经济社会发展的增长极。

注释

本文获得中国致公党北京市委“全面落实城市总体规划，加强老城保护和有机更新，优化提升首都核心功能”课题组的大力支持。

参考文献

[1] 李友钟. 社会共生论理论渊源考察[J]. 理论界，2014(7)：80－82..

[2] 张桂叶. 社会共生理论与社会阶层流动研究[J]. 兰州石化职业技术学院学报，2014(3)：65－67.

[3] 陈怀远. 社会共生理论的建构矛盾与创生前景[J]. 江汉论坛，2016(3)：134－138.

[4] 景天魁. 底线公平：和谐社会的基础[M]. 北京：北京师范大学出版社，2009.

[5] 袁方，等. 对底线公平理论的辩证思考[J]. 高校理论战线，2010(2)：44－48.

[6] 景天魁. 适度公平就是底线公平[J]. 中国党政干部论坛，2007(4)：25－26.

[7] 景天魁. 社会保障：公平社会的基础[J]. 中国社会科学院研究生院学报，2006(6)：16－22.

[8] 王海燕. 共生院，悄然更新胡同生态[N]. 北京日报，2019－1－17：18 版.

建设用地规模负增长背景下上海城市更新的探索与思考

骆 悰 张 维

上海市城市规划设计研究院

摘 要:全市规划建设用地规模负增长已经成为上海城市底线约束的硬指标,城市更新将成为未来上海城市规划建设的主要形式。文章解读了《上海市城市更新实施办法》,比较了上海市对于工业转型区、旧居住区、商务商办地区各类城市更新政策,并以曹杨新村、沪西工人文化宫、桃浦工业区转型为案例,总结了上海城市更新的特征及主要问题,对政府转型、城市文化留存、规划制度建设、规划师角色转变等提出了思考。

关键词:城市更新;制度设计;曹杨新村;西宫;桃浦;存量再利用

1 上海城市更新背景与制度设计

1.1 城市更新背景

2014 年,上海市第六次规划土地工作会议提出了"规划建设用地规模负增长""以土地利用方式转变倒逼城市发展转型"。2015 年上海市两会期间,市委书记韩正在讲话中指出"郊区是上海未来发展的主战场,必须做好建设用地减量化"。同年,在"总量锁定、增量递减、存量优化、流量增效、质量提高"的土地管理思路下,力争 2020 年实现全市规划建设用地规模负增长后,上海市规划与国土资源局再出台建设用地减量化相关规定。《上海 2035 总体规划》进一步明确了底线约束的重点目标:明确城市建设用地总量和结构,通过鼓励和引导各项城市建设节约集约利用土地,加大存量建设用地挖潜力度,推进土地利用功能适度混合利用,实现规划建设用地总规模负增长,全面提升土地利用效率。

1.2 城市更新制度设计

1.2.1 《上海市城市更新实施办法》解读

《上海市城市更新实施办法》(简称《办法》)于 2015 年 6 月 1 日起施行,为有效实施《办法》,形成《上海市城市更新规划土地实施细则(试行)》(2015 年 9 月 1 日起施行)以及《上海市城市更新规划管理操作规程》《上海市城市更新区域评估报告成果规范》等相关配套文件。

《上海市城市更新实施办法》共二十条,明确了城市更新的定义和适用范围,城市更新实施的组织架构、工作流程、土地与规划管理政策等内容。总体上，该办法有以下几个特点：

（1）目标明确：以集约利用存量土地、改善人居环境、增强城市魅力等为目的。

（2）三个原则：

①规划引领，有序推进。落实区域评估、整体更新的要求，发挥规划的引领作用，依法推进试点，实现动态、可持续的有机更新。

②注重品质，公共优先。坚持以人为本，激发都市活力，提升城市品质和功能，优先保障公共要素，改善人居环境，增强城市魅力。

③多方参与，共建共享。搭建实施平台，创新规划土地政策，使多元主体、社会公众、多领域专业人士共同参与，实现多方共赢。

（3）范围特定：以城市建成区为更新对象。

上海目前现行的城市更新类政策法规有《关于本市开展“城中村”地块改造的实施意见》（沪府〔2014〕24 号）、《上海市旧住房综合改造管理办法》（沪府发〔2015〕3 号）、《关于本市盘活存量工业用地的实施办法（试行）》（沪府办〔2014〕25 号）等，主要集中在工业区、居住区、城中村的更新改造方面，新出台的城市更新实施办法有效地对商务商办等其他地区进行了空缺弥补（如图 1）。

工业转型区	旧区改造	商务商办等其他地区
鼓励通过改革增加容积率，提高工业用地的用地效率	范围由中心城向效区城镇扩展	“存量补地价”支持现物业权利人依据规划重新取得建设用地使用权
允许工业用地通过重建、改建的方式一部分转变为职工宿舍、现代服务业、研发总部等功能	土地管理由双轨制转向市场化	允许用地性质的兼容与转换，鼓励公共性设施合理复合集约设置
更新机制上开始探索对以原土地权利人为主体的更新行为的政策支持	规划管理导向由增加开发容量转向增强综合功能	以为地区提供公共设施或公共开放空间为前提，通过适当的建筑面积奖励，强化地区品质和公共服务水平
完善工业用地的出让方式，探索弹性出让年限及“先租后让”的土地供应方式等	拆迁补偿由实物补偿转向货币补偿	对于增加保护具有价值历史建筑的，部分历史建筑的建筑面积不计入规定总量
	居民动迁安置由异地安置转向鼓励居民回搬和就近安置	
	公众参与逐步走向透明和法制化	

图 1　上海市城市更新相关政策梳理（资料来源：笔者自绘）

（4）内容体系上分为区域评估、实施计划与全生命周期管理。

区域评估以控制性详细规划为基础，通过分析地区现状与发展趋势，梳理存在问题与发展诉求，明确需优化的公共要素清单。在评估基础上，将现状问题严重、民生需求迫切、更新实施条件良好的地区划为更新单元。更新单元最小由一个街坊构成。

（5）实施上发挥街道与镇乡的作用，通过土地兼容、边界优化、公共空间奖励等规划手段及优惠政策：存量补地价的土地出让收入返还，风貌保护项目的减免税，对纳入城市更新的地块免征城市基础设施配套费等各种行政事业收费，电力、通信、市政公用事业等企业适当降低经营性收费。

1.2.2 阶段性

(1) 试点完善阶段(2015 年 1 月—2015 年 12 月),制定下发《办法》(试行),推进中心城各区城市更新试点项目,及时总结经验,修改完善《办法》。

(2) 全面推广阶段(2016 年 1 月—2016 年 12 月),推动城市更新立法,继续创新规划土地政策,在市域范围全面推进城市更新各项工作。

(3) 新一轮上海市总体规划批准后,进一步推动上海规划土地管理体系转型,完善城市更新的工作方法,适应上海未来城市发展的新常态。

2 上海城市更新实践探索

2.1 曹杨新村城市更新

2.1.1 更新背景

曹杨新村始建于 1951 年,是解放后上海乃至全国第一个工人新村。60 多年来,经过多次加建、扩建和改建,曹杨新村成为上海市区西部重要的大型住宅区。但由于建成年代久远,新村内的空间环境、功能格局已经无法满足居民的需求,亟须进行调整优化。主要问题包括:

(1) 单一居住功能,社区活力不足

伴随着中心城“退二进三”的进程,工业企业外迁带来就业岗位的减少,年轻人逐步搬离社区,导致曹杨新村内整体活力不足。以 2010 年“六普”曹杨一村的数据为例,上海户口 6 123 人,人户分离 3 534 人,失业人员 158 人,无业 352 人,协保 258 人,残疾 120 人。

(2) 人口老龄化严重,公共设施配置不足

曹杨新村最初的规划设计带有工人阶级的特征,其公共服务设施的配置模式无法满足现代社会的需求,同时由于新村规划初期为年轻夫妇居住,60 多年来,老龄人口逐步增长,而原有设施配置仅考虑了年轻家庭的需要,适老设施配比不足。

(3) 居住条件局促,生活品质难以保障

50 年代曹杨新村的规划中,通过降低住房标准和公共化私人空间缓解住房的供需矛盾,时至今日,虽然经过多次加扩建,新村内住宅空间仍普遍狭小,新村内人均住宅面积仅 20 平方米。

(4) 高峰时段交通拥堵,停车设施紧缺

曹杨新村规划设计遵从“邻里单元”的思路,因地制宜布置路网,内部道路狭窄,通而不畅,主要车流集中在梅岭路、杨柳青路等外围道路上,内部支路无法分担车流,又被地面停车占据,导致高峰时段拥堵严重。

(5) 绿带被阻难以环通,开放空间侵占严重

60 多年来新村内的住房改造及设施增配,大量挤占了原有开放空间。曹杨环浜滨河空间被渐渐侵占。

为系统性解决社区存在的问题与矛盾,2015 年曹杨新村被列入普陀区城市更新试点项目,以整个社区为更新单元,梳理其现状特征和面临困境,通过深入的公众参与活动,完成了城市更新区域评估(见图 2)。其评估范围为曹杨新村街道整个行政区域,由武宁路—中山北

路—金沙江路—桃浦河围合，用地面积 2.08 km^2。

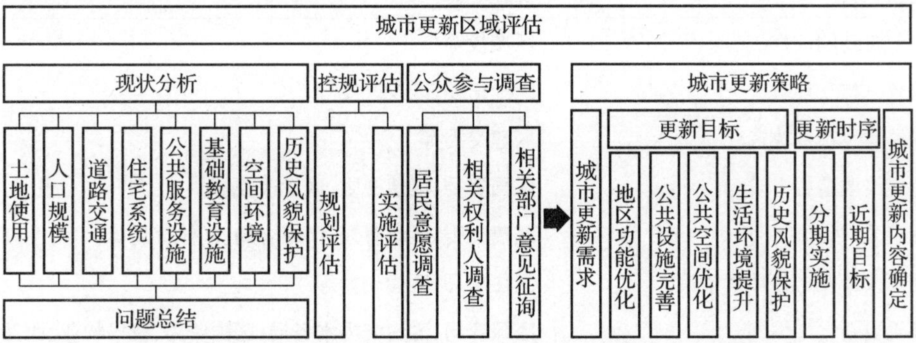

图 2　曹杨新村城市更新区域评估内容框架(图片来源:笔者自绘)

2.1.2　更新目标与策略

通过对现状及相关规划的评估，聚焦公众利益，提出四大更新目标，包括：优化地区功能、激发社区活力；完善公共设施、建设适老社区；提升生活环境、改善居住品质；整合公共空间、打通绿色廊道。应对目标提出了多项具体更新策略，包括：武宁科技园功能提升、曹杨一村功能置换、铁路集贸市场改造、兰溪路整体改造提升、完善公共服务设施配置、优化公共交通线路、住宅成套改造、居住环境综合整治、开放环浜滨河空间、桂巷路改造更新，并从居民需求紧迫性、实施难易度等方面，排列更新要素的优先级，分为三期实施。(如表 1)

表 1　曹杨新村城市更新目标与策略(表格来源:笔者自制)

目标	策略	实施
优化地区功能 激发社区活力	策略一:武宁科技园功能提升	中期
	策略二:曹杨一村功能置换	中期
	策略三:铁路集贸市场改造	远期
	策略四:兰溪路整体改造提升	中期
完善公共设施 建设适老社区	策略一:完善公共服务设施配置	近期
	策略二:优化公共交通线路	近期
提升生活环境 改善居住品质	策略一:住宅成套改造	远期
	策略二:居住环境综合整治	远期
整合公共空间 打通绿色廊道	策略一:开放环浜滨河空间	近/中期
	策略二:桂巷路改造更新	已完成

2.1.3　推进机制

以项目实施为目标，建立推进机制，明确各更新项目落实的责任主体(如表 2)。

表 2　城市更新实施推进主体一览表(表格来源:笔者自制)

更新项目	实施主体
武宁科技园改建	区城投等
曹杨一村功能置换	区经信委、区发改委等
铁路集贸市场改造	区建交委等
兰溪路改造提升	区国资委、区建交委、区发改委等
完善公共设施	区建交委、区教育局、区绿容局、区体育局等
住房改造及居住环境整治	区住房局、区建交委等
环浜更新	区绿容局、区建交委水务局、区国资委、曹杨物业、西部集团

细化项目分类,将项目分为管理类、建设类及协调搬迁类。管理类项目包括公交站点调整、学校操场开放等实施性较强的项目;建设类项目包括设置健身步道等不涉及与权利人协调的项目;协调搬迁类项目包括拆除现有建筑、地块功能置换等需要进行产权调整与利益再分配的项目,其实施难度与不确定性较大(见表 3)。

表 3　曹杨新村城市更新项目分类与实施方式(表格来源:笔者自制)

类型	所在街坊编号	具体项目	协调主体	实施方式
管理类		曹杨二中、沙田学校、兴陇中学、曹杨二中附属学校开放操场		区教育局实施
		增设公交站点		区建交委实施
建设类	X9	环浜东侧增加架空步道		街道牵头,区建交委水务局实施
		沿花溪路一侧设置景观节点		
	X10	环浜西侧设置滨水架空步道		
		增加景观桥连接环浜两侧		
	X13	设置滨河健康步道		
协调搬迁类	X9	打通交警支队围墙,增加亲水平台/可考虑搬迁将功能置换为社区公共服务设施	交警支队	
	X9	拆除西部绿化和灭蚁所,改建成康体乐园,并增设健康步道	西部绿化	
	X10	打通曹杨一村花溪路、棠浦路一侧围墙	西部集团、居民	
		打通烟草专卖公司围墙/可考虑搬迁将功能置换为社区公共服务设施	烟草专卖公司	
	X13	拆除曹杨花溪园南侧围墙或改为门禁	西部集团、居民	

2.1.4　总体特征

(1) 以现状为基础

城市更新过程中,重点研究了曹杨新村的历史沿革及演变特征,深入了解现状,并在此基础上制定更新方针，力求在解决存在问题的同时，保持并强化社区现状特色。

(2) 以需求为导向

城市更新过程中充分了解各权利主体需求，包括街道办事处等行政管理部门、居委会等社区基层组织、居民代表、物业公司、相关权利主体等。

(3) 以实施为目标

由区委区政府领衔成立城市更新领导小组，负责统筹推进、统揽全局；曹杨新村街道办事处为城市更新推进主体及更新平台，负责与权利主体等多方协调及更新项目的推进；由上海市规划和国土资源管理局详规处作为技术指导部门，负责城市更新政策和技术规范的制定和优化，更新项目的指导；普陀区规划和国土资源管理局作为辅助协调部门，负责规划的编制和会议组织；区建交委、国资委、经信委、绿容局等各委办局，西部集团等区属企业单位作为配合部门，负责推进城市更新项目实施。

(4) 以整个社区为更新单元

不同于以市场力推动、自下而上的城市更新，曹杨新村城市更新以政府为推进主体，以社区整体评估及优化为目标。

(5) 以公众参与为手段

现状调研、规划策略、实施方案等各个阶段征询各委办局、街道、居委会、利益主体及新村居民意见。并通过街道发放 1 000 份问卷至曹杨 20 个居委会，最后实际回收 991 份。分为基本情况、居住环境及公共服务、环浜整治、个人住房、交通出行和曹杨印象六个部分。抽样居民中，87%在曹杨居住超过两年，84%为上海本地人，68%在曹杨及周边地区就业。

(6) 充分考虑公众利益

政府职能转型背景下，规划目标从经济增长转向社会发展，从城市开发转向社区复兴。曹杨新村城市更新项目中将以人为本作为更新原则，充分考虑大多数居民的利益。关注完善社会网络、传承社区文脉，以优化社区功能、改善居住条件、优化公共服务、提升环境品质等体现公众利益的方面为主要目标。

2.1.5 问题总结

(1) 先易后难，核心问题仍无法解决

从建成至今的 60 多年，曹杨新村的住宅建筑经历了多次更新改造，如加层、扩建等。目前，曹杨新村仍有 9 000 多户未完成成套化改造。对社区居民而言，最核心的问题始终是居住水平提高的问题，而由于住宅建筑日照间距、旧区改造资金及市场化机制等无法突破，使得曹杨新村更新近期重点始终围绕在环境美化方面，而核心民生问题只能期待远期解决。

(2) 政府主导，实施方式欠缺示范性

作为社区整体更新，本次更新区别于权利人自发更新的项目，极大程度上以政府为主导，以公众利益为导向，以公共财政为主要资金来源。在小政府大社区的当前趋势下，更新的实施方式缺乏示范意义。

(3) 机制局限，权利人积极性不足

本次更新无论是权利人的参与，或是社区居民的参与，都有赖于政府部门的组织。社区非营利组织培育不完全，无法为居民代言，城市更新政策缺乏吸引力，无法鼓励权利人自发进行更新。

2.2 西宫城市更新

2.2.1 更新背景与历程

西宫，全称沪西工人文化宫，和上海工人文化宫（市宫）、沪东工人文化宫（东宫），并称上海“三大宫”。西宫是上海社会主义建设初期的文化地标，也是为数不多代表这一时期建筑风格和建筑技术的优秀作品，西宫建成后成为工人的学校和乐园，一度被誉为“广大职工的精神殿堂”。1980年代后，西宫新增12个景点，添置大型游乐设施，工人的美术、摄影、集邮、书法、影评、书评、钓鱼等爱好者协会相继在该宫成立。90年代后期，由于工人文化活动的衰退及市场经济的兴起，西宫成了小商品市场。

2013年，上海市总工会计划搬迁至西宫，启动了西宫改造前期规划研究工作。作为一代人心目中的文化地标，西宫改造方案引发了市民及学者的关注。在国际方案征集的基础上，2015年7月由市总工会、市规划局及区政府专门组织了沪西工人文化宫规划研究讨论会，邀请了各方面专家及市民代表15人参加了会议，会议结果明确了：

(1) 西宫保护的是整体的空间格局和景观要素，包括水面、雕塑和既有建筑中的西宫饭庄、横滨馆。

(2) 有必要在基地南部设规划支路，与白玉路及东新路直接相连，从而实现地区交通网络的贯通，同时兼顾解决西宫机动车的交通集散功能，缓解西宫周边交通的压力。

在媒体与专家学者的多次呼吁下，2015年年底，普陀区领导公开承诺保留由著名建筑师陈植先生设计的沪西大剧院、沪西工人俱乐部两幢主体建筑，并最终得到市总工会、市规土局、区政府的承诺。

2.2.2 问题思考

(1) 社会力量推动历史价值地区留存的典型案例

2015年初，有学者在网络上提出规划应保留沪西工人文化宫内有价值建筑的意见。上海市规划组织编制部门非常重视，请华东建筑设计研究总院就历史风貌遗存问题进行梳理，形成“既存建筑调研报告”，并于3月26日组织了专家咨询。经讨论，专家把西宫建筑遗存聚焦在四栋建筑上，包括西宫饭店（茶室）、横滨馆、沪西大剧院、沪西文化宫主楼（沪西工人俱乐部），并确定保留两处主楼。

(2) 风貌保护侧重新中国成立前，跟进滞后

目前，上海市优秀历史建筑的确定以新中国成立前为主，新中国成立后的保护建筑极少。随着大规模城市更新的推进，受经济利益驱动，城市历史文化环境日益受到“建设性破坏”。西宫内虽然没有一栋建筑被列入历史保护建筑名单，然而作为社会主义初期建设的文化地标及建筑技术的代表，其历史记忆应该得到保留和延续。

(3) 调整后的规划仍非最优

西宫北侧毗邻上文提及的曹杨新村，作为当时上海中心市区的西北门户，其总体风貌为园林式的工人文化宫，形成对外开敞的空间形态格局。而根据西宫改造设计方案，将形成封闭式景观界面。因此，尽管主体建筑得到保留，但其与周边长期形成的良好空间格局难以维系。

(4) 公共产品更新规模应得到科学把控

西宫改建后以文化展示为主,体育、商业、办公、交通枢纽等为辅,采取综合开发模式,形成功能复合的市级文化综合体。规划建筑面积达 17 万 m^2,给原本就属于拥堵区域的西宫带来了更大的交通压力。

2.3 桃浦工业区再开发

2.3.1 更新背景与历程

桃浦工业区位于普陀区与宝山区交界区域,是 1956 年规划的近郊工业整备区,80 年代定为城市污染整治地区。2012 年,桃浦地区作为整体转型区域,启动了桃浦科技智慧城规划编制,总规划用地面积 4.2 km^2,规划建设用地面积约 4.12 km^2,绿地面积约 119 hm^2,地上总建筑面积约 427 万 m^2。

2014 年 7 月至 2015 年 2 月,开展了国际方案征集,以"回答如何建设 21 世纪的城区和中央绿地"。经专家评审确定,以德国 HPP 方案为基础进行城市设计方案深化,以美国 JCFO 方案为基础进行绿地设计方案深化。

2.3.2 问题思考

桃浦工业区在开发地区位于上海城市总体规划确定的城市楔形廊道所在地,是主城区重要的区域性生态走廊。桃浦科技智慧城规划尽管本身亮点纷呈,但由于缺乏对城区再造的区域考量,因此只是开展了地区内部的空间优化,并将原本区域开敞的楔形绿地内部化为"中央绿地"。局部地区的城市更新如何与其所处的区域整体更新相协同,将是很多城市更新项目面临的考验。

3 几点思考

3.1 政府:对"城市养老"的重视应优先于城市更新

改革开放前,上海城市建设的欠账严重,至 80 年代后期,逐步开始了旧城改造。伴随着十几年的大规模城市开发建设与城镇化扩张,在城市规划自身面临转型的时候,部分城镇化地区也面临老化的问题,"城市养老"应是比城市更新更优先获得重视的问题。"城市养老"即一座城市在其发展过程中,必然会面临局部地区需要予以及时的和有针对性的资源投入,以确保全市所有地区都能维持基本的城市品质和生活质量。而这些,并不直接给城市带来经济产出;资源的投入,也应得到城市财政的常态化保障,而非交给市场承担。

3.2 城市:对城市精神的维护应优先于物质空间

对城市空间的优化而言,物质形态的更新固然必要,但历史文化、精神场所的留存应是城市更新中最重要的环节。城市不能只有直接产生经济利益的空间,给市民安全感、归属感和对基本权利的充分尊重,才可能产生真正的创造力和活力。

3.3 城市规划:遵从城市发展客观规律优先于具体方案编制

城市更新涉及城市社会、经济和物质空间等方方面面,是一项综合性、全局性、政策性工作。就上海而言,其规划法规也是一个逐步适应发展需要而不断完善和修订的过程,新生的《上海市城市更新实施办法》就已经面临了重重障碍。除了规划土地政策,还需要财税政策、税收优惠等各种综合政策配合才能逐步完善城市更新实施机制,这一过程也体现了城市发展的客观规律。

3.4 规划师:城市更新时代是挑战更是机遇

对规划师而言,很多在扩张发展时期练就的能力,似乎在以城市更新为主的时期“英雄无用武之地”。但对规划师这个行业来说,最大的危机并非规划市场的缩减,也并非知识技能的不适应,而是丧失与时俱进再学习的能力以及深入城市更新最基层去发现问题并独立思考问题的能力。在政府职能完成转型之前,规划师往往还要扮演理性公道的角色,因此其空间不是缩小而是扩大,总体而言,机遇大于挑战。

3.5 理念:应充分认识“存量用地再开发”并非真正的“城市更新”

上海 1990 年代后随着土地有偿出让及产业结构转型,中心城边缘地区自下而上产生了大量工业地产,目前大多成为所在地区“存量用地再开发”的土地资源。这些地区,如本文提及的桃浦工业区,因其推倒重来并整区域再造的特点,与扩张式新区开发并不存在质的差别。这些,理应引起必要的重视。

参考文献

[1] 岳隽,陈小祥,刘挺. 城市更新中利益调控及其保障机制探析:以深圳市为例[J]. 现代城市研究,2016(12):111-116.

[2] 阳建强,杜雁. 城市更新要同时体现市场规律和公共政策属性[J]. 城市规划,2016(40):72-74.

指标与效能:城市更新公共价值贡献评价方法研究
——以深圳为例

吕诗佳

深圳大学城市规划设计研究院有限公司

摘　要:城市公共部门强调城市更新项目的公共价值导向原则,公共价值共识的喧杂不明不利于城市空间提质增效目标的实现。深圳实践发现,基于单类别数据计量的公共利益指标不能全面反映公共利益具体实现方案对所涉片区的空间效能提升的贡献水平,而基于主观经验的空间效能评价标准存在局限性。文章讨论了采用综合指标因子评价系统测算城市更新空间公共价值贡献率的方法,并建立了基于同维度的"标度因子"对"指标因子"动态修正的综合评价模型。双因子动态修正的综合评价方法提供了在多元价值维度上量度城市更新方案与其所涉片区公共需求(公共价值提升目标)的空间对应性特征的技术工具,使评价结论更能够反映兼顾全局与突出特质,以及促进片区可持续发展的评价目标。研究选取两个同区域样本进行实证分析,结果表明,这项技术工具突破了深圳目前使用的公共利益用地移交率指标评价方法局限,可以更灵活地比较更新专规方案在经济产业活力、健康安全保障、公共服务水平、空间趋优能力、特质孵化贡献五个测量维度的空间公共价值创增水平,从而有助于为城市更新项目审查提供新的客观的共识性基础,更利于形成城市更新空间效能提升的优化决策方案。

关键词:空间公共价值贡献率;标度因子;指标因子;综合评价;城市更新

城市更新在改造成本高昂的建成区制造功能空间调整优化的契机,此机会难得,且牵动的实施环境和社会关注较新建项目更为错综复杂。对公共部门(政府)而言,严谨选择城市更新方案是为保障更新行动中公共利益的具体实现方式符合城市公共目标指向,且在公域实现的效用处于最优域。在这个意义上,任何一个城市更新项目的实施决策都可视为影响城市建成空间可持续发展质量的战略关键。正如马克·H. 穆尔在《创造公共价值:政府战略管理》中所论述的,公共部门的管理者应该有效地根据所处的环境来思考和行动,以创造公共价值。穆尔认为,公共管理者在制定和实施战略过程中最具有挑战性的工作,是不断寻求价值、合法性支持、运作能力三个维度之间最大程度的匹配。[1]

从保障"公共利益"到提升"公共价值"应是城市更新项目公域贡献价值观不断发展的反映。诚然,也如胡敏中指出的"公共价值本体论和评价论研究对公共价值和价值共识的缺失,直接导致价值观研究中多谈价值冲突而鲜谈价值共识和公共价值观的不足"[2]。他同时提出,如果研究者能够(哪怕是逐渐地)改善公共价值暧昧不明和无所不包的状态,公共价值的研究将为其他理论的发展和公共管理实践做出不可估量的贡献。同理，本文认为，针对城市更新领域的空间公共价值集的识别与测定是值得深入探讨的研究方向。

1 城市更新的公共利益与公共价值

1.1 城市更新公共利益

1.1.1 城市更新公共利益的定义

公共利益与私人利益相对，强调非私属性。在城市更新专业域限定下，指在更新项目中划定的不归属于更新项目权属人的产权空间权益，主要关注产权分配和空间增量分配。公共利益导向原则的确立是深圳城市更新实践的重要经验，邹兵总结深圳早期的城市更新审查依从经济利益导向，造成城市的局部设施承载超限、空间使用成本上升、历史违建处理难度加大等现实挑战，深圳公共部门反思谋求更均衡于综合效益增长的更新模式[3]。新近颁布的《深圳市拆除重建类城市更新单元规划容积率审查规定》(深规划资源规〔2019〕1号)进一步体现了政府通过奖励政策制度设计，保障城市公共利益诉求实现的意图[4]。

1.1.2 城市更新公共利益指标评价方法的局限性

目前，深圳城市更新公共利益指标测算已形成了从城市更新项目计划申报到审批全流程的体系化设计，颁布了《深圳市拆除重建类城市更新单元计划管理规定》[5]《深圳市拆除重建类城市更新单元规划编制技术规定》[6]等系列规范性标准。测算主要关注空间的产权数据计量，结果表述为公共产权空间的分配占比情况，尚不能为城市更新项目对所涉空间效能的变动情况提供定义与度量。换言之，目前的公共利益指标测算方法不能定量评价公共利益的具体实现方式是否在类型、规模、位置、形态等方面真正切合区域的公共利益诉求(公共价值提升方向)，即测算指标没有与空间公共价值标准建立联系。

由于公共价值定义域和空间效用测定的缺失，采用公共利益指标评价方法的局限性在实践中表现出来：单类别的产权空间数据量竞争和公共利益(产权)容积率奖励驱动，导致了同片区的各项目在自身利益算计后往往选择建设同种类型的小面积用地公共设施，既满足了公共利益(设施)用地移交率规定又能获得容积率奖励。而公共部门就不得不思考，如何能够公正评价这些超出片区实际需要的重复的公共设施建设方案，又如何能够客观度量其对可持续发展目标的贡献水平，以便理性取舍。此外，市场主体参与方式的多样化，以及追求形态设计创造的多样化，必然会生成多变的更新空间方案，而针对空间方案审查常规采用的主观经验式的评价方式对公域空间实际效能的判定尚缺乏清晰稳定的参考依据。因此，本文认为，从城市更新公共利益测算方法，发展为对城市更新公共利益具体实现方案的空间效能贡献进行测度的评价方法，是很有必要的探索。

1.2 城市更新公共价值

1.2.1 城市更新公共价值的定义

关于“公共价值”的定义，王学军等通过对文献中“公共价值”概念的词义分析，将公共价值分为结果主导的公共价值(public values)和共识主导的公共价值[7]。认为两者的关系表现为:(1) 两者都内生于社会价值,以共同的社会价值为基础;(2) 共识主导的公共价值贯穿结果主导的公共价值实现的整个过程,是公共价值实现的制度基础;(3) 结果主导的公共价值和共识主导的公共价值都以实现根本公共利益为其最终目的。

上述概念归纳显示,"公共价值"的内涵具有"目标—过程—结果"动态协同的特征,是以共同的公共行为结果为目标的、以合法性授权路径为结构的、以多元价值冲突治理为保障的社会价值管理范式。本文尝试在城市更新专业域归纳"城市更新公共价值"的定义为:通过城市更新项目直接制造生成或间接固化的,由城市空间和公共基础设施承载的,对城市公众集体期望(公共目标)有回应性的,以稳定可靠的合法性授权路径和开放合作为保障基础的,兼顾效率与效益的公共利益实现形态。

1.2.2 城市更新公共价值集与评价因子

由定义分析可知,公共价值导向原则的实践落实需要具有客观稳定性和广泛共识性的,能够对更新活动所涉空间的公共价值创增实效进行测量的科学评价方法提供技术筛选器(如图 1),以利于甄选对片区的可持续发展能力贡献最优的社会经济综合形态的实施方案。

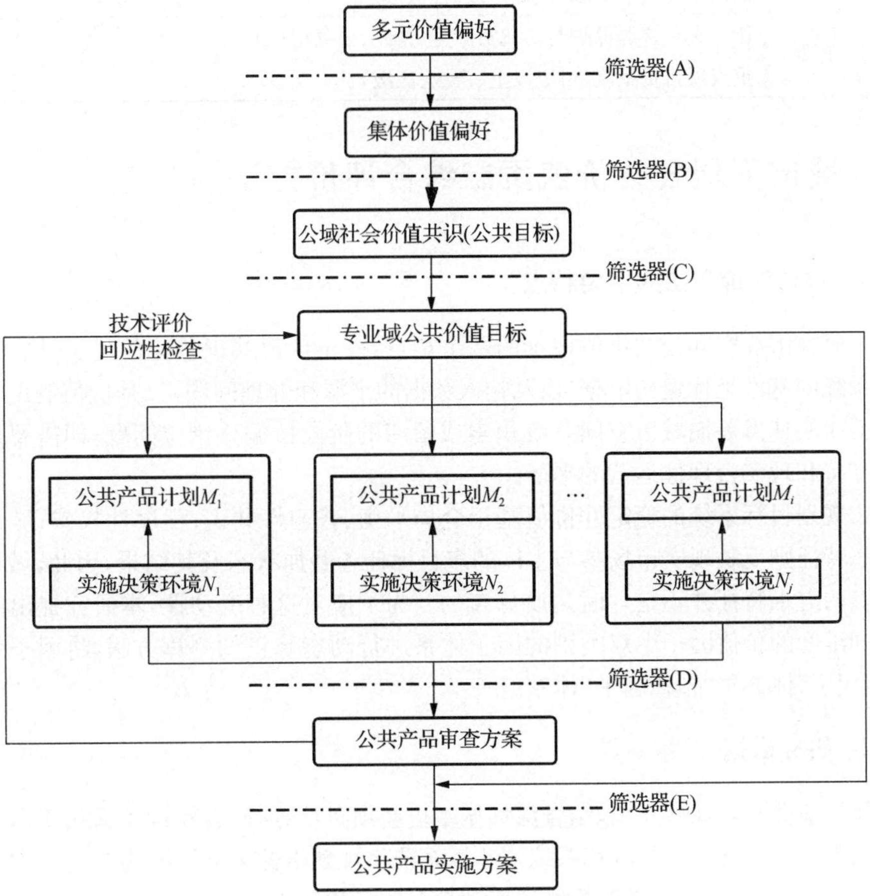

图 1　公共价值筛选流程图(图片来源:笔者自绘)

因此，本研究依据以人为本的“宜居城市”与“可持续的美好城市生活”为空间发展共识目标进行价值集筛选[8]，对应深圳城市空间提质增效的发展阶段，定义城市更新空间公共价值集及其指标因子簇结构（如表1）。

表1　城市更新空间公共价值集及其指标因子(表格来源:笔者自制)

价值集类型	评价方法与指标因子
经济产业活力	就业岗位贡献度（经济活力） 产业业态纳税贡献度（财务活力） 现实需求响应度（城市运营效率） 未来需求响应度（项目产业定位） 外部性贡献响应度（人群带动、产业带动）
健康安全保障	生态系统健康贡献度（生态格局维护、生态斑块保护） 安全体系建设贡献度（消防、防震、避险空间）
公共服务水平	社区型独立占地设施千人指标贡献度（基础教育、社区体育） 其他公共设施服务半径贡献度
空间趋优能力	宜居空间质量建设贡献度（通勤路径质量、人均宜步行面积） 消极用地治理贡献度（城市级、社区级）
特质孵化贡献	历史文化资源保护与活化贡献度（紫线、公共记忆） 重点项目贡献度（市级以上、市级、区级）

2　城市更新公共价值贡献综合评价方法

2.1　综合评价方法的主要特点

本文研究解决空间公共价值评价的两个难点：一是价值共识量化的科学性、客观性，包括测算系统的基准坐标建构依据，以及输入数据的来源和处理问题；二是价值制度基础合法性权威面对快速发展期城市空间系统积累或留滞的阶段性偏移错位问题，即需要兼顾规划合法性支持和现实合理性运营的平衡。

城市规划目标系统的稳定性价值基于全局平衡、普遍性共识、程序性权威；城市区块的局域动态特征则反映现实市场参与主体的多目标任务叠加状态及其结果，因此，城市优化目标（结构）的需求特征并不是匀时匀质分布的。为了应对这种变动性，本研究提出的评价模型采用同维度的价值因子中双类别的因子体系进行动态修正的测算方法，将因子体系分类为“标度因子”体系与“指标因子”体系。

2.2　研究数据

遵循科学性和客观性原则，结合深圳城市更新项目特点，研究建构了适用于深圳更新专规方案的空间公共价值贡献测算系统。测算系统将规划指标数据转换为与规划方案对应的功能性要素群的聚散度，及其匹配结构变动情况的量化评价。

评价模型的数据来源和转换基于深圳市已经搭建完善并覆盖全域的、统一的城市规划指标数据系统。评价因子输入数据采用深圳更新专规规范表述数值,变量数据基于城市大数据研究的实测数据整理数值。研究采用数据满足客观基础(全面事实数据)、公共理性基础(合规数据)和普遍基础(标准化数据)的要求。

2.3 综合评价模型

如前所述,城市更新公共价值贡献评价模型从经济产业活力、健康安全保障、公共服务水平、空间趋优能力、特质孵化贡献五个价值维度进行综合测评。模型公式如下:

$$B=\frac{\sum_{i=1}^{5}\sum_{j=1}N_i\times M_{ij}}{5} \tag{1}$$

式中:N_i——标度因子;

M_{ij}——指标因子。

2.3.1 指标因子(M)及其计算方法

"指标因子(M)"是体现多元价值维度构建的城市空间优化技术指标构成因子。计算数据来自项目更新专规指标和城市最新统计数据或数字化平台的网络公开数据,具有客观性和即时性特点,保证了测算结果的对照参考价值(如表2)。

表2 指标因子(M)体系(表格来源:笔者自制)

价值维度	因子名称		计算方法	量值评价
经济产业(M_1)	M_{11}就业岗位贡献度	产业类(直接就业)	单位更新用地的规划方案与现状直接就业岗位数的比值	值高为优
		居住类(就业机会)	单位更新用地的规划方案与现状间接就业机会数的比值	值高为优
	M_{12}产业业态纳税贡献度(财务活力)		(区分产业类型的)单位建筑面积纳税水平	值高为优
	M_{13}现实需求响应度(城市运营效率)		规划方案和项目现状与(运营圈)现实需求值的差值的比值	判别正负向
	M_{14}未来需求响应度(项目产业定位)		(对标产业链进化水平)理论供给目标需求量与规划方案供给增量的比值	值高为优
	M_{15}外部活跃性带动贡献度	活动人群带动	单位更新用地的规划目标人群与现状人群收入消费水平的比值	值高为优
		成熟产业带动	企业自持自用建筑面积与现状总建筑面积的比值	值高为优
健康安全(M_2)	M_{21}生态系统健康贡献度	生态系统连通性优化率	单位更新用地的(符合生态系统连通性)的规划生态空间贡献率	判别有无
		生态空间优化率	单位更新用地的(符合生态健康标准)新增生态空间贡献率	值高为优
	M_{22}安全体系建设贡献度	消防	规划方案(规范)达标用地与现状(规范)达标用地的比值	值高为优
		防震		
		避险空间		

续表

<table>
<tr><th>价值维度</th><th colspan="3">因子名称</th><th>计算方法</th><th>量值评价</th></tr>
<tr><td rowspan="3">公共服务(M_3)</td><td rowspan="2">M_{31}社区型独立占地设施千人指标贡献度</td><td colspan="2">基础教育</td><td rowspan="2">(片区范围)公共设施千人指标的规划方案与现状的比值</td><td rowspan="2">判别正负向</td></tr>
<tr><td colspan="2">文体设施</td></tr>
<tr><td colspan="3">M_{32}其他公共设施服务半径贡献度</td><td>(片区范围)公共设施服务半径(规范)达标用地的规划方案与现状的比值</td><td>值高为优</td></tr>
<tr><td rowspan="5">空间趋优(M_4)</td><td rowspan="3">M_{41}宜居空间质量贡献度</td><td rowspan="2">通勤路径质量</td><td>轨道沿线</td><td>更新用地上连接轨道站点且贯通街区(不相交两边)的非直线系数小于1.2且24小时开放的步行路径密度</td><td>判别有无值高为优</td></tr>
<tr><td>非轨道沿线</td><td>更新用地上(含地下街区连通性机动车通道)的路网密度</td><td>值高为优</td></tr>
<tr><td colspan="2">人均宜步行面积</td><td>(项目)活动人群的宜步行(场地)人均面积密度</td><td>值高为优</td></tr>
<tr><td colspan="2" rowspan="2">M_{42}消极用地治理贡献度(城市级、社区级)</td><td>上位规划治理要求</td><td>单位更新用地的涉及上位规划确认的系统性问题空间治理率</td><td>判别有无值高为优</td></tr>
<tr><td>现状问题治理要求</td><td>单位更新用地的涉及现状调查确认的消极性问题空间治理率(或清退用地)</td><td>判别有无值高为优</td></tr>
<tr><td rowspan="2">特质孵化(M_5)</td><td colspan="3">M_{51}历史文化资源保护与活化贡献度(紫线、公共记忆)</td><td>单位更新用地的历史肌理和文化记忆贡献率</td><td>判别有无值高为优</td></tr>
<tr><td colspan="3">M_{52}重点项目贡献度(市级以上、市级、区级)</td><td>更新项目用地与(行政区)同级及以上同期重点项目总用地面积的比值</td><td>判别有无值高为优</td></tr>
</table>

2.3.2 标度因子(N)的推导

“标度因子(N)”是描述更新片区公共目标对特定指标因子的需求向度特征的属性变量,用于确保与地区瓶颈问题和片区规划核心任务相关要素因子在更新方案评价中的高敏感性。

标度因子值由片区有效上位规划(法定图则或同等级审批的片区统筹规划)指标数据计算获得,具体计算如公式(2),即是片区上位规划(规定)项目范围内某属性因子的需求偏离量和规划增量的比值与片区成熟度特征系数的乘积。需求偏离量指某属性因子的(规定)规划增量与片区需求均量的差值,偏离值反映了上位规划确认的该项目元素对片区需求结构影响的权重关系。

$$N_i=\frac{[(F_i-X_i)-F_\lambda]}{(F_i-X_i)}\cdot\theta \tag{2}$$

式中:N_i——标度因子;

θ——片区成熟度特征系数;

F_i——(项目范围)与因子属性对应的上位规划规定用地面积;

X_i——(项目范围)与因子属性对应的现状用地面积;

F_λ——与因子属性对应的上位规划需求值(片区范围计算需求均值,项目范围为核计单位)。

"片区成熟度特征系数 θ"是依据片区规划统筹研究基础,反映片区现实空间向优化形态演进过程对特定属性因子增量需求的加权系数,是强化片区层面统筹(需求)与项目更新专规方案一致性评价的关键变量。计算如公式(3)~(5)

$$\theta = F_\lambda / (X_\lambda) \tag{3}$$

$$F_\lambda = \sum_{\alpha=1}^{\beta} (F_\alpha - X_\alpha) \cdot S/Z \tag{4}$$

$$X_\lambda = \sum_{\alpha=1}^{\beta} X_\alpha \cdot S/Z \tag{5}$$

式中:X_λ——与因子属性对应的现状评价值(片区范围计算现状均值,项目范围为核计单位);

F_α——(片区范围)与因子属性对应的上位规划规定面积;

X_α——(片区范围)与因子属性对应的现状面积;

S——更新项目用地面积;

Z——项目所属(法定图则)分区范围面积。

3　城市更新样本项目的综合评价测试

本阶段研究为了减少变量系数对模型评价能力测试的干扰,本文选择了同片区内两个城市更新项目(如图 2)进行样本测试。

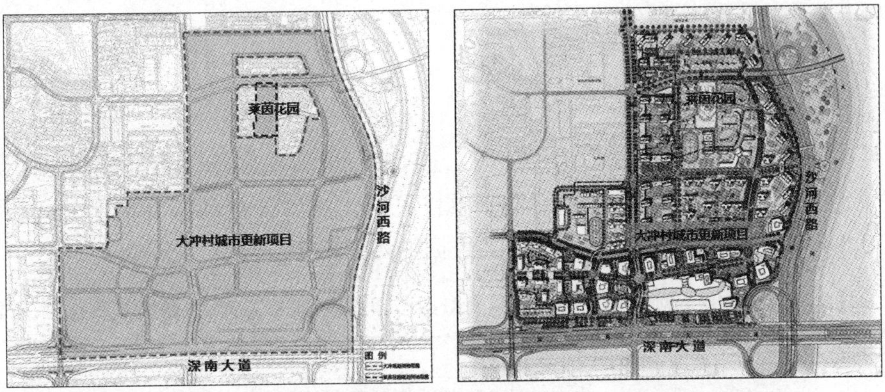

图 2　两个城市更新样本项目位置关系图(图片来源:笔者自绘)

3.1　A 样本项目

A 样本项目城市更新单元范围 69.46 hm²,作为深圳市整体拆除重建更新实践早期的规模最大的项目,拆迁改造实施全过程备受关注[9]。目前,更新主体项目实施基本完成,片区复杂系统的更新效应正陆续显现,是评价研究的理想样本。将样本相关数据纳入评价模型测算(如表 3)。

表 3　A 样本项目城市更新项目空间公共价值贡献综合评价表(表格来源:本研究测算结果,笔者自制)

基础数据/m^2*		标度因子(N)		指标因子(M)		分值
F_1	居住类 1 648 140	N_1 经济产业	4.2	M_{11}就业岗位贡献度	0.11	−7.1
	产业类 722 500					
X_1	居住类 233 000			M_{12}产业业态纳税贡献度	0.08	
	产业类 99 900					
F_2	69 800			M_{13}现实需求响应度	−2.09	
X_2	25 900			M_{14}未来需求响应度	0.07	
F_3	58 100			M_{15}外部活跃性带动贡献度	0.14	
X_3	30 700	N_2 健康安全	2.02	M_{21}生态系统健康贡献度	0.3	13.64
F_4	106 712			M_{22}安全体系建设贡献度	6.45	
X_4	82 097	N_3 公共服务	1.63	M_{31}社区型独立占地设施千人指标贡献度	2.26	5.98
F_5	0			M_{32}其他公共设施服务半径贡献度	1.41	
X_5	2 000	N_4 空间趋优	0.47	M_{41}宜居空间质量贡献度	0.34	0.79
R	3.5			M_{42}消极用地治理贡献度	1.34	
S	694 600	N_5 特质孵化	0.9	M_{51}历史文化资源保护与活化贡献度	0.004 9	0.004
Z	6 294 800			M_{52}重点项目贡献度	0	
评价总分值						2.66

*R 为区位基准容积率,本未中单位 R 除外

3.2　B 样本项目

B 样本项目城市更新单元范围约 1.15 公顷,项目更新实施将落实移交法定图则规划的城市次干道——科泉路的道路红线用地。项目更新实施的公共利益导向明确,是进行公共价值贡献率测算的理想样本。将样本相关数据纳入评价模型测算(如表 4)。

表 4　B 样本项目城市更新项目空间公共价值贡献综合评价表(表格来源:本研究测算结果,笔者自制)

基础数据/m^2*		标度因子(N)		指标因子(M)		分值
F_1	60 928	N_1 经济产业	3.3	M_{11}就业岗位贡献度	1.7	11.79
X_1	11 488			M_{12}产业业态纳税贡献度	0.23	
F_2	2 872			M_{13}现实需求响应度	0.032	
X_2	2 297.6			M_{14}未来需求响应度	0.01	
F_3	3 000			M_{15}外部性贡献响应度	1.6	
X_3	0	N_2 健康安全	1.60	M_{21}生态系统健康贡献度	0	3.2
F_4	828.44			M_{22}安全体系建设贡献度	2	

续表

基础数据/m^2 *		标度因子(N)		指标因子(M)		分值
X_4	0	N_3 公共服务	2.06	M_{31}社区型独立占地设施千人指标贡献度	2.28	4.7
F_5	0			M_{32}其他公共设施服务半径贡献度	0	
X_5	0	N_4 空间趋优	0.23	M_{41}宜居空间质量贡献度	0.47	0.25
R	3.5			M_{42}消极用地治理贡献度	0.63	
S	11 488	N_5 特质孵化	0	M_{51}历史文化资源保护与活化贡献度	0	0
Z	6 294 800			M_{52}重点项目贡献度	0	
评价总分值						3.99

* R 除外

3.3　评价结论分析

通过两个样本项目的测试，评价分值结果显示公共价值贡献综合评价方法突破了单纯的经济利益评价（地价税收收益等）和公共利益评价（公共产权空间移交等）的局限性，在城市空间更新效能的量化评价上体现出与城市低碳发展和公共空间增效目标要求的一致性。

(1) 评价总分值显示：改造用地面积和建设增量并不与更新项目的公共价值贡献度正相关，单位建设增量提供的空间公共价值贡献度高，才是高评价分值的项目。

(2) 经济产业项评价分值显示：①单位更新用地面积创造的就业岗位和纳税额与项目评价分值正相关；②城市运营效率反映项目片区现实条件下功能区块的职住空间匹配水平，评价分值显示两个样本项目对优化所在片区的职住匹配状况的贡献度很低（大冲村项目为负值），更新加剧了片区的交通运营压力；③未来需求和外部带动评价分值显示，项目提供的产业类建筑面积增量并不一定与其产业贡献度评价分值正相关，项目产业业态定位在区域产业集群进化形态中所处的（地）位值才是影响产业贡献度评价分值的主要因素。

(3) 由于高新区内部没有生态价值高值用地，两个样本未能有效反映出生态系统健康值变化特征。对片区安全体系的建设完善是城市更新项目最显性的公共价值贡献，贡献量值与更新范围大小明显正相关，但是局部综合整治方式对安全性改善的可能性还可以深入探讨。

(4) 公共服务评价分值显示，虽然大体量项目提供了较多的公共设施移交，但是当项目所在片区的公共设施负荷较大，而项目对公共设施供给增量不足以平衡项目占用、消耗的所有类别公共设施供给量的总和时，提供较高的公共设施用地贡献的项目也不能获得高评价分值，即移交设施指标不一定与其公共设施贡献度评价分值正相关。标度因子修正的评价结果反映了片区公共设施的实际综合服务水平，即片区公共设施的实际需求和未来缺口情况才是影响公共设施评价分值的主要因素。

(5) 特质孵化贡献是针对城市更新项目，尤其是拆除重建类城市更新项目对城市建成区公众历史记忆造成的冲击而设置的，更新项目范围中保留原空间肌理改造的用地面积指标与评价分值正相关。由于大冲村和莱茵花园两个更新项目范围内都没有保留既有历史建成环境，未能反映出量值变化特征。

4 结语与讨论

城市的存量发展模式逐渐受到更多关注，城市双修到城市经营方式的转变等议题，从广义的“城市更新”含义理解，都可以延伸到城市更新实践活动的意义。然而，对于城市更新的空间优化效能评价的讨论，囿于存量实施环境的复杂性，未能真正介入实践层面，不能有效回应社会公众对城市更新项目公共价值目标实现的预期。

本研究提供的“空间公共价值评价”侧重评价更新专规方案的空间公共价值创增水平，而深圳目前常规使用的“公共利益移交评价”可以直接反映片区获得的公共产权空间规模，但是无法反映更新实施对所属片区内在功能协同性的优化情况。因此，研究认为，两个评价系统如果结合使用，将更有利于全面综合地评估更新项目对片区的提升贡献，以寻求城市空间高质量发展。本文完成之际，恰逢深圳市颁布了《关于深入推进城市更新工作促进城市高质量发展的若干措施》[10]，文件围绕着“高质量”发展主题，特别针对目前城市更新实践中相对薄弱的绿色发展、历史文化遗产保护和活化等方面提出了优化要求，也更坚定了本文的研究方向。下一阶段的研究工作将借助深圳大量的更新项目样本进行多类型测试，完善各评价因子特征，并继续探讨公共利益移交率与更新区块建成特征的关联机制及适应性分割阈值，希望为城市可持续“更新”生长的价值信仰找到目标匹配的评价参考系统。

参考文献

[1] 马克·H. 穆尔. 创造公共价值：政府战略管理[M]. 伍满桂，译. 北京：商务印书馆，2016.
[2] 胡敏中. 论公共价值[J]. 北京师范大学学报(社会科学版)，2008，205(1)：99－104.
[3] 邹兵. 存量发展模式的实践、成效与挑战：深圳城市更新实施的评估及延伸思考[J]. 城市规划学刊，2017，41(1)：89－94.
[4] 深圳市规划和自然资源局. 深圳市拆除重建类城市更新单元规划容积率审查规定(深规划资源规〔2019〕1号)[Z]. 2019.
[5] 深圳市规划和自然资源局. 深圳市拆除重建类城市更新单元计划管理规定[Z]，2019.
[6] 深圳市规划和国土资源委员会. 深圳市拆除重建类城市更新单元编制技术规定(第二版)[Z]. 2018.
[7] 王学军，张弘. 公共价值的研究路径与前沿问题[J]. 公共管理学报，2013，10(2)：126－144.
[8] 李业锦，张文忠，田山川，等. 宜居城市的理论基础和评价研究进展[J]. 地理科学进展，2008，27(3)：101－109.
[9] 深圳市城市规划设计研究院有限公司. 深圳市南山区大冲村改造专项规划[Z]. 2011.
[10] 深圳市规划和自然资源局. 关于深入推进城市更新工作促进城市高质量发展的若干措施[Z]. 2019.

第二章

城市更新与品质提升

微更新导向下的历史文化街区风貌管控探索
——以沈阳市盛京皇城城市设计为例

毛　兵　周彦国　高　峰　李晓宇

沈阳市规划设计研究院有限公司

摘　要:微更新已经成为当下城市更新的重要趋势。本文以沈阳市最大的历史文化街区盛京皇城为例证,以多元时空调研为基础,以风貌载体评价和价值认定为切入点,建构面向载体缺失困境的微更新实践模式,建构三元风貌管控方法,并探索实施机制,以期为历史街区保护和发展提供借鉴。

关键词:微更新;历史文化街区;风貌管控;盛京皇城

历史文化街区是城市演变过程中的重要载体,是城市多元文化的物化遗存,是市民和游客可以亲身参与和体验的空间场所。经历了1980年代以来的多轮城市更新,我国历史文化街区普遍呈现出保护与发展的矛盾,同时面临着历史记忆载体消失、新建风貌同质平庸的困境。由此,微更新导向下的风貌管控已成为当下历史街区更新过程中的核心工作,亦被寄予彰显城市形象、提升文化竞争力的重要手段。从"高品质发展"的视角建立城市风貌管控体系,引导街区风貌塑造迫在眉睫。

1　相关背景

1.1　城市更新发展趋势

英、美等西方城市以及日本的城市更新普遍开始于"二战"结束后,源于战后社会经济萧条低谷后的城市复兴。战后初期极度重视物质和经济,这一时期的城市更新的核心目的是振兴经济和解决居住问题,从而进行了大规模的拆除和重建活动。经过一段时间的复苏后走向经济快速增长期,城市更新重点由大规模建设转向对教育、就业、社会公平、建筑质量、环境质量、开敞空间、交通等社会问题的探索和解决。1970年代末以来西方主要发达国家陷入了经济危机,政策与发展方向的转变使城市更新方式由大转小,并随着可持续发展等价值观的倡导向可持续、多目标转型(详见表1)。

表 1　西方城市更新发展阶段和模式特征(表格来源:笔者自制)

发展阶段	时间跨度	突出特征
第 1 阶段	战后初始阶段(1940 年代—1950 年代)	清理贫民窟,振兴经济和解决居住问题
第 2 阶段	经济快速增长阶段(1960 年代—1970 年代)	解决教育、就业、社会公平、建筑质量、环境质量、开敞空间、交通等社会问题
第 3 阶段	城市更新转型期(1970 年代末以来)	转向小规模、可持续、多目标

我国从 1980 年代开始各城市陆续开展城市更新工作,与西方城市发展过程类似,初期进行了大规模、快速化的城市更新,拆旧建新以解决住房问题,建设公共服务中心、建设新城新区发展经济、完善城市结构和功能,并取得了显著的成果。随着我国经济增速放缓,城市建设由扩张转向高质量的发展,开始反思高速发展时期带来的多元问题。当下,城市更新关注内容逐渐由外到内地转为对城市活力、社区生活、历史文化保护、城市特色、生态环境等方面问题的解决,工作手法转向倡导微更新的绣花功夫,强调质量。

1.2　城市风貌管控趋势

城市风貌历来是城市规划建设关注的重点内容,包括物质要素和非物质要素两方面内容。“风”是文化价值属性,“貌”是空间表征属性,二者互为表里。专家认为城市风貌是综合各种因素形成的,来源于自然环境、历史文化、时代发展。自然环境铺就城市风貌的底色,不同的历史文化背景造就不同的城市特色面貌。“城市特色风貌管控”则是对城市风貌特色综合评价、提炼和定位,对风貌塑造做出布局安排并提出设计要求。

历史街区作为历史城区的重要组成部分,其风貌本身同样是由系统和层次性构成。具体城市结合自身经济社会发展需求形成了地方性的风貌管控模式。风貌管控成为城市治理的重要手段,尚未纳入法定规划序列,但伴随着城市设计审议积极地发挥着“法定”效力。

如《北京历史文化街区风貌保护与更新设计导则》采取了整体控制与重点控制相结合的思路,分“街区整体风貌保护”“建筑风貌保护、控制与设计”“街巷空间及附属设施”三个层次进行风貌保护和控制,并按类别归纳了 10 项“保护要素”和 10 项“整治要素”;《上海市历史文化风貌区和优秀历史建筑保护条例》提出了体现地方特色的“历史文化风貌区”和“优秀历史建筑”的概念,将保护范围由单个历史建筑或历史建筑群扩展至成片的历史文化风貌区;《天津市历史风貌建筑保护条例》将历史风貌建筑划分为“特殊保护、重点保护和一般保护”三个保护等级进行保护利用,对历史风貌保护区内的建设活动从“高度、体量、用途、色调、建筑风格”等方面进行管控;《成都市城市景观风貌保护条例》要求明确整体景观风貌格局,划定城市景观风貌重点管控区域,识别一般地区中影响公共空间品质的开敞空间、公共界面、公共区域特色艺术品、绿化、户外广告以及景观照明设施等管控要素,并从自然生态景观、人文景观、历史文化景观方面提出风貌特别保护措施。(详见表 2)

表 2 城市更新过程中风貌管控的典型城市经验(表格来源:笔者自制)

典型城市	主要做法	典型例证	法制建设
北京	街区整体风貌保护与更新、建筑风貌保护与更新、街道空间与附属设施控制	南锣鼓巷 国子监	《北京历史文化街区风貌保护与更新设计导则》
上海	确定保护对象,明确历史建筑保护措施,提出历史风貌区管控内容	田子坊 外滩	《上海市历史文化风貌区和优秀历史建筑保护条例》
成都	构建城市风貌体系框架,提出自然生态景观、人文景观、历史文化景观风貌特别保护措施	宽窄巷子 锦里	《成都市城市景观风貌保护条例》
天津	建立历史风貌建筑档案,确定历史风貌建筑保护和利用措施,提出历史风貌建筑区管控要求	泰安道 老城厢 承德道	《天津市历史风貌建筑保护条例》

2 盛京皇城风貌现状解析

2.1 基本趋势

盛京皇城是世界文化遗产沈阳故宫和国家级文保单位张氏帅府所在地,是沈阳历史文化名城的核心载体,由东、西、南、北顺城街围合而成,总用地面积约 169 公顷。

快速城市化给盛京皇城带来了深刻的改变,1980 年代—1990 年代开展的棚户区改造工程建设了大量 6~9 层"改善型"住宅,2000 年后商业中心建设又在中街沿线催生了多处大型商业综合体。目前商业用地比例高达 35%,居住和商住用地比例高达 31%,由此,盛京皇城在漫长历史时期所形成的地域特征逐渐消退。(如图 1)

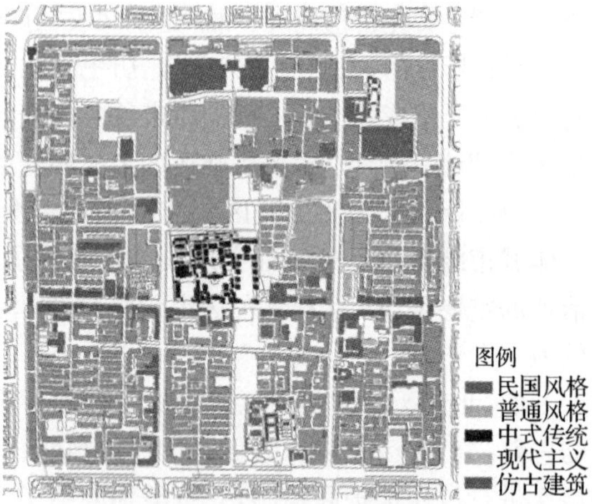

图 1 盛京皇城现状风貌构成图
(图片来源:盛京皇城城市设计)

2.2 风貌因子(如图 2)

2.2.1 路径

道路格局完整地保留了清朝时期的井字格局,即中街路、沈阳路、正阳街、朝阳街四条主要街路。这里是盛京皇城的重要风貌展示界面,大量历史风貌建筑分布其中,其中中街路作为沈阳商业的起点,是目前沈阳最繁华、最著名的商业步行街。而通天街作为沈阳最古老的街道,是形成于明中卫时期的沈阳城市中轴线,将故宫、张氏帅府、东三省总督府等主要风貌节点相串联。同时,盛京皇城依然保存着历史记载的 126 条街巷胡同中的 56 条,构成了皇城内的街巷网络。但街巷两侧建筑风貌特征模糊,文化记忆消退。

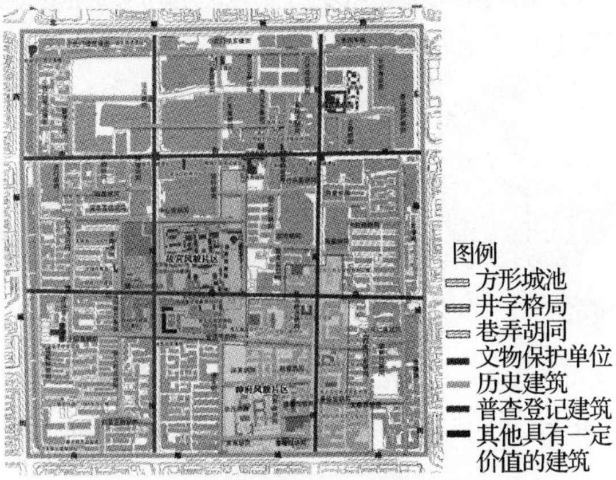

图 2　盛京皇城风貌识别多因子叠加
(图片来源:盛京皇城城市设计)

2.2.2　边界

由清晰的方形城池边界围合而成,现状以商业、居住、办公等功能为主,形成了相对封闭的环状封闭空间和界面。在城外原历史城墙处形成东、西、南、北顺城环路,在城内东、西、北侧有环城内街。目前现状有怀远、抚近两座城门和一座西北角楼。

2.2.3　节点

皇城内现存沈阳故宫、帅府、东三省总督府等各级文物及历史建筑共 40 处,跨越明、清、近代民国、新中国成立初等多个时期,是沈阳市历史文化资源最密集的街区,是感知盛京皇城历史风貌的关键。

2.2.4　区域

城内由井字街路划分出九宫格局,现状基本延续了“宫城+街坊”的空间肌理。宫殿位于皇城中心,办公区位于皇宫以南,商业区位于皇宫以北。目前已形成了以沈阳故宫为代表的清代建筑风貌片区和以张氏帅府为代表的民国建筑风貌片区这两大历史风貌区域。

2.3　现状评价

现状风貌资源分散,感知模糊,尤其是传统风貌覆盖率已不足 20%。在盛京皇城城市设计实践过程中,先后组织了两次公众参与(如图 3)和三次专家座谈论证。通过相关数据和关键词提取,反映出街区风貌趋同平庸,城市的美誉度和吸引力不足,缺乏与建设文化中心相匹配的核心形象展示空间。回顾历史记忆、梳理发展脉络、探索风貌涵构,是营造高品质空间场所的核心工作,对处于转型期的盛京皇城内涵式发展具有重要的指导意义。

2.4　症结矛盾

盛京皇城也存在着历史文化街区普遍性的问题,但经过近 30 年的城市更新,目前发展的矛盾主要集中在“载体缺失”“功能干扰”“识别失序”三方面。

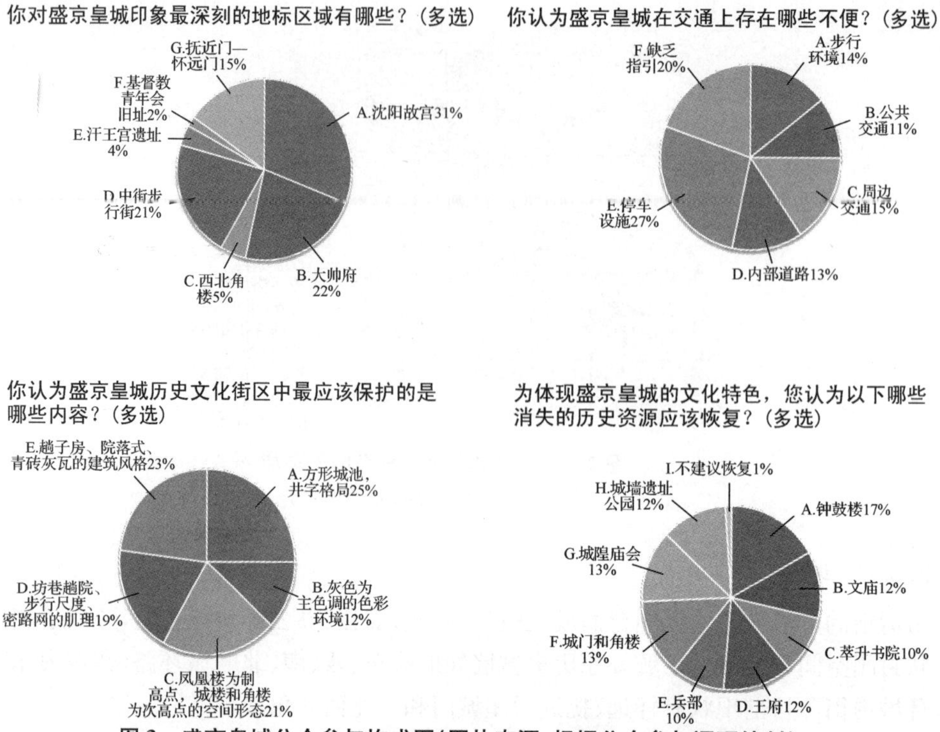

图3　盛京皇城公众参与构成图(图片来源:根据公众参与调研绘制)

2.4.1　载体缺失

皇城边界特征不清。皇城过去的城墙、城门、角楼及护城河早已拆除，目前除已恢复的西北角楼、城门(怀远门、抚近门)具有一定的风貌外，其他大都为行列式住宅。传统建筑淹没在大量现代建筑群中，街区内大多为现代建筑，风格单一，缺乏传统特色，大体量建筑较多，建筑风格、色彩、尺度与皇城风貌不协调。保护建筑被占用情况严重，未能充分展示历史建筑应有的文化价值。

2.4.2　功能干扰

部分现状职能与皇城功能不匹配。现状大量的政府办公、工厂、低端业态与商业、旅游功能相互干扰，不仅在交通上造成了影响，也占据了皇城内有限的发展空间。而以中街为代表的商业区存在整体业态低端且经营环境较差等缺陷，随着传统零售业的衰退，皇城内业态已呈现日渐衰落的趋势。

2.4.3　识别失序

历史文化街区识别性差。旅游服务设施缺乏，尤其与5A级景区相比，普遍缺乏各类游客服务中心、旅游车辆停车及景区标识等配套设施。街区环境品质不高，街道立面、铺地、牌匾、街景、标识、线杆等环境设施较为杂乱，急需综合整治。慢行空间不成系统，人车混行较为严重，停车位空置率高，旅游停车设施缺乏。

3　盛京皇城风貌特质研究

盛京皇城的规模远远不及传统王城“方九里、旁三门”的规模建制，其都城建设历史不足

400 年，集中建设时间不足 20 年。但盛京皇城的风貌特质突出表现在多民族、多元化文化融合所产生的复杂性、特殊性和包容性上。风貌管控应围绕盛京皇城的“地位”和“地域”特质展开，即方形城池、井字格局，层次分明、主从有序的空间形态；步行尺度的空间肌理，体现坊巷趟院、青砖灰瓦的地域建筑特色。

3.1 特质 1：多元文化理念建构形成的空间格局

盛京皇城是我国现存的规制完整、布局独特的古代城池典范。布局参照了《周礼·考工记》匠人营国制度：“方形城池、井字路网、前朝后市”的设计原则。宫殿为心，两院、六部、王府拱卫；南为办公和文教区，北为商业区，东西分设钟、鼓楼。

但又与传统王城不同，盛京皇城也体现出藏传佛教的坛城文化特征（如图 4），逐渐发展出了“城方郭圆、四塔相护、皇城居中、宫城融合、八门八关”独特的城市格局。另一方面，其山水形胜的选址和有序建设体现了道家朴素的自然观。《陪京杂述》记载：“中心庙为太极，钟鼓楼象两仪，四塔象四象，八门象八卦，郭圆象天，城方象地，角楼明楼各层三层共三十六象天罡，内池七十二象地煞”。

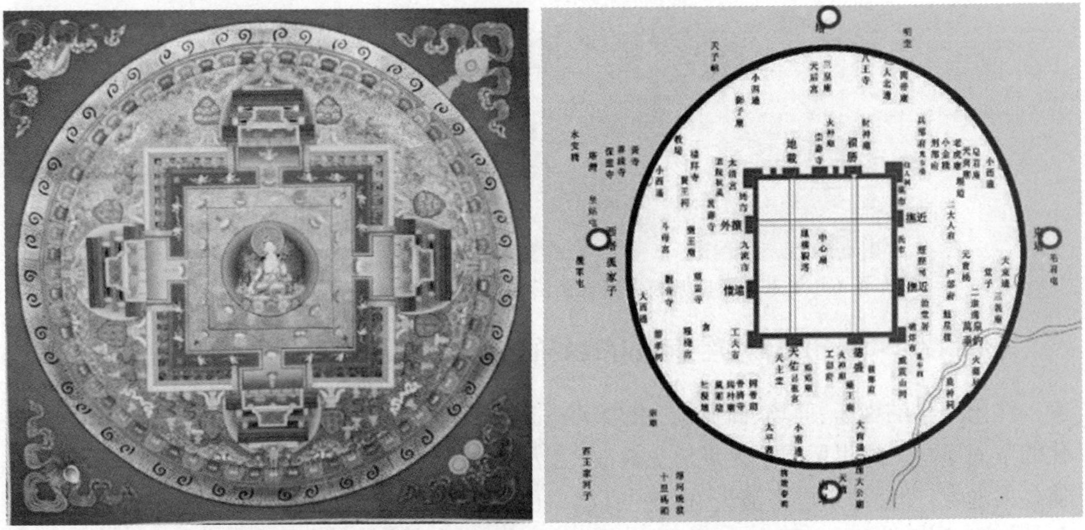

图 4　曼陀罗坛城布局模式示意图（图片来源：沈阳市规划展示馆）

3.2 特质 2：方正和谐、层次分明的空间形态

外圆内方、逐层嵌套，由外而内依次是都城、皇城和宫殿，以凤凰楼为制高点，城楼和角楼为次高点，钟、鼓楼为地标，府院、民居为基底，构成主次分明、方正和谐的空间形态，由此也俗称“方城”（如图 5）。

3.3 特质 3：坊巷趟院、分形同构的建筑特色

以坊巷趟院为基本细胞单元，形成步行尺度、密路网的传统民居聚落，以内向型开放空间为主。王府建筑以纵进式院落布局，商居建筑则前店后宅布局。趟子房、院落式，青砖灰瓦，朴素的硬山屋顶为主，灰色为主色调，烘托宫殿群的红墙、黄琉璃瓦（如图 6）。

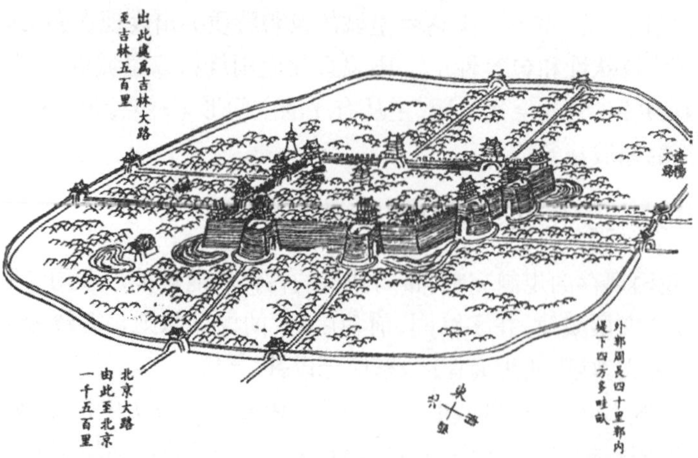

图 5　盛京皇城空间形态印象(图片来源:《盛京古城影像》)

图 6　清末盛京皇城鼓楼南大街影像(图片来源:《盛京古城影像》)

3.4　特质 4:城市记忆与空间遗存良好的对应关系

沈阳最早的寺庙、商场、商业街、银号、书院也都起源于此;这里也是民族工业和红色文化的坚固堡垒。这里留下了大量历史典故、名人事迹,其独特的风貌体现了城市记忆和空间遗存的融合,即使建筑已经消失,但是“有故事的空间场所”依然存在,是了解和展现历史文化的珍贵载体(如图 7)。

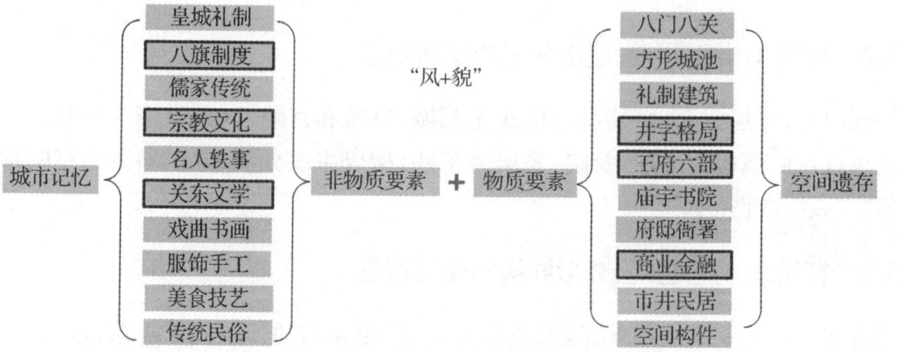

图 7　盛京皇城历史街区风貌构成基础(图片来源:笔者自制)

4 盛京皇城风貌管控实践

空间风貌涵盖的范围从微观节点到局部街区再到整体系统，既体现出层次属性，也体现出结构属性，在具体操作的实施过程中又体现出项目属性，是客观存在与主观认知的结合体。笔者认为历史文化街区由于其历史肌理的叠加性、社会生活的多样性和经济发展的复杂性，应从要素管控、结构管控和行动管控三方面逐层深入，不同阶段的风貌管控导则有不同的引导目标、程度和模式，“目标传递—要素构成—结构衍生—行动实现”形成完整的链条关系（如图 8、表 3）。

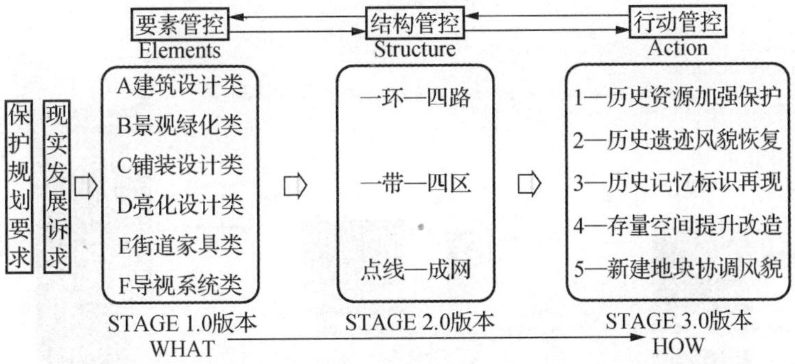

图 8 盛京皇城历史街区风貌管控策略（图片来源：笔者自制）

表 3 盛京皇城历史街区风貌管控模式比较一览表（表格来源：笔者自制）

管控阶段	空间对象	管控目的	管控程度	管控模式
1. 要素管控	构成风貌的具体空间类型因子	要素覆盖	总体性、原则性的指导方案	通则模式，普适性强，针对性较弱
2. 结构管控	边界、骨架、路径、片区等要素	强化感知	刚性管控为主，引导为辅	蓝图模式，结构性强，全面性弱
3. 行动管控	实现风貌再现和系统完整的空间载体	补充载体	根据具体项目的重要程度和所在位置而有所区分	项目模式，近期建什么管什么，兼顾要素和结构属性

4.1 风貌要素管控阶段

盛京皇城街区保护规划已经确定了核心保护要素和高度控制，在此基础上以促进小微改造、传承历史文脉、激发城市活力为导向，提炼城市风貌要素，对建筑设计、绿化环境、地面铺装、亮化提升、城市家具、导视系统六方面要素提出控制和引导要求，通过细节要素协调与衔接构成整体形象，做到全体系要素管控（如图 9、图 10）。

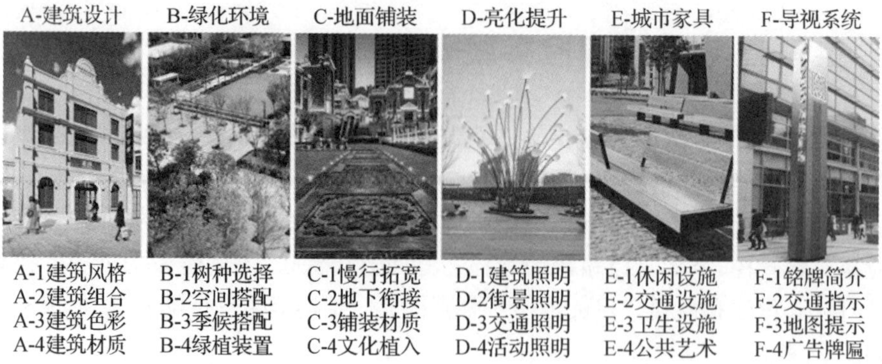

图 9　盛京皇城风貌要素管控体系(图片来源:盛京皇城重点街路提升概念设计)

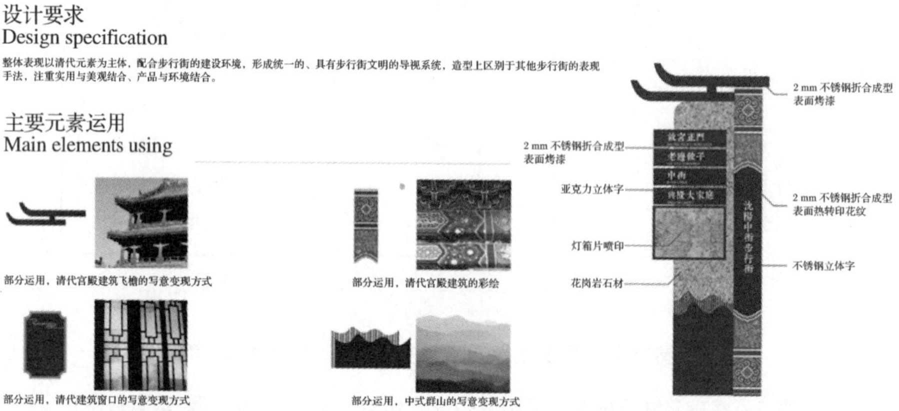

图 10　盛京皇城步行指示牌管控示意(图片来源:盛京皇城重点街路提升概念设计)

4.2　风貌结构管控阶段

要素管控的全面性和系统性较好，但是特色性和结构性不突出，盛京皇城的风貌特色在于结构，由此塑造“方形城池、井字格局、一脉四区、点线成网”成为第二阶段设计的重点(如图 11、图 12)。

“方形城池”即因地制宜、虚实结合地恢复盛京皇城边界，再现皇城边界空间领域。

“井字格局”即综合提升井字格局四条主要街路风貌特色，强化皇城格局感知。

“一脉四区”即以通天街为公共活动空间脉络串联旅游景点、步行街等主要客流集中地，展现盛京皇城文化发展脉络，整合各类文化资源，营造沈阳故宫、帅府、

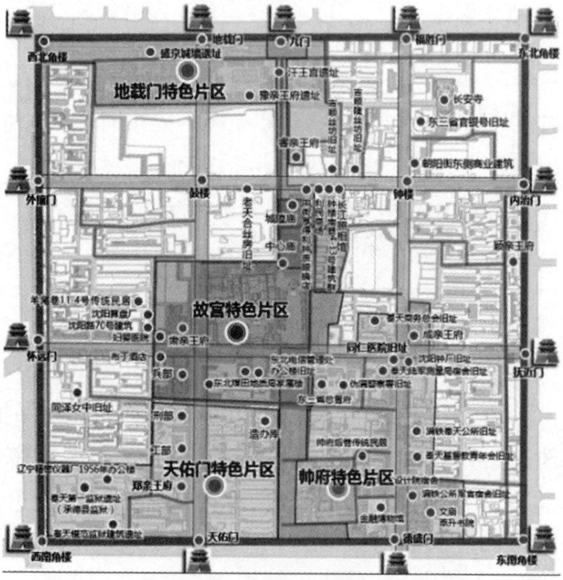

图 11　盛京皇城风貌结构管控总图
(图片来源:盛京皇城城市设计)

地载门、天佑门 4 处主题风貌特色片区。

“点线成网”即以传统街巷胡同串联多处文化节点，将皇城风貌向生活空间渗透，形成小尺度、有趣味、可洄游的特色风貌。

图 12　盛京皇城之边界结构管控分图则（图片来源：盛京皇城城市设计）

4.3　风貌行动管控阶段

在第三阶段，针对近期建设内容，以上位规划设计为依据，综合历史文脉、现状条件、周边影响等因素，对“深化历史资源保护、恢复重要遗迹、标识重要遗迹、存量空间提升改造、地块开发建设风貌协调”5 类风貌具体实施行动提出强制性要求和指导性意见，要素管控和结构管控的内容逐步“落地”。

4.3.1 深化历史资源保护

加强对文物保护单位、历史建筑的评估鉴定和修缮，加强立面修复（如图 13），加强重要历史遗迹发掘与保护。

对帅府后巷传统民居、奉天陆军测量局宿舍旧址等 17 处文物及历史建筑加强修缮维护，对中街沿线被广告牌匾遮挡的 6 处文物及历史建筑进行立面修复。对于奉天基督教青年会、东三省总督府、同泽女中、帅府红楼等 4 处历史建筑，需拆除周边遮挡建筑。

图13 盛京皇城中街沿线历史建筑立面修复（图片来源：盛京皇城重点街路提升概念设计）

4.3.2 恢复重要遗迹

以历史文献考据，以历史影像和考古挖掘为基础，针对已经消失且对盛京皇城格局具有重要影响的 22 处重要历史遗迹进行恢复（如图 14）。恢复重要遗迹一方面符合世界文化遗产地区的高度控制要求，另一方面进一步充实了盛京皇城历史格局的空间支点，丰富其文化内涵，为新兴文创业态的未来植入提供空间载体。

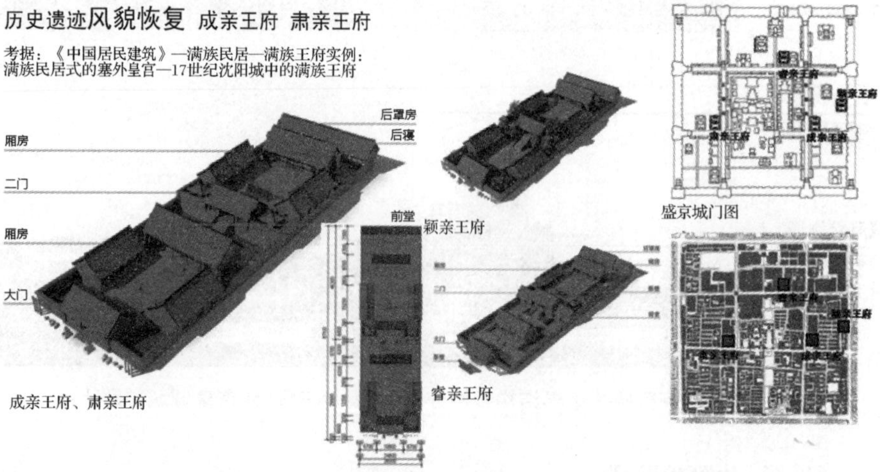

图 14 盛京皇城王府风貌恢复管控示意图（图片来源：盛京皇城城市设计）

4.3.3 标识重要遗迹

针对暂无空间条件或不必要恢复建筑实体的历史遗迹和边界采用建筑铭牌、街道家具、雕塑小品、地面铺装等各类标识再现，鼓励局部运用盛京招幌等历史元素，强化盛京皇城的历史文化氛围。

4.3.4 存量空间提升改造

针对对整体风貌影响较大的井字格局、通天绿脉、重点街巷、小微街坊进行提升改造，从人的行为和步行感知的视角，协调建筑风貌、优化交通组织、提升环境品质，立面风格、建筑色彩、材质、景观绿化、街道设施等要素与皇城总体风貌定位相呼应(如图 15)。

平面图(左)　　效果图(右)

图 15　帅府东巷微空间存量综合提升管控示意图(图片来源:盛京皇城城市设计)

4.3.5 地块开发建设风貌协调

符合历史文化街区风貌保护与协调要求，呼应历史文脉，形制谦抑，烘托故宫的风貌核心地位。采用小街区趟子房、坐北朝南合院式的群体布局；建筑延续间架结构、硬山和悬山屋顶为主、临街小开间、高贴线，装饰简洁朴素的传统建筑特征，结合新兴业态，营造具有地域风格的新中式建筑；建筑彩色以灰色调为主，选取其他传统建筑色彩为点缀色；立面以砖瓦木材质为主，局部采用玻璃和仿木金属材质(如图 16、图 17、图 18)。

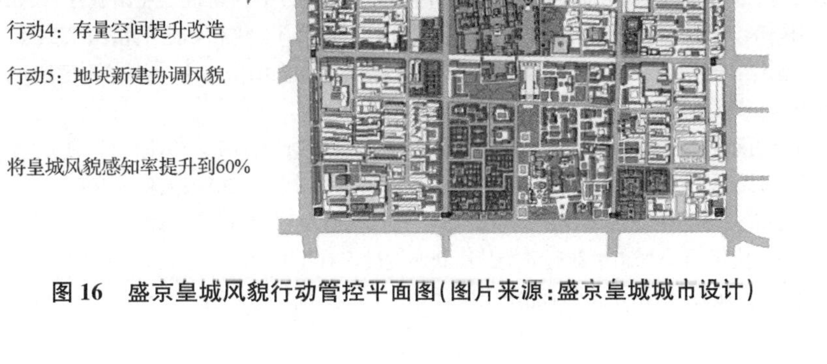

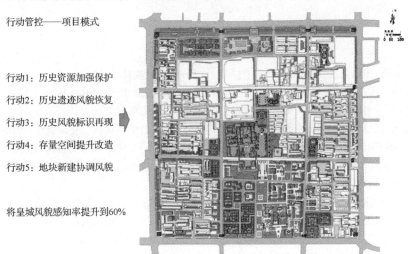

图 16　盛京皇城风貌行动管控平面图(图片来源:盛京皇城城市设计)

——故宫特色片区
◆保护修缮
①延续保护故宫中心庙、地质局家属楼等历史建筑
②修缮东北电信管理处办公室、东北电信管理处自动电话设备用房、正阳街170号、沈阳路103号建筑等历史建筑
◆风貌表露
拆除故宫前建筑，显露历史风貌建筑，凸显故宫建筑群
◆恢复建设
以历史考证和考古设想为基础，恢复肃亲王府、兵部
◆提升改造
改造正阳街、沈阳路、通天街沿线的建筑风貌，提升环境品质，与皇城总体风貌定位相呼应
◆标识再现
督察院、理藩院遗址原址设置铭牌
保护修缮
恢复建设
标识再现
提升改造

图 17　故宫周边建设风貌协调管控图(图片来源:盛京皇城城市设计)

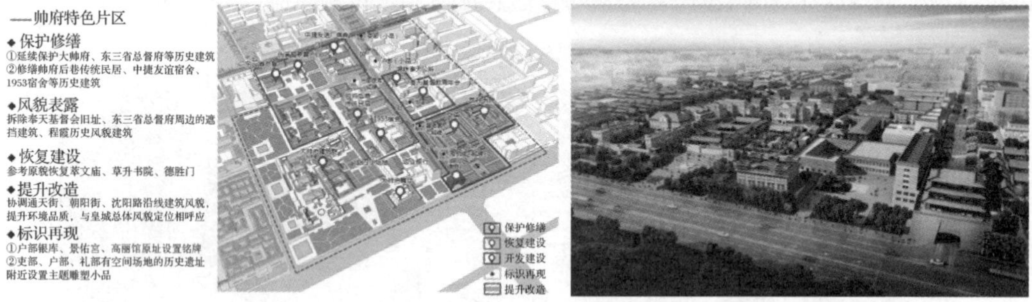
——帅府特色片区
◆保护修缮
①延续保护大帅府、东三省总督府等历史建筑
②修缮帅府后巷传统民居、中捷友谊宿舍、1953宿舍等历史建筑
◆风貌表露
拆除奉天基督会旧址、东三省总督府周边的遮挡建筑、程霞历史风貌建筑
◆恢复建设
参考原貌恢复萃文庙、草升书院、德胜门
◆提升改造
协调通天街、朝阳街、沈阳路沿线建筑风貌，提升环境品质，与皇城总体风貌定位相呼应
◆标识再现
①户部银库、景佑宫、高丽馆原址设置铭牌
②吏部、户部、礼部有空间场地的历史遗址附近设置主题雕塑小品
保护修缮
恢复建设
开发建设
标识再现
提升改造

图 18　帅府周边建设风貌协调管控图(图片来源:盛京皇城城市设计)

5　结语

历史文化街区风貌管控一直是城市更新的重要关注领域，往往影响甚至决定一座城市的知名度和美誉度，对于载体缺失型的历史街区往往面临“管控”与“放任”的两难境地。针对历史文化街区的风貌管控，应系统梳理其文化内涵和空间关系，唤起城市记忆，擦亮城市特色，强化城市设计在微更新过程中的积极建构性作用，有效弥补目前“法定规划”的缺位，做好做足“绣花功夫”，推进高品质空间建设。通过设计实践活动沉淀经验、凝聚共识，加强地方标准规范制定工作，推动微更新理念导向下的城市设计导则和风貌特色相关标准规范的制定出台。

参考文献

[1] 张涛，张志强，张海龙. 沈阳通史・古代卷[M]. 沈阳：沈阳出版社，2014.

[2] 郭大顺. 中国古代都城规划史的最后一例：清初沈阳城[J]. 文化学刊，2010 (06)：4 - 11.

[3] 何依. 走向“后名城时代”：历史城区的建构性探索[J]. 建筑遗产，2017(03)：24 - 33.

[4] 王茂生. 从盛京到沈阳：城市发展与空间形态研究[M]. 北京：中国建筑工业出版社，2010.

[5] 王彦君，刘科伟，贺建雄. 行动规划：历史街区城市设计的新理念[J]. 城市发展研究，2017，24(8)：1 - 7+114.

[6] 李汉飞. 老城保护与更新视角下的存量型城市设计探索：以《佛山城市中轴线老城区段城市设计及提升策划》为例[J]. 规划师，2016，32(04)：68 - 72.

[7] 罗翔. 从城市更新到城市复兴：规划理念与国际经验[J]. 规划师，2013，29(5)：11 - 16.

[8] 何依，李锦生. 后现代视角下的旧城空间更新[J]. 城市规划学刊，2008(2)：99 - 103.

[9] 周偲. 上海城市设计管控方法的演进与优化[J]. 上海城市规划，2018(3)：92 - 96.

[10] 汤晋，罗海明，孔莉. 西方城市更新运动及其法制建设过程对我国的启示[J]. 国际城市规划，2007(4)：33 - 36.

[11] 刑绍福. 盛京古城影像[M]. 沈阳：沈阳出版社，2017.

内蒙古城市修补的实践与思考

杨永胜　张海明　杨晓坤

内蒙古城市规划市政设计研究院有限公司

摘　要：近年来，中国城镇化发展逐渐由粗放转向精细，由增量扩张转向存量更新，城市品质提升和人民生活改善正成为新时期城市规划与建设关注的新焦点。本文通过梳理近年来内蒙古自治区21个城市现状建设情况，分析目前在城市旧区存在的主要共性问题，从丰富城市公共空间、改造城市老旧住区、保护城市历史文脉、提高社区公共服务、改善城市交通出行5个方面提出内蒙古自治区城市修补策略，以期为内蒙古自治区各城市在城市修补中提供一些思路，避免“走弯路”，发挥后发城市的发展优势。

关键词：新时期；内蒙古；城市修补；城市更新

1　新时代新背景

近30年来，伴随着中国城镇化的快速发展，与其他省份相同，内蒙古的城市建设表现为重新区拓展轻旧区更新、重数量增长轻质量提升、重外表塑造轻内涵挖掘。随着中国特色社会主义进入新时代，内蒙古城镇化已走到中后期，作为中国城市建设后发地区，内蒙古也迎来了城市转型发展的关键期。与国内先发城市不同，内蒙古的城市建设质量普遍不高，城市旧区中存在着大量平房区、工矿废弃地及低效用地，制约了城市高效健康发展。因此，新时期如何挖掘存量用地的价值将成为内蒙古城市更新的关键。

2　内蒙古城市建设中的现实问题

从2001年到2015年，内蒙古自治区的城镇化率从43.13%提高到60.3%（如图1），中西部盟市城镇化率高于东部盟市。快速的城镇化进程见证了自治区城镇经济增长、消费水平提高和物质生活改善，同时也伴随着城市公共空间量少质低、住区衰败、基础设施不完善、文化缺失、公共服务不便捷、交通出行不畅等问题，严重影响了自治区城镇居民的生活品质。

2.1　城市公共空间量少质低

近年来，内蒙古各城市逐渐对城市公共空间的重要性重视起来，各城市建设了高质量的公园、广场、大型公共建筑类公共空间，成为各城市的新名片，为市民提供了各具特色的公共

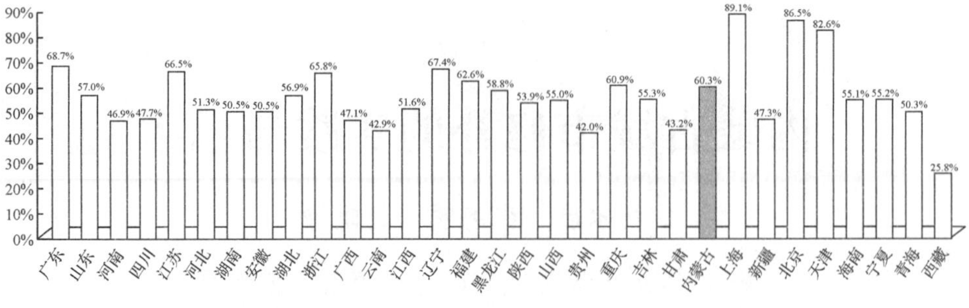

图 1　2015 年全国各省常住人口城镇化率情况(图片来源:笔者自绘)

活动场所。但是由于城市发展的历史渊源,城市公共空间还存在一些问题,主要有“量”和“质”两方面的问题。

“量”的问题主要有:城市公共空间缺乏统一规划,导致公共空间数量少,人均公园面积普遍偏低;空间分布不均匀,存在服务盲点(如图 2);公共空间之间缺乏有机联系,公共空间可达性差,特别是滨水公共空间(如图 3);公共空间等级模糊,功能和形式单一,居住区级和社区级公共空间不足、绿化覆盖率低,难以满足居民日常使用需求;部分公共空间存在违规侵占现象(如图 4)。

图 2　呼和浩特旧城区公共绿地匮乏(图片来源:卫星图片)

图 3　呼和浩特如意河可达性差
(图片来源:笔者拍摄)

图 4　包头市莫尼路绿带被违规建筑侵占
(图片来源:笔者拍摄)

“质”的问题主要有：城市公共空间缺乏精细化设计，导致公共空间与周边建筑缺乏联系，边界界定感弱；部分公共空间追求大尺度，空间过于开敞，缺乏亲和感和围合感（如图5），部分公园重形式而轻功能；公共空间设计手法单调、历史文化要素缺失，缺乏地域特色，景观特色不突出，吸引力不足，致使公共空间利用率不高；公共空间呆板，缺少人性化服务功能性设施，影响人停留的愿望，致使公共空间缺乏活力（如图6）。

图5 鄂尔多斯市大尺度中心广场
（图片来源：网络图片）

图6 霍林郭勒市某广场缺乏人性化设施
（图片来源：笔者拍摄）

2.2 住区衰败

内蒙古各城市老旧住区普遍存在环境“脏、乱、差”，设施陈旧老化等问题（如图7）。老旧区住宅外立面陈旧，缺少外墙保温；住区环境较差，设施不足，市政设施管网陈旧，存在安全隐患；小区卫生条件较差，垃圾收集方式陈旧；缺少绿化、小区游园和公共活动场地；部分缺乏配套物业，管理监控差，人员混杂，管理难度大；小区内车行道和步行区域硬化亟待升级，地面停车空间不足；缺乏针对中老年人、儿童等的休闲游憩设施。

许多城市仍然存在大量平房住区，市政配套设施普遍不健全（如图8）。由于环境恶化，存在各种安全隐患，使得原本充满活力的住区逐渐衰败，大部分年轻人趋向于在城市新区安家，老旧住区逐渐成为老年人聚居区，缺乏活力。

图7 呼和浩特市回民区某老旧小区
（图片来源：笔者拍摄）

图8 根河市平房住区
（图片来源：网络图片）

2.3 城市文化缺失

随着社会经济、科学技术的高速发展，各城市建设了城市新区，出现了高楼大厦、宽马路、大广场，城市被钢筋混凝土充斥着，草原文化、蒙元文化受到了冲击，城市特色逐渐消失，尽管城市建设中试图增加各种文化符号，但是其效果不尽如人意。

历史文脉的传承与保护不力，申报历史文化街区总量较少，级别低，起点晚；历史街区保护控制不力，同一条街区，各时期建筑混搭，造成难以保持原有历史街区味道(如图 9)；街区基础设施普遍落后；历史文化街区活力植入观念较弱，甚至有保护起来就没有价值的错误思想；文物保护单位在城区分布零散，保护利用较差，大部分失去往日的使用功能，只是单纯作为城市景观；有特色价值的历史建筑数量少，缺乏文化挖掘。此外，大多数城市对平房区采取了一刀切的野蛮态度，全部拆除，缺乏有机更新，破坏城市历史记忆。

图 9　淹没在现代高层建筑中的呼和浩特历史文化街区
(图片来源:卫星图片)

2.4　社区公共服务不便捷

目前自治区许多城市公共服务设施建设明显滞后，一方面是公共服务设施开发建设滞后于城市建设项目建设，另一方面是公共服务设施项目设计观念保守、落后，前瞻性不强，没有深入贯彻“以人为本”的理念。

公共服务设施没有进行系统的规划，城市旧区积累了大量的市级公共资源，城市社区建设发展滞后，而原来的城市规划建设未预留公共服务设施用地，致使公共服务设施多选址在城市边角地段，可达性较差；公共服务设施的级配体系与城市空间布局不合理；居住区配套公共服务设施不健全，城市社区公共服务设施与市民需要有较大差距，已有设施标准较低，市民享受程度低。

2.5　交通出行不畅

快速的城镇化导致内蒙古自治区城市中人口大量聚集，机动车数量快速增长，带来了严重的交通拥堵问题，严重影响了居民的日常出行(如图 10)。交通问题成为制约各城市发展的瓶颈，出行时间较长，出行效率下降，交通量过于集中在城市主次干道，主要节点极易堵塞，城市路网应变能力差，遇事故极易引起大范围交通瘫痪。

各城市交通普遍存在以下问题：城市路网建设不合理，交通通行能力差，交通设施落后，交通管理不到位；静态交通设施缺乏，与城市空间不协调，城市“停车难、乱停车”等问题日益突出，不仅挤占城市景观空间，还直接影响了城市的交通安全（如图 11）；城市公共交通发展滞后，公共交通类型单一，衔接性差，换乘系统不完善；慢行交通系统规划缺乏，未与城市景观绿廊相结合，出行舒适度较差。

图 10　拥挤的交通（图片来源：网络图片）

图 11　无处安放的车辆（图片来源：网络图片）

3　内蒙古城市修补策略

3.1　丰富城市公共空间

3.1.1　增加公共空间的数量

利用存量及低效建设用地增加城市公共空间（如图 12）。将城市废弃边角空间建设成不同主题的“口袋”公园，体现不同文化创意主题；提升城市滨水线性景观，创造宜人的休闲、娱乐、消费空间；将机关事业单位实体围墙逐步拆除并进行增绿复绿，鼓励和引导企业、居民小区拆墙透绿增绿。

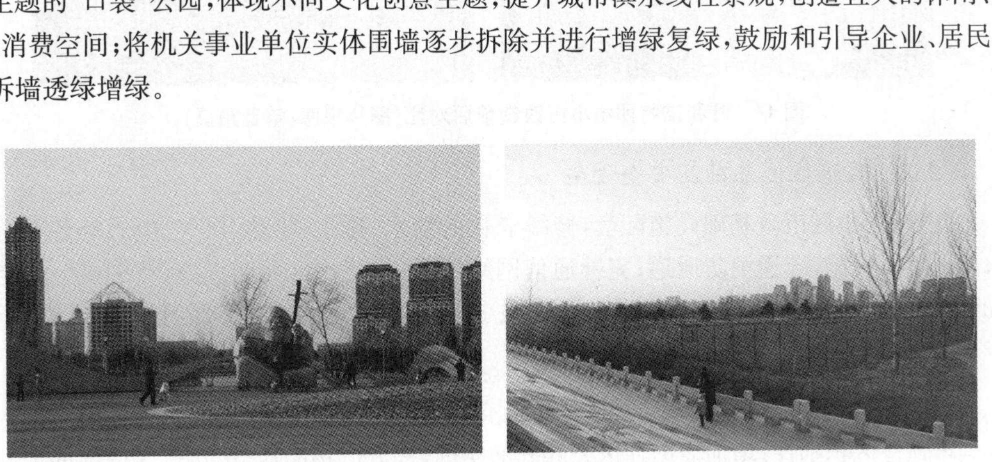

图 12　通辽市功能丰富的辽河公园（图片来源：笔者拍摄）

3.1.2　提高公共空间的质量

尊重人的行为需求，对尺度过大、硬化过多的公园广场进行精细化改造，增强舒适性，设置多样的休息设施，营造宜人的交往空间；注重景观塑造，将绿化与建筑小品相结合，将蒙元文化符号植入景观塑造中，凸显趣味性而不失文化内涵(如图 13)；提高内蒙古冬季公共空间可利用率，建设市民室内文化活动中心，营造“冬季友好”的公共空间。

图 13　阿拉善巴彦浩特人气旺盛的王陵公园(图片来源：笔者拍摄)

3.2　改造城市老旧住区

3.2.1　改造老旧小区建筑楼体

清洗、粉刷楼体，规整空调位、楼体外面线缆等；因地制宜对符合条件的老旧建筑加装电梯；对老旧房屋进行抗震鉴定，对不符合当地抗震设防烈度的老旧房屋进行结构抗震加固改造；注重既有建筑绿色节能改造，改造老旧住宅外墙保温。(如图 14)

图 14　呼和浩特团结小区改造前后对比(图片来源：笔者拍摄)

3.2.2　改造住区基础及安全设施

完善老旧小区市政基础设施配套，修缮老化的给水、排水、供热、燃气、电力等各系统设施；改造消防设施，疏通消防通道；完善通信网络建设；优化小区照明设施，特别是公共空间处的照明；增设盲道、坡道等无障碍设施；加强小区规范化管理，完善小区门禁系统。

3.2.3　提升老旧住区绿化景观环境

提升老旧住区整体形象，营造舒适的生活交往空间。改造住区出入口景观，增设出入口标志，增强住区识别性；增加老旧住区公共开敞空间，提升广场品质，衔接住区内部的公共空间与住区外围的公共空间；增加小区绿地，提高地面透水率，因地制宜建设雨水收集系统。

3.2.4 平房区有机更新

对现有平房区采取两种修补方式：一种是部分保留更新，保留有价值的街巷空间及城市特色的集中展示空间，其他区域采取整体更新改造的方法。另一种是全部保留修补，保留现有街巷空间肌理，保留建筑质量较好，能够体现当地历史文化、地方特色的平房区，进行特色化提升改造，打造旧城样本，保留城市记忆。提升完善平房区的公共服务设施和市政基础设施。（如图 15、图 16）

图 15 巴彦淖尔市富强村社区改造
（图片来源：笔者拍摄）

图 16 乌海市泽园社区改造
（图片来源：笔者拍摄）

3.3 保护城市历史文脉

3.3.1 历史街区保护与修补

划定历史街区修复核心保护区和修复协调区。核心保护区内除必要的基础设施和公共服务设施外，不得进行新建、扩建活动，新建、扩建应符合历史风貌的要求（如图 17）；以可视范围划定历史街区风貌修复协调区，保护和修复历史街巷传统肌理，延续历史街巷格局与空间尺度，不得破坏与其相互依存的自然环境要素。策划历史街区特色产业，恢复历史街区生机活力。

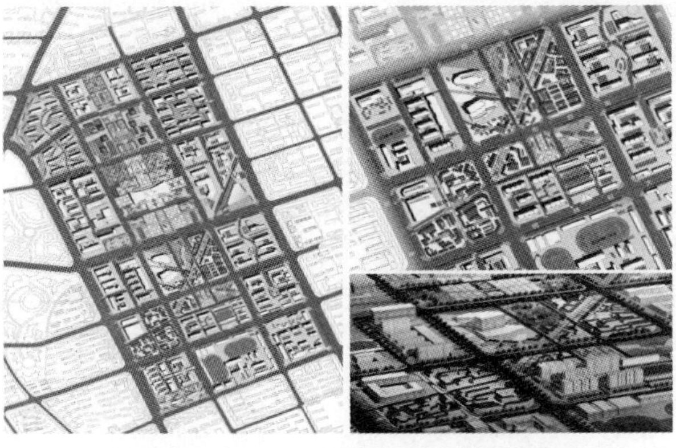

图 17 鄂尔多斯某中心改造方案中保留原始老街
（图片来源：笔者自绘）

3.3.2 文保单位、历史建筑保护与修补

正确评估建筑历史价值，确定文保单位、历史建筑名单并挂牌建档。制定文保单位建筑修缮方案，选择正确历史建筑修缮方式，保护建筑的原真性。合理拓展建筑室外空间，在保护周

边地区的历史肌理、历史风貌的前提下，将标志性文保单位、历史建筑打造为公共空间节点。

3.3.3 旧城区修补改造

摒弃大拆大建，鼓励采取小规模、渐进式更新改造旧城区，保护城市传统格局和肌理。通过制定相关政策，合理疏解旧城区的复杂功能，改善道路交通设施，建设立体停车设施，引入“口袋”公园，提升旧城区生活舒适度。保留有价值、有记忆的城市街区、平房区、老建筑。

3.3.4 老旧工业区保护利用

加快推动老旧工业区的产业调整和功能置换，将工业遗产转型再利用，与旅游结合带动区域经济发展。鼓励老旧建筑改造再利用，优先将旧厂房用于公共文化、公共体育、创意产业等(如图 18)。

图 18 乌海废弃的硅铁厂改造为乌海青少年文化基地(图片来源:笔者拍摄)

3.3.5 非物质文化传承

通过非遗普查，确定非物质文化遗产名录并建档。在城市建设中重视非物质文化元素挖掘与应用，将历史街区、老旧城区和平房区作为传承非物质文化的空间载体，使城市更新与文化创意、旅游等产业结合发展，如民间文学和艺术、民俗文化、饮食文化、手工艺、医药技艺等与旅游产业相结合，成为城市软实力的象征。

3.4 提高社区公共服务

提出在内蒙古各城市重点完善构建城市“15 分钟社区生活圈”，全面提高社区的服务能力与服务水平。

3.4.1 丰富社区文化

打造 15 分钟社区文化服务圈，建设社区文化活动中心，包括青少年、老年活动中心等。社区内进一步配套文化活动站，包括棋牌室、阅览室、文化交流室等设施，满足社区基本的文化功能。

3.4.2 完善教育配置

按照“就近入学、均衡发展”的原则，统筹考虑教育设施规模和布局，幼儿园、完全小学、初级中学等设施满足服务半径要求。根据不同年龄段服务需求，设立社区学校，包括老年学校、成年兴趣培训学校、职业培训中心、儿童教育培训中心等。

3.4.3 健全健康服务

建设 15 分钟健康服务圈，以社区居民需求为导向，建设社区卫生服务中心。充分利用现有卫生资源，在社区内建立卫生服务站，结合实际需求配置康复中心。

3.4.4 补充养老设施

建设15分钟养老服务圈，针对独居和空巢老人日益增多的现状，建立社区养老院，弥补城市养老设施的短板。社区内进一步建设老年日间照料中心、老年活动室，全面覆盖老人保健康复、生活照料以及精神慰藉等多方面需求。

3.4.5 增加健身空间

据人口分布密度和自然环境的实际情况进行科学、合理的规划，构建15分钟健身活动圈，以综合运动场地、综合健身馆等为主要设施，满足居民日常的活动健身要求。充分利用城市空闲地、旧厂房、老旧商业设施等闲置资源改造建设为健身空间，做好城市空间的二次利用，推广多功能、季节性、可移动、可拆卸、绿色环保的健身点。

3.4.6 完善社区商业服务

在15分钟生活圈范围内建设室内菜市场、小型综合商业设施，提供便民多样的商业服务，贴近居民基本生活购物需求。在10分钟生活圈范围内建设社区食堂、便民超市、生活服务中心等，设施内容主要包括修理服务、家政服务、菜店、快递收发、裁缝店等，解决居民日常基本生活需求。

3.5 改善城市交通出行

3.5.1 优化城市路网系统

优化路网结构，加强支路建设，缩减街区尺度，提高路网密度，并逐步消除现状城市中的断头路、不合理的交叉口等，改善交通微循环，提高通行效率。

3.5.2 倡导城市绿色出行

在绿色城市、健康城市等观念基础之上，改善城市慢行交通系统，倡导路权平等，完善多样的交通出行方式，注重交通方式之间的衔接性，使步行、自行车、公共交通、私人交通、快速道路交通有机统一。（如图19）

图19 改造后“路权明确”的包头钢铁大街

（图片来源：网络图片）

3.5.3 提升城市公共交通服务水平

从城市环境角度考虑，构建合理的城市公共交通网络，使人们享受到便利的出行，减少城市交通污染；公共交通系统模式与城市用地布局模式相匹配，促进城市合理发展；改善各类交通方式的换乘衔接，方便市民公交、自行车等出行。

3.5.4 改善城市停车环境

鼓励通过老旧城区更新利用存量用地完善停车位供给，在大型公共服务设施节点、老旧住区增设公共停车及立体停车点。完善停车管理，鼓励运用“互联网＋”技术共享车位，鼓励相关单位开放附属停车设施，解决停车难问题。

4 结语

如今，内蒙古各城市普遍面临转型发展，需要重新审视老旧城区及平房区的历史价值，而城市的环境品质与文化内涵越来越成为城市的核心竞争力。本文通过总结内蒙古各城市在建设中普遍存在的共性问题，并尝试提出解决这些问题的策略及措施，以期为内蒙古各城市提供一些思路，发挥后发城市的发展优势，在城市修补工作中避免“走弯路”。

参考文献

[1] 李晓晖，黄海雄，范嗣斌，等.“生态修复、城市修补”的思辨与三亚实践[J].规划师，2017，33(3)：11－18.
[2] 张磊.“新常态”下城市更新治理模式比较与转型路径[J]. 城市发展研究，2015，22(12)：57－62.
[3] 罗小龙，许璐. 城市品质：城市规划的新焦点与新探索[J].规划师，2017，33(11)：5－9.

“健康中国”视域下体育中心价值提升策略

——以深圳大运中心改造为例

谷 梦 陆诗亮

哈尔滨工业大学建筑学院

摘 要:随着《“健康中国2030”规划纲要》的全面布局和深化落实,“健康”已经成为城市建设的重要内容与主要抓手。而体育中心作为面向大众健康提供服务且耗费巨大城市资源的城市空间,却因受限于“大事件驱动”的发展背景,未能在赛后使用过程中体现应有的城市公共职能及健康促进作用。这不仅是城市公共设施资源的重大浪费,更违背了健康中国建设的核心主旨。本文以体育中心这一地标性公共空间作为城市健康服务品质提升的重要切入点,通过分析体育中心健康发展面临的现实困境,结合民生健康对体育中心设计的诉求,提出高效利用场地,注重兼容共享的人本导向规划定位;推进“城市双修”,塑造城市特色的生态和谐建成环境;塑造多元功能,营造场所体验的赛后活化运维模式等价值提升原则。最后结合对深圳大运中心的改造方案研究,探索健康中国视域下体育中心的价值提升策略,以期寻找通过大型公建的空间价值提升促进城市健康发展的正确道路。

关键词:体育中心;城市更新;空间价值;健康促进

0 前言

2016年10月中共中央、国务院颁布了《“健康中国2030”规划纲要》,“共建共享,全民健康”成为健康中国建设的战略主题,国家致力于推动全民健身和全民健康的深度融合,大健康治理体系深入人心[1]。体育中心作为全民健身的主要载体,是推进“健康中国”建设的重要基础设施。然而我国体育中心建设仍存在着因“大事件”兴建,任意消费土地;以工程需求为导向,破坏生态环境;缺少对赛后使用的前瞻,陷入运维困境等问题。耗资巨大的体育中心,正逐渐失去其健康服务功能,这不仅是城市公共设施资源的重大浪费,更违背了“健康中国”建设的宗旨。因此,本文从全民健身需求及健康促进角度出发,思考体育中心的规划、设计、运维等问题,在由增量规划转向存量规划的迭代进程中,通过对民生健康的高位思考,探索体育中心与城市发展优化衔接与综合统筹的有效途径。

1 体育中心发展面临的现实困境

1.1 竞技神坛还是平民建筑?

随着我国城市化进程的不断推进,城市自身建设需求促进了体育产业的蓬勃发展[2]。然而我国体育中心建设大多以服务体育赛事为目标,由政府主导超规模建设,动辄覆盖数十公顷的土地,这种“超人尺度”通常与“人性尺度”对立,未能贯彻以人为本的思想,真正为全民健康提供服务。且受郊区扩张、新城建设的城市更新模式影响,许多新建场馆集中建设于郊区边缘地带,削弱了可达性,不利于公共服务均等化、健康服务全覆盖目标的实现。深圳大运中心具备举办大型活动的良好基础,但场地开发强度低且公共空间尺度过大,未能充分利用土地资源也无法充分为全民健康提供服务。体育中心的定位需综合考虑城市发展模式、建设尺度、服务半径、道路交通、体育资源分配公平性等问题,寻求竞技体育与全民健身间相对最优的解决方案,优化健康服务。

1.2 大肆建设还是生态修复?

工业革命带来了机动化的高速发展,推平山体或堆填海港变得相对容易。体育中心建设朝着与自然环境对抗的方向发展,把土地变得适于建设的同时却造成了生态性资源的不可逆流失。与此同时,建筑师们更倾向于将体育中心打造为独树一帜的地标性建筑,其建设偏向于单体项目设计,而非整体规划,导致体育中心项目与周边环境缺乏综合性考虑,破坏原有生态环境与城市风貌。深圳大运中心绿地成碎块化分布,水系被道路截断,生态性较低。城市主干道严重割裂大运中心公共活动空间与周边环境的联系,景观连续性与环境协调性遭到破坏。体育中心的建设应以生态修复为目标,从建成环境维度,重新思考体育中心需要承载的内容,创造地域和现代相应的高密集都市景观方式,在改善城市环境的同时助推大众体质健康。

1.3 赛时导向还是兼顾赛后?

体育服务的滞后甚至缺位导致供需失衡的体育中心朝着“保赛事”的方向发展。弱化了对赛后可持续利用的关注。赛后场馆使用率低,无法满足城市居民日益增长的体育运动需要,远未发挥出体育中心应有的公共健康服务职能。且日趋标准化的体育中心工程建设将体育工艺和结构技术作为考虑的首要因素,致使体育中心未关注使用者的切实感受,忽视了健康导向下舒适的场所体验,成为模式化产物,丧失原有激活城市活力的功能[3]。深圳大运中心专为大型赛事修建,使用功能单一,未涉及多元功能的分区以及配套设施,无法满足周边不同群体的使用需求,且未能营造可读性的场所体验,无法为目标人群提供高品质的健康服务,陷入运维困境。体育中心的研究重心应由建筑本体的工艺技术向建筑体验的人文关怀转移,以平衡赛时使用与赛后利用间的矛盾,使其成为健康中国建设的有力支撑。

2 体育中心价值提升策略

2.1 人本导向的规划定位

高效利用场地,倡导人性尺度。健康的城市营造反对郊区蔓延,提倡高效利用土地。应"读懂土地"——理解项目的背景、现行公共政策和土地使用规则,审视场所的局限性和可塑性,确定项目开发强度与土地使用方式[4]。将其与街道和市政公用设施的承载力联系起来,避免单一功能区域的低密度蔓延,提倡人性尺度,致力于紧凑、密集型开发以最大限度降低对不可替代的土地资源的侵害,实现空间价值的提升。

注重兼容共享,资源分布公平。公平是衡量城市发展是否健康的重要维度。体育资源的配置和布局影响着居民获取健康服务的公平性[5]。应将其视为城市总体规划的产物,整合城市体育资源,注重开放的空间布局,建立合理的分级规划和服务半径,优化体育中心选址布局,兼顾区域人口分布与物质空间布局,实现设施供给与人口分布之间的"匹配",并与其他公共设施形成互动发展的模式,有机构成城市系统。

2.2 生态和谐的建成环境

重塑绿色环境,推进"城市双修"。城市发展常伴生环境污染、能源消耗、气候异常等负面影响,生态修复与城市修补有助于城市存量空间品质的提升[6]。在进行体育中心的景观环境设计时,应提高场地绿化率、改善场地透水性、保护城市生态廊道的连续性及其物种多样性。且充分发挥景观环境设计对城市气候局部"修正"的作用,通过建筑形态、植物配置、铺装材料等设计策略调节通风、提供遮阳、控制热辐射,有效改善建成环境的微气候[7],创造健康的运动环境。

协调周边环境,塑造城市特色。建成环境的差异性是城市再生的核心,富有特色的城市建成环境能构筑独有的文化氛围,满足人们的精神健康需要[8]。然而体育中心常以夸张的外形、庞大的体量体现其地标性,这绝非力与美完美结合的唯一途径,标志性也绝非仅指建筑本身的形式感,还应包括场地环境的营造。应将建筑形式与周边环境统筹规划,通过开放式建筑布局与周边环境共融,提倡地景化建筑形象与地形地貌协调,借助地域化建筑风格与城市风貌呼应,促进体育中心与城市建成环境的和谐共生。

2.3 赛后活化的运维模式

塑造多元功能,激活场地活力。在市场经济环境中,城市应有能力重塑其本身,体育中心应通过对现有使用功能的填入式开发、弹性化应变等方式重新激发其活力。探索未来的多种可能,推动全天候运营(见图1)。可综合考虑体育中心的功能配比与业态布置,并在商业激活的基础上鼓励兼容文化、休闲娱乐等功能。通过塑造多元功能,促进人际交往与城市活动的展开,激发场地活力,构建高品质休闲生活方式聚集地。

营造场所体验,提倡人性服务。健康的城市营造应提倡保护与提升城市资源的独特性

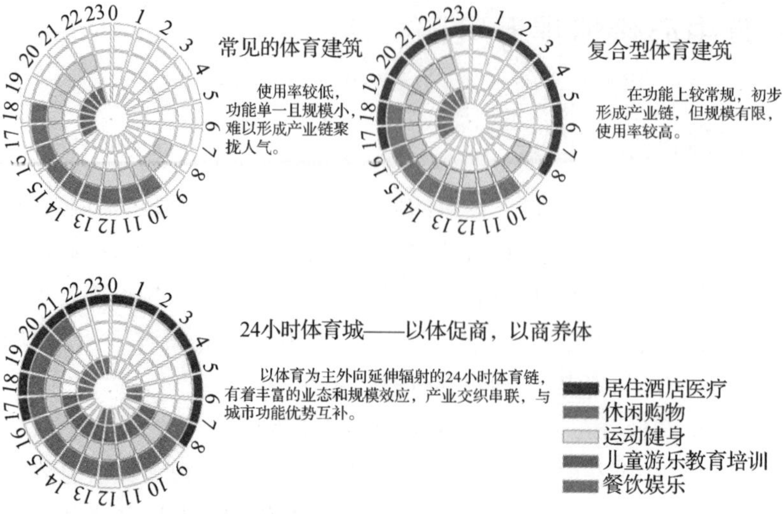

图 1　全天候运营模式示意图(图片来源:笔者自绘)

及城市服务的人性化。应从自然资源、地域气候、社会文化以及服务品质等方面对体育中心进行主题营造，增强体育中心可读性；对场所进行合理安排和利用以提升体育中心服务供给质量，以此带动城市文脉的延续与人性化服务的体验，助推自发性、娱乐性的活动开展，优化健康服务品质，促进体育中心价值的提升。

3　深圳大运中心改造案例

受限于综合性规划的匮乏，体育中心建设往往无视步行可达性、场所感、对不可替代的绿地或土地的保护，甚或生存性本身等基本原则。通过对深圳大运中心既有规划的提升、突破，探索“健康中国”视域下体育中心价值提升的有效路径，并通过对人本价值的倡导，将健康城市建设转化为可持续的现实[9]。

3.1　发展背景

大运新城作为深圳市四大新城之一，是全市重要的战略布局，是推动深圳东部地区一体化发展的示范区域，也是将龙岗打造成为城市东部中心的主要抓手。大运新城将依托大运中心改造项目的建设，打造集体育、教育、居住、商业文化、旅游休闲于一体的城市复合功能区，积极促进和带动深圳东部城市副中心——龙岗中心城的完善和发展。大运中心项目位于大运新城中部核心位置，是深圳举办 2011 年第 26 届世界大学生夏季运动会的主场馆区，也是深圳实施文化立市战略、发展体育产业、推广全民健身的未来中心区(见图 2)[10]。在不同阶段发展要求下(见图 3)，大运中心的重大职能逐渐转换，创新、国际化发展方向日益突出，其新老规划迭代过程中的优化衔接与综合统筹显得尤为重要。

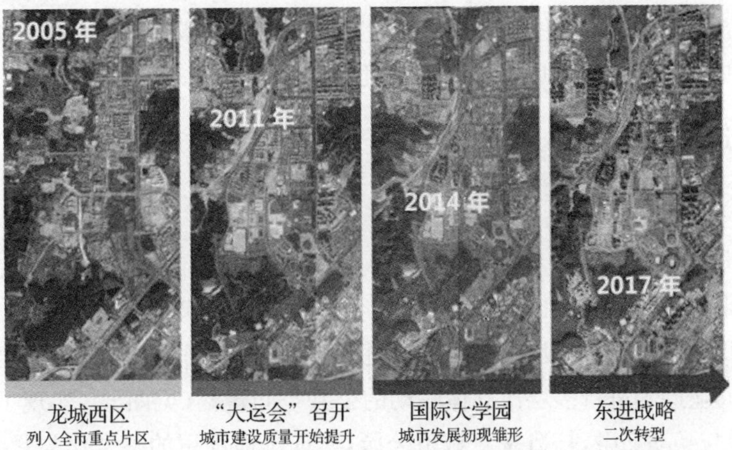

图 2　重要战略事记(图片来源:深圳市规划和国土资源委员会龙岗管理局)

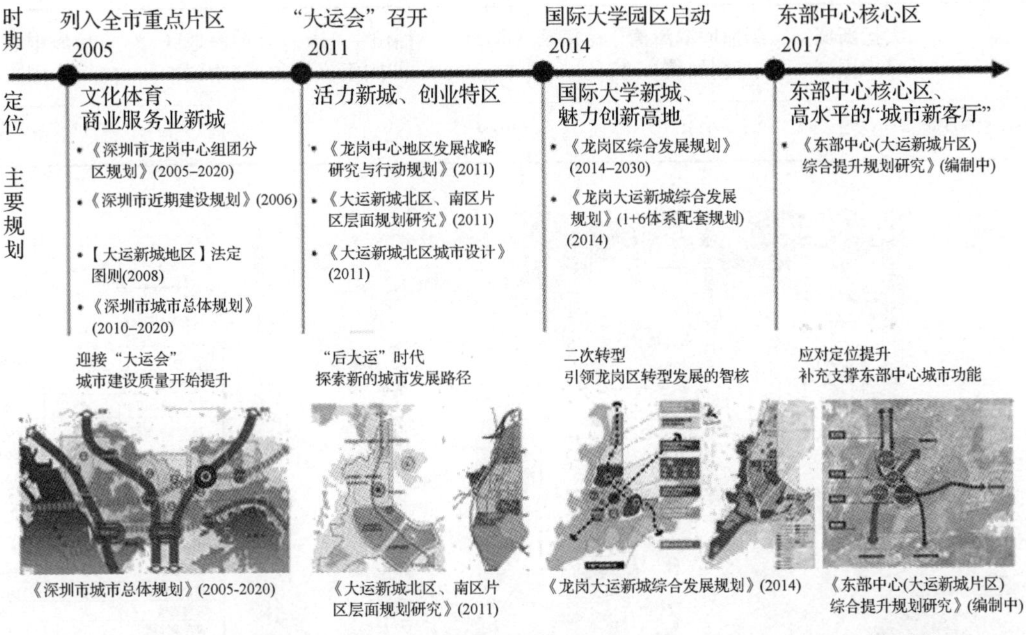

图 3　不同历史时期的发展定位(图片来源:深圳市规划和国土资源委员会龙岗管理局)

3.2　发展需求

为在快速城市化的浪潮中实现“健康中国”的目标,城市体育中心发展更加强调:面向人民需求、资源分布公平;关注绿色生态、塑造城市特色;打造城市客厅、推动可持续发展。大运中心作为全市规模最大的综合场馆,基于其发展潜力与资源价值,契合大运新城向东部中心核心区、高水平的城市新客厅发展的要求,未来需要承担更多的体育、文化类公共服务职能。然而目前,由于其场地开发强度低且公共空间尺度过大,景观连续性与环境协调性不强,且未涉及相应的功能分区以及配套设施,营造良好的场所体验,导致日常人气较低,远未发挥出应有的文体职能。大运中心改造项目以“共建共享，全民健康”的健康中国战略主题为原则，立足城市发展要求、挖掘场地潜力、进行生态修复、激活区域活力，打造粤港澳大湾区文体活力中心，为深圳市发展注入新的生机与活力。

3.3 改造策略

3.3.1 规划定位

通过统筹整体区域规划，发现大运新城现状毛容积率较国际都市中心发展趋势仍存在较大差距，未来仍可大幅提升（见表 1）。大运中心项目改造可充分挖掘场地潜力，在平面布局上，结合现状湖岸地形，加设环湖建筑群（见图 4）；在竖向布局上，将观光层、运动层、广场公园景观层、商业层等进行多层次立体联动的公共空间建构（见图 5），实现了建筑、环境、活动的立体交叠与互动交融，打造垂直城市公园，实现土地利用的整合化与紧缩化，促进城市精明增长，避免土地资源流失。

表 1 毛容积率对比表(表格来源:笔者自制)

地区	大运新城（中国）	新加坡滨海湾（新加坡）	横滨 MM21（日本）	福田中心（中国）	前海地区（中国）	后海中心（中国）
毛容积率	0.74	1.6	1.6～2.2	2.19	1.7～2.0	3.96

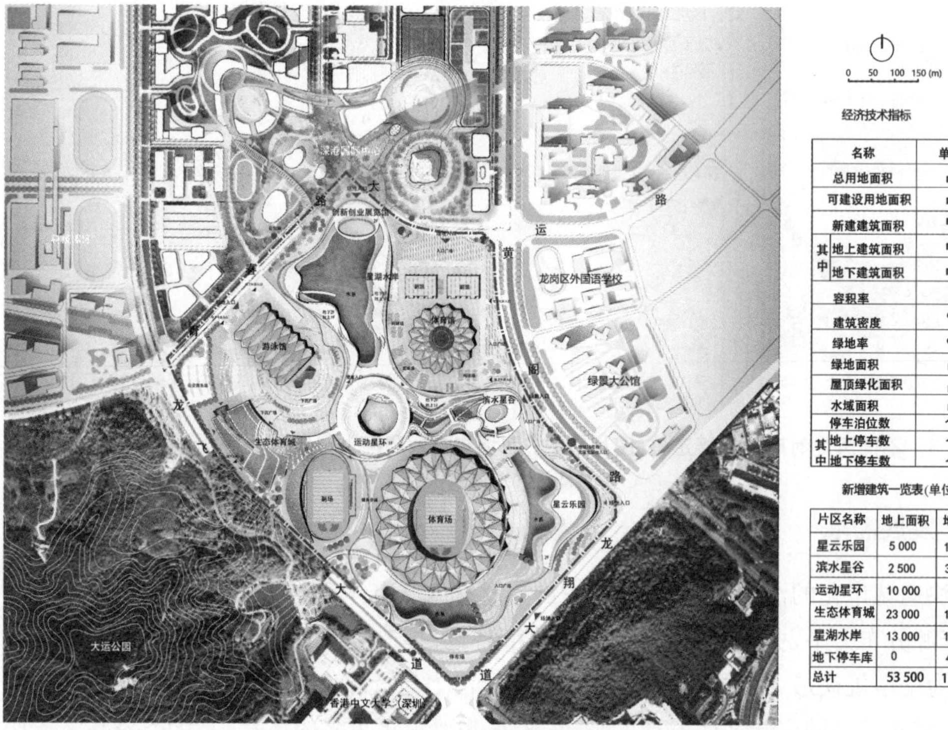

经济技术指标

名称		单位	数量
总用地面积		㎡	509 300
可建设用地面积		㎡	137 000
新建建筑面积		㎡	179 000
其中	地上建筑面积	㎡	53 500
	地下建筑面积	㎡	125 500
容积率			0.57
建筑密度		%	15
绿地率		%	23.5
绿地面积		㎡	45 994
屋顶绿化面积		㎡	21 319
水域面积		㎡	52 500
停车泊位数		个	1 549
其中	地上停车数	个	220
	地下停车数	个	1 329

新增建筑一览表(单位：m^2)

片区名称	地上面积	地下面积	总面积
星云乐园	5 000	15 000	20 000
滨水星谷	2 500	35 500	38 000
运动星环	10 000	0	10 000
生态体育城	23 000	17 000	40 000
星湖水岸	13 000	12 000	25 000
地下停车库	0	46 000	46 000
总计	53 500	125 500	179 000

图 4 总平面图(图片来源:笔者自绘)

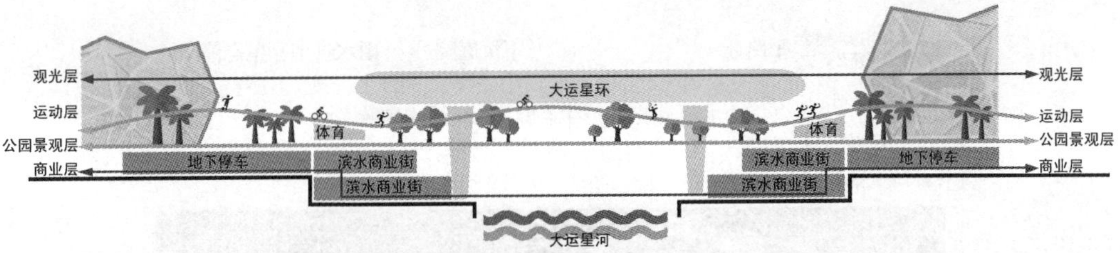

图5　竖向关系图(图片来源:笔者自绘)

围绕“健康公平”理念,提出体育资源共享的规划设计原则。在城市视角方面,形成横纵两个方向的视觉通廊,为城市提供良好视觉观赏景观的同时确保公共资源共享。在可达性方面,未来规划的四条地铁线建成后,在大运城内部增设地铁站,增大交通流量,把周围科技园区的大量人流引向大运城,加大公共交通体系覆盖率,增加其可达性,扩大体育资源辐射人群范围(见图6)。

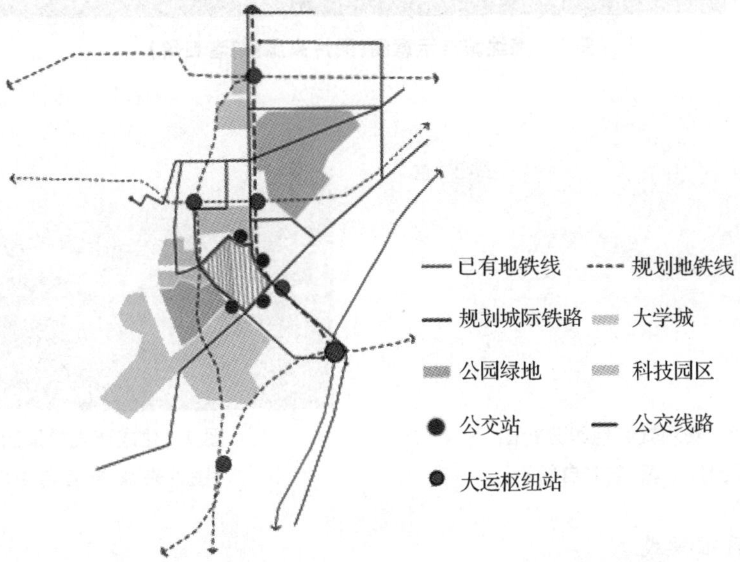

图6　公共交通分析[图片来源:根据《东部中心(大运新城片区)综合提升规划研究》(2017)绘制]

3.3.2　建成环境

方案遵循生态优先原则,倡导永续利用资源,以屋顶绿化与下沉水带为核心形成立体复合式雨水收集网络。过滤流经的雨水有效涵养水土,促进雨水资源的景观利用和生态环境的系统修复,实现海绵城市的设计构想(见图7)。建成环境设计沿绿轴展开,连通场地东西两侧(见图8)。选择适宜深圳地域的树种、植被建构良好的景观绿化系统,最大化使用绿化屋顶设计,减少顶层的制冷负荷,同时有效减轻城市热岛效应,助推生态健康型城市建设。

综合考虑地形高差,新建筑充分利用地下空间,以谦逊的姿态消解于场地之中。减少了建筑体量对于城市环境的压迫感与对“一场两馆”主体地位的影响。建筑群体顺应城市及自然肌理,形态起伏跌宕,轮廓刚柔相济,并采用中国传统园林建构手法——借景,与周边环境空间形态连续、开放融合,并将西侧山脉以覆土建筑的形式延续到场地中,不仅纳城市景观于建筑之中,还将景观融于环境、建筑融入景观,塑造高品质的建成环境(见图9)。

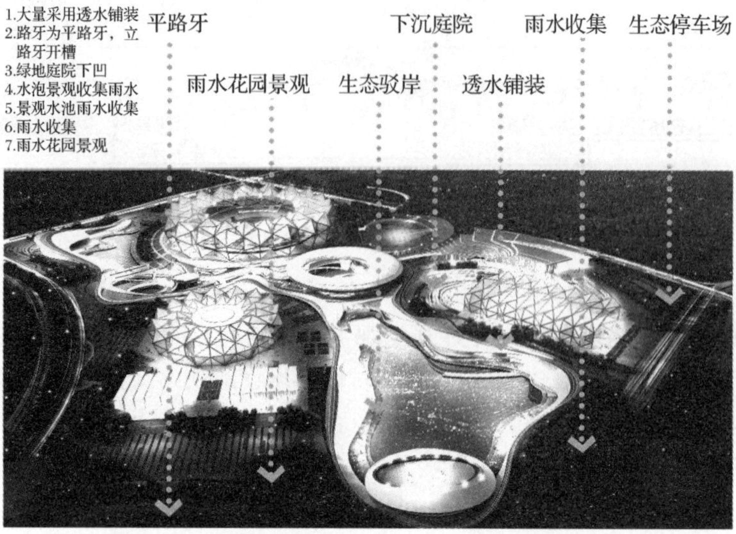

图 7　海绵城市示意图(图片来源:笔者自绘)

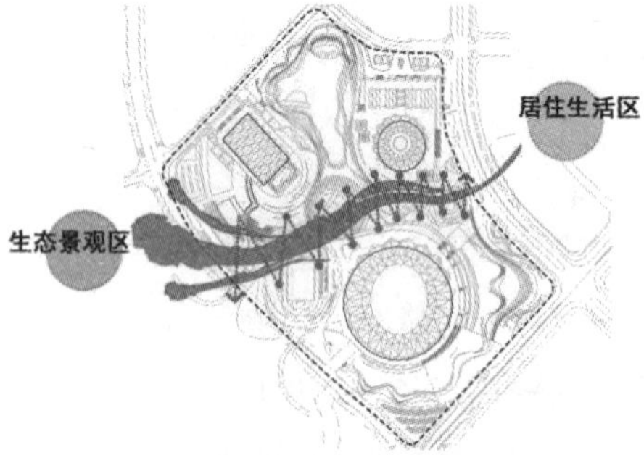

图 8　景观轴线组织分析图
(图片来源:笔者自绘)

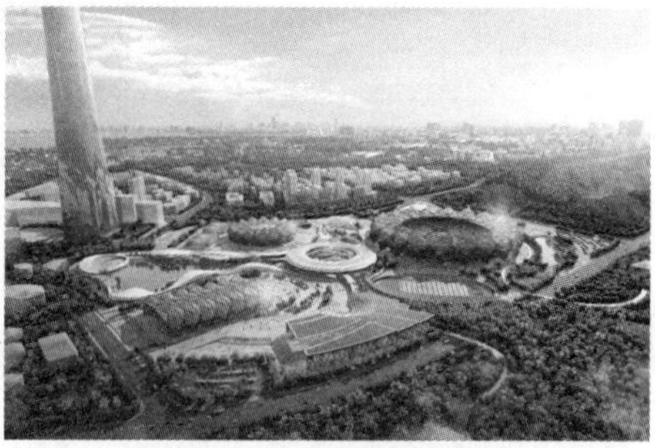

图 9　建成环境效果图
(图片来源:笔者自绘)

3.3.3　运维模式

方案设计对各功能空间进行梳理，从南到北依次为儿童主题区、滨水商业区、中心综合主题区、体育主题区、环湖文娱创意主题区，自由流动的建筑串联为一体，商业、休闲和服务混合设置(见图 10)，多元功能在水平和垂直方向多样化分布，提高场地整体运作效率。且区别于常规商业临街的布局模式，方案将城市空间渗透进场地，城市界面向场地内部延伸，将人流引入(见图 11、图 12)。逐步“激活”空寂的城市空间，使区域功能相互联动，有机生长，从而形成城市的磁力中心。

方案以“山水融城，星河漫游”为主题，通过对大地艺术的解读，在城市中营造“流淌的山脉”和“绿色的峡谷”的意境，建筑退台错动形成景观露台，置身其中如同环游于山谷(见图 13)；利用贯通场地的蜿蜒水系配合灯光艺术，将活泼的水岸线化身为璀璨的“大运星河”，打破了原有“一场两馆”的沉寂，动感流畅的建筑形态与景观秩序融于一体，随星河蜿蜒盘旋，创造出趣味性的滨水地下商业街和亲水公共空间(见图 14)，营造具有可读性、识别感的场所体验。

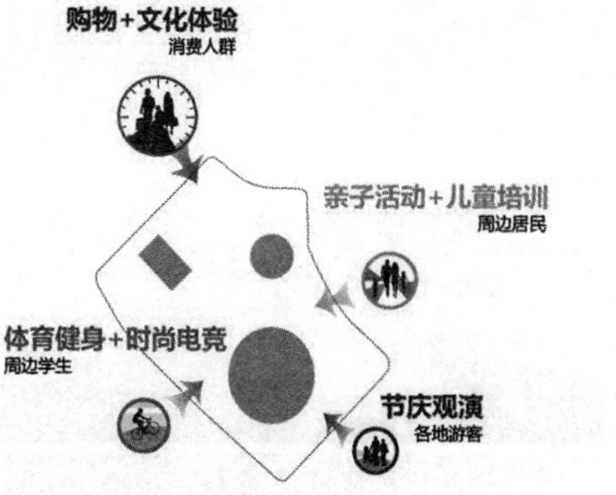

图10　功能划分示意图(图片来源:笔者自绘)

图11　滨水商业效果图(图片来源:笔者自绘)

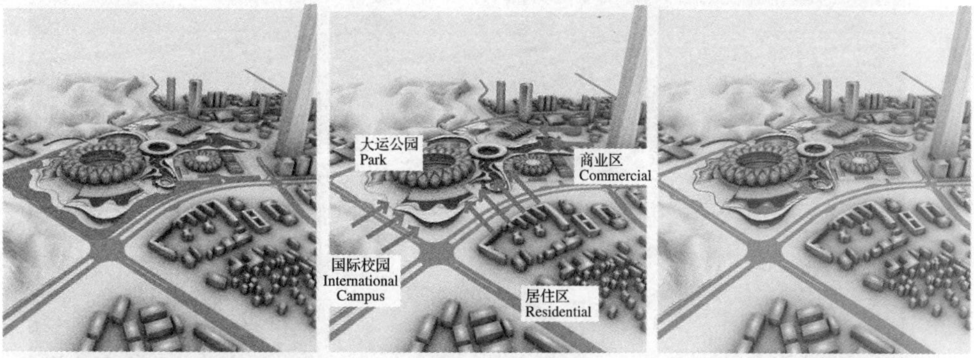

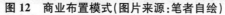

常规模式:临街布置商业　　本方案模式:城市界面向内延伸,内向城市空间形成

图 12　商业布置模式(图片来源:笔者自绘)

图 13　山水融城效果图(图片来源:笔者自绘)

图 14　星河漫游效果图(图片来源:笔者自绘)

4　结语

城市发展伴生的负面影响已严重违背大众的健康诉求,体育中心作为专为全民健康提供服务的重要基础设施,是城市更新乃至健康中国建设的缩影,应积极寻找提升其价值的合理方法。然而建筑、景观、规划学科间的隔阂导致我们无法从耦合关联的角度上来解决“健康中国”视域下城市设计的根本。各学科应形成一种共识,在城市健康营造的背景下重新审视各自的学科,构建令人愉悦的城市环境、公平高效的生活服务、更加集聚的文化创新要素,将城市变为健康人居环境的典范。

参考文献

[1] 国务院.“健康中国 2030”规划纲要[N]. 新华社,2016 - 10 - 25.

[2] 田静,徐成立. 大型体育赛事对城市发展的影响机制[J]. 北京体育大学学报,2012(12):7 - 11.

[3] 陆诗亮,谷梦,范兆祥. 基于知觉现象学的健康体育建筑室内环境舒适度评价指标研究[J]. 西部人居环境学刊,2019(2):8 - 15.

[4] 约翰·伦德·寇耿,菲利普·恩奎斯特,理查德·若帕波特. 城市营造:21 世纪城市设计的九项原则[M]. 赵瑾,等译.南京:江苏人民出版社,2013.

[5] 王兰,周楷宸.健康公平视角下社区体育设施分布绩效评价:以上海市中心城区为例[J].西部人居环境学刊,2019,34(02):1-7.

[6] 怀松垚,陈筝,刘颂.基于新数据、新技术的城市公共空间品质研究[J].城市建筑,2018(6):12-20.

[7] ROHINTON E,KOEN S. Connecting the realms of urban form, density and microclimate[J]. Building Research & Information,2018,46:1-5.

[8] 吕飞. 健康城市:建设策略与实践[M]. 北京:中国建筑工业出版社, 2018.

[9] BARTON H, GRANT M. Urban planning for healthy Cities[J]. Journal of Urban Health,2013,90:129-141.

[10] 郭湘闽,曾克.基于 ROT 模式的大型体育中心赛后改造规划探讨:以深圳大运中心为例[J].规划师,2015,31(7):24-29.

武汉麒麟路街社区公共空间健康设计策略探究

张 烙[1] 姜 梅[2]

1 中南建筑设计院股份有限公司

2 华中科技大学建筑与城市规划学院

摘　要:存量规划背景下,城市更新愈发强调生活品质与空间共享,社区公共空间由于与人们的日常生活密切相关而一直受到重点关注,那当前该如何更新社区公共空间以满足时代的更高要求?在高密度大都市环境里尤其是大"城市病"问题加剧情况下,健康城市这一话题开始被学界探讨。文章从理论综合、指标评价、案例研究三个层面对健康导向下社区公共空间的设计展开分析:首先,思考社区公共空间现存的健康问题及其成因,试图以健康需求为视角讨论健康因素与公共空间之间的关系;其次,基于层次分析法(AHP 法)对健康社区公共空间的构成要素进行层次分析,旨在判断健康因素的显隐程度;最后,以麒麟路街社区为例进行整体剖析,总结出"设施介入""腾退连通""步道成环""边界限定"四种健康空间设计策略,以提升社区空间品质。

关键词:城市更新;健康;社区公共空间;AHP;设计策略

由于在城市更新背景下人们具有较高的物质生活水平以及对室外环境的高品质追求,国外社区公共空间的使用频率相比国内要高得多,这促使政府对其不断加大投入力度,其环境质量现已十分完善。相反,中国传统社会里并未有公共空间的概念,真正有意识地对公共空间进行塑造还是在 20 世纪 30 年代[1],所以国内社区公共空间的发展非常迟缓,但人们对公共空间的使用需求不断增大,如今建成环境品质已跟不上人们的健康需求,其环境质量急需提升。

1　健康理念

以人为本的健康涉及四个方面:身体健康、心理健康、社会适应和道德健康。世界卫生组织(WHO)宣布健康城市的 10 条标准[2],其中包括:清洁和安全的环境、提供各种娱乐和消遣活动场所、赋予市民享受健康权利、改善健康服务质量、生活更健康长久和少患疾病的城市、保护文化遗产和尊重所有居民的各种文化和生活特性、市民一道参与日常生活等等。

随着我国社会经济水平的提高,人们掀起了追求健康城市公共空间的热潮。关注点被转移至城市公共空间,一是可以有效地赋予公民空间权利,二是提升建成环境质量,三是为打造充满希望的健康 21 世纪奠定坚实基础。构建健康城市公共空间已迫在眉睫,是新时代赋予我们的神圣使命。

2 社区公共空间设计现存的健康问题[3]

2.1 景观视觉效果差

公共空间中店招、灯光、广告、活动遮阳等景观元素相互挤占与重叠，形成密布的视觉感受；然而相互拥挤交叠、均质密布的景观元素带给行人心理上的盲目感，无法形成明确的欣赏主题[4]。

2.2 交通系统隐患大

机动车交通与步行交通没有区分，这种人车混行模式存在很大的安全隐患，在早晚高峰交通流量突增的情况下会造成交通拥堵，严重时会引发交通事故。

2.3 活动场所不达标

活动场所的缺失剥夺了使用者运动健身的权利，长此以往，在这样的环境里生活的人们的身体素质会越来越差。

2.4 间隙空间品质低

由于城市高密度土地开发，像城市广场或公园这类可容纳足够数量人群活动的场所少之又少，建筑与街道之间却形成了数量惊人的间隙空间[5]，它们形态各异且面积大体有限，只能供少量使用者活动，但极大地弥补了高密度建成环境中公共空间匮乏的问题，然而这些间隙空间环境质量恶劣，使用率低下。

3 社区公共空间健康问题成因分析

3.1 城市土地的高密度开发

当下城市雾霾、热岛效应等问题日益严重，主要是由于城市土地的高密度开发，建筑高度不断刷新；同时，高密度的建筑使人们交往变得困难，人与人之间的心理联系开始弱化，引发各种心理健康问题。

3.2 以车行优先的建设模式

我国主导以车行优先的建设模式，导致街道、广场、公园等场所大量被车辆挤占。车辆排放尾气不仅造成空气质量下降，还大肆侵占公共空间，甚至剥夺了人们运动健身的权利。

3.3 公众缺乏社区营造向导

社区营造强调公众一道参与制定涉及他们的日常生活，特别是健康和福利的各种政策规定，以达到建设健康社区的效果。然而，大部分城市社区都没有开展行之有效的社区营造活动，这需要社区管理者带动居民积极性，充分发挥社区居民的各种力量。

4 使用者的健康需求[6]分析

4.1 生理健康需求

4.1.1 视觉健康

人的眼睛对环境的明暗程度会产生明暗视觉，公共空间的光线和照明直接影响其对外界亮度变化的适应能力，光线过强会产生眩光、过暗则影响视觉判断。

4.1.2 听觉健康

公共空间与噪音源之间的距离关系直接影响使用者在公共空间进行的交往活动。以静态活动为主的公共空间应远离噪音源，以消除过高的声音给人的活动造成的消极影响。

4.1.3 触觉健康

使用者在公共空间内的触觉感知主要体现在空气的温湿度、材料的柔软坚硬程度等。稳定的温度与湿度有利于保持人体的热平衡；质感柔软的材料触摸起来让人感觉温暖舒服，容易营造氛围。

4.1.4 嗅觉健康

垃圾堆场、车辆尾气排放、工业污染以及植物产生的花粉、飞絮或特殊气味等都会影响空气质量。应不定时地对周边垃圾堆进行处理，保持良好空气质量，以保证活动者的嗅觉健康。

4.2 心理健康需求

4.2.1 安全感

就公共空间而言，使用者需要考虑安全感主要是基于自己对所处环境的熟悉度即能否接受所处环境。社区公共空间尺度不适宜、空间色彩不亲和、使用材料过于冰冷、缺乏细节关怀等都会降低使用者的心理安全感。

4.2.2 归属感

归属感主要体现在使用者对所处环境的认同方面，而不同年龄段的使用人群对归属感的心理要求不同。青少年多动且好奇心强烈，环境中的色彩、材质、高度的变化可充分激发其创造力和想象力；中年人热爱跑步、打篮球等体育活动，空间的开阔与连续性是关键；而老年人多是静态活动，喜欢和周边的人进行交谈，对于公共空间的需求可能只是一个可以停留并观看的角落。

4.2.3 领域感

领域感的增强需要创造满足个人私密性的领域空间。通过设置一些遮挡、屏障等来对空间的领域属性进行合理的划分与界定对于增进领域感十分有效。

4.3 行为健康需求

扬·盖尔在《交往与空间》中，把城市空间活动划分为必要性活动、自发性活动和社会性活动。他认为若公共空间的质量水平较低，则只有必要性活动发生；若公共空间的质量水平较高，则会相应的延长必要活动发生的时间，同时还会增加一定的自发性活动，而且社会性活动也易于发生[7]。可见，不同类型的行为需求对公共空间质量提出了相应的要求。

4.3.1 步行需求

在条件允许的情况下规划与车行系统同等重要的整体循环型步行线性系统，通过设置座椅、共享单车等构建“点—线”相结合的运动网络，为激发健康活动提供契机。

4.3.2 娱乐活动

相较于步行，能引发使用者进行自发性或社会性的娱乐活动一般需要较为开敞的大空间，且周边环境较为宜人。经常在公共空间进行娱乐活动的人多为老年人、儿童和中年妇女，活动具有时段性，多在早晨和傍晚发生。

4.3.3 运动健身

除了少部分年轻人在室内健身房锻炼外，多数人还是选择在室外运动场所进行健康锻炼，因此完善的健身设施显得尤为关键。

5 基于 AHP 法对健康社区公共空间构成要素的量化分析

5.1 各层指标权重

AHP 层次分析法是解决具有多种因素影响的复杂问题的一种方法，具体步骤是先建立层次结构模型，然后构造判断(成对比较)矩阵，再进行层次单排序及其一致性检验，最后进行层次总排序及其一致性检验[4]。根据前面关于社区公共空间的健康问题、成因以及使用者的健康需求的论述，列出影响公共空间健康行为活动的主要因素[8]，并建立结构图(如图1)。把公共空间的物质基底、联系骨架、康体单元作为目标层放在第一层级，把噪音、空气、风环境、热环境、日照、绿化覆盖率、运动设施、自行车道、垃圾处理水平作为物质基底的第二层级放在措施层，把行为可达性、行为连续性作为联系骨架的第二层放在措施层，把开放性、安全性、舒适性、领域感、归属感作为康体单元的第二层放在措施层。

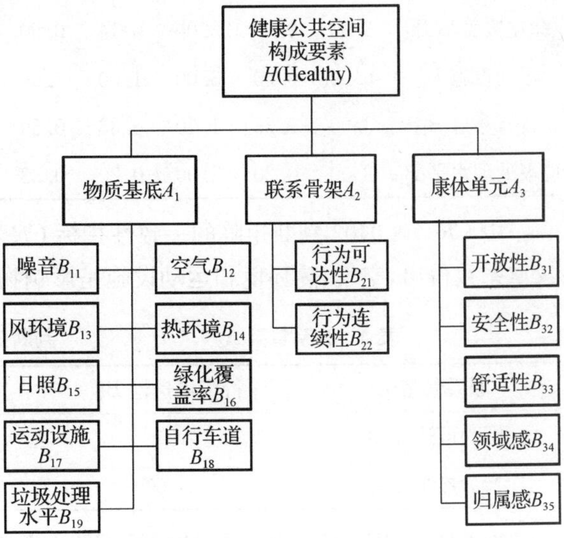

图1 健康公共空间构成要素层次模型

5.2 权重分析

主要基于个人对社区公共空间的认识来判断各指标权重，再以专家的意见为辅得到有关数据，运用 AHP 层次分析软件对判断矩阵进行输入、求解，标度类型为 1～9，得到 $H-A$ 层、A_1-B、A_2-B、A_3-B 层的特征值（见表 1～表 5）。

表 1　健康公共空间构成要素 H　　判断矩阵一致性比例：0.0904；对总目标的权重：1.0000

健康公共空间构成要素 H	物质基底 A_1	联系骨架 A_2	康体单元 A_3	权重系数 W_i
物质基底 A_1	1	5.00	4.00	0.6870
联系骨架 A_2	0.20	1	2.00	0.1865
康体单元 A_3	0.25	0.50	1	0.1265

由 $CR=0.0904$ 判断矩阵的一致性指标 CR 小于 0.1，具有较好的一致性。根据求得的权重系数得出，物质基底是影响健康社区公共空间的最重要因素。

表 2　物质基底 A_1　　判断矩阵一致性比例：0.0403；对总目标的权重：0.6870

物质基底 A_1	噪音 B_{11}	空气 B_{12}	风环境 B_{13}	热环境 B_{14}	日照 B_{15}	绿化覆盖率 B_{16}	运动设施 B_{17}	自行车道 B_{18}	垃圾处理水平 B_{19}	权重系数 W_i
噪音 B_{11}	1	0.14	0.33	0.25	0.17	0.33	0.17	0.33	0.50	0.0256
空气 B_{12}	7.00	1	4.00	1.00	2.00	3.00	2.00	4.00	5.00	0.2286
风环境 B_{13}	3.00	0.25	1	0.25	0.33	0.50	0.33	1.00	0.50	0.0479
热环境 B_{14}	4.00	1.00	4.00	1	2.00	7.00	1.00	3.00	5.00	0.2117
日照 B_{15}	6.00	0.50	3.00	0.50	1	2.0000	1.0000	2.00	3.00	0.1338
绿化覆盖率 B_{16}	3.00	0.33	2.00	0.14	0.50	1	0.1667	1.00	2.00	0.0612
运动设施 B_{17}	6.00	0.50	3.00	1.00	1.00	6.00	1	3.00	5.00	0.1807
自行车道 B_{18}	3.00	0.25	1.00	0.33	0.50	1.00	0.33	1	3.00	0.0681
垃圾处理水平 B_{19}	2.00	0.20	2.00	0.20	0.33	0.50	0.20	0.33	1	0.0425

由 $CR=0.0403$ 判断矩阵的一致性指标 CR 小于 0.1，具有较好的一致性。根据求得的权重系数得出，空气、热环境和运动设施是影响物质基底的三个重要因素。

表 3　联系骨架 A_2　　判断矩阵一致性比例：0.0000；对总目标的权重：0.1865

联系骨架 A_2	行为可达性 B_{21}	行为连续性 B_{22}	权重系数 W_i
行为可达性 B_{21}	1	2.00	0.6667
行为连续性 B_{22}	0.50	1	0.3333

由 $CR=0$ 判断矩阵的一致性指标 CR 小于 0.1，具有较好的一致性。根据求得的权重系数得出，行为可达性是影响联系骨架的重要因素。

表 4　康体单元 A_3　　判断矩阵一致性比例:0.0283;对总目标的权重:0.1265

康体单元 A_3	开放性 B_{31}	安全性 B_{32}	舒适性 B_{33}	领域感 B_{34}	归属感 B_{35}	权重系数 W_i
开放性 B_{31}	1	3.00	4.00	5.00	6.00	0.4811
安全性 B_{32}	0.33	1	2.00	3.00	5.00	0.2349
舒适性 B_{33}	0.25	0.50	1	2.00	4.00	0.1482
领域感 B_{34}	0.20	0.33	0.50	1	2.00	0.0862
归属感 B_{35}	0.17	0.20	0.25	0.50	1	0.0495

由 $CR=0.0283$ 判断矩阵的一致性指标 CR 小于 0.1,具有较好的一致性。根据求得的权重系数得出,开放性和安全性是影响康体单元的两个重要因素。

表 5　最终结果

构成因素	噪音 B_{11}	空气 B_{12}	风环境 B_{13}	热环境 B_{14}	日照 B_{15}	绿化覆盖率 B_{16}	运动设施 B_{17}	自行车道 B_{18}	垃圾处理水平 B_{19}	行为可达性 B_{21}	行为连续性 B_{22}	开放性 B_{31}	安全性 B_{32}	舒适性 B_{33}	领域感 B_{34}	归属感 B_{35}
权重	0.0176	0.1570	0.0329	0.1454	0.0919	0.0421	0.1241	0.0468	0.0292	0.1243	0.0622	0.0609	0.0297	0.0188	0.0109	0.0063

根据健康社区公共空间评价指标总排序值得出:空气、热环境、运动设施和行为可达性是影响健康公共空间构成因素中影响作用最为显著的因素,因此,这些是在社区公共空间设计过程中应重点考虑的问题;日照、行为连续性、开放性也是影响公共空间健康活动的比较重要因素;噪音、风环境、绿化覆盖率、自行车道、垃圾处理水平、安全性、舒适性、领域感和归属感对公共空间健康活动的影响程度相对较弱,仅作为人们用于体验空间的基本条件。

6　社区公共空间健康导向案例研究——以武汉市麒麟路街社区为例

6.1　麒麟路街社区概况

麒麟路街社区位于武汉市汉阳区七里庙地铁站附近,北临城市主干道汉阳大道,南临城市二环线墨水湖北路,以南北向麒麟路连接东西两块“L”形研究范围(如图 2),整个区域东西长 676.76 m、南北宽 447.42 m,面积约 0.24 km^2。为了便于研究,将整个区块划分成 11 个部分,按一定顺序以 A,B,C,…,J,K 加以编号(如图 3)。左侧区块是 20 世纪 50—80 年代建成的以中部社区广场为核心、以十字形道路为骨架组成的工人新村传统社区,右侧区块是由西部低层自建住宅聚落群与东部 2000 年后发展起来的新式住宅小区组成。三种不同年代、不同建筑特征、不同空间模式并置在同一城市环境中,其城市建成环境的复杂性、公共空间类型的多样性以及使用人群对健康需求的多元性对于探讨健康导向下社区公共空间影响机制提供了良好的研究基础和实用价值。

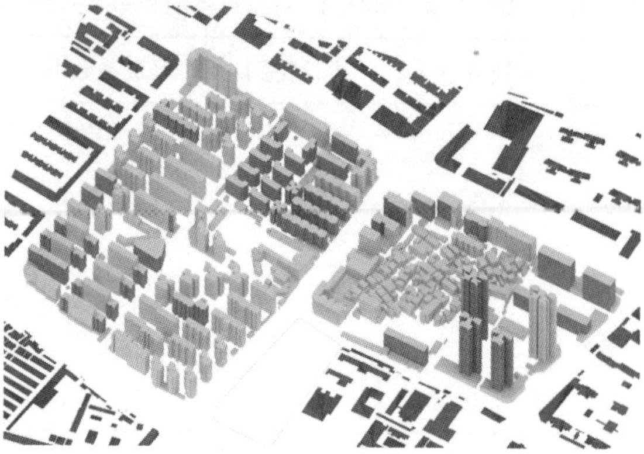

图 2　麒麟路街社区研究范围三维模型

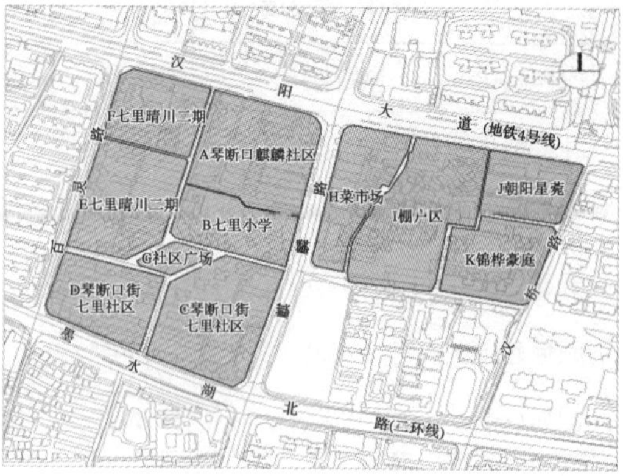

图 3　将研究范围划分成 11 个区域

6.2　公共空间现状综合分析

6.2.1　风环境分析

笔者对整个研究范围进行了夏季(如图 4)和冬季(如图 5)室外风环境模拟，结果发现夏季典型风速和风向条件下，A 区西端和棚户区场地内人活动区处于无风区，风环境最为恶劣，对于使用者健康活动极为不利；传统社区其他区域风速都比较适宜人活动，新式住宅小区内庭院活动场地开阔、风环境质量最佳。冬季典型风速和风向条件下，整个范围人行区最大风速为 4.62 m/s，低于 5 m/s，说明室外场地风环境条件不影响使用者在冬季进行健康活动；但也存在一些无风或风小的区域，在冬季易引发疾病传染威胁居民健康，比如 A 区、棚户区、七里小学教学区、C 区西端、D 区南端和 E 区南端。

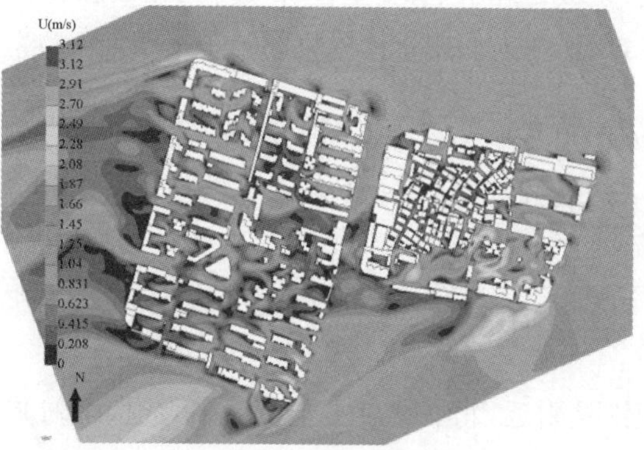

图 4　夏季：风速 2.30 m/s、风向 22.5°

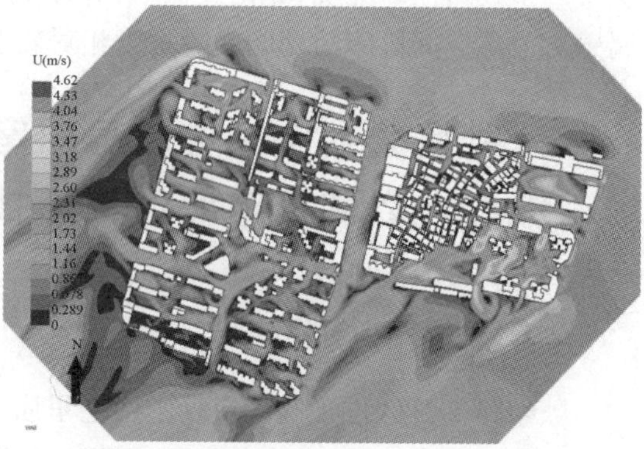

图 5　冬季：风速 3.00m/s、风向 45.0°

6.2.2　日照分析

以武汉市大寒日日照分析(如图 6)结果来看，日照较为充足的区域集中在社区广场、社区广场西北角道路交叉口、七里小学入口广场(操场)、晨光幼儿园游戏场地、左侧地块西北角室外庭院；麒麟路、棚户区临汉阳大道入口处、棚户区南端闲置区域、朝阳星苑内庭院。开放空间中 80%以上部分皆日照严重不足的区域集中在 A 区右侧、E 区和 I 区。总体上，日照量以新式住宅小区居多、传统社区其次、棚户区最少。

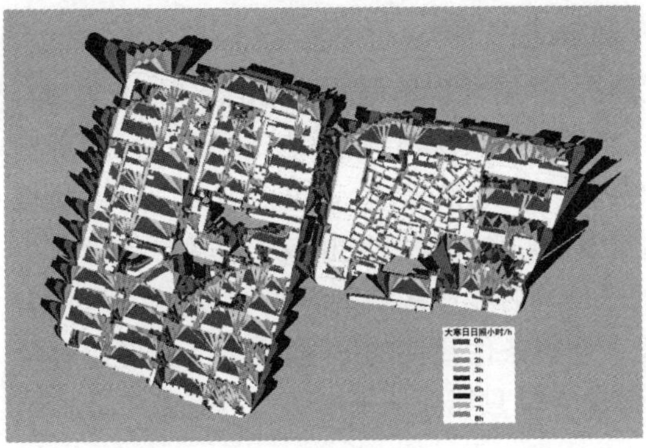

图 6　研究范围大寒日日照分析

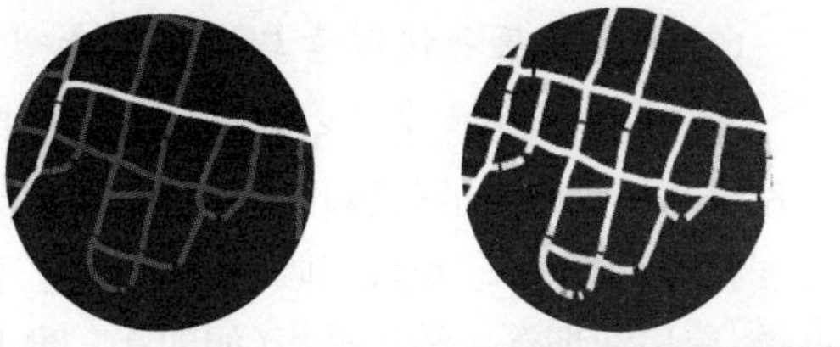

Road	Ref	Connectivity	T1024 Choice	T1024 Integration R1000 metric
汉桥路	23516	2	218249.3	62.4
百灵路	23410	3	124854.7	69.8
麒麟路	23423	3	4185208.4	70.2
汉阳大道右侧	23512	3	30064262.0	74.1
汉阳大道左侧	23418	3	29620566.7	75.2
二环线左侧	23406	3	5679637.0	93.2

图 7　麒麟路街社区在武汉市区范围内的选择度与 1 000 m 米制距离整合度分析

6.2.3　空间整合度[9]分析

首先，从宏观角度分析本研究范围在整个武汉市区范围内的空间选择度与 1 000 m 米制距离整合度(如图 7)情况，发现若从武汉市其他地方到达此地，汉阳大道被选择的概率远大于本区域其他道路；同时发现本区域 1 km 半径范围内二环线的整合度最高为 93.2，可达性最好，其次是汉阳大道整合度值为 74.5，其余道路为第三梯度，最不容易到达。然后，以本区域为核心绘制一定范围的轴线地图(如图 8)，发现在整个研究区域内区块外围城市道路的可达性最好，包括右侧南端道路，棚户区空间可达性最差；同时发现左侧社区广场、十字形道路及 A 区相较其他位置的空间整合度要高，右侧新式住宅小区空间可达性分布均匀，整合度值稳定在 132.7 左右。

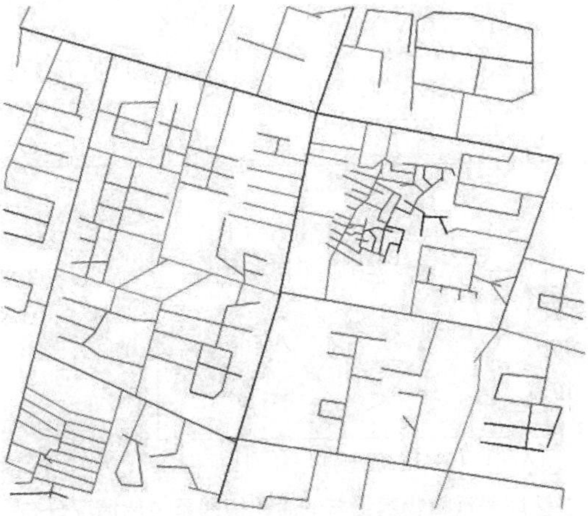

图 8　研究范围空间整合度分析

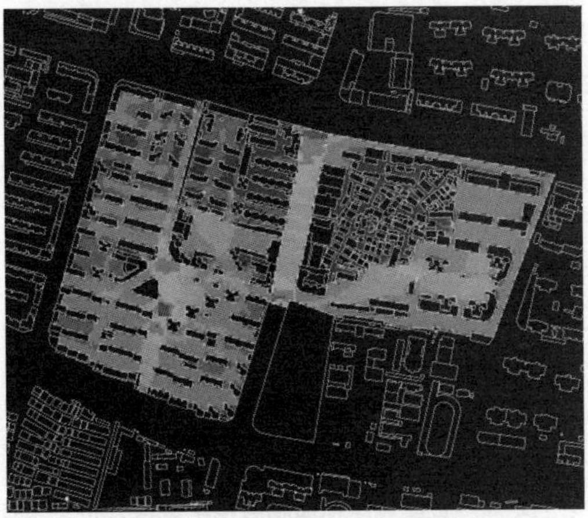

图 9　研究范围空间 VGA 视域分析

6.2.4　空间 VGA 视域分析

以研究范围为视域对象进行 VGA 空间分析(如图 9)发现：社区广场、麒麟路以及锦桦豪庭内庭院空间可视度最佳；A 区和棚户区视线阻挡最为严重，几乎处于公共活动可视范围以外，与城市联系薄弱；其他区域为第二梯度，视线适中，基本能满足人群进行基本活动，但在传统社区内部也存在少量视线较低的暗角，达不到使用者健康活动基本需求。

6.2.5　健康积极因素与消极因素[10]分布分析

基于前文对健康公共空间构成要素的层次分析，并结合现场调研收集的数据(如表 6)，整理出本研究区域的健康积极因素与消极因素，前者包括景观植物、绿地、健身设施、服务中心、药房、共享单车、垃圾回收、公厕、座椅、摄像头、公交、地铁等，后者包括施工、车辆、垃圾堆场、厨房油烟等。统计分析(如图 10、图 11)后，发现左侧传统社区相较于右侧区域拥有更多更集中的健康积极条件，拥有较多景观植物的区域同时相应区域的停车数量也较多，两者呈现显著相关性；A、C 区为第一梯度，是整个区块健康条件最佳的区域，E、F、I 区健康环境最为不利，其他区域为第二梯度，空间所具有的健康条件只能保证基本的生活需要。

表 6　基于实地调查的健康因素统计表

区域	停车数量/辆	绿地面积/m²	景观植物/棵	健康积极因素占比
A	93	1 458.8	43	16.16%
B	20	724.7	18	9.09%
C	114	1 929.9	42	19.19%
D	116	1 045.9	29	9.60%
E	84	695.9	29	4.04%
F	34	737.5	25	2.02%
G	21	150.6	14	6.57%
H	25	899.2	9	11.11%
I	23	443.0	12	3.54%
J	37	1 710.2	18	7.07%
K	36	819.1	12	11.62%
SUM	603	10 614.8	251	100%

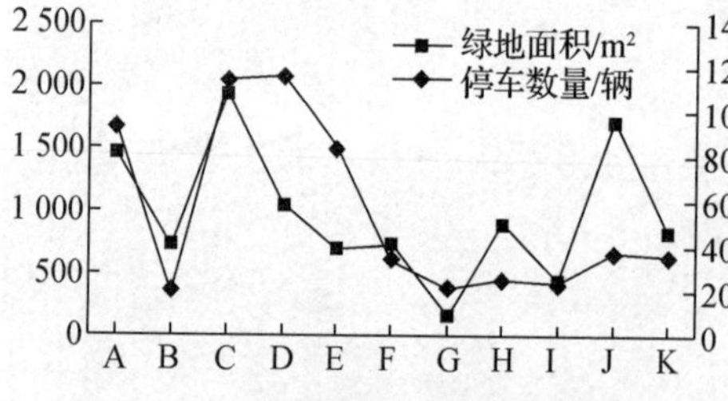

图 10　各区域绿地面积与停车数量分布

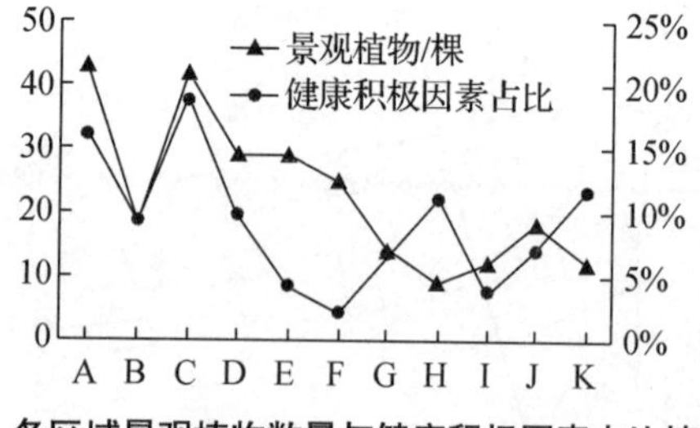

图 11　各区域景观植物数量与健康积极因素占比情况分布

6.2.6　公共空间使用状况[11]分布分析

笔者先后对麒麟路街社区进行了实地调研(如图 12)，发现在容易到达的场所聚集的人流以及发生的活动更为频繁，反之，如果场地较为偏僻或封闭，就很少有人在此进行逗留，更不用说发生自发性或社会性活动。具体而言，社区广场、十字形道路两侧、健身设施场地、临街商铺步行道等使用状况良好，而在 D、E、F 区西端及棚户区间隙空间中极少有活动发生，要么空间被车辆所占据，要么是空间极为局促，没有引发健康活动发生的潜力。这与空间句法整合度、VGA视域分析相印证，说明空间组构关系对于健康活动发生有重大影响。

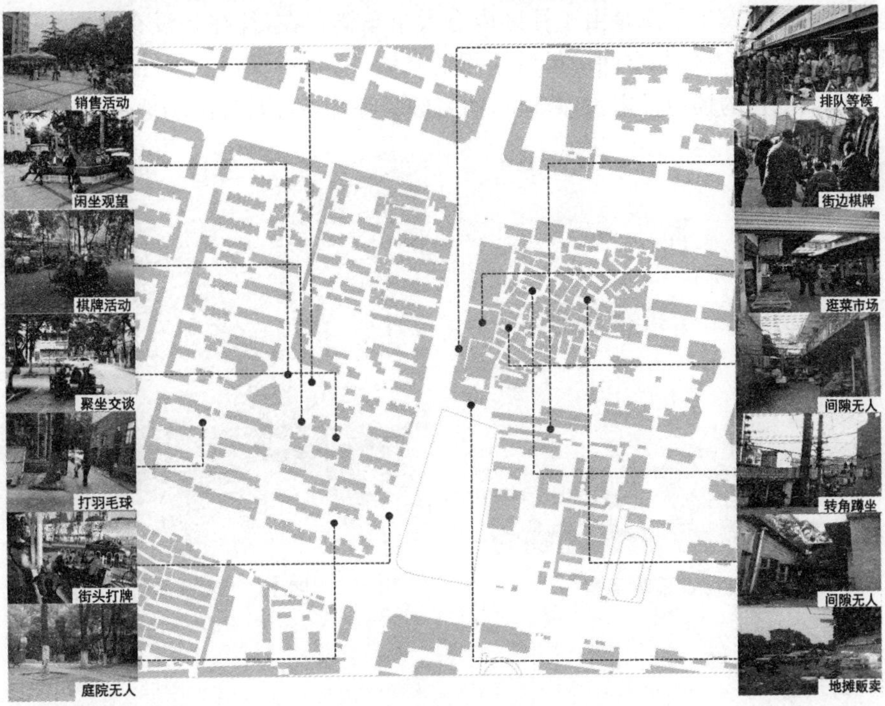

图12　基于实地调研的空间使用状况分布

6.3　健康公共空间设计策略

6.3.1　“设施介入”

对于健康积极因素不足的区域，采取添置健身设施、座椅、垃圾回收等手段来诱导使用者进行健康活动，整个社区的使用者不一定总是集中在广场或服务中心里进行交往活动，为了方便使用者就地享受健康的舒适环境，在住宅楼栋附近多设座椅、艺术装置等设施（如图13），以点要素的方式介入整个麒麟路街社区的公共空间。总之，不是大刀阔斧地对场地加以全新改造而是以小规模渐进模式来切入使用者活动空间。

6.3.2　“腾退连通”

对于空间局促、视线遮挡且不易进入的场地，为了让远离社区活动中心的住宅楼居民也能够享受到一定的健康资源，可以将影响活动发生或视线联系的不重要建筑物进行拆除、改造，同时在可达性较好而尺度过小的空间给予适当的腾退拓宽，将积极因素如阳光、新鲜空气、自然通风等引入其中（如图14），唤醒为活动交往发生器。

6.3.3　“步道成环”

发现存在许多局部公共空间组团，而这些空间组团往往被长时间闲置或被车辆挤占，可试图采用环形步道整合失落空间以提升其对于使用者的健康需求价值。可以预测的是，这对于社区内各年龄层人群而言都是有意义的，或成为儿童们的游戏追逐空间，或成为中年人健身的一种便捷方式，又或者是激发老年人行走的一种理由。

6.3.4 “边界限定”

健康活动难以发生不总是由于社区内有大量车辆存在，往往是没有将停车边界严格限定，导致车辆大肆侵占公共空间。最常采用的是线框、路障、高差、软性隔断等方式，并将人群难以使用或抵达的场地设定为停车位，而将健康环境条件较好的场地营造成活动空间。

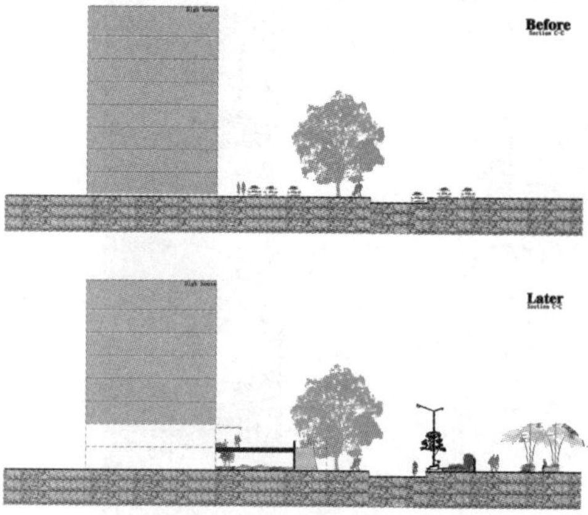

图 13 “设施介入”策略示意

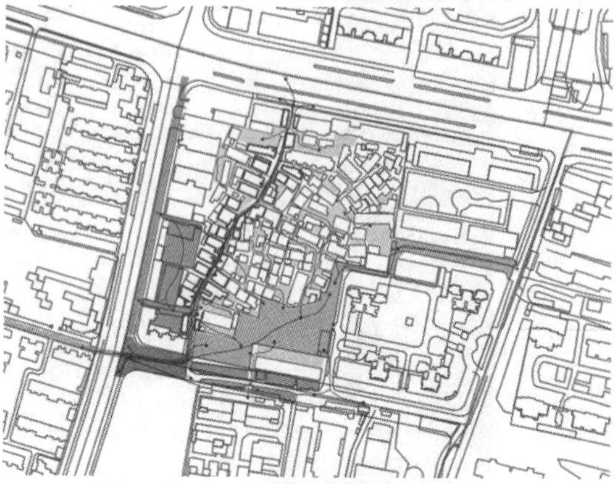

图 14 “腾退连通”策略示意

7 结语

传统的城市空间设计注重景观，强调对环境可视要素的处理，面对城市化带来的人居环境不断恶化的挑战，当代城市更新不仅要设计城市景观，更要关注城市的健康[12]。本文通过以人的健康需求为出发点，先从理性层面提取影响较为显著的因素，再对麒麟路街社区空间状况统计总结，揭示了健康因素与公共空间之间的耦合关系，并提出以健康为导向的空间设计策略，认为健康理念可以对复杂环境的更新改造进行整体上的空间指导。三种不同年代、不同建筑特征、不同空间模式并置在麒麟路街社区同一城市环境中，这实际上是最大程度地讨论了建成环境的复杂性、空间类型的多样性以及使用者对健康需求的多元性所涉及的健康问题，对于创建健康城市无疑具有非常好的理论意义与实用价值。

注释

文中照片或图表均为笔者拍摄及绘制。

参考文献

[1] 杨震，徐苗. 西方视角的中国社区公共空间研究[J]. 国际城市规划，2008(04)：35－40.
[2] 健康城市的十条标准[J]. 中国卫生法制，1996(03)：11.
[3] 叶晓旭. 基于健康理念的中小学校设计研究[D]. 郑州：郑州大学，2017.
[4] 武涵. 基于 SD 与 AHP 的成都市浣花溪公园景观视觉偏好研究[D]. 成都：四川农业大学，2016.
[5] 邓晓明. 汉正街传统街区隙间环境行为研究[D]. 武汉：华中科技大学，2006.

[6] 蔡朝阳. 以健康为导向的城市滨水空间设计研究[D]. 邯郸：河北工程大学，2015.
[7] 扬·盖尔. 交往与空间[M]. 何人可，译. 北京：中国建筑工业出版社，2002.
[8] 全国健康城市评价指标体系(2018 版)政策解读[J]. 人口与计划生育，2018(04)：10 - 11.
[9] 段进，等. 空间句法与城市规划[M]. 南京：东南大学出版社，2007.
[10] 胡正凡，林玉莲. 环境心理学：环境—行为研究及其设计应用[M]. 北京：中国建筑工业出版社，2018.
[11] 吴昊雯. 基于行为注记法的公园使用者时空分布与环境行为研究[D]. 杭州：浙江大学，2013.
[12] 金广君，张昌娟. 城市设计：从设计景观到设计健康[J]. 城市规划，2008(07)：56 - 61.

基于人性化理念商业轨道站域交通优化研究
——以天津市营口道地铁站域为例

宋安琦

天津城建大学建筑学院

摘　要：近年来，由于轨道交通的快速发展，轨道站域渐渐成为城市空间的重要节点。尤其是商业区的轨道交通站点有着巨大的交通流量，如何解决好站点周边的交通接驳与人群疏散的问题是关键。良好的轨道交通环境不但可以提高城市商业区经济效益，而且能够体现一个城市的发展水平，由此，通过有效的交通优化和空间设计来实现地铁站域交通的稳定流畅对轨道交通运行至关重要。

本次研究基于人性化理念，以人性化为切入点研究商业区轨道交通站域的交通系统，结合具体实例提出相关交通优化的建设性意见。从中观层面，对商业区轨道交通站域的交通系统的通达性与安全性进行分析，从微观层面，对站域内道路交通人性化与交通设施的人性化进行优化；分析人性化交通的主要影响因素，构建站域交通评价体系；并对天津市营口道地铁站域交通的人性化水平进行评价，针对其出现的问题从交通规划设计的角度提出相应的优化策略。

关键词：商业区；轨道交通站域；人性化；交通系统；交通优化

1　绪论

1.1　研究背景

轨道交通作为一种大容量、低污染、快速的公共交通系统，是推动公共交通发展的主要助力。"十三五"期间，我国大力建设城市公交设施，城市地铁数量与运营线路均大幅度增长[1]。

城市商业区对人流的吸引力和轨道交通快速性造成的巨大交通量，使得商业区轨道交通站域的环境以及交通的可达性、安全性、舒适性等问题显得尤为重要。本文主要从中观和微观两个层面研究轨道交通站域交通系统的可达性与安全性，以保障人流、机动车流和非机动车流之间的畅通与安全性。

1.2　相关概念界定

城市轨道交通站域是城市交通网络空间的节点，是设施集中、拥有多样化建筑和开放空间的场所[2]，也是指接驳行为发生的空间，具有功能复合性、交通多样性、人群复杂性等特征,是城市交通环境中的敏感区域[3]。本文轨道交通站域是通过不同交通接驳方式和时间推算出的交通接驳范围。

1.3 理论综述

人性化是在规划设计中对人的心理生理需求的满足和精神追求的尊重,是设计对人性的尊重[4]。人性化交通设计是指行人在享受景观和公共服务设施的同时,通过对应交通完成所需活动,保障出行过程中的可达性、安全性和舒适性。以商业区的交通、接驳空间及设施为研究对象,对交通、景观、空间等三个环境方面进行研究,强调基于人性化理念的交通设计是科学的设计途径。

2 商业区轨道交通站域人性化交通设计的目标

2.1 商业区轨道交通站域交通特征分析

位于商业区的轨道交通站点,高峰时段与平峰时段的客流量相差不大,全天客流量都一直较高,且分布比较平均(如图1)。

轨道交通与商业区相结合,人群聚集度高,交通流量大,交通方式多样,可达性也相对其他地区高。商业区轨道交通站点又是交通枢纽站,承载着城市中人的交通流动和社会活动双重职能。由于商业区轨道交通站点一般都在城市中心,在各种限制因素的制约下,预留用地较少,可用作交通集散和疏导的用地较少,由此造成的行人安全问题显著[5]。

2.2 轨道交通站域人性化交通设计的目标

人性化交通采用以人为中心的尺度,依据人的交通需求,对交通系统及设施进行优化设计。依照马斯洛提出的需要层次论[6],确定人性化交通设计的各个目标之间的关系(如图2)。

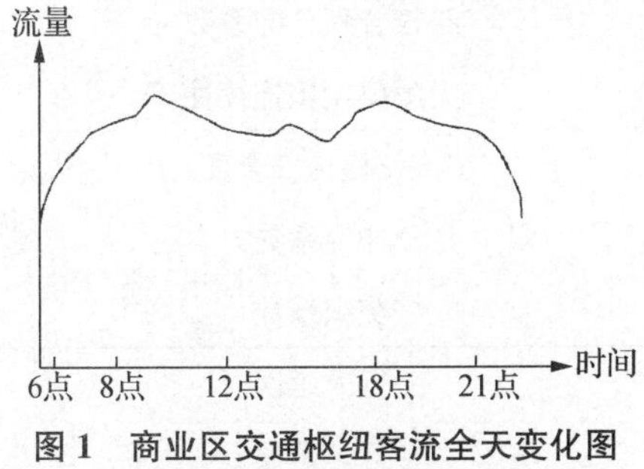

图1 商业区交通枢纽客流全天变化图
(图片来源:参考文献[5])

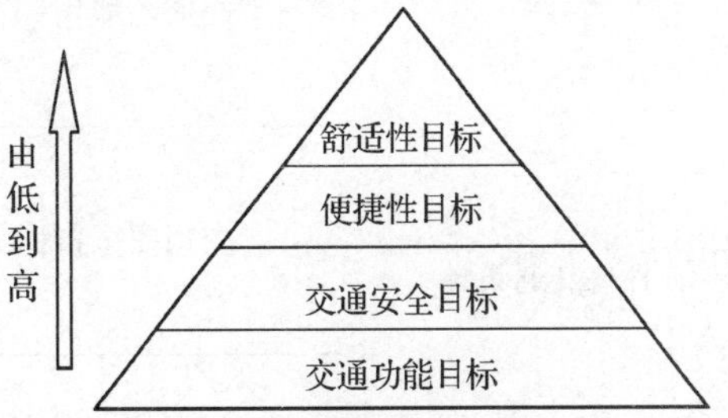

图2 人性化交通设计目标图
(图片来源:笔者自绘)

3 轨道交通站域人性化交通指标体系

3.1 影响人性化交通要素分析

3.1.1 交通发展政策导向因素

汽车的普及表现了现代社会经济的发展,但同时给城市的交通和生活环境带来越来越严重的压力，如交通拥堵和环境污染。为提高交通人性化，应提倡快慢交通、公共与私人交通协调发展，在政策上向人性化交通发展倾斜。

3.1.2 人性化交通设计的要素

城市交通的核心是以人为本，人性化交通设计由交通设施、交通组织两方面人性化设计组成，如表 1 所示。人性化交通设计主要对不同类型的道路交通设施与交通组织的合理设计进行探讨，保证行人的顺利舒适[7]。

表 1 人性化交通要素指标构成表(表格来源:作者自制)

人性化交通设计	交通设施人性化——容量	行车设施
		行人设施
		无障碍通行设施
		安全设施
	交通组织人性化——质量	信号交通组织
		无信号交通组织

3.2 人性化交通指标体系构成

3.2.1 客观评价指标

人性化交通设计的客观评价指标包括：功能指标、安全指标、便利性指标、舒适性指标，如表 2 所示。

表 2 人性化交通设计客观评价指标体(表格来源:作者自制)

目标层	准则层级	指标层
人性化交通设计	交通功能指标	饱和度
		路权合理分配系数
		无障碍设施连续性
	交通安全指标	人行横道安全度
		冲突系数
		交织系数
	便利性指标	行人延误
		行车延误
	舒适性指标	绿化系数
		景观协调

3.2.2 主观评价指标

本文是对地铁站域交通优化设计，因此乘客的使用反馈非常重要。由于客观因素指标相对难以定量获得，所以主观评价选取满意度为指标，通过问卷调查获得。在问卷中，将乘客满意程度分为 5 档，采用加权平均的方法对所有因素的满意程度综合打分，如表 3 所示。

表 3　人性化交通设计主观评价指标体系(表格来源:作者自制)

乘客满意度调查	安全程度	机动车道设置
		非机动车道设置
		机动车与慢行交通冲突
	便利程度	换乘接驳方式
		换乘接驳时间
	舒适程度	照明设计
		出行舒适度
	标志标牌	可辨识度
		信息可靠度
	场所感	空间整体感受

3.3　人性化交通设计评价方法

首先提出人性化交通设计的评价指标体系,将评价指标分为客观评价指标和主观评价指标两大类;其次,运用层次分析法,确定交通评价指标权重;最后,根据实际情况,分析人性化交通设计的特点,构建符合地铁站域交通的人性化评价体系,评价结果作为交通优化方案的依据。

4　案例分析——天津市营口道地铁站域

4.1　研究对象与范围

4.1.1　天津市营口道地铁站概况

位于天津市和平区营口道与南京路交口的营口道地铁站,是地铁 1 号线和 3 号线的换乘枢纽。营口道商圈,周边有乐宾百货、伊势丹、和平大悦城、天津现代城、西开教堂、耀华中学、天津一中等(见图 3)。日均客流量 13 万人次,是天津地铁客流量最大的几个车站之一,这一区域在城市中举足轻重。营口道地铁站域处于城市商业区,周边开发强度高,交通客流量大。公共交通系统发展得较为完善,地铁与各路常规公交衔接良好,换乘方便。

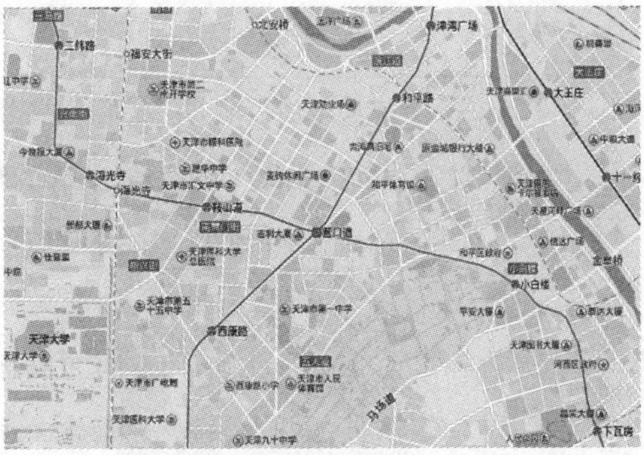

图 3　营口道地铁站位置示意图

(图片来源:百度地图)

4.1.2　营口道地铁站研究范围

营口道地铁站位于天津市滨江道商业区营口道与南京路交口,是大量商业空间的集聚地,同时是地铁 1 号线、3 号线换乘车站,客流量很大。

研究范围:对于营口道地铁站域的研究以地铁站点为圆心,以 5～15 min 步行为半径的圆作为研究区域,分析距站点步行 15 min 等时圈区域的交通接驳流畅性及周边公共服务设施对人流的影响,重点研究距站点步行 5 min 等时圈区域相关的交通设施的人性化(见图 4)。

图 4　地铁站域研究范围示意图(图片来源:笔者自绘)

4.2　人性化交通评价标准与指标筛选

基于前面针对人性化交通构建的指标体系,采用问卷打分的方式得到各个指标的分数。在评价体系中,将乘客满意度分为 5 档:非常满意、满意、基本满意、一般满意、不满意,对每个指标打分(见表 4),采用加权平均的方法得到乘客对所有因素的综合满意程度。

针对“营口道地铁站慢行系统安全性评价”在营口道地铁站域发放调查问卷,共发放问卷 50 份,回收有效问卷 49 份。其中男性 22 人,女性 27 人;年龄分布:18 岁以下 1 人,18～29 岁 32 人,30～44 岁 9 人,45～59 岁 5 人,60 岁及以上 2 人。

表 4　营口道地铁站域人性化交通评价表(表格来源:作者自制)

	评分(5 分:非常满意,4 分:比较满意,3 分:基本满意,2 分:一般满意,1 分:不满意)			
	二级	三级	营口道地铁站站区综合开发评价	意见
地铁站域交通情况	站点周边交通便捷程度	机动车通行能力	□非常满意 □比较满意 □基本满意 □一般满意 □不满意	
		非机动车通行能力	□非常满意 □比较满意 □基本满意 □一般满意 □不满意	
		交通换乘便捷度	□非常满意 □比较满意 □基本满意 □一般满意 □不满意	
	交通设施	停车场地及数量	□非常满意 □比较满意 □基本满意 □一般满意 □不满意	
		无障碍设施	□非常满意 □比较满意 □基本满意 □一般满意 □不满意	
		照明、标识及设施	□非常满意 □比较满意 □基本满意 □一般满意 □不满意	
	地铁站域场所感	周边环境景观	□非常满意 □比较满意 □基本满意 □一般满意 □不满意	
		出入口空间环境	□非常满意 □比较满意 □基本满意 □一般满意 □不满意	
	交通管理	周边交通组织	□非常满意 □比较满意 □基本满意 □一般满意 □不满意	
		城市管理	□非常满意 □比较满意 □基本满意 □一般满意 □不满意	

4.3　评价结果分析

通过安全性的 10 项分项指标的评价得出结果(见图 5),营口道地铁站域人性化交通的量质比较中,人们往往更重视其量的问题,但交通组织管理也不可忽视。

综合以上人性化交通评价体系，再次对营口道地铁站域进行实地调研，并针对评分较低的地铁站出入口空间环境及道路交通设施进行全面调研。结果发现：首先，人行道设计宽度且通行能力不足，非机动车道路网络不完善。其次，机动车停泊不规范，共享单车的数量大且缺乏对应的停车规范，非机动车停泊挤占人行道，路段容易造成非机动车和行人的冲突。另外，各项道路安全设施的配置不完整，主干路交叉口行人过街、行走会受到限制，对交通安全造成很大影响。

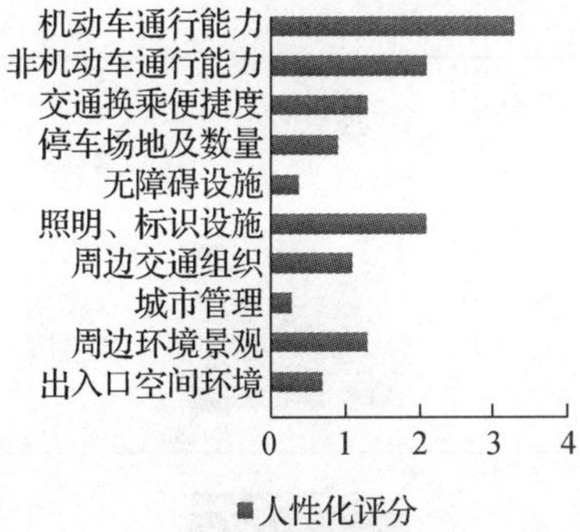

图5　人性化交通评价结果分析
（图片来源：笔者自绘）

4.4　营口道地铁站域交通发展现状及存在问题

4.4.1　地铁站交通出入口分布及存在问题

营口道地铁站一共有7个出入口，分布在滨江道商业区营口道与南京路交叉口四侧，由六个结合式出入口（A、B1、B3、C1、C2、C3）和一个独立式出入口（D）组成（见图6）。根据实地调研，整理分析出营口道地铁站7个出入口的现状特征及存在的问题（见表5）。

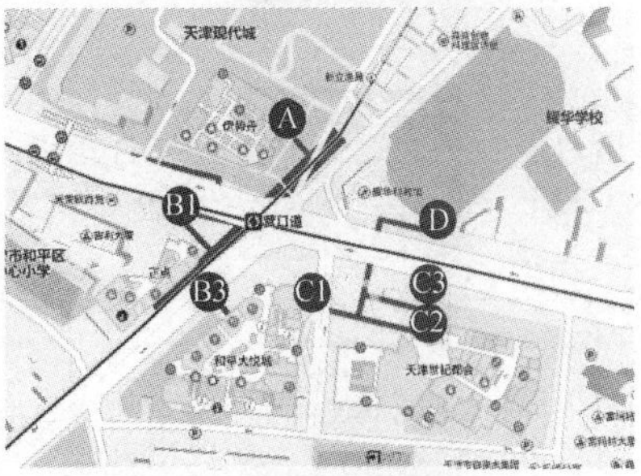

图6　地铁站出入口分布示意图
（图片来源：百度地图）

表5　营口道地铁站出入口现状表（表格来源：作者自制）

地铁出入口	现状照片	出入口类型	对外出入口空间现状	出入口到达目的地	现状出入口空间问题
营口道A口		结合式出入口		直达伊势丹商场内部 地面出口面临营口道	出入口空间较宽敞但预留空间被机动车停放占用 无盲道、无坡道
营口道B1口		结合式出入口		直达号外时尚馆内部 出口面临南京路	出入口空间宽敞 预留空间没有占用现象 有盲道、有坡道且完整
营口道B3口		结合式出入口		直达和平大悦城内部 出口面临营口道	出入口空间较宽敞 没有无障碍设施 无盲道、无坡道

续表

地铁出入口	现状照片	出入口类型	对外出入口空间现状	出入口到达目的地	现状出入口空间问题
营口道 C1 口		结合式出入口		直达津汇广场内部 出口面临苍梧路	出入口空间较狭小，退线不足，无预留空间 无盲道、无坡道
营口道 C2 口		结合式出入口		直达世纪都会商厦内部	直入商场一层 有盲道、无坡道
营口道 C3 口		结合式出入口		出口为世纪都会前广场 面临南京路与营口道交汇处	出入口空间宽敞 预留空间没有占用现象 无盲道、无坡道
营口道 D 口		独立式出入口		耀华中学南门	出入口空间宽敞 个别自行车乱停在预留空间中 有盲道、无坡道

4.4.2　地铁站域道路交通现状及存在的主要问题

针对营口道地铁站出入口接驳的 3 条主要道路(营口道、南京路、苍梧路)及地铁站域内机动车交通网络、非机动车交通网络进行现状调研，运用文献信息查找、采集数据，观察访谈，实地摄影、绘图、记录数据统计等多种方法进行调研，通过对道路交通设施及车流量的现状统计(见表 6)，分析得出以下问题：

(1) 南京路以营口道地铁站为分割点，东西两端道路设计不同，导致非机动车交通网络中断，且南京路交通流量大，没有完整的非机动车交通体系，严重威胁非机动车接驳人群的生命安全。

(2) 在道路安全设施方面，南京路东段现状发展较完善，其余均出现了部分设施缺失的问题，容易导致交通冲突，引发交通安全性问题。

(3) 苍梧路作为存在问题最多的道路，应最先划清路权问题，补充道路安全设施，完善照明系统，再进一步组织人车分流问题。

表 6　地铁站周边主要道路现状表(表格来源:作者自制)

道路名称	道路宽度	车流量(辆/min)	道路安全设施	有无自行车道	有无非机动车道路指示牌	照明设施
南京路(东段)	双向 8 车道	130	有安全岛、隔离设施完善;过街有专用信号	有，单独的自行车道由绿带将其与机动车道隔开	有，地面有指示地标	完善

续表

道路名称	道路宽度	车流量（辆/min）	道路安全设施	有无自行车道	有无非机动车道路指示牌	照明设施
南京路（西段）	双向10车道	120	有安全岛、隔离设施完善；过街没有专用信号	无	无	完善
营口道（南段）	双向8车道	85	无安全岛、隔离设施较完善；过街有专用信号	有，在机动车旁画线	有，但指示地标模糊	完善
营口道（北段）	双向8车道	70	有安全岛、隔离设施不完善；过街没有专用信号	有	只有指示地标	完善
苍梧路	双向2车道	25	只有转弯指示牌	无	无	不足

（4）从非机动车道设置来看，营口道和赤峰道东北路段属于机非混行道路，存在两个问题：非机动车道宽度设置不足，路边停车现象严重。南京路西南路段则由于天桥的存在所以非机动车道、人行道受到了阻隔，呈曲线状（如图7），致使这一路段慢行系统混乱且拥挤。

图7　非机动车道宽度不足及被占用情况（图片来源：笔者拍摄）

4.4.3　地铁站域步行系统现状及存在的问题

经过实地调研、对现场使用者访谈了解发现，营口道地铁站域步行道现状通行宽度得不到保证，步行道不足导致占用非机动车道，造成非机动车和行人的交通冲突。造成这种问题的原因主要表现在人行道设计宽度不够，还表现在机动车和非机动车挤占造成人行道有效的宽度不够（如图8）。由于缺乏停车设施，尤其共享单车的大量增多，部分机动车和非机动车在人行道上行驶、停靠，造成人行道的通行宽度减小，同时弱化了步行道的安全性。

图8　步行道宽度不足及被占用现象（图片来源：笔者自绘及现场拍摄）

由于营口道地铁站多是沿街建筑，并且地铁站出入口也是结合建筑物设置，所以步行道与建筑物退界的衔接也具有不同形式(存在如图 9 三种形式)，使建筑物站前空间没有与步行道进行较好的结合，致使步行道的通行能力大大降低。

号外时尚馆：退界空间抬高　　世纪都会商厦：消极的退界绿化　　国际商场：建筑前区补充步行道

图 9　地铁出入口退界空间示意图(图片来源：笔者拍摄)

4.4.4　地铁站域交通设施分布现状及存在问题

通过实地调查计数，结合文献信息查找与网络地图搜索等多种方法，进行数据记录统计得出，营口道地铁站域机动车停车场共 15 处(如图 10)，主要是结合商业综合体布置地下停车场，或在学校、医院等大型公共服务设施附近布置部分地上停车场及地下停车场，在满足停车需求的同时，节约城市用地。而地铁站域内非机动车停放则大多是在地铁站出入口、公交车站及公共服务设施附近进行划区停放管理，方便行人或接驳的使用。

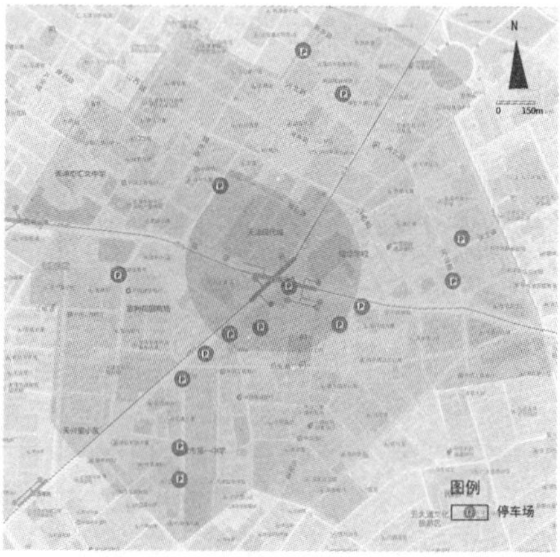

图 10　地铁站域停车场分布示意图(图片来源：笔者自绘)

营口道地铁站出入口周边机动车停泊和非机动车停放分布现状，机动车多处出现违章停车的现象，非机动车的停车和管理问题也比较严重。共享单车的大量投放及共享单车接驳方便灵活，造成了地铁站出入口乱停乱放和占用其他公共空间停车的现象(见表 7)。

表 7　地铁站出入口周边停车分布现状表(表格来源：作者自制)

地铁出入口	机动车停放	现状照片	非机动车停放	现状照片
营口道 A 口	沿路边停靠，占用非机动车道		集中停放 2 处无分隔栏，约 400 辆	
营口道 B1 口	占用非机动车和步行空间停放		集中停放，有分隔栏，约 300 辆	
营口道 B3 口	沿路边停靠，占用非机动车道		停放混乱，约 150 辆	

续表

地铁出入口	机动车停放	现状照片	非机动车停放	现状照片
营口道 C1 口	津汇广场地下停车场		占用步行道停放，约 50 辆	
营口道 D 口	无		集中停放，约 200 辆	

经运用文献信息查找、实地调查收集数据与网络地图搜索复核数据等多种方法进行调研，营口道地铁站域(步行 15 min 等时圈)内共有公交站点 19 个、交通信号灯 40 个及过街天桥 2 座。公交站点之间距离一般为 500～600 m，靠近居民聚集区、上下车人数较多的地方(如图 11)。

交通信号灯主要分布在城市道路交叉口，滨江道商业街人流与城市道路交通流冲突之处及公园教堂、学校医院附近，指导不同交通流交叉通行(如图 12)。利用交通信号灯协调周边交通流向，减少交通事故，但站域内有些街道交通灯缺失。

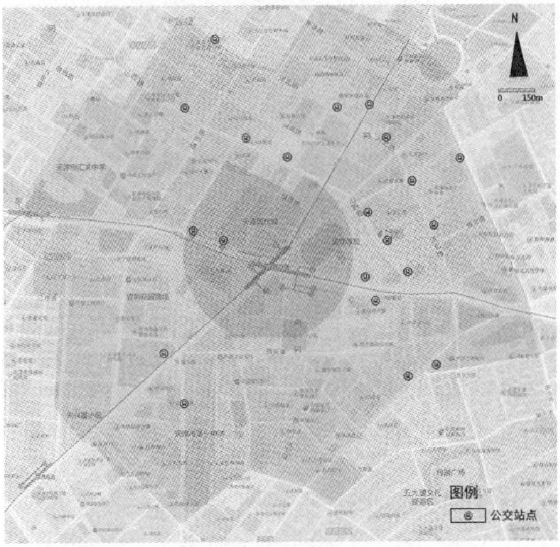

图 11　地铁站域公交站分布示意图
(图片来源：笔者自绘)

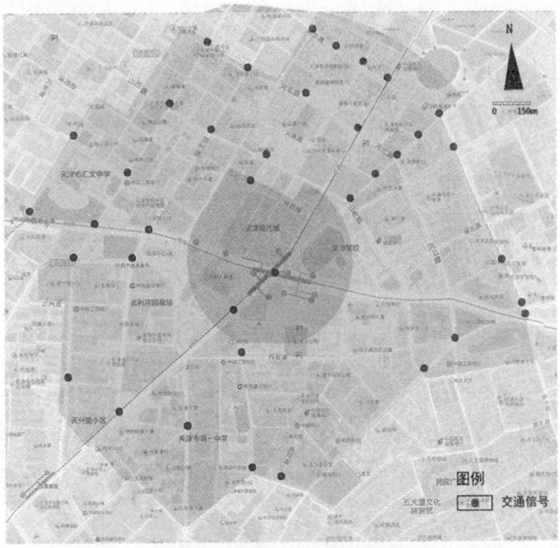

图 12　地铁站域交通信号灯分布示意图
(图片来源：笔者自绘)

营口道地铁站步行 5 min 等时圈内的公交站点是滨江道站和长沙路站，滨江道公交站点有 29 条不同的公交线路，长沙路公交站有 26 条不同的公交线路。在上下班高峰期，公交站点交通流量相当大。

然而滨江道公交站及长沙路公交站均为直接式停靠站，公交车直接停靠在道路车道内，停车时占用行车道，尤其是在交通高峰时，公共汽车停靠时不仅影响了机动车道的通行能力，而且对行车速度和上下车人员安全有很大影响。

4.4.5　地铁站域公共服务设施分布现状及人流走向

按步行 15 min 等时圈地铁站域范围内调研统计得出，周边公共服务设施有：4 家医院；

合计 10 所中小学校和 4 所技术学校；11 处历史保护建筑（其中 2 处宗教建筑）；3 处公共广场绿地；税务局、物价局、档案局等各 1 处（如图 13）。5 分钟等时圈站域优化范围内主要是耀华中学、多个商业综合体及复兴公园。

受商业区吸引力和周边公共服务设施的影响，营口道地铁站域人流走向呈中间密集向四周发散的一个走势（如图 14）。地铁站七个出入口中，A、B1 及 B3 出入口因出口位于滨江道商业圈与和平大悦城内部，所以人群更为密集，而 C1、C2 及 C3 出入口人群密度次之，D 出入口则主要服务于耀华中学及邻近居住区，人群密度在工作日呈明显的早晚高峰。

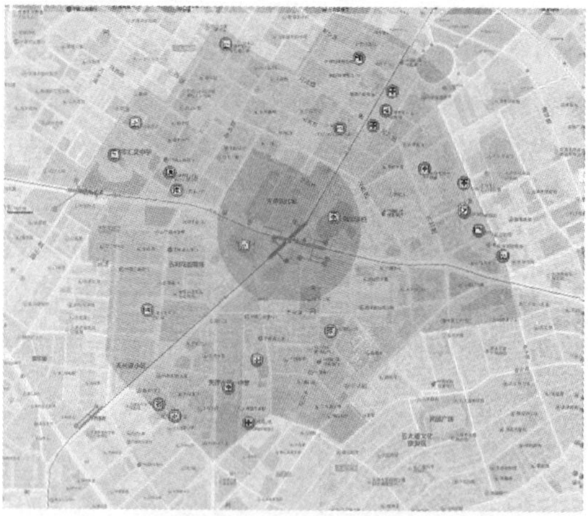

图 13　地铁站域公共服务设施分布示意图
（图片来源：笔者自绘）

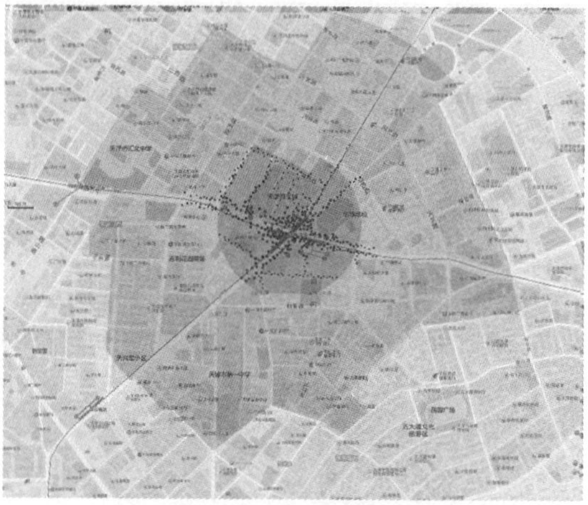

图 14　地铁站域人群密集分布图
（图片来源：笔者自绘）

4.4.6　机动车与非机动车交通冲突

营口道地铁站设置在营口道和南京路的交叉口，路口交通量大，交通方式多，具有较大的交通隐患。根据行人、自行车和机动车的冲突关系，在营口道与南京路交叉口设置专用的过街设施，用交通信号将不同向交通流分离，优化交叉口的车行与人行的交通冲突，避免由于视线阻挡导致的过街冲突（如图 15、图 16、图 17）。

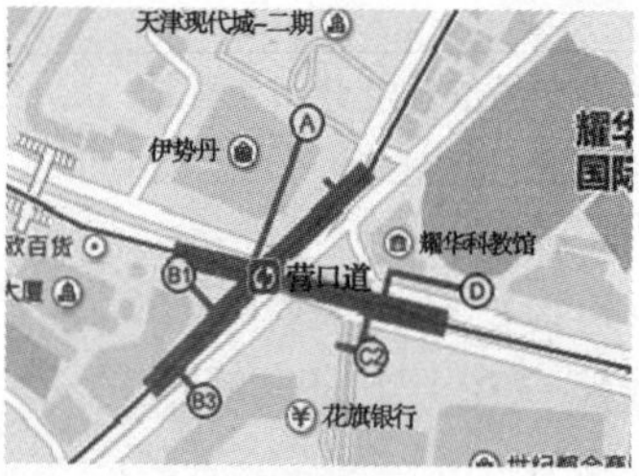

图 15　交叉口机动车与非机动车冲突（图片来源：笔者自绘）

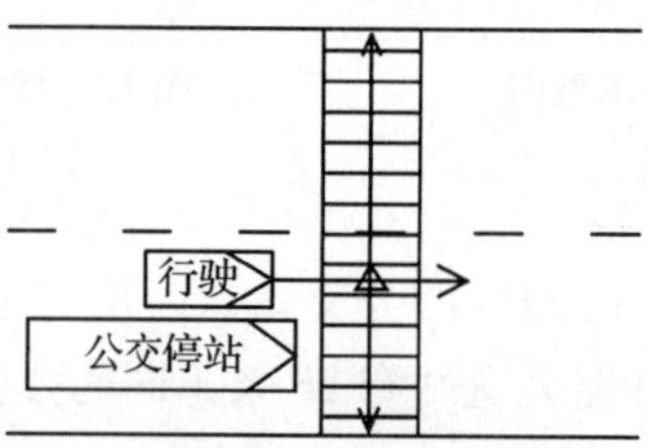

图 16　机动车与非机动车、人行冲突示意一（图片来源：笔者自绘）

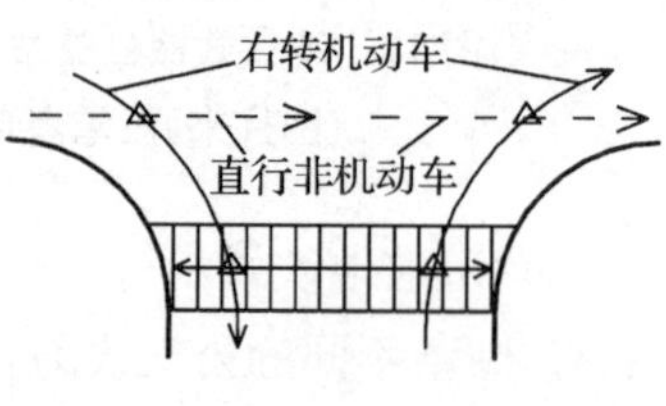

图 17　机动车与非机动车、人行冲突示意二（图片来源：笔者自绘）

4.4.7　非机动车与步行交通冲突

营口道与南京路道路交叉口行人与左转非机动车及直行非机动车均有冲突点，且沿南京路东段通过交叉口后，西段非机动车道路网络断裂。周边由于交通组织及城市管理不足，出现大量机动车和非机动车占用人行道停泊的情况，而且由于非机动车道路交通网络不完善，造成非机动车在步行道上行驶，步行人群在与非机动车的冲突中处于劣势，造成多种不安全因子，严重违背了人性化理念。

5 营口道地铁站域人性化交通优化策略

5.1 人性化交通优化原则

基于人性化理念下的交通优化设计主要是从人性化的角度出发，观察分析交通组织运行中暴露出的不安全、不便捷、不舒适的问题。本文结合凯文·林奇《城市意象》中提出的设计城市空间的主要原则[8]，确定人性化交通优化设计的 4 个原则，即识别性、易读性、便捷性、融合性。

5.2 交通优化设计对策

5.2.1 优化道路交通组织

根据营口道地铁站域现状，重点对营口道与南京路的交叉口进行设计，通过道路路权、交通设施的设置及组织等方面全面优化交通系统(如图 18)。

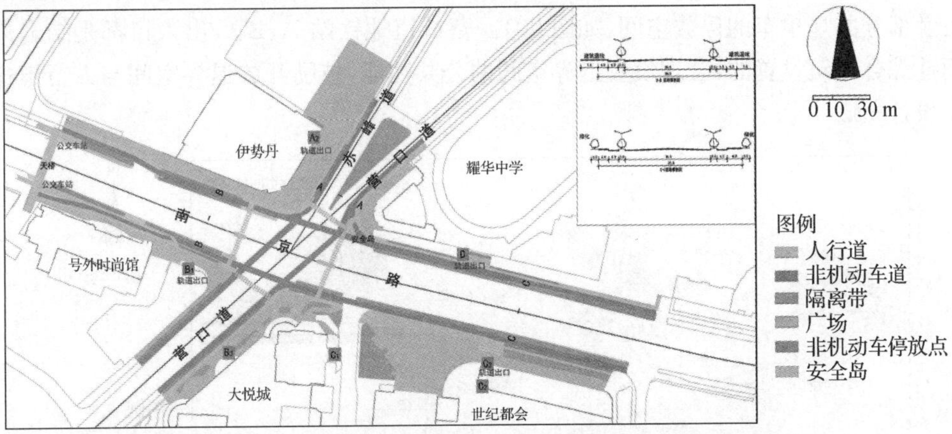

图 18 营口道地铁站域交通优化设计示意图(图片来源：笔者自绘)

在南京路与营口道交叉口采用渠化设计引导车流，将交叉口的冲突点由 52 个减少到 28 个。为保障行人过街时的安全，在交叉口设置交通岛。将南京路快慢交通分离，开设非机动车专用道，增置道路低矮灌木绿化的隔离带，以免遮挡视线和交通指示牌，保障各级道路的交通空间。设置行人和非机动车的专用信号灯，实现从空间上分离交通流线的冲突，保障行人和骑车者的交通安全。

5.2.2 机动车与非机动车交通系统优化

营口道地铁站共享单车投放量和使用量都非常大，要充分考虑单车的行驶路线优化和停靠建议，为此提出以下优化策略以期加强非机动车的安全保障。

鼓励单向车道在路口后置机动车停车区，扩大非机动车停车区，使非机动车优于对面左转的机动车通过路口(如图19)。道路交叉口强调非机动车道的可识别性,鼓励设置非机动车专用信号灯和引导非机动车过街的标志标线。

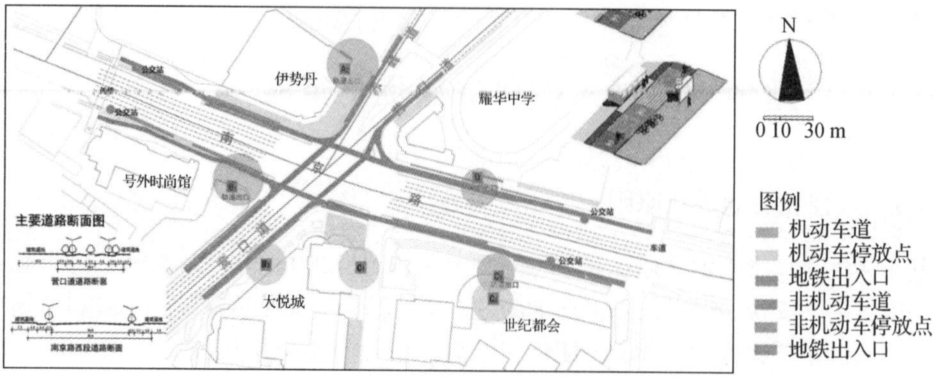

图19 营口道地铁站机动车与非机动车路线优化设计图(图片来源:笔者自绘)

规范非机动车的停车区域,禁止占用人行道停放非机动车,在轨道交通站点出入口、步行街出口等设立专门的非机动车停车区域,停放区可结合设施带或绿化带进行设置[9]。

5.2.3 步行系统优化

针对营口道地铁站域步行道宽度及通行能力不足的情况,根据相关资料及数据综合,梳理步行系统交通组织,提高通行能力,将步行道的宽度进行改造,以3.5～4 m为宜,能适应步行及部分共享单车的停放空间(如图20)。营口道地铁站A、B、C出入口都是结合周边大型商业综合建筑设置的,合理设置退界空间的公共功能,鼓励开放退界空间与人行道进行一体化设计[10]。

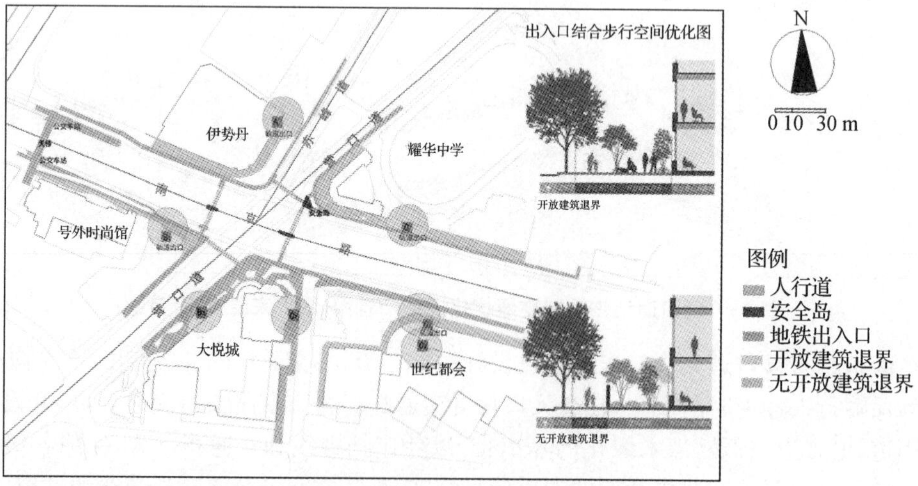

图20 步行系统优化设计图(图片来源:笔者自绘)

5.2.4 交通设施优化

在交通设施方面,增加安全岛周围的护栏,完善隔离绿带,保证安全岛内过街行人的安全。在便利设施方面,在步行道周边增设休息座椅、饮品贩卖机及垃圾桶。在无障碍设施方面,完善整改不合理的盲道体系,在过街处设置坡道。在照明与交通语言设施方面,根据人流的交通方向设置照明路径，完善站域信号灯和指示牌，保障行人安全快速地通过（如图 21）。

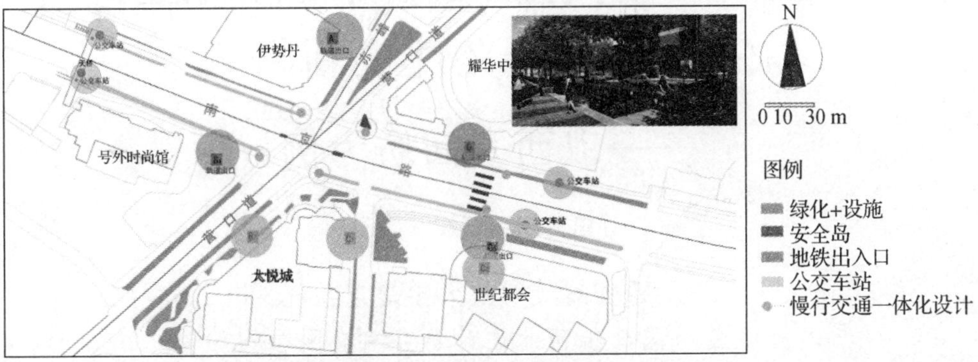

图 21　交通设施优化设计图(图片来源:笔者自绘)

6　结语与展望

本文从人性化理念入手，构建人性化交通评价指标体系，重点对主观指标评价分析，采用问卷调查和量化分析方式对营口道地铁站域交通现状作了基础评估，融合设计来实现人性化交通优化。作为关于轨道交通站域人性化交通研究的一部分，希望对其他的类似轨道交通站域的人性化交通设计提供有益参考。

参考文献

[1] 陈佳. 多类型轨道交通站点地区用地优化研究[D]. 武汉：华中科技大学，2016.

[2] 中华人民共和国建设部. 城市公共交通分类标准：CJJ/T 114-2007[S]. 北京：中国建筑工业出版社，2007.

[3] 王成芳. 广州轨道交通站区用地优化策略研究[D]. 广州：华南理工大学，2013.

[4] 杜仁兵. 城市道路人性化交通设计方法研究[D]. 哈尔滨：哈尔滨工业大学，2008.

[5] 赵艺羽. 成都市地铁站区步行环境优化设计[D]. 成都：西南交通大学，2014.

[6] 李道增. 环境行为学概论[M]. 北京：清华大学出版社，1999.

[7] 徐也. 基于人性化的综合交通枢纽优化设计方法研究[D]. 济南：山东大学，2014.

[8] 凯文・林奇. 城市意象[M]. 方益萍，何晓军，译. 北京：华夏出版社，2001.

[9] 周烨. 地铁站出入口场地的人性化设计研究[D]. 北京：北京交通大学，2014.

[10] 上海市规划和国土资源管理局，上海市交通委员会，上海市城市规划设计研究院. 上海市街道设计导则 [S]. 上海：同济大学出版社，2016.

“人口—空间”双更替下旧城社区公共空间多义性更新研究
——以西安回坊为例①

周志菲[1]　阎　飞[2]

1 西安建筑科技大学建筑学院

2 中国建筑西北设计研究院有限公司

摘　要:社区公共空间是最基础、最日常的基本活动单元,在城市人居关系建构中发挥着重要作用。目前,旧城社区公共空间的关系网络脱域、使用时空失衡和系统层级断裂等问题凸显,严重影响到社区公共空间的公共属性和效能发挥。面对当下旧城社区“人口—空间”双更替驱动的转型诉求,社区公共空间的多义性创新优化成为推动城市存量更新的关键。本文以西安回坊社区公共空间作为研究实例,利用居民宗教活动这一必要性行为作为切入点来唤起居民更多日常的自发性交往行为,以现有的宗教共同体为基础来促发实现具有多义功能的居民生活共同体,在研究中,通过恢复与释放部分回坊宗教功能到社区公共空间中,提出三个层级的公共空间(邻里日常空间、街道交往空间、城市扩展空间)多义性更新改造策略,以期在优化社区公共空间的同时达成对旧城存量空间的整合与活化。

关键词:“人口—空间”双更替;社区公共空间;西安回坊;多义性;更新策略

随着国家迈入以生态文明建设为导向的新型城镇化时代,我国城市发展由外拓增量扩张转向内生存量优化。社区作为城市更新的基础单元载体,具有公共性、日常性与内生性等特点,在城市人居关系建构中发挥着重要作用。随着旧城存量更新的不断推进,一方面,社区的人居主体构成和社会关系网络发生显著改变;另一方面,与之相关的配套产业业态、空间功能和层级结构等也在发生持续而多样的变化,因此,面对旧城社区“人口—空间”双更替驱动下的现实诉求,公共空间的创新优化设计无疑成了推动城市转型的关键。

1　社区公共空间多义性研究价值

1.1　现状问题剖析

在旧城更新建设速度加快、空间资源竞争激烈的现实背景下,社区公共空间异化现象严

①　基金项目:住房和城乡建设部软科学研究项目(2018R2036);陕西省教育厅专项科研计划项目(18JK0464)

重,"人口"与"空间"的非关联性、非适应性问题日渐凸显。

1.1.1 公共空间关系网络脱域

部分旧城"推倒式"的开发建设和环境的改善需求导致社区人口外流严重,大量住房出租加剧了人户分离、公共空间功能与居民情感关系疏离,个体关系从地域关系网络中抽离,内向的"熟人生活"转变为开放的"生人社会",社区走向"脱域共同体"(在笔者所在城市西安的旧城社区调研中,从2010年到2018年,旧城原住居民人口比例由69.1%降至48.6%,迁入人口比例却由22.7%上升到37.2%,且迁入人口年龄多集中在20~40周岁,占迁入人口总数的76.4%)。

1.1.2 公共空间使用时空失衡

目前社区公共空间的使用主体是老人与幼儿,活动多围绕健身场地、小花园和社区出入口展开,活动时段集中在清晨和午后;而数量占到大多数的上班族、中青年人群由于归家时间较晚,仅对少量夜间经营类公共空间如便利店、酒吧、网吧等进行使用,导致上班族晚归后公共生活较为匮乏,社区公共空间整体利用率不高,日夜活动强度差异度较大。

1.1.3 公共空间系统层级断裂

旧城大部分社区都利用门禁系统来阻止外部人员进入,但是形成的封闭界面造成了公共空间零散、破碎、无序化,具体表征为社区内部公共空间层级混乱、慢行系统零散、设施配套不足、边界空间利用度不高等问题,剥夺了公共空间的开放度和公共性,未能形成层次清晰、连贯有序的公共空间网络体系,公共空间的定向、识别等场所特质也得不到体现。

以上问题严重影响到社区公共空间的公共属性和效能发挥,究其原因:一是由于旧有社区公共空间的刚性供给难以满足新人居关系下的弹性需求。大部分旧城社区公共空间的规划和建筑设计还停留在仅满足必要性活动的层面上,功能设置相对简单且相关空间交集匮乏,并对夜间使用的支持度低下,与当代人要求高效率、智能化、全时性的空间需求相背离。二是由于社区公共空间的功能转型要求与用地分类标准的适应性欠缺。2012年以前,《城市用地分类与规划建设用地标准》(GBJ 137—1990)用地分类判定缺乏弹性,即一个用地代码对应一种土地用途,用地功能单一恒定且修改难度较高。2012年新国标《城市用地分类与规划建设用地标准》(GB 50137—2011)中赋予用地性质兼容性,以其地面使用的主导设施性质作为归类依据,但是由于只规定兼容地类类型而没有给出兼容地类的功能构成配比,在实施过程中还相当依赖于各地编制人员的经验积累和主观预判,使得用地功能混合、优化提升的科学依据性不强。三是由于社区公共空间设计从宏观到微观的系统性出现断层。目前,城市规划依照规范对公共空间容积率、规模、公共服务设施配置等指标进行限定,至于用地内空间的公共性和适应性则无法控制;城市设计可以成为平衡公私利益的有效控制手段,但设计多止步于公共空间的外部形态和界面控制,由建筑师完成的具体地块的公共空间设计尽管也有很多取得成功的案例,但由于没有完善的普适机制,只能成为个案。

当前,为了改善旧城居住环境,提升整体风貌,各地政府先后组织了一系列的拆迁安置和棚户、危旧房改造行动,旧城更新速度和力度空前,空间转型需求迫切。因此,在社区规模庞大、构成复杂、"人口一空间"剧烈更替的背景下,社区公共空间操作应是满足"人口一空间"双更替驱动下体现出的弹性适应和复合利用——这也成为国内外众多学者关注于"多义性"研究的关键所在。

1.2 多义性研究价值与创新

在研究视角上，社区公共空间多义性研究摈弃将问题置于社会空间体系或物质空间单向体系内进行研究的方式，从以往关注如何应对“人口”流动问题、“空间”改造问题等的单一视角到关注城市转型期公共空间如何动态平衡发展的复合视角，体现社区公共空间的双向适应性特征；在研究方法上，社区公共空间多义性研究常常从时空完整性上对公共空间的独特属性、功能及效率转变进行系统阐述，强调使用主体行为和空间、时间上的对应度，体现公共空间的动态适应性；在研究内容上，社区公共空间多义性尝试解决现有研究多偏重空间本体设计而忽略研究现实状况人员混杂、用地局限、空间分异等复杂性特质问题，更加注重对更新主体上的多元、更新时序上的渐进以及整体行动的可实施度进行深究和细化，是一项时效性和实操性较强的应用研究。

2 研究实证

西安回坊社区位于西安明城内西北隅，紧依钟鼓楼广场，作为西安城内规模最大、分布最为集中的回族聚居区，不仅是西安至今保存最为完整的传统片区，而且是西安这座历史文化名城极具地域文化特色和少数民族特色的地标符号(见图 1)。回坊社区的空间形态经历了由唐宋两代“市肆—藩坊”以经济为中心向“寺—坊”以宗教为中心的结构性转变，清真寺逐渐成为社会空间的中心，并在明清时期正式确立了“寺—坊”制的空间结构，形成了“七坊十二寺”的空间布局。

图 1 西安回坊社区意象*

近些年，随着旧城存量更新的持续推进，家庭构成、职业结构、文化观念等不断转变，使得回坊社区围寺而居的“小传统”与多元一体格局的“大传统”互动中不断融合，并逐渐形成回汉多民族“大杂居、小聚居”聚族而居的互嵌型社区模式；同时，由于旅游开发效应聚集而成的城市经济体大肆吞没回坊内部及周边土地，与此同时，由于产权关系的混乱，居民自建与加建、传统院落再划分、大小单位的无序植入等非正规建设行为都严重影响到回坊的传统空间形态，数十年间回坊社区内建筑密度从 37.5%上升到 57.4%，公共活动场所被商业、居住空间不断挤压、侵占甚至消失，相关的社区配套功能极不完善，迫使回坊特色公共空间在

* 本文所有图表来源均出自“环寺而居”城市设计教学课题组。

城市化进程中分崩离析。清真寺在原本环寺而居、依寺而商的回坊社区结构中发挥着重要的核心功能,是居民形成稳固的宗教共同体的物质载体,同时是社区内最集中的公共配套设施聚集地,但在旅游文化的冲击下,原本承担着区域内礼仪活动、经堂教育、婚丧嫁娶等清真寺内特有的公共职能空间已经被展示和售卖空间所替代,只保留着礼拜堂、大净室、宰牲处等基本宗教功能为周围的居民所用,并且坊内居民的现代生活需求也在清真寺内无法得到满足。

在本研究中,我们尝试恢复与释放清真寺中的宗教功能到社区公共空间(如图 2),以宗教活动这一必要性行为作为切入点来激发居民更多日常的自发性交往行为,以现有的宗教共同体为基础来促发实现具有多义功能的居民生活共同体(如图 3)。由此,公共空间资源得以重新利用分配,同时场所整体的宗教氛围与生活氛围得到提升,公共空间多义性价值诉求的完善和提升无疑成了推动地段更新的抓手和关键。

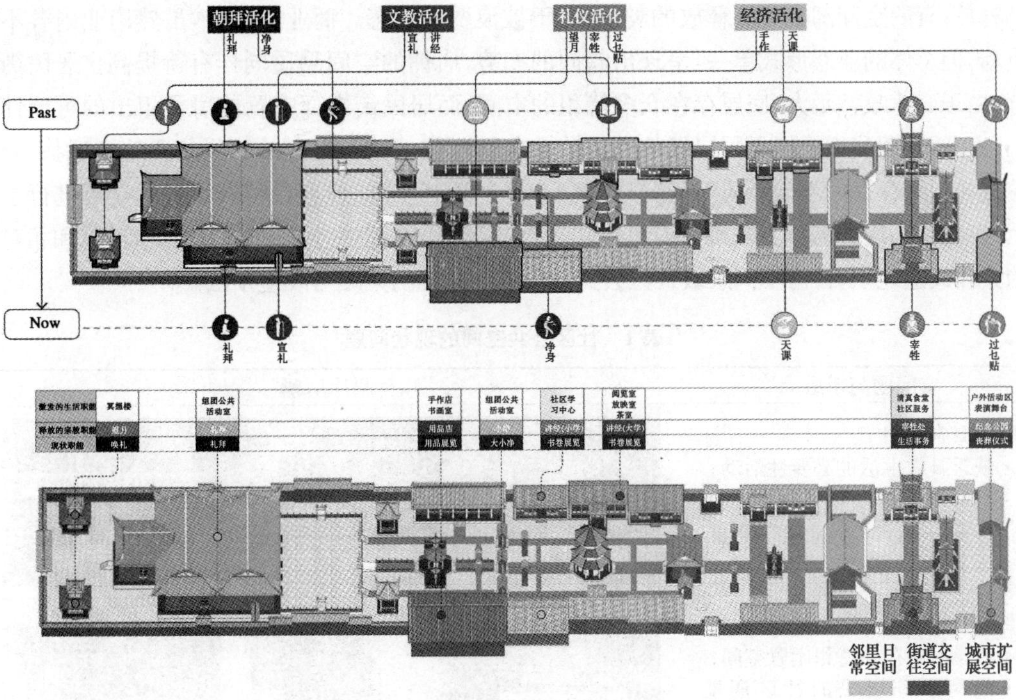

图 2　清真寺宗教功能的恢复与释放示意

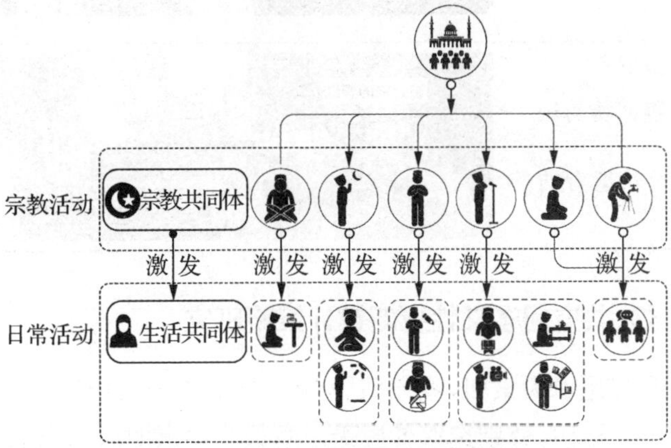

图 3　从宗教共同体到生活共同体

2.1 回坊社区三个层级的公共空间分类

在研究中，我们根据回坊社区公共空间的现状条件、服务对象、经营业态和产权归属等，将社区公共空间分为邻里日常空间、街道交往空间和城市扩展空间三个层级的公共空间，其中，将居民与居民的邻里日常空间落实到居民居住组团内部自宅间相互挤压形成的“院子”上，将居民与外来者的街道交往空间落实到沿街的建筑上，将回坊与城市的城市扩展空间落实到场地空地以及外部的城市级建筑上。

通过对现状的调研，我们发现居民沿街部分以及居民内部的建筑均存在很大程度的空间空置情况。20 世纪 80 年代开始，为了满足人口增长需要，回民私自加建了很多房屋，但随着回坊人口构成的变化——年轻人的迁出使得现有空间有很大一部分空出，有的空间通过租出得到释放，有的空间却找不到释放的契机，处于被浪费的状态。商业街部分，虽然商业内容不断更新，但总体的业态形式单一，呈现出趋同的态势，店铺的空间品质同样有待提高。居民街部分，由于商业收益不大，底层存在众多待租的空间，而居民街内部空置的房子租出的可能性更小，因此，后期我们根据不同层级的社区公共空间区位、尺度、所容纳的公共活动等现状，分别挖掘各层级存在的不同矛盾与问题（见表 1），并将现状空置、废弃或特殊位置的建筑进行了标示与分类，利用类型学方法确定有可能作为改造潜力点的公共空间，梳理其改造清单和相对应的具体改造地点，针对不同层级社区公共空间提出具体的策略与改造手法。

表 1　社区公共空间的现状问题

问题与矛盾	照片呈现
邻里日常空间 • 缺乏日常生活的必要性活动； • 空间废弃被杂物占据无法承担公共活动； • 部分院落荒废无人管理	
街道交往空间 • 街道底层存在待租闲置空间； • 沿街服务居民的社区职能缺失； • 回民生活被隐藏，游客接受错误的文化信息	
城市扩展空间 • 空地大门紧闭，阻隔回坊与城市的交流； • 回民的精神伤疤及对逝者的尊重使与城市连接地废弃	

2.2 回坊社区公共空间多义性更新设计策略研究

以上述设计概念与逻辑为索引，我们将设计清单中三个层级所对应的公共空间分别在总平面图上进行了位置标注，分别选取各层级矛盾最为突出的激活点，植入部分特色宗教功能，实现社区公共空间多义性的“点”的更新范例，并进一步链接“点”形成新的社区公共空间结构系统（见图4）。

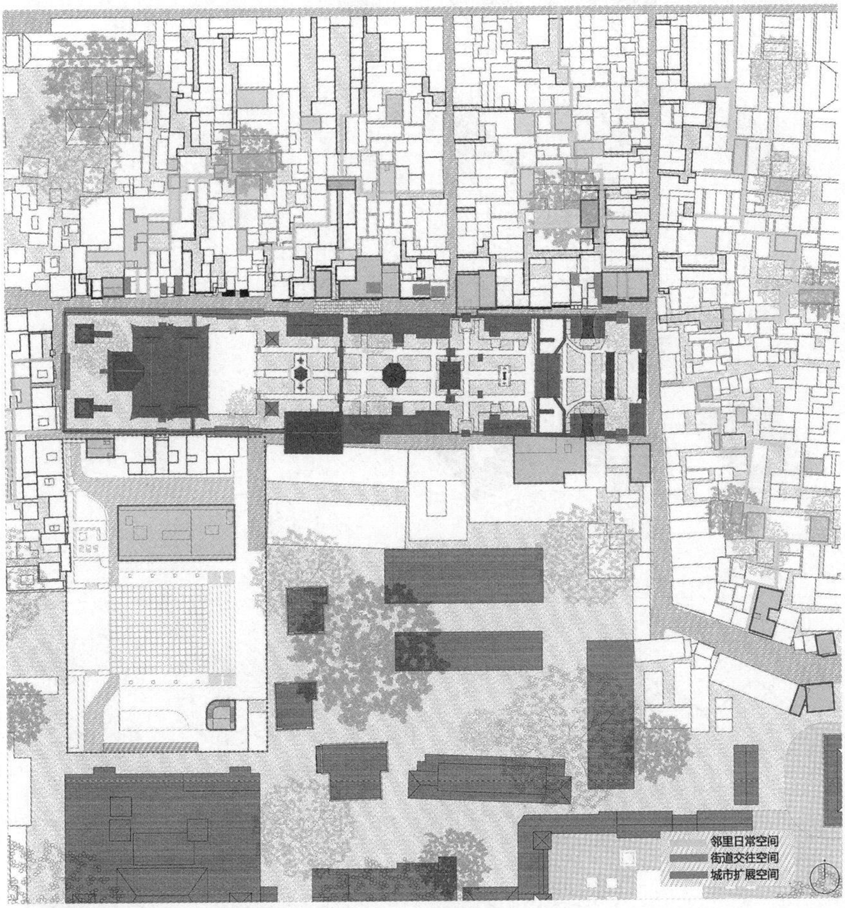

图4　总平面图

在研究中，第一层级的多义性公共空间主要是面向街区内部，基本分布在居民居住组团中，目的是处理居民内部庭院空间的关系；第二层级的多义性公共空间主要面向街区外部，围绕主街道，目的是处理组团边界与室外街道的关系；第三层级的多义性公共空间主要集中在矛盾激化的废弃空地，通过对场地进行重新梳理和规划，目的是处理回坊与城市的关系。

2.2.1　邻里日常空间的“微便利”改造

回民房屋之间的院落空间原本作为院落组团的室外起居空间，一些家庭作坊也设置在院落之中，但随着家庭结构的改变，院落空间被废弃，随着加建的进行，成为阻隔在居民之间的消极空间。因此，我们首先从可达性、进入度、关联度等方面对院落空间进行类型化梳理（如图5）。其次，综合其潜力改造要素在院落中植入新建独立的小净室，利用其窄巷檐下灰空间改造成讲经和茶室空间，使得院内重新具备了必要性活动发生的条件（如图6）。最后，通过住区内部路径将院落的多义性功能与居民活动中心空间相连接，给居民提供自发性活动发生的场所，促进居民居住组团内部生活共同体的形成。

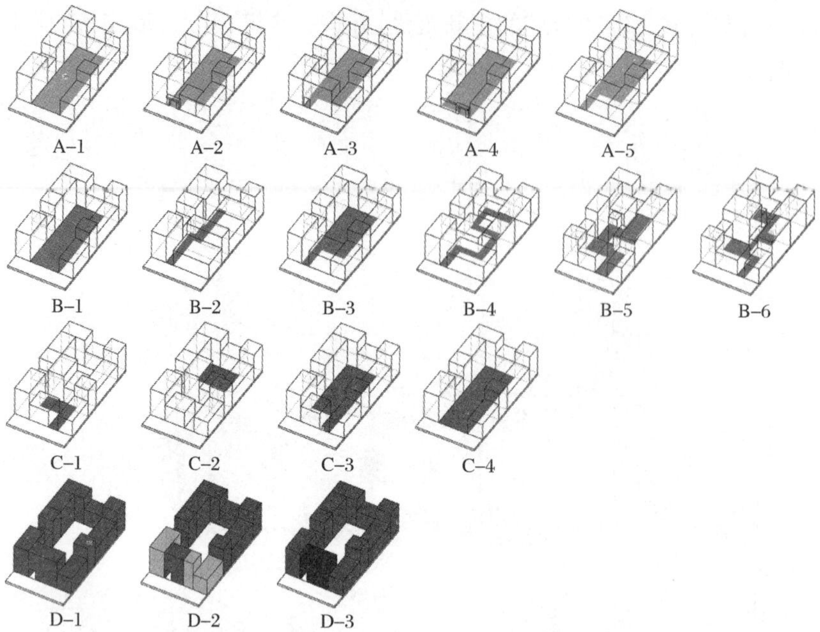

图 5　院落的类型化整理

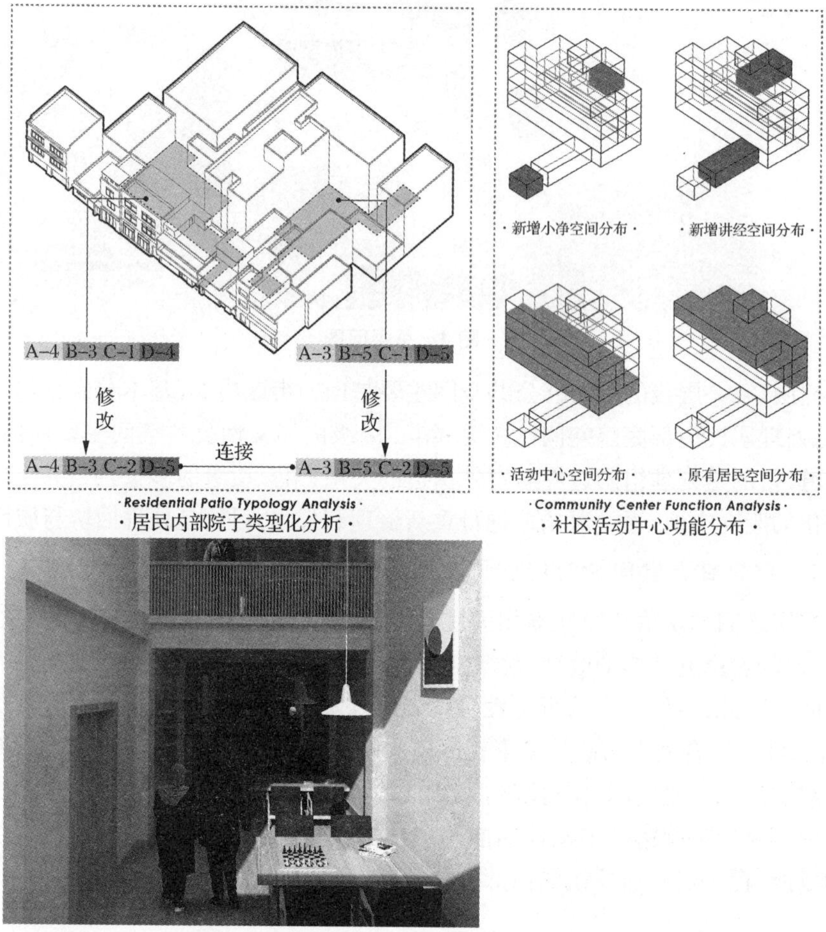

图 6　邻里日常空间多义性更新设计示意

2.2.2 街道交往空间的“习惯性”养成

现今由于街道职能的改变，回民多将自家的底层空间出租给商贩经营，商贩通过售卖旅游小商品来获取利益，空间的服务对象改变，导致回民社区层级的活动空间缺失。研究中通过重新梳理居民、商贩、游客三者之间的关系，居民为游客提供在地生活的体验，而商贩为游客提供服务，而游客的消费欲望恰好能满足居民与商贩的需求。如此使得经济行为重新运转。

同时，释放清真寺遗失的讲经、清真用品制作以及宰牲的功能，结合现代人生活需求进行功能转译，在街道上建立起三者都能使用的如茶室、用品店、手作店、民宿、食堂等符合当地生活习惯的多义性公共活动空间，从而激发日常交往活动的发生(图7、图8、图9)。

图7　街道交往空间(茶室、手作店、用品店)多义性更新设计示意

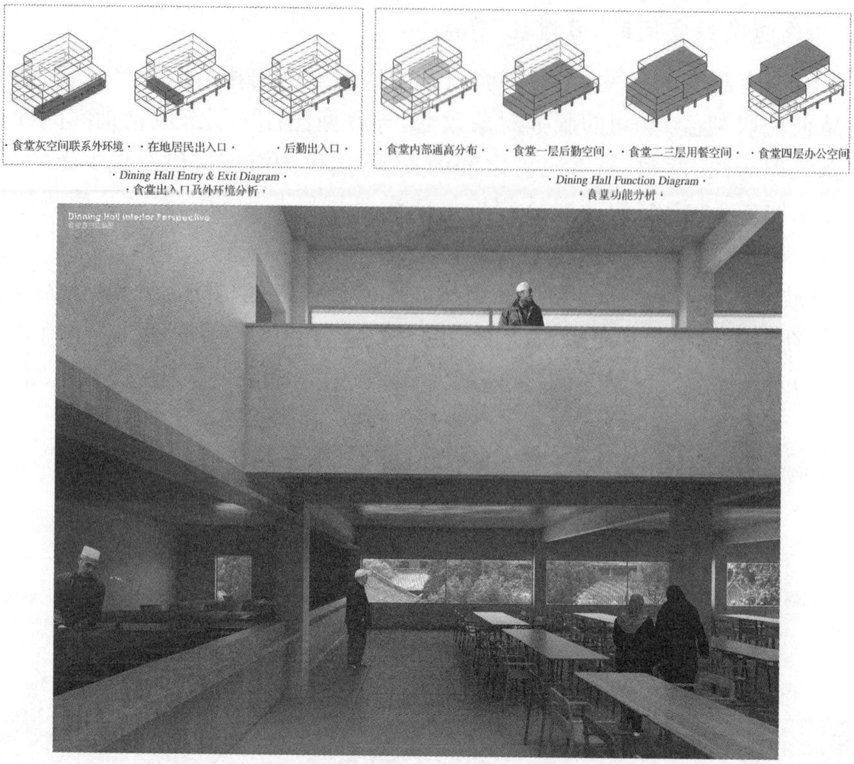

图8　街道交往空间(食堂)多义性更新设计示意

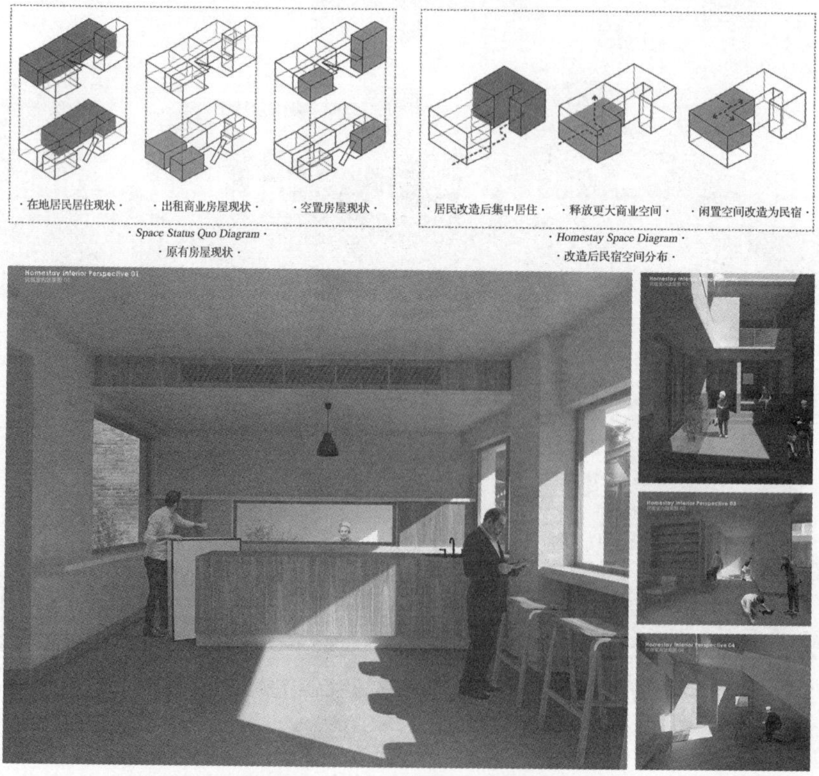

图9　街道交往空间(民宿)多义性更新设计示意

2.2.3 城市扩展空间的“仪式感”塑造

场地西南角的空地曾是回民墓地，被捐赠作为回民小学用地，后来被废弃，留下了荒废的教学楼。空地曾一度成为流浪者、犯罪者聚集的场所，如今被封闭起来，成为回民心中的精神伤疤。在研究中，我们将清真寺中祭拜仪式释放到空地中，恢复空地曾经纪念逝去亲人的作用，同时将清真寺中的经堂教育赋予废弃的教学楼，最后在空地上建立新的望月楼，恢复回民望月的传统活动，以此为他们的精神疗伤。同时整个广场作为节日庆典以及平时的室外活动场所，给居民生活共同体的形成提供机会(如图 10)。

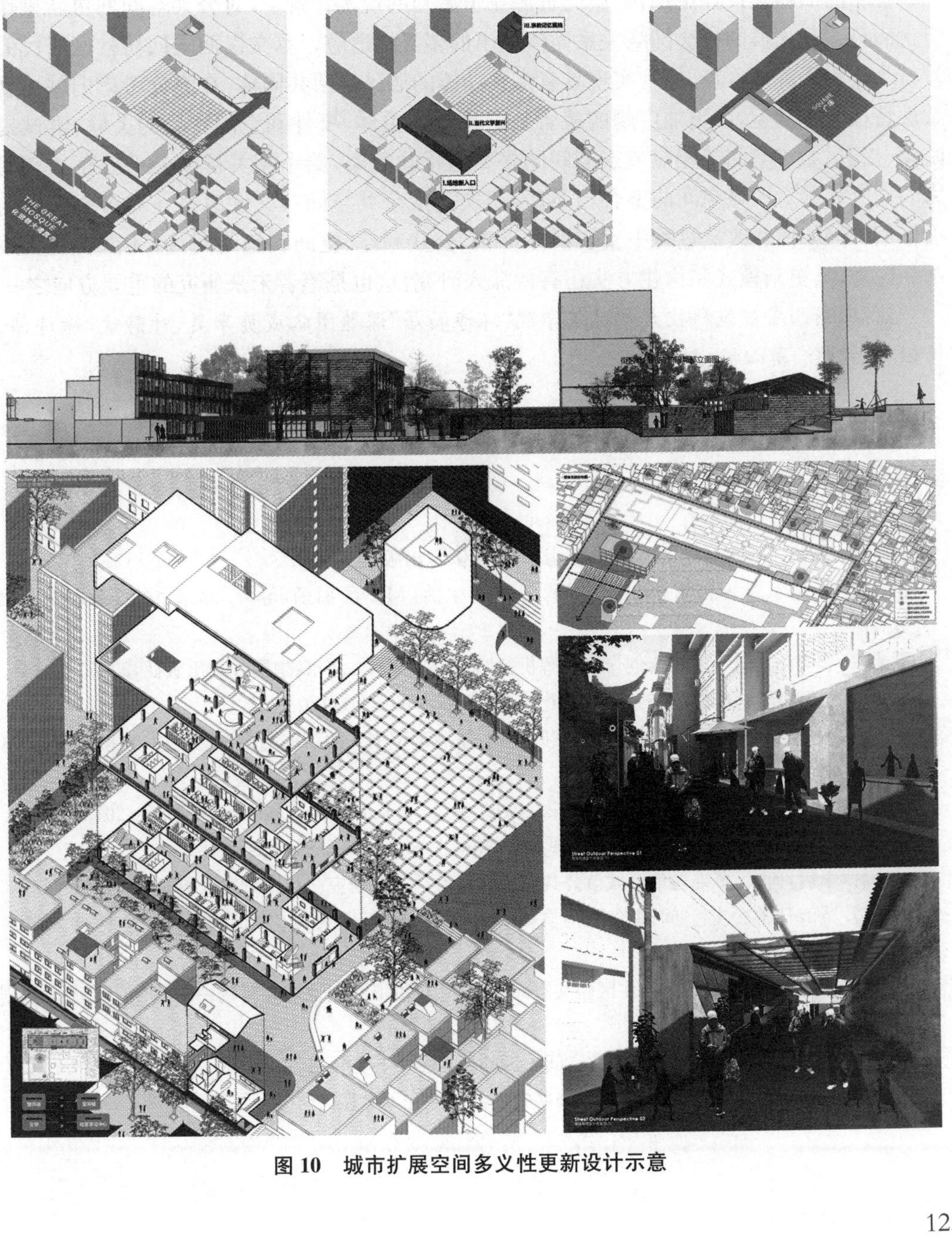

图 10 城市扩展空间多义性更新设计示意

最后，基于三个层级的多义性公共空间"点"更新，我们尝试构建出社区公共空间多义性设计系统：邻里日常空间形成居民内街，所有窄院通过内街以及各个节点的活动中心连接在一起，带动更多闲置空间的利用；街道交往空间形成生活与宗教氛围更加浓厚的外街，在满足回民生活需求的同时给游客更多机会了解真正的回民文化；城市扩展空间形成新的城市与回坊间的过渡空间，回民精神场所得以重塑。

3 结语

在当前旧城建设速度加快、空间资源竞争激烈的现实背景下，对公共空间的更新操作更应是满足多元人群的社会网络关系而体现出的多义性适应。本文以西安回坊社区居民的宗教行为作为研究切入点，促发实现具有多义功能的居民生活共同体，在充分考虑旧城更新复杂性特征的基础上，以更加广阔的视野来看待行为主体、事件和空间背后的关联，尝试提出院落、街道、城市空间等相应节点空间的多义性优化策略，给予相关群体公平公正的空间权力的同时完善对旧城空间的整合与革新，切实达成公共空间多义性改造在城市更新中的积极作用。但如何在改造过程中实现群体诉求、公众利益、空间实施的对接，还需要在实践中不断探索，其更新模式和构建方法还有待深入研究，这也是笔者未来研究的重要方向之一。

注：感谢西安建筑科技大学建筑学院"环寺而居"课题团队成员李昊、叶静婕、徐诗伟、卢倩怡、陈锴然 、窦心镱、刘聿奇。

参考文献

[1] 韩冬青. 城市・建筑一体化设计[M]. 南京：东南大学出版社，1999.

[2] 扬・盖尔，拉尔斯・吉姆松. 公共空间・公共生活[M]. 汤羽扬，等译. 北京：中国建筑工业出版社，2003.

[3] 戴志中，李海乐，任智劼. 建筑创作构思解析：动态・复合[M]. 北京：中国计划出版社，2006.

[4] 陆邵明，朱健. 塑造激动人心的共享空间[J]. 新建筑，2008 (10)：120 - 125.

[5] 王一，郑奋. 高密度环境下的城市公共空间建构：景观都市主义的策略与方法[J]. 南方建筑，2015(10)：64 - 69.

[6] MEHTA V. The street：a Quintessential social public space[M]. London：Routledge，2013.

[7] OLDENBURG R. The great good place[M]. New York：Paragon Books，1989.

[8] 吕小辉，李启，何泉. 多维视角下城市公共空间弹性设计方法研究[J]. 城市发展研究，2018(5)：59 - 64.

[9] 陈立镜. 城市日常公共空间理论及特质研究：以汉口原租界为例[M]. 武汉：华中科技大学出版社，2019.

[10] 李晴. 具有社会凝聚力导向的住区公共空间特性研究：以上海创智坊和曹杨一村为例[J]. 城市规划学刊，2014(4)：88 - 97.

[11] 卓健，孙源铎. 社区共治视角下公共空间更新的现实困境与路径[J]. 规划师，2019(2)：5 - 10.

[12] 侯晓蕾，郭巍. 社区微更新：北京老城公共空间的设计介入途径探讨[J]. 风景园林，2018(4)：41 - 47.

第三章

城市更新与社区发展

“社会资本”影响下的老旧小区参与式微更新比较研究

唐 燕 张 璐 李 婧

1,2 清华大学建筑学院

3 北方工业大学建筑艺术学院

摘 要:社会资本概念源自社会学领域,是指个体或团体之间的关联。基于互惠信任和紧密联系的“社会资本”在社区更新过程中会极大程度影响居民参与的意愿与结果,进而左右社区更新的成效与可持续治理状况。论文在梳理社会资本概念与理论发展的基础上,选取北京朝阳小关街道两个具有不同自治能力的老旧小区为例,分析比较了社会资本水平差异对两大社区微更新中参与式规划设计的具体影响,进而为如何培育社会资本增强社区治理、完善公众参与社区微更新制度等提供参照建议。

关键词:社会资本;微更新;老旧小区;社区治理

1 引言

社区是国家和社会治理的基本单元,也是落实2013年中共十八届三中全会提出的国家治理体系与治理能力现代化的重要行动领域。新中国成立以来,我国的社区治理体系不断变化与转型,从过去单位大院的单位统一管理,到现在的商品化住宅小区,其演进过程不断面临新的问题与挑战。传统的社区建设强调对物质空间的改造提升,近年来伴随着我国城镇化与经济增长速度的放缓,城市发展从增量扩张转变为存量更新,城市的高品质建设与精细化管理成为社会发展新趋势,社区治理日渐成为学界与业界关注的工作重点,对凝聚居民的社会关系、社会组织、社会网络等“社会资本”要素的讨论越来越多。

基于互惠信任和紧密联系的“社会资本”在社区更新过程中无疑会影响居民参与的意愿与结果,进而左右社区更新的成效与可持续治理状况。当前,我国社区更新和改造日益注重如何调动社区基层组织与居民的力量进行空间创造,引入公众参与和社会组织强化社区营造等社会过程。然而关于社区资本如何作用于社区更新,不同的社区资本水平对老旧小区更新有何影响,此类问题在城市更新领域的研究依然相对匮乏,缺少理论结合实践的实证探索。因此,本文选取物质空间条件近似、地理区位临近、社区自治水平差异较大的两个北京老旧小区为例,分析比较社会资本对两大社区微更新中参与式规划设计的具体影响,进而为如何培育社会资本增强社区治理、完善公众参与社区微更新制度等提供参照建议。

2 社会资本与社区更新

2.1 社会资本理论

社会资本概念源自社会学领域,至今尚未形成统一概念,但基本上可以认为社会资本是指个体或团体之间的关联,如社会网络、互惠性规范和由此产生的信任,是人们在社会结构中所处的位置给他们带来的资源[1]。1992 年罗伯特·帕特南发表《使民主运转起来》一书,用"社会资本理论系统地揭示了制度绩效差异"[2],指出社会资本会促进集体发展。帕特南认为"社会资本是指社会组织的特征,注入信任、规范以及网络,它们能够通过促进合作来提高社会的效率。社会资本促进了自发的合作"[1],"信任、互惠规范和横向的社会网络是社会资本最凸显的三个组成部分"[2]。帕特南同时指出"社会资本不再是某一个人单独拥有的资源,而是社会所拥有的共同财富"[2],因此社会资本不仅对于同一个社会关系人群,对于更大范围的人都具有利益共享的普惠效果。

基于此,社会资本理论不仅能用于研究某一人群的具体行为,更能用于分析经济、政治等社会层面问题。赵孟营和王思斌[3]首次将社会资本理论引入社区研究中,提出了中国社区建设"善治"与"重建社会资本"的双重目标模式。赵罗英、夏建中[4]提出,解决我国社区建设进程中社会资本缺少问题的关键是培育社区社会组织。何欣峰[5]提出"居民原子化导致社区社会资本弱化等,影响了社区社会组织参与社区治理的绩效"。可见,社会资本内涵丰富(如图 1),一方面社会(社区)组织、居民邻里等是社会资本的重要载体,另一方面社会资本又深刻影响了社区更新、社区治理的参与机制和建设成效。

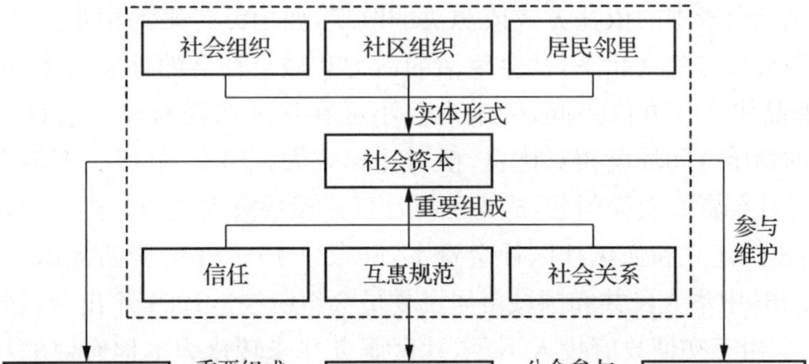

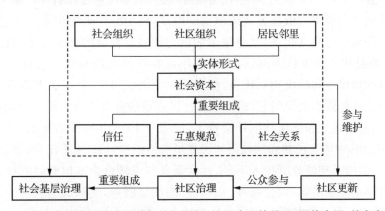

图 1 社会资本的内涵构成及其与社区更新、社区治理的关系(图片来源:笔者自绘)

2.2 社区转型中的社会资本困境

社会资本影响着集团行动,对于一个整体或社会都有积极作用。"信任、互惠规范和社会网络"作为社会资本的重要因素,其最常见的存在形式即在于社区之中。社区是城市发展的基本单元,是人们生活的重要环境,是实现社会治理现代化的基本载体。新中国成立后我国的社区建设大体经历了单位大院、社区服务和社区建设等几个时期(如图 2)[6]。

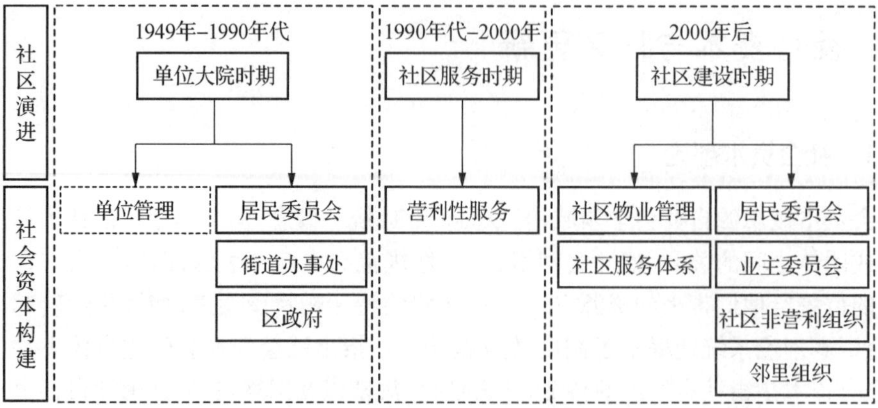

图2　我国社区的建设演进及社会资本构建(图片来源:笔者自绘)

(1) 单位大院时期。单位大院在新中国成立后至90年代市场经济探索以前都发挥着重要作用,是我国特殊的社区形态。居民通过共同的就业单位构建起以紧密联系和熟人社会为特征的关系网络。居民彼此的信任一方面来自邻里生活相互熟识,一方面来自同一单位工作的客观约束。单位内部全面、多样化的生产生活服务设施,为单位职工提供了相对低廉质优的服务,同时也为职工或职工亲属提供一定的就业机会,形成基本的互惠社区。单位制由此形成了八九十年代中国最重要的社会资本。1954年,我国建立起街道办、居委会制度,形成"区一街道一居住区"三级管理结构。60年代至70年代,受到"大跃进"、人民公社运动、"文革"等影响,基层治理服务结构被破坏,导致长时期的社会秩序混乱。80年代,"街道办事处、居民委员会的机构和职能逐渐得以恢复"[6]。

(2) 社区服务时期。20世纪90年代市场经济建立,单位制逐步解体,"单位制的改变本质上是城市居民社会资本的依托方式或源头的改变,而由此带来的根本问题是新的社会资本依托方式或源头没有建立起来,社会生活的活力和城市社会的社会效率因此而受损"[3]。90年代之后,商品住宅全方位兴起,带来现代小区在规划布局与建设管理上的日渐成熟。尽管小区建设的物质空间环境相对优良,但对比单位大院时期,社区关系淡薄、缺少有凝聚力的社区组织等社会资本缺失问题,成为困扰社区建设的重大挑战。同一时期,农村人口大量涌入城市,为重新建立和强化社区社会资本,国家自1986年便开始提出"社区服务"的概念[6],1989年推出《中华人民共和国城市居民委员会组织法》,1994年出台《城市新建住宅小区管理办法》。但由于初期政府投入不足,社区服务并未转化为本地有效的社会资本,原本用于为居民提供单位制消解后"公益性、福利性"的优惠服务,实际成为营利性、商业性的社区服务,无法建立起与单位制时期相提并论的社会资本。

(3) 社区建设时期。2000年以来,现代化的社区建设成为国家关注的重点领域,政府出台了一系列政策法规以引导社区治理。2003年颁布《物业管理条例》后,我国自2005年开始对物业管理师进行资格认定,2016年制定《城乡社区服务体系建设规划(2016—2020年)》。社区权力与社区结构的制度安排、社区物业管理、社区服务体系等都逐步完善起来。随着市场经济体制日渐成熟,以及管理型政府向服务型政府的转型,政府权力在基层治理上更多地让位于社区自治,为孕育更多基层治理组织和社区资本提供了空间。居民委员会、业主委员会、社区非营利组织、物业公司、社区居民和邻里组织等纷纷出现,居民和基层社区组织在决策上具有更多主动权,政府与社区的共建共治成为新模式。

2.3 关注社会资本的参与式社区更新

老旧小区的更新治理是我国城市存量发展的重要建设内容。徐磊青等指出"当前中国社会转型的重要背景下,社区在社会关系重构、社会结构转型和重塑,以及社会组织和交往方式的转变中发挥着至关重要的建构性作用。社区合理规划将成为有效推动社区治理的方式和途径"[7]。因此,在老旧小区的整治更新过程中,规划师不仅仅是物质空间改造者,更应该关注社会资本的构建,并且利用社会资本和公众参与促进实现社区的"共建共治共享"。

我国现存的大量老旧社区均属于早期的单位住房,它们大多位于老城区内,人口密集、产权归属复杂、社区设施配套不完善、公共绿地和停车空间严重不足,同时由于单位制变化造成社区管理参差不齐,私搭乱建严重。对这些社区的更新,规划师需要以空间营造为导向,充分利用和强化社会资本,从自上而下的规划设计"技术员"转向为引导自下而上自主更新的"沟通者"(如图3)。早期的社区更新中,政府与规划师偏好自上而下的社区改造;在社会治理精细化的新时代背景下,社区民间组织(包括居民兴趣组织、服务队伍、居民代表等)、志愿团队(志愿者、义工)等社会资本不断兴起,同时北京、上海等多地纷纷设立社区规划师、街区规划师等制度,全面促进了利用社会资本进行参与式社区更新的实践探索。

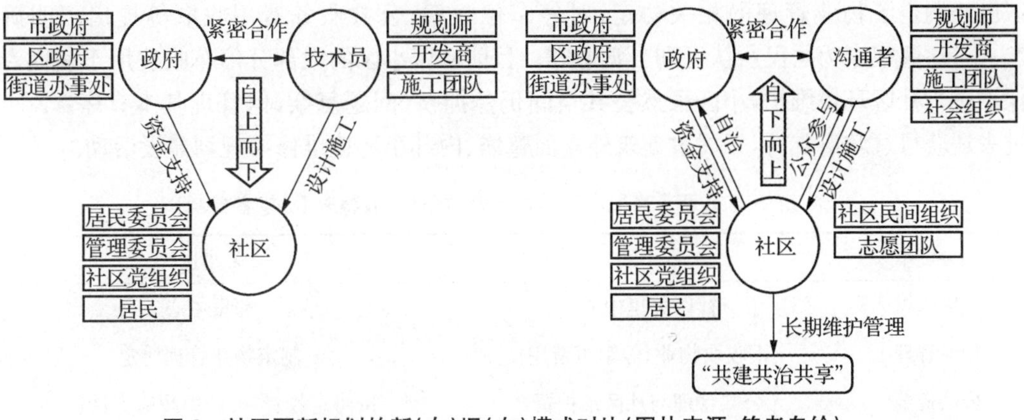

图3 社区更新规划的新(右)旧(左)模式对比(图片来源:笔者自绘)

3 社会资本视角下的老旧小区参与式更新实证比较

3.1 案例选择

自2014年以来,北京市政府通过专项资金支持启动了一大批老旧小区更新项目,朝阳小关街道的S小区与Z小区便在相关支持之列,于2018年到2019年期间进行全方位的更新改造。两个小区南北毗邻,始建于上世纪六七十年代,均是早期的单位职工宿舍区,目前亟待整治提升(如图4)。尽管S小区与Z小区目前在建筑质量、配套设施、环境品质、私搭乱建等方面都面临着极其类似的状况,但两个小区的社会资本水平却差异较大(如表1),这为对比社会资本如何作用于老旧小区更新提供了两个重要的对照案例。具体来看,两个小区都有自己的

图 4　S 小区(左边两张图)和 Z 小区(右边两张图)的建设现状(图片来源:笔者拍摄)

居民自治委员会,但实际自治能力、居民联系与协作等方面处于不同的发展阶段:

(1) 弱社会资本的 S 小区。S 小区居民自治组织的行动力薄弱,在社区管理上发挥的作用十分有限,社区邻里中心的作用主要是对小区相关的基本修修补补问题进行接待和处理。小区目前不收取物业和停车等相关费用,可以用于公共管理和社区维护的资金匮乏。很多一层住户都对自家住宅门口或毗邻空间进行了违规改造利用,公共空间停车占道拥挤、私搭乱建多。居民在小区环境的整治提升等问题上缺少积极主动的沟通,意见不一,缺少实质性行动。

(2) 强社会资本的 Z 小区。Z 小区具有相对健全的居民自治委员会,在日常生活中积极发挥着物业管理、沟通居民意见等作用。虽然没有引入专门的物业,但是基于居民协商,小区已经制定了物业管理的相关协定,对停车位收费、公共服务费用收取等提出了明确规定——这些规定为居民所认可和自觉遵守。目前社区小区的大部分停车收费用于雇佣专业保洁进行社区环境维护,小区虽然公共空间仍然拥挤、问题复杂,但管理基本有序。Z 小区过去还获得过政府支持,开展过建筑外立面整饬、内部小环境维修等规划建设活动。

表 1　S 与 Z 两个老旧小区的社会资本条件(表格来源:笔者自制)

社会资本	S 小区	Z 小区
社区组织	社区邻里中心	邻里中心
物业管理	不收取物业、停车等费用	制定物业管理协定
公共资金	无公共管理与社区维护资金	按协定收费,曾获得政府支持资金
社区维护	一层住户违规改造利用公共空间	雇佣专业保洁进行社区环境维护
信任关系	居民弱联系,优先个人利益	居民联合,自觉维护公共利益
互惠规范	无	主动维护社区秩序、改善社区环境
社会网络	弱自治,邻里中心不参与管理	强自治,邻里中心引导社区治理

3.2　社会资本影响下的参与式更新

在 S 小区与 Z 小区的新近更新改造过程中,街道向区政府相关科室申请了资金支持,其前提条件是:①更新项目的规划设计方案须获得全体居民的同意与认可;②更新改造之后社区必须引入物业进行维护管理。因此,街道级政府、规划师团队与地方居民等共同开展了自下而上的参与式更新规划,并通过社区居委会不断沟通和征询各方意见,来更好地实现社区更新的共同决策与一致意见达成。

规划师放弃了传统的“精英式”规划做法，转而通过居民议事会、问卷调研、深度访谈、入户调查、规划活动组织等多种参与模式(如图5)，广泛收集居民意见与需求，动态寻找规划设计和空间改造的准确方向。规划过程表明，由于社会资本的差异和小区居民自治水平的不同，导致两个小区的居民在参与过程中在更新需求、方案要求、参与程度与态度反应上均表现出显著的不同(见表2)，主要表现在以下方面：

图5 S小区与Z小区的社区更新公众参与现场(图片来源:笔者拍摄)

表2 S小区与Z小区居民参与式更新特征比较(表格来源:笔者自制)

特征	S小区	Z小区
社区自治程度	弱自治	强自治
社会资本水平	薄弱	较高
居民改造意愿	强烈	谨慎
居民配合程度	较低，意见不一	较高，意见统一
居民更新意向	问题导向	目标导向
规划师角色	居民想法模糊；规划师主导更新设计；规划重在解决现有问题	根据居民需求，沟通式规划设计；多方共同确定更新规划方案

(1) 居民改造意愿。S小区由于缺少完善的物业管理，社区公共空间利用率低、资源紧张。居民长期以来一直缺少有效的集体管理与建言献策平台，对小区环境满意度偏低，因此在了解到政府的小区更新投资项目之后，表现出强烈的支持与改造意愿，并在参与式规划的议事会上提出了诸多需要解决的实际问题。Z小区尽管物质空间老旧，但在居民自治组织的积极管理下，社区秩序已经趋于良好，并形成了有效的自我管理系统。居民对小区现状满意度高，从而对政府及规划师的外部介入持谨慎态度，而非一味欢迎。

(2) 居民配合程度。政府给予更新资金支持时要求小区必须在后期引入物业进行专业化管理，意味着居民需要为此上缴物业费。S小区居民从未缴纳过物业类费用，也未建立公共资金的互惠制度，因此对于收取物业费的相关要求，各户居民意见不一，70%以上的居民在调查中表示不愿意缴纳物业费，甚至一些居民存在着搭便车心理——这就要求在项目的后续实施中，政府和居委会需要进行更多针对性的沟通与协商。Z小区虽然前期对于政府启动的更新改造建议持有更多的观察和选择态度，但居民之间信任度高、社会关系紧密、社区能人领导力强，也早已形成了必要的收费制度，在接纳更新建议之后，则能够更快地对各项需求达成一致意见，对物业引入表现出明显更高的认同度。

(3) 居民偏好与规划师角色：在参与过程中，S小区对于社区更新规划设计的具体方向并未提出一致的目标，呈现出七嘴八舌的基于多种问题的解困诉求，迫切期待规划师的技术性解决。因此，S小区居民对规划师的依赖度和信任度高，充分给予规划师在公共空间营造、小品设施设计、景观环境规划等方面的设计自主权（如图6）。Z小区长期形成的自治体系，使得居民对于社区未来发展具有一定的统一构想，居民首先表达了改造建筑结构及建筑基础设施的强烈需求，并要求提供更多的停车空间，最后才是公共空间品质的提升与环境设计。规划师在项目初期为Z小区提出的更新方案中，强调利用宅间空间来设置景观绿地与休闲区（如图7），但与居民沟通之后调整了规划设计方向，着力于如何解决小区内的停车问题，尝试在停车位设计中加入单位大院的住宅文化元素（如图8），得到居民的积极肯定。

图6　S小区宅间的公共空间设计（图片来源：笔者自绘）

图7　Z小区宅间的景观环境设计（初期）
（图片来源：笔者自绘）

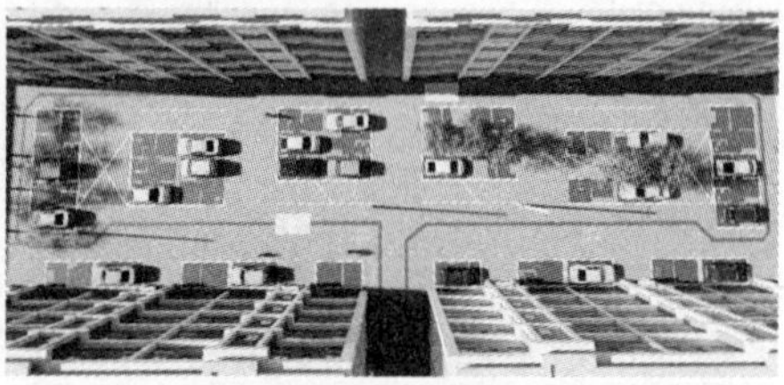

图8　Z小区宅间空间的停车设计（最终）
（图片来源：笔者自绘）

4　结论

综上所述，本研究表明社会资本的强弱会显著影响老旧小区参与式更新的过程和结果。因此在未来的社区更新和社区治理过程中，充分认识、强化和运用地方社会资本是社区精细化规划建设与管理的重要内容，这需要建立更为完善的公众参与机制，实现政府、规划技术人员、社区居民三方的有效对话，并逐步从制度与法规建设上保障现代化社区治理的高效运行。S小区和Z小区作为"弱自治"和"强自治"的社会资本类型代表，两者的更新过程对比为我们提供了以下经验思考：

(1) 高水平的社会资本可以让参与式更新的方向更为明确、成效更为明显、居民的共同决策程度更高;反之,弱社会资本则意味着社区缺少足够的互惠规范,居民彼此无法建立充分的归属感与认同感,社会关系因此结构松散,居民原子化程度高,容易出现个人为实现自己利益最大化而削弱公共利益的行为。

(2) 弱社会资本的社区由于尚未达成居民之间的紧密联系与充分信任,未形成社区与社群的共同体,导致社区更新与治理进程中出现居民意见难以统一、问题和抱怨大于明确目标的情况;而强社会资本社区的居民凝聚力较高,对于外部力量,如政府、规划师等人员的介入,居民会自发形成集体决策,表达共同的诉求与愿景,进而更为积极地参与社区更新与管理,有利于社区的持续发展。

(3) 针对具有较强社会资本的老旧小区进行更新规划,需要外界介入力量具有更高的综合素质,充分考验了规划师开展符合居民真正诉求的规划设计的能力以及沟通协商技能;而在社会资本和社区自治基础较弱的老旧小区中进行更新改造,可能由于居民意见的过度分散导致项目止步,规划师的设计方案则更多是满足自己的专业认识与政府要求。

参考文献

[1] 克利福德·格尔茨. 文化的解释[M]. 韩莉,译. 南京: 译林出版社,1999.

[2] 张雅茹,教军章. 社会资本的制度意蕴及其功能论析:从《使民主运转起来》说起[J]. 哈尔滨工业大学学报(社会科学版),2018,20(06):27-33.

[3] 赵孟营,王思斌. 走向善治与重建社会资本:中国城市社区建设目标模式的理论分析[J]. 江苏社会科学,2001(04):126-130.

[4] 赵罗英,夏建中. 社会资本与社区社会组织培育:以北京市D区为例[J]. 学习与实践,2014(03):101-107.

[5] 何欣峰. 社区社会组织有效参与基层社会治理的途径分析[J]. 中国行政管理,2014(12):68-70.

[6] 郑安兴. 中国城市社区治理现代化:逻辑分析与路径选择[D]. 长春:吉林大学,2018.

[7] 徐磊青,宋海娜,黄舒晴,等. 创新社会治理背景下的社区微更新实践与思考:以408研究小组的两则实践案例为例[J]. 城乡规划,2017(04):43-51.

基于共享思维的社区更新规划对策研究

杜立柱[1]　张　鑫[2]　杜昊霖[3]

1,2 哈尔滨工业大学建筑学院

3 亚利桑那州立大学文理学院地理科学与城市规划系

摘　要:城市老旧社区更新是存量规划时期每一个城市必须面对的涉及面最广、难度最大且与百姓息息相关的难题。将共享思维注入住区更新之中,激活社区闲置资源,发掘老旧社区处于城市核心地段的区位优势,实现社区的功能共享、设施共享、环境共享、文化共享和信息共享。通过政策引导,激发小规模投资和居民参与营造的积极性,实现社区复兴,满足人民日益增长的美好生活需要,并以此为目标提出相对应的规划对策与设想。

关键词:存量规划;共享理念;资源整合;社区复兴

0　引言

随着国家新型城镇化战略的实施,生态文明、五位一体等发展理念的提出,我国城乡规划进入由“增量规划”向“存量规划”的转型时期,以提升生活环境品质为主的“更新”成为新时期城市发展的重要方式。而城市中老旧住区更新则是这一过程中的重点和难点。这项工作涉及面广,影响因素多,更新难度大,且与百姓息息相关。恢复既有住区的活力,改善人居环境不仅是提升城市品质的关键,也是重要的民生工程。近年来,各城市对老旧住区的改造十分关注,投入了大量的人力物力,但往往是头疼医头、脚疼医脚,缺少统筹思维,未能从根本上解决社区自生动力问题,致使更新成为流于表面的工程。因此要从根本上解决问题,就要寻找新的思路和方法,发挥老旧住区优势资源,引导和刺激能够带动住区持续发展的活力源产生,从根本上解决现实问题。目前信息时代已经到来,“共享发展”理念已经渗透到生活的方方面面,将共享思维融入城市既有住区的更新改造中,充分发挥老旧住区占据城市核心区位、交通便捷、设施齐全、人气聚集等优势条件,共享资源,协同发展,促进社区活力再造,是应对新时期住区更新发展而提出的一种新理念、新方法。

1　转型背景下老旧社区现状及存在问题

1.1　老旧住区现状

1.1.1　功能单一,分区混乱,需植入功能

受时代背景和经济条件的约束,以及当时住宅建设的需求定位,老旧住区更多以解决住

宅有无问题为首要目的，虽有一些必要的配套设施，但功能较为单一，随着时代的发展，已无法满足居民生活和社会交往需求。且由于建设年代较早，功能分区不明确，商住混杂，业态低端，管理缺失，缺少满足新时期人民生活需求的现代设施和持续发展的活力业态，功能急需完善提升，注入新的活力。

1.1.2 设施老化，利用低效，需修补设施

大部分老旧住区存在着基础设施老化问题，如屋顶漏水、墙皮脱落、电力电信线裸露、供排水管道受损等，给居民造成了极大的安全隐患。同时，为满足不同时期居民需求，后期添置的各项设施，如电缆光纤等，见缝插针，缺少统筹安排，质量良莠不齐，利用低效，亟待修补完善。

1.1.3 环境恶劣，绿化缺失，需整合绿化

老旧住区在建设之初只考虑了住区中的绿化环境，并未与城市绿地成为系统，绿地缺乏层次性和丰富性。同时，住区中零星存在的绿地花池等由于多年无人打理，早已破败不堪，居民乱搭乱建现象严重，绿地停车现象屡见不鲜，整体观感不佳。

1.1.4 特色匮乏，忽视文化，需营造特色

部分老旧住区虽不是历史保护建筑，却代表了一个城市一定时代的历史文脉，拥有自己独特的文化特色，然而这种文化特色并未在住区中体现出来。同时，老旧住区中居民相互熟知，邻里关系本应该成为住区独特的人文特征，然而一味地自上而下建设和管理导致居民对住区建设的关心程度低，缺少集体性活动，影响公众参与的积极性[1]。

1.2 既有更新思路存在问题

随着城市建设的发展，缺乏活力、与现代城市面貌不符的老旧住区成为城市中急需改善的空间。目前，许多城市都进行了各种类型的老旧住区改造工作，但收效甚微。其问题主要表现在以下几个方面：

(1) 更新理念和方法单一。许多城市对于住区更新缺少统筹思考，要么大拆大建，耗费大量人力物力，且难度巨大；要么头疼医头，治标不治本，以设施改造、环境整治等为目标，修修补补，虽有收效，但流于表面不可持续，两三年后又恢复原样，没有真正解决社区人居环境和发展活力问题。

(2) 忽视弱势群体的需要。在老旧住区居民中，低收入者和老年人占据了大多数，这些人在城市中属于相对弱势群体。自上而下的社区改造，往往不能真正了解居民的实际诉求，百姓也缺少与政府和开发商对话的渠道，在更新中弱势群体的利益无法得到有效保护，极易导致社会不公平现象加重[2]。

(3) 投资模式缺少吸引力。在存量规划的时期，城市的土地资源和老旧住区复杂的社会结构已经不允许进行异地重建或大面积强行植入其他功能的开发活动，老旧住区似乎成了一块“鸡肋”，对开发商来说食之无味，无法得到可观的利益回报，很难吸引投资进行更新，而单一依靠政府财政，则杯水车薪，不能全面解决问题。

(4) 忽视公众参与和居民诉求。为解决民生问题，政府每年都会投入大量的资金进行建筑立面更新、节能环保设计、绿化树木种植、公共设施增添等工作，但却没有真正触及

老旧住区活力丧失的本质，对老百姓的实际需求缺少全面了解。政府和开发商往往成为“主导者”[3]，更新结果往往不尽如人意。充分了解居民诉求，加强公众参与在住区更新中十分重要。

2 共享思维下的住区更新方向

2.1 “共享”思维的引入

2.1.1 “共享”的起源与发展

“共享”(Sharing)是一种新的生活方式，类比于原始社会中对食物、工具以及财物的共同享有，是区别于私有制的一类概念。而当共享从无偿的分享转化为通过一定的平台，为盈利和获取一定报酬而向他人有偿分享有价值的资源时，“共享经济”的消费生活模式便形成了[4]。“共享经济”最早在1978年由美国得克萨斯州立大学社会学教授马科斯・费尔逊和伊利诺伊大学社会学教授琼・斯潘思于《美国行为科学家》杂志联合发表的论文《社群结构与协同消费》中提出[5]，而近些年，得益于互联网平台的构建，人们对资源的共享成为可能，共享理念逐渐渗透至交通、住宿、理财、餐饮等多个领域。

2.1.2 “共享”的基本要素

随着“共享”理念的逐渐发展，逐渐形成了三个基本元素：

一是有价值的资源，这是共享的基础，以便转化为可供利用的产品或服务进行分享；

二是平台，这是共享的核心，以线上平台为主、线下平台为辅，“互联网＋”时代的到来为共享平台的建设提供了条件，通过网络技术对资源进行分类和整理；

三是参与者，这是共享的活力所在，每个参与者都可以在共享平台上利用资源，根据自身需求进行选择，从而实现定制化和个性化[6]。

2.1.3 住区更新的“共享”条件分析

“共享”虽然是一种经济概念，但其整合资源、共享优势、协同发展的核心思想却可以推广和借鉴至不同领域，包括老旧住区更新的理念。

一是老旧住区具有可共享的优势资源。老旧住区虽然问题重重，但由于建设时间较早，往往处于城市核心地带，人气旺，商业氛围浓，教育、医疗、文化等设施齐全，如能充分共享优势资源要素，借城市中心之利，寻找发展活力，可以从根本上解决既有住区持续发展问题。

二是可以借鉴信息平台优势，通过老旧住区更新，多渠道多角度注入适合城市发展的新功能。由于住区老化问题，老住区闲置房屋增多，低端业态面临淘汰，这为城市新功能的植入提供了条件。更新改造可以借鉴信息平台，统筹闲置资源，发挥更大效率。一方面解决住区活力问题，另一方面也为城市中心区功能完善提供空间。

三是积极发挥居民参与性，拓宽更新思路。根据居民诉求统筹规划、资源共享、需求共享、更新方法共享，从区域资源分配和百姓诉求入手，创造社区特色，提高文化氛围，增加社区活力。

2.2 “共享”思维下的旧区更新方向

2.2.1 以“用旧”代“建新”——整合闲置资源

我国许多城市都进行了“棚户区改建”“危房改造”等居住区更新，但这类更新都是以拆旧建新为主要手段，造成了大量的资源浪费。许多老旧住区中都拥有一定物质资源、人力资源和服务资源，只是由于长时间的积累造成资源闲置。运用共享理念，将闲置资源进行整合，使得住区中的空间和资源可以让更多人分享使用，以提高物质资源的使用效率，即以“用旧”代“建新”。

2.2.2 以“线上”代“线下”——构建网络平台

在大数据技术的支持下，老旧住区完全可以依靠网络构建线上平台，对全体居民开放，一方面将闲置资源进行登记和整合，使居民直接通过平台进行有偿或无偿的共享，另一方面建立起资源与用户的服务平台，使用户能够快速联系到资源或服务的拥有者。此外，线上平台可以和线下平台进行联动，进行丰富的共享活动，加快信息的传播速度，同时吸引青少年人群使用共享平台，扩大社区共享平台的影响力。

2.2.3 以“参与”代“封闭”——引导公众参与

以往的城市老旧住区更新建设中，政府一般为主导者、决策方和前期推动方[3]，基本是以自上而下的方式建造的，忽视了居民参与更新建设过程的重要性，对不同群体的需求关注较少，这也是近几年来老旧住区更新效果不尽如人意的主要原因之一。共享理念的实现需要众多参与者，需要打破以往自上而下的建设模式，重视居民的公众参与，政府的角色将从主导者变为引导者，举办一系列活动提高居民参与共享的积极性，使居民真正在共享式的更新中维护自己的利益。

2.2.4 以“小投”代“大建”——吸引中小投资

目前房地产已经走过黄金时代，投资主体转变，之前开发商的建设模式都是增量开发、新区建设，如今房地产开发越来越正规，住房政策也越来越严格，部分地区“不允许期房出售”的制度使得能力较弱的中小投资者被剔除开发商的行列。在“共享”理念中，政府提供政策和部分资金支持，居民也可以自主筹措小部分资金，与中小投资有效结合，使“小投”成为可能。

3 “共享”思维下的旧区更新策略

3.1 规划策略

3.1.1 功能共享

在共享理念之下，城市老旧住区的发展目标是更符合时代需求的“主题式”居住区。首先将居住区现有的功能进行整合、筛选，最大化地利用现有资源；其次，填补老旧住区中缺少的基本功能，满足居民的多样化需求；再次，植入城市发展所需要的活力功能[7]，吸引外部人流，使老旧住区恢复活力。但这些功能并不是无组织的随意分布，而是在分析周边需求的基础上，将各功能有规律地分成几个功能分区，各分区对应不同的主题，如餐饮主题、家庭旅店主题、文化活动主题、养老医疗主题等，真正做到功能共享，既满足内部居民的需求，又对外部人流产生吸引，与城市发展相接轨（如图 1）。

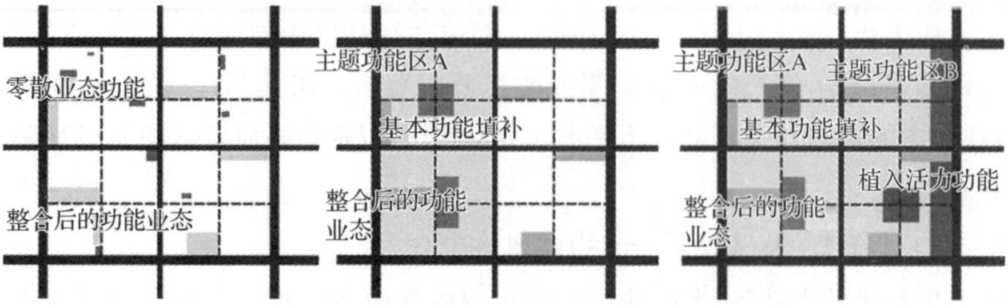

图 1　功能共享示意图（图片来源：笔者自绘）

3.1.2　设施共享

对住区中目前闲置的各类设施资源进行整合并分类，有针对性地进行激活，或重新利用，或改造升级，鼓励居民提高其使用频率。同时，在不同的功能分区中配备主题功能体验设施，如在旅店主题区选择一至两套闲置房屋打造为家庭式旅店，通过“针灸”的方式先从小范围区域内进行试点，成为触媒点，带动住区整体发展。对于居民个人所有的“小设施”也可以进行共享，如缝纫机、桌椅等家中的闲置生活物品乃至停车位都可以作为“设施”来进行共享，全面提高闲置资源的利用率，最后达到整体社区的设施共享。（如图 2）

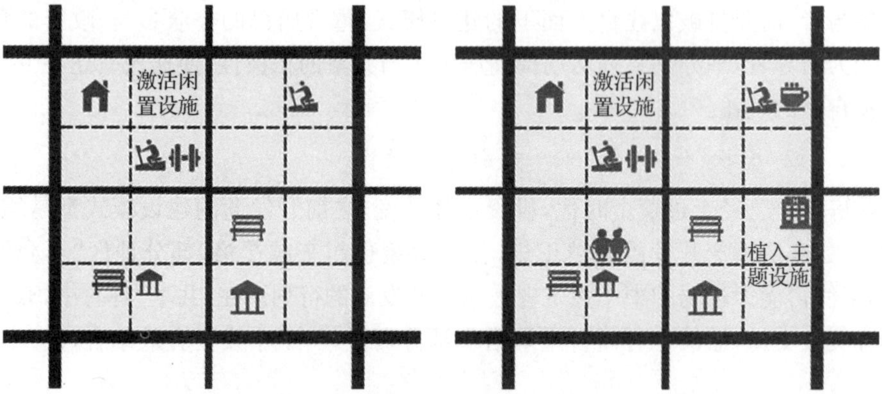

图 2　设施共享示意图（图片来源：笔者自绘）

3.1.3　环境共享

环境共享分为室外环境共享和室内环境共享两个部分。在室外环境方面，要对住区的整体绿化环境进行统一设计，使其真正成为城市绿地系统中的一部分，同时增加居住区级绿地公园并对外开放。挖掘住区中利用率较低的广场绿地，对其进行美化，塑造富有生活趣味和社交意义的共享空间，组织居民对该类绿地进行自主改造，鼓励居民认养植物或自行种植管理，在实现环境共享的同时激发社区活力。在室内空间中可以增设共享公共空间，如共享厨房、共享洗衣房等，形成合理的低成本居住模式[8]，甚至可以尝试多人共享居住，将闲置房屋或闲置空间打造成供年轻学生或背包游客共同居住的形式。（如图 3）

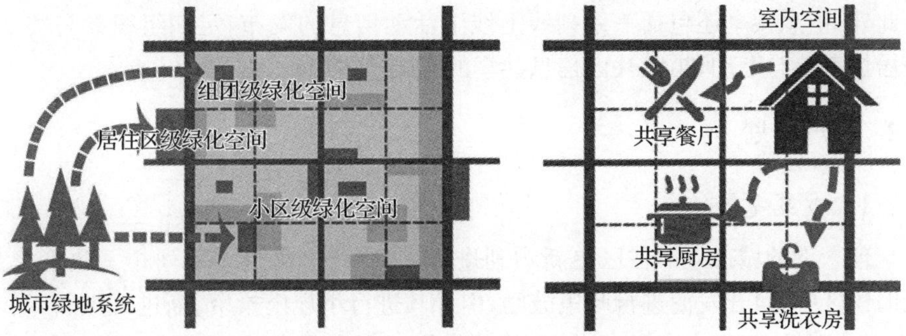

图3　环境共享示意图(图片来源:笔者自绘)

3.1.4　文化共享

发掘住区中最具有识别性、能使居民产生归属感的物质要素或非物质要素,如年代久远的藤椅、古井、壁画,甚至一个场景、诗歌等,将这些要素进行放大,在这个基础上进行文化顶层设计,确定独特的社区文化内涵,通过自上而下的方式发扬社区精神,之后在居民的共同参与下建设富有生活气息和邻里感的文化空间,定期组织丰富的文化活动,提高居民对社区的认同感和归属感,独特的社区文化将成为老旧住区新的吸引点。(如图4)

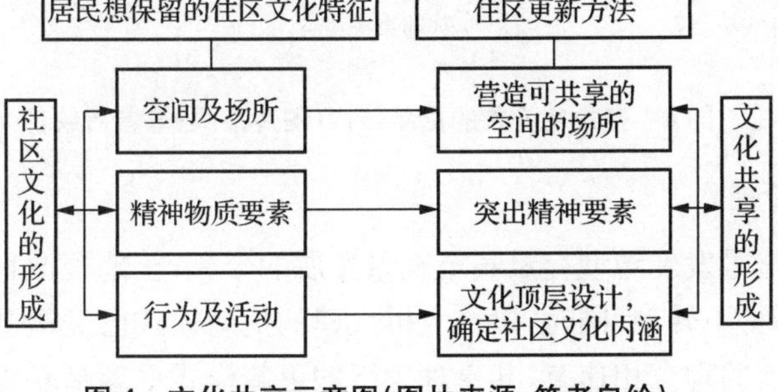

图4　文化共享示意图(图片来源:笔者自绘)

3.1.5　信息共享

城市老旧住区的信息传递大部分是依靠有限的线下方式进行,信息传递速度慢、范围小、效率低,缺少具有时效性的有效信息。线下平台应分散布置,在对住区内部的居民保证开放性的同时,也可以适当地为邻近的社区或更大范围城市内的居民提供信息服务。除此之外,还可以利用先进的大数据技术构建新型的线上平台,如开发社区共享应用、开设社区共享公众号等,线上平台将不仅收入居民家中闲置的实体资源,同时还可以收入居民愿意进行共享的专业所长,如医疗、厨艺、清扫等,为社区或其他需要帮助的居民提供

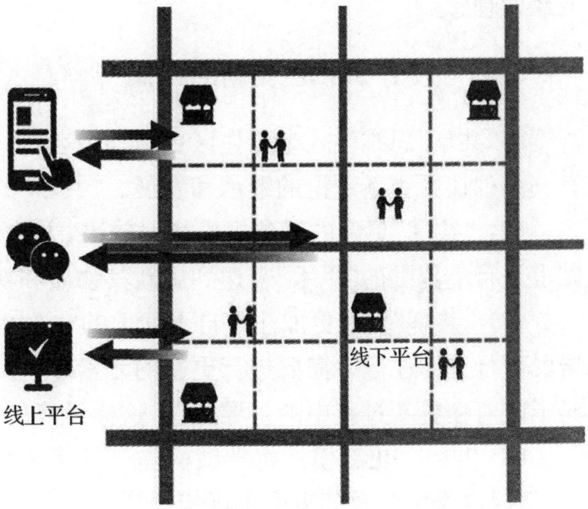

图5　信息共享示意图(图片来源:笔者自绘)

服务。此外，信息共享还包括一系列线上线下活动信息的发布，定期组织参与类活动，吸引青少年居住者参与互动，扩大社区信息共享的影响范围[9]。（如图 5）

3.2 管理策划

3.2.1 政策支持

共享理念下的城市老旧住区更新顺利进行，需要政府出台一系列相关政策将共享理念引入老旧住区中，对开发商进行政策鼓励，引导其进行小规模投资、渐进式更新，同时提供场地，进行舆论引导，组织专家学者、社会精英等第三方力量介入，为居民进行相关座谈，在提高居民自下而上改造社区积极性的同时降低政府管理成本。除此之外，政府还要承担起监督者的作用，充分保证更新过程的合法性、公正性和最终成果[3]。（如图 6）

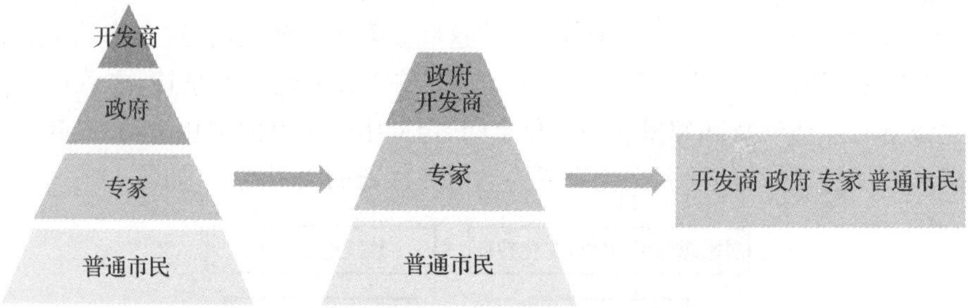

图 6　多角色介入的更新结构(图片来源:笔者自绘)

3.2.2 运营管理

在城市土地由增量发展转型存量甚至减量发展的今天，土地资源稀缺，拿地条件越来越严格，导致开发商不得不转型；同时，以往大拆大建的更新模式已经遭受了严重的批评，与政府渴望城市健康发展的理念相违背，共享理念下的更新模式更容易获得政府的支持，相关政策的扶持力度较大，很容易得到资源；另外，老旧住区位于城市的核心地段，拥有良好的区位条件和交通资源，只要方法使用得当，“小投入、高回报”是可以实现的，符合市场效益最大化的经营理念。

3.3 “共享”式旧区更新的特征

将“共享”思维注入老旧住区更新当中后，将形成与传统模式有所不同的更新方式，是现有一系列住区更新理论的继承和发展。“共享”式旧区更新拥有如下特点：

(1) “共享”更新的对象规模相对较小，主旨是激活与整合，强调能在保持原有结构的基础上进行小范围的“手术”来达到更新其物质和功能的目的。

(2) “共享”更新更加注重自下而上的“内生动力式”发展，根据居民真实的生活需求，由居民自行选择住区中需要进行更新的元素，结合政府的政策供给和专业人员的技术支持，削弱了政府在更新过程中的主导地位，这样最终的更新成果才能更好地服务于居民。

(3) “共享”更新模式将尝试构建一种多平台投资的渠道，充分利用政府下拨的专项资金，建议政府出台政策吸引小规模投资，同时结合非政府组织或非营利组织，利用小额贷款或社区资金进行融资，形成多元的资金来源渠道。

(4)“共享”更新模式更加尊重用地的权属和使用人的利益,在更新中充分考虑用地权属,将公地和私地、公房和私房按照不同的开发流程进行更新,同时尊重使用者的意愿,使用者可以自由选择搬迁或不搬迁,仅在可以开发的对象上进行更新改造。

(5)“共享”更新的对象体量小,更新的周期缩短、成本降低,从而决定了更新过程的时序性和可修改性变强,使其成为一个具有一定“临时性”的项目——不但在远期发展过程中可以改进,在实施过程中也可以随时修改,甚至建成后的撤销代价也变得微小[10],降低了更新项目的风险。

4 具体改造设想——以哈尔滨安字片为例

4.1 安字片概述

安字片位于哈尔滨市道里区,建于 20 世纪 80 年代,建设之初是由单位开发、作为家属楼性质使用,是哈尔滨市单位制老旧住区的典型代表,布局呈街坊式,大多数没有明确的边界,直接向城市开放[11];建筑以围合式为主,形成了众多院落式公共空间,居民的生活交往方式集中体现了哈尔滨市民的日常生活状态,拥有丰富的资源优势和人文底蕴。

本次设想将改造范围确定在安字片中安顺街、新阳路、安国街和安升街所围合的区域,占地面积约 19 ha,区域内包括安升、安静、安国三个社区。(如图 7)

图 7 安字片改造区域范围(图片来源:笔者自绘)

由于建成时间较长、建筑形式老旧、人口来源复杂等,该片区虽位于哈尔滨市中心区内,却长期处于衰败的状态。经过调研,该片区存在的主要问题如下(见图 8):

(1) 整体功能发展滞后,缺少儿童设施和老年设施。土地利用低效,空间结构有待梳理。

(2) 人口密度高,各类设施人均资源过低。社区配套缺口大,人居环境有待改善;交通压力日趋严重,服务水平难以提高;公园绿地量少且破碎,难以满足使用需求。

(3) 人口老龄化严重。安字片中 18～60 岁的青年人和中年人的数量最多，占住区总人数的 74%左右，其次是 65 岁以上的老年人，由于中年人群比重较大，反映了未来老龄化现象更加严峻，给社会、政府、家庭养老带来巨大挑战。

(4) 拥有一定的人文资源但特色不突出，承载着居民对社区记忆的壁画、花池、凉亭等并没有得到较好的保护，文化特色关系亟待引导。

(5) 空间资源有限，平台主体、用地权属关系复杂，面临整合难度大、利益协调难及改造成本高等诸多挑战。

图 8 安字片现状(图片来源:笔者拍摄和自绘)

4.2 规划设想

4.2.1 政策引导、多方融资

政府出面建立投资平台，出台一系列优惠鼓励政策，例如：

(1) 政府匹配专项资金用于进行更新补贴，制定政府投资计划，把政府每年用于旧区更新的资金集中使用，根据需求补给，作为补偿资金鼓励中小投资进入老旧住区改造。

(2) 对投资商进行政策性扶持，对企业税收进行减免，或在建设容积率上给出一定优惠。

(3) 进行联合式开发，批准旧区与部分新区同时建设。

(4) 对于在更新过程中自主配备建设教育、科研、文化、医疗等城市必备基础设施和公共设施的企业和开发商再进行补贴。

4.2.2 资源回购、整合完善

根据调研，安字片区域中共有 5 448 套房屋(安升社区 2 200 套、安静社区 1 683 套、安国社区 1 565 套)，现有 343 套处于售卖状态，均为二手房屋，其中，门市房有 6 套，普通房屋有 337 套(见表 1)。中小投资者可以直接回购其中的 40～50 套房屋，将其进行功能置换和特色设计。

表 1　安字片房屋状态

所属社区	房屋状态	方式	数量	布局	楼层	均价	门市房数量
安国社区	售卖	二手	87 套	1 室 0 厅:2 套 1 室 1 厅:20 套 2 室 1 厅:59 套 2 室 2 厅:1 套 3 室 1 厅:5 套	低层:12 套 中层:29 套 高层:46 套	7285 元/m^2	0
安升社区	售卖	二手	88 套	1 室 1 厅:24 套 2 室 0 厅:2 套 2 室 1 厅:61 套 9 室 1 厅:1 套	低层:30 套 中层:26 套 高层:32 套	7354 元/m^2	2
安静社区	售卖	二手	168 套	1 室 0 厅:3 套 1 室 1 厅:33 套 2 室 0 厅:3 套 2 室 1 厅:120 套 3 室 0 厅:1 套 3 室 1 厅:8 套	低层:52 套 中层:53 套 高层:63 套	7344 元/m^2	4

4.2.3　整体设计、确定主题

(1) 对安字片缺少的功能进行填补。根据调研，安字片自身目前缺乏老年服务设施，因此可以将投资者回购的房屋进行筛选，选择位于片区较中心处的 20 套房屋进行有主题的功能置换，打造为家庭式养老用房，这部分主题房屋要求楼层较低、朝向好，减少多余的家具布置，打造环境舒适的养老空间。

(2) 植入城市发展所需要的活力功能。可选择靠近经纬街、新阳路路段的 20 套房屋进行青年式旅店的设计，在这类主题房屋中增设共享厨房、共享洗衣房等共享空间，提供小户型的房间，为年轻人打造性价比高的住处，吸引青年人群短租入住。

(3) 与一部分户主进行沟通，登记空闲房屋或户主愿意进行共享的空间，在征得其同意的基础上和大型旅游企业或网站进行合作进行房产管理，外地游客或学生可以对其进行短租，将房屋这一高价值商品转化为可流通的普通商品，一来空间的供给者可以获得利益，产生新的附加值，二来空间的需求者可以通过较低的成本来获得空间的使用权，从而吸引更多的有效需求，形成良性循环[8]。(如图 9)

图 9　整体设计、确定主题(图片来源:笔者自绘)

4.2.4　网络架构、特色体现

(1) 在房屋空间上进行主题设计的同时，相应的设施也应配套齐全，一部分底层商铺可回购用来对主题进行补充。

家庭养老主题的房屋附近可以设置“银发市场”和老年人休闲屋，“银发市场”为老年人提供健康相关的产品和服务，老年人休闲屋则提供适合老年人参与的时尚休闲活动，如品茶、摄影、阅读、高科技学习等。

青年式旅店附近可设置小型健身房、咖啡厅、轻食堂等场所，以空间共享为主要目的，旨在为租客提供社交平台，同时提升住区的整体活力。(如图 10)

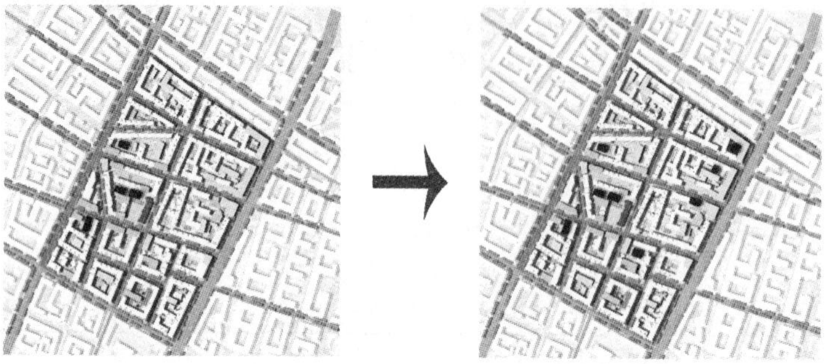

图 10　网络架构、特色体现(图片来源：笔者自绘)

(2) 在设施网络构建的同时，线上信息共享平台也应逐步投入运行。老年人可以在线上平台选择自己想要参与的活动，或选择房屋清扫、照顾饮食起居等服务；青年人群同样可以选择线上平台发布的各项服务或闲置资源，如共享停车位、共享自行车。这些服务和资源的提供者不仅包括安字片居民，同时也吸纳了想要融入这种共享生活模式的其他居民，进一步扩大共享的影响力。

4.2.5　示范引领、带动发展

在安字片的构想中，将其建设成为以“共享”思维为主导的住区需要 5 年，期间可以根据时代发展的需求不断对更新点和更新策略做出调整，在其形成完整的共享链之后，可将安字片作为示范区，依照此类模式对哈尔滨进行整体调研，从更宏观的层面确定各类老旧住区的共享主题和发展模式，逐步提升哈尔滨市内老旧住区的活力。

5　结语

“共享”思维下的城市既有住区更新旨在营造一种新的生活方式，打破老旧住区无可发展、难以发展的瓶颈。本文在对“共享”理念进行解读的基础上，将“共享”思维注入城市老旧住区的更新当中，最终实现住区的功能共享、设施共享、环境共享、文化共享和信息共享，并提出相对应的政策策略及投资模式。“共享”的快速发展需要建立在全体居民拥有较高道德观念的基础上，同时需要政府及相关部门的大力支持，如何在城市老旧住区更新建设中更好地融入“共享”思维，仍是一个值得长期探讨的议题。

参考文献

[1] 肖洪未. 基于“文化线路”思想的城市老旧居住社区更新策略研究：以重庆市渝中区为例[D]. 重庆：重庆大学，2012.

[2] 贺昌全. 成都旧城低收入社区渐进式更新模式探索[D]. 成都：西南交通大学，2005.

[3] 高媛，黄晶涛，左进. 旧城传统社区更新中的“制度设计”初探：以厦门沙坡尾地区更新规划为例[C]//城市时代，协同规划：2013 中国城市规划年会论文集. 青岛：青岛出版社，2013.

[4] 董成惠. 共享经济：理论与现实[J]. 广东财经大学学报，2016(05)：4-15.

[5] 倪云华，虞仲铁. 共享经济大趋势[M]. 北京：机械工业出版社，2016：300.

[6] 亚历克斯·斯特凡尼. 共享经济商业模式：重新定义商业的未来[M]. 郝娟娟，杨源，张敏，译. 北京：中国人民大学出版社，2016.

[7] 李和平，杨钦然. 促进社会融合的中国低收入住区渐进式更新模式：“磁性社区”初探[J]. 国际城市规划，2012(02)：88-94.

[8] 王晶. 共享居住社区：国际经验及对中国社区营造的启示[C]//规划 60 年：成就与挑战——2016 中国城市规划年会论文集. 北京：中国建筑工业出版社，2016.

[9] 孙立，曹政，李光耀. 基于共享理念的社区微更新路径研究：以北京地瓜社区为例[C]//持续发展理性规划：2017 中国城市规划年会论文集. 北京：中国建筑工业出版社，2017.

[10] 李彦伯. 城市“微更新”刍议兼及公共政策、建筑学反思与城市原真性[J]. 时代建筑，2016(04)：6-9.

[11] 刘宇晴，徐苏宁，刘妍. 北方城市街区制住区建设实证研究：以哈尔滨为例[C]. 北京：中国建筑工业出版社，2016.

居民深度参与的城市更新规划实践
——以华富社区更新改造规划为例

李　忻　王　嘉　林辰芳

深圳市城市规划设计研究院有限公司

摘　要:快速的城市化让越来越多的原住居民卷入城市更新的浪潮,在城市更新的过程中,市场主体与原住居民达成合作意愿,捆绑形成利益共同体,市场主体追求利益最大化,力图争取更高的开发量,而原住居民往往是在市场主体利益最大化格局下被动、间接地参与到规划过程中,无法真正表达核心的利益诉求,他们成为这场没有硝烟的战争中的"弱势群体"。华富社区更新改造规划作为棚改政策框架确定后首个获得规划审批的项目,是深圳首次由政府主导的城市更新实践,也是原住居民首次深度参与并决定更新改造方案的一次有益尝试,但其最终规划方案并非实现公共利益与城市价值的最优选择。本文以华富社区为例,结合华富社区规划过程,以居民深度参与规划为线索,分析多元利益诉求,对其规划结果进行以下思考:(1) 机制失衡:政府既当"裁判员"又当"运动员";(2) 民主参与:"多数决"原则导致效率缺失;(3) 开门规划:规划师角色转变。

关键词:民居深度参与;城市更新;棚户区改造;规划实践

1　引言

快速的城市化让越来越多的原住居民卷入城市更新的浪潮,他们成为这场没有硝烟的战争中的"弱势群体",失去了城市更新中的"主动权"[1]。早在2004年,深圳就面临了土地、空间、资源、环境的四个"难以为继",开启了城市更新的探索与实践。深圳在城市更新过程中形成了政府、权利主体、市场主体、公众等多元主体的协同合作机制[2]。在城市更新的过程中,市场主体与原住居民达成合作意愿,捆绑形成利益共同体,市场主体追求利益最大化,力图争取更高的开发量,而原住居民往往是在市场主体利益最大化格局下被动、间接地参与到规划过程中,无法真正表达核心的利益诉求[3]。

当前规划界对城市更新中居民参与的研究主要集中在公众参与方面。张晶设计重庆市渝中区学田湾社区下罗家湾城市棚户区改造的公众参与机制框架,引导公众科学合理参与[4]。黄斌全以上海市黄浦江东岸公共空间贯通规划设计实践为例,通过引导包括社团、媒体、居民、游客、专家等多种人群共同参与,并依据公众参与的反馈信息提出规划设计策略[5]。但是鲜有原住居民深度参与城市更新规划过程,并主导规划方案的规划实践。2016年6月16日,深圳市住房和建设局印发《深圳市棚户区改造项目界定标准》(深建规〔2016〕9

号),统一棚户区改造界定标准。2018 年 5 月 17 日,深圳市政府出台《关于加强棚户区改造工作的实施意见》(深府规〔2018〕8 号),对棚户区改造政策适用范围、搬迁安置补偿和奖励标准、项目实施模式等内容作出具体规定。华富社区更新改造规划作为棚改政策框架确定后首个获得规划审批的项目,是深圳首次由政府主导的城市更新实践。由于没有了市场主体的参与,原住居民成为唯一的直接利益相关者参与到规划过程中,直接表达利益诉求,华富社区城市更新改造规划也是原住居民首次深度参与的城市更新规划实践。本文以华富社区为例,结合在改造诉求多元的前提下,如何兼顾原居民回迁、政府诉求(政策要求)以及城市公共价值提升等诉求,并对其进行思考。

2 华富社区居民深度参与的更新规划实践

2.1 项目概述

华富社区位于深圳中心公园东侧,笋岗西路和华富路交汇处西南侧,处于轨道交通 7 号线黄木岗站的 800 m 范围内(如图 1),通过轨道接驳,与华强北商圈、福田中心区及深圳各区交通连接便利。华富社区始建于 1987 年,最初用作政府机关和国企、事业单位的福利房,1998 年房改时大部分出售给员工,后逐渐成为服务于华强北片区的居住配套之一。随着周边的资源不断升级和改善,华富社区及其周边片区已从早期的生产、配套区飞跃成为城市主要中心区,汇集了城市最主要的公共服务资源、生态资源、商业和交通资源。华富社区更新改造范围 14 hm^2,现状住户 2 343 户,建筑面积约 21 万 m^2。

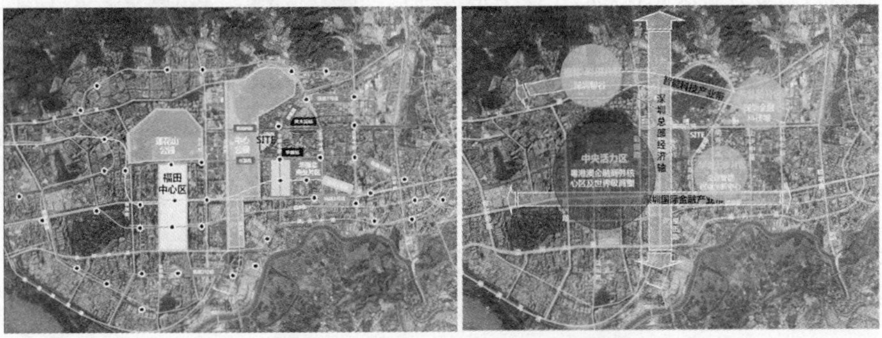

图 1 华富社区区位图(图片来源:笔者自绘)

2.2 规划方案

2017 年 8 月,华富社区更新改造纳入深圳市棚户区改造计划;2017 年 9 月,开始签订拆迁协议;2017 年 12 月,开展概念规划设计竞赛;2018 年 1 月,深圳市城市规划设计院在优化中标方案(如图 2)的基础上提出实现更大公共价值思路与多方解决路径,形成方案二,并开展多轮原住居民沟通会、多轮部门协调及审查会议,以及多轮专家评审会,引导各方达成共识。

图 2 中标建筑方案(图片来源:华富社区更新改造规划)

2.2.1 方案一：与中心公园肩并肩

方案一沿用中标方案的设计理念（如图 3），提出以“开放社区、公园之城”为规划目标，采用舒适宜人的建筑尺度，五分钟步行圈内覆盖居民所需配套，反迁住宅沿中心公园展开，公园景观界面总长度 425 m，还迁地块景观界面长度 337 m。

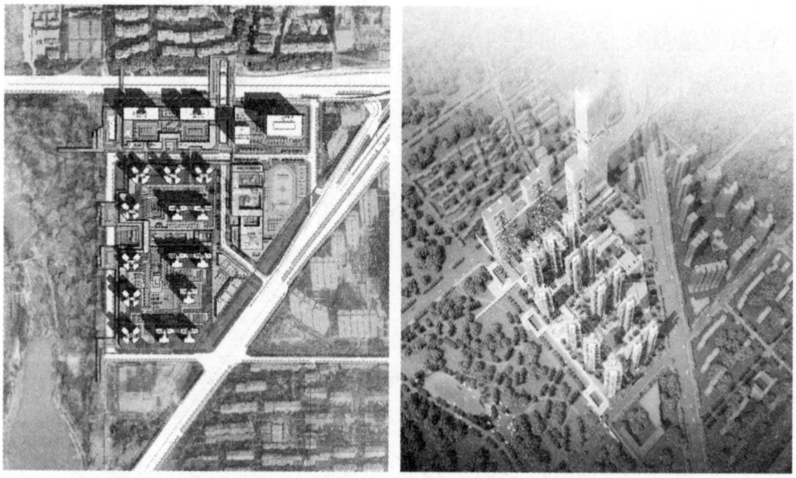

图 3　方案一平面图、效果图（图片来源：华富社区更新改造规划）

2.2.2 方案二：以开放姿态拥抱中心公园

方案二是在中标方案的基础上提出实现更大公共价值思路与多方解决路径，采用 U 字形界面，通过渗透的方式，将公园景观纳入整个地块。利用 U 字形界面，打造一条绿色的活力共享环，注入生态、艺术、人文气息，展现无限活力，形成多样化的共享生活、休闲、文化、交流的空间体系（如图 4、图 5）。方案二以“活力之环，生态绿谷”为规划目标，反迁住宅沿 U 字形界面展开，公园景观界面总长度 792 m，还迁地块景观界面长度 677 m。

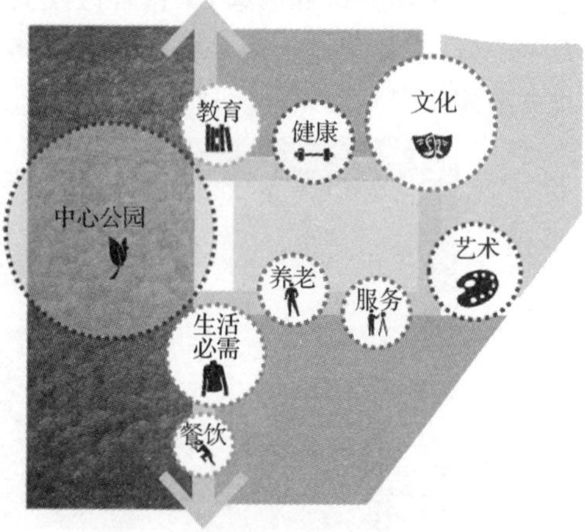

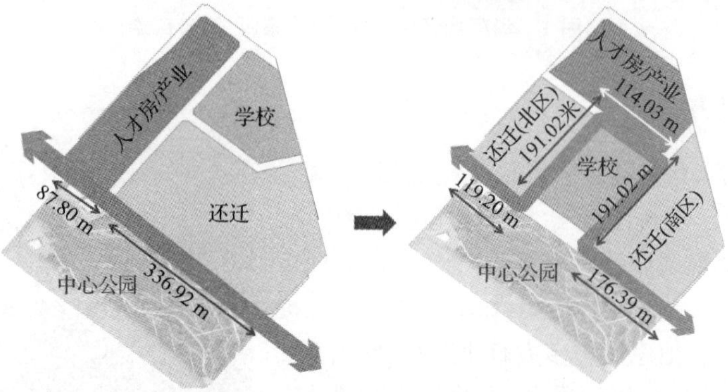

图 4　方案二概念生成（图片来源：华富社区更新改造规划）

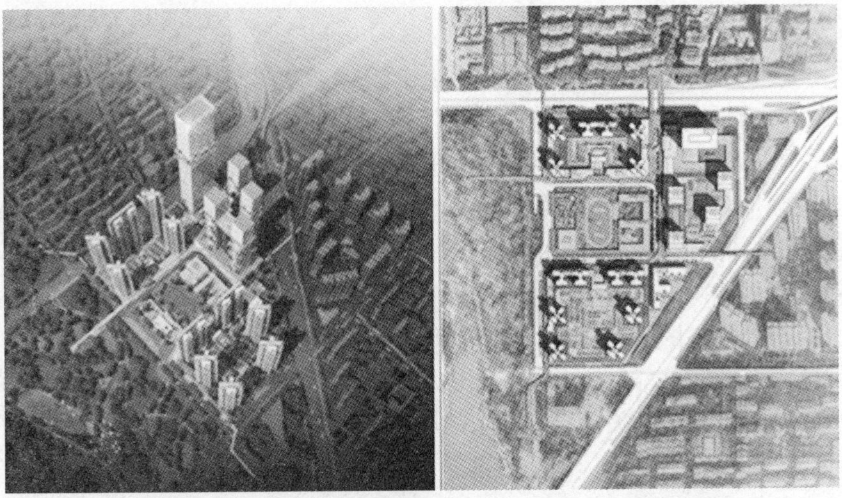

图5　方案二平面图、效果图(图片来源:华富社区更新改造规划)

2.3　多元改造诉求

本次更新改造规划改造诉求多元,如何兼顾原住居民回迁、政府诉求、相关政策要求以及城市公共价值提升成为规划面临的首要问题(如图6)。政府部门作为城市更新项目的审批者与参与者,需要在满足相关政策要求的前提下,寻找经济利益与公众利益的平衡点;原住居民作为城市更新项目的利益主体,关注点集中于个人利益;由于华富社区汇集了城市最主要的公共服务资源、生态资源、商业和交通资源,还需兼顾城市发展诉求。

图6　改造多元利益诉求(图片来源:笔者自绘)

2.3.1　政府诉求

政府部门作为城市更新项目的审批者与参与者,集公共性和自利性于一身。本次更新改造中,政府部门的诉求主要有以下几点:其一,在满足棚户区改造相关政策要求的前提下,确保人才住房和保障性住房的配建,确保公共服务设施的配建;其二,确保此次更新项目的经济利益平衡,保障项目顺利推进;其三,满足福田区产业升级要求,提升城市形象,增强城市竞争力;其四,确保社会稳定。

2.3.2 居民诉求

与以往城市更新规划过程中原住居民仅能被动、间接参与规划并且无法真正表达核心利益诉求不同，本次规划过程开展了 20 多轮原住居民沟通会，充分听取原住居民意见，让居民深入参与到规划过程中，搜集到来源于原住居民的 322 份公众意见，集中在用地布局与规划功能、开发强度与建筑高度、道路交通、配套设施、规划公示、拆迁补偿几个方面。原住民要求返迁住宅必须靠近中心公园，提高公园使用的便捷性，且返迁住宅独立组团布置，不支持用地混合；规划建议沿中心规划增加一条市政道路，对外开放，但居民由于噪音等原因提出反对，只允许开设小区内部道路；不赞同开放式小区，要求返迁住宅具有一定的私密性，且满足老年群体的公共配套需求。可见，原住居民主要从自身的切身利益出发，除了关于经济方面的利益诉求，更多地是关注自身未来的居住空间环境(见表 1)。原住居民最终选择方案一作为规划实施方案。

表 1　居民核心问题聚焦(表格来源:笔者依据居民相关诉求整理)

用地功能	1. 用地功能为纯 R2,不得改变用地性质; 2. 同意布置超高层写字楼,但不允许混合用地性质
交通布局	1. 不赞成项目西侧设市政道路,噪音太大,只允许小区内部道路; 2. 保证还迁户户均一个固定车位。学校可设置地下停车场; 3. 利用地形落差做地库优化设计,保证人车分流; 4. 赞成统一规划市政道路,不赞成穿过小区的四车道将小区分割
公共配套	1. 保证还迁户户均一个固定车位。学校可设置地下停车场; 2. 利用地形落差做地库优化设计,保证人车分流
空间布局	1. 还迁住宅独立占地保证品质,可适当在笋岗西路和华富路交汇处布置非居住功能; 2. 回迁与人才房分组团布置,回迁房要相对私密; 3. 回迁房要紧邻中心公园,但是不要西晒; 4. 还迁住宅高度控制在 100 m 以内,布置在项目西侧,并与人才房形成东高西低的格局; 5. 赞成密度高点、降低建筑高度; 6. 开放式小区,要结合民情。但是现在的居民多是老年人,这是不适宜的; 7. 现在住的房子新一些,要求优先选房。现在住的房子靠近中心公园,要求优先选房
建筑设计	1. 户型设计以南向为主,并保留增购需求; 2. 商业配套、公共配套可考虑集中设置于裙房中

2.3.3 城市发展诉求

伴随着城市的发展，华富社区的区位价值不断提升，作为深圳中心位于中心公园活力带核心位置，影响公园右岸三分之一长度的公园界面，其与中心公园联系紧密，空间上属于中心公园的一部分(如图 7)。华富社区更新改造的目标不能仅仅创造一个精品社区，还要体现深圳追求生态文明的决心，坚持人与自然和谐共生，提升中国的文化自信。因此，从城市发展方面对华富社区提出了融入城市的开放性、整合城市公共空间、提升公园边界活力、地铁枢纽功能高效等发展诉求。

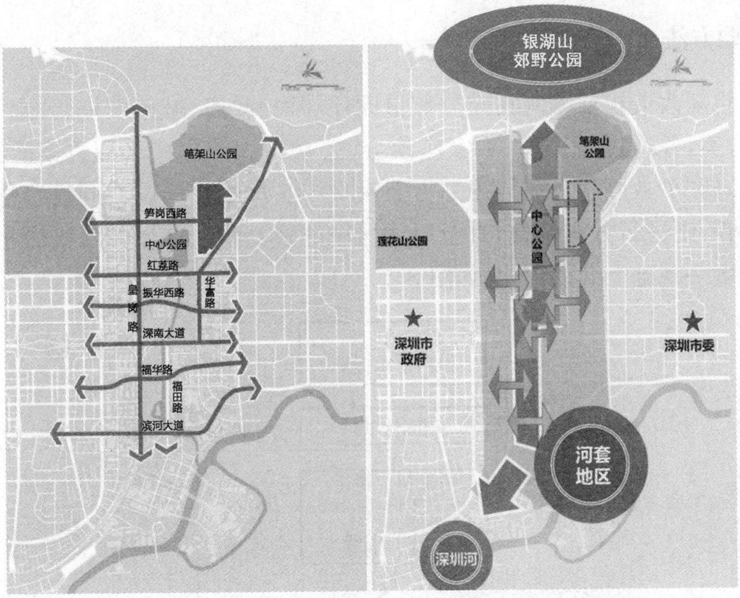

图7　华富社区与中心公园关系(图片来源:笔者自绘)

2.3.4　公众诉求

本次规划过程针对华富社区更新改造规划开展专家评审会,专家们从城市价值的角度出发,一致认为方案二更能体现城市价值,专家们认为在紧邻中心公园的重要区位建设一个封闭小区是不可取的,应该按照一个活力、开放与城市互动的街区进行梳理,项目不应当仅仅是一个居住区,而应当将文化、艺术、生活融入其中(见表2)。

表2　专家核心观点聚焦(资料来源:笔者依据专家相关观点整理)

1. 方案二从资源使用方面更为合理,可创造更多的景观面。
2. 未来发展趋势是共享、开放、分享。但方案一表现为封闭社区。不建议在城市中心公园旁做个封闭社区,应当在关注业主利益的同时也要关注公共利益。
3. 方案一表现为要在城市级中心公园旁边再建一个自己的小花园,然而这个小区距离中心公园只有一路之隔,几乎没有距离。
4. 在中心公园这么重要的位置建一个封闭式小区,只考虑一个小区的利益,不顾上千万市民共同拥有中心公园的公共利益,是要受到历史诟病的。
5. 两个方案相比之下,方案二对城市公园破坏性较小。
6. 项目地处市中心的位置,但是整体氛围比较消极,空间规划的格局比较封闭。城市对它的想象应该是想改变,变成一个融入都会生活,为城市和居民注入活力的地方。在中心公园边上不该再抱有封闭范围的概念,应当开放项目边界。
7. 建议项目要按照一个活力、开放、与城市互动的街区进行梳理,中心公园现状缺少人气,需要开放社区边界,增强公园活力。
8. 城市价值还是要思考的,但是城市价值与居民利益并不矛盾,而是一致的。建议项目组在整体项目价值方面加强研究,增强宣传,把这个理念传递给居民,让居民理解这个项目的意义和价值。
9. 要思考未来的深圳,只考虑现在的诉求,是不能满足未来需求的;建议项目尽量开放,而不是只着眼于居住区,应当将文化、艺术、生活融入其中。

2.4 规划方法

华富社区更新改造规划编制在充分尊重原住居民、政府、城市发展、公众等诉求的基础上，提出设想方案，并通过工作坊、专家座谈会、公众咨询等方式开展方案研究讨论。采用“多数决”原则，即“少数服从多数”，规划方案有 2 343 户原住居民共同投票选出，若原住居民不能达成共识，则进行方案调整，直至原住居民达成共识。在原住居民民主参与下，最终选择确定在方案一基础上继续深化(如图 8)。

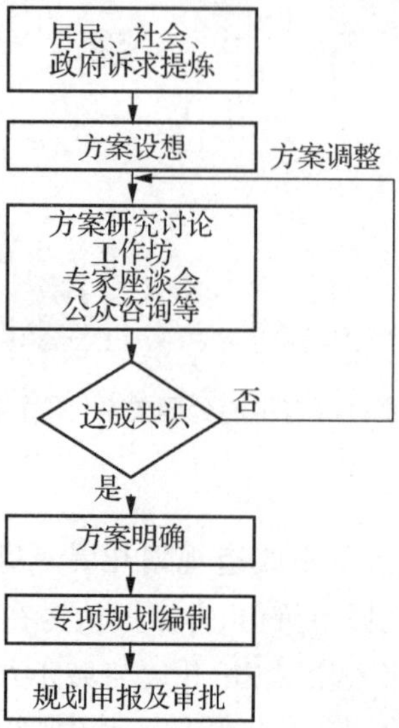

图 8 华富社区更新改造规划编制路径

(图片来源:笔者自绘)

3 基于华富社区城市更新改造规划的思考

华富社区更新改造规划作为棚改政策框架确定后首个获得规划审批的项目，是深圳首次由政府主导的城市更新实践，也是原住居民首次深度参与并决定更新改造方案的城市更新规划实践，是践行开门式规划的一次有益尝试，但其结果并非实现公共利益与城市价值的最优选择，基于此，有以下几点思考：

3.1 机制失衡:政府既当裁判员又当运动员

传统城市更新规划实行“政府引导，市场主导”，确保政府与市场的力量协同发挥[2]，政府作为更新项目的审批者(“裁判员”)，市场主体作为城市更新项目的推进者(“运动员”)，与权利主体共同形成相互制衡的关系。华富社区城市更新改造规划，确定由政府主导，政府部门作为本次更新项目的审批者与推进者，集公共性和自利性于一身，“公共性”即政府部门作为公共利益的代表，“自利性”即政府部门为了“自身”利益，如政绩与财政收入等[6]。在规划的推进过程中，由于与原住居民沟通协同的成本较高，不排除政府部门为了追求“自利性”，牺牲其“公共性”[6]。可见，棚户区改造规划倡导的“政府主导”使得政府部门既当“裁判员”

又当“运动员”,政府的双重角色导致多元利益主体利益博弈难以被约束,无法实现帕累托最优配置(如图 9)。

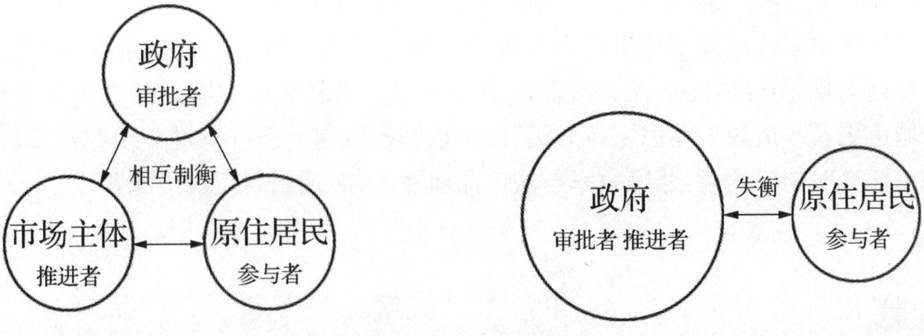

图 9 传统更新规划制衡机制(左)与棚户区改造规划制衡机制(右)(图片来源:笔者自绘)

3.2 民主参与:“多数决”原则导致效率缺失

伴随着城市的发展,华富社区的区位价值不断提升,华富社区作为深圳中心城区的一块“瑰宝”,改造目标不能仅仅是一个精品社区,专家们也纷纷提出“共享”“开放”“复合”“多元”等规划设计目标,并表达两个方案相比之下,方案二对城市公园破坏性较小,从资源使用方面更为合理。然而本次规划过程民主参与,采用“多数决”原则,即“少数服从多数”,规划方案有 2 343 户原住居民共同投票选出,若原住居民不能达成共识,则进行方案调整,直至原住居民达成共识。虽然专家们一致认为方案二更能凸显城市价值,但是由于大部分原住居民的反对,方案二最终未能入选。可见本次规划民主参与机制上还有待进一步优化,否则将带来效率的缺失与城市品质的下降。

3.3 开门规划:规划师角色转变

本次规划积极组织居民、专家与部门会议,引导各方共识,规划过程中开展 20 多轮业主沟通会,20 多轮部门协调及审查会议,处理 323 份来自原住居民的公示意见。在规划过程中,规划师力求将项目整体价值、规划理念传递给居民,让居民不仅仅是关注经济利益以及居住空间,还能更加深刻地理解本项目的意义和价值。未来城市规划师将更多地面向居民,满足居民需求,解决社区现实问题;在角色转变上,规划师更多地成为“融入者”“协调者”“促进者”“传播者”;在规划中注重倾听、学习社区文化,并融入居民;在规划方法上,采用社会动员、搭建平台等(如表 3)。

表 3 规划师角色转变工作要点总结(资料来源:笔者根据相关资料整理)

规划主体	内　容
角色转变	“融入者”“协调者”“促进者”“传播者”
规划目标	满足居民需求,解决社区现实问题
规划过程	倾听、学习社区文化,融入居民,达成共识,共同缔造
规划方法	社会动员,搭建平台,专业引导

4 结语

华富社区更新改造规划结果虽未实现公共利益与城市价值的最优选择，但其仍是践行开门式规划的规划实践，是居民首次深度参与并决定更新改造方案的一次有益尝试。政府主导的城市更新改造规划在民主参与机制、改造制衡机制上还有待进一步优化，以便在利益主体利益博弈时加以约束，兼顾效率与城市品质要求，实现帕累托最优配置。

参考文献

[1] 明钰童. 城市更新中的公众参与制度设计对比分析：以成都龙兴寺片区与曹家巷片区项目为例[C]//共享与品质：2018 中国城市规划年会论文集. 北京：中国建筑工业出版社，2018.

[2] 岳隽，陈小祥，刘挺. 城市更新中利益调控及其保障机制探析：以深圳市为例[J]. 现代城市研究，2016(12)：111 - 116.

[3] 彭舒. 城市更新中的居民赋权研究：基于广州的个案考察[D]. 广州：广东外语外贸大学，2017.

[4] 张晶. 城市棚户区改造中公众参与机制研究[D]. 重庆：重庆大学，2017.

[5] 黄斌全. 城市更新中公众参与式规划设计实践：以上海黄浦江东岸公共空间贯通规划设计为例[J]. 上海城市规划，2018(10)：54 - 61.

[6] 陆非，陈锦富. 多元共治的城市更新规划探究：基于中西方对比视角[C]//城乡治理与规划改革：2014 中国城市规划年会论文集. 北京：中国建筑工业出版社，2014.

南京老旧小区综合整治二十年实践之思考

陶　韬[1]　殷先豪[2]　赵任远[3]

1 南京长江都市建筑设计股份有限公司

2 南京市物业服务指导中心

3 南京市规划和自然资源局

摘　要：本文通过对南京市老旧小区二十年来整治的缘起、发展、稳定成为常态化过程的细致梳理，揭示了老旧小区综合整治的机制和内容、发展过程中所表现出来的特有规律。在充分肯定既往成就的基础上，结合城市更新成为城市可持续发展主要方向的当代背景，对今后南京市老旧小区综合整治在更新类型、更新模式、更新时序等方面提出了有益的建议。

关键词：老旧小区；城市更新；综合整治

1　老旧小区整治的背景与价值

在实践中，城市更新的主要类型可分为综合整治、功能改变、拆除重建三种。从近代世界范围的城市更新过程来看，西方发达国家的城市更新大概经过了 4 个时期：①1850—1910 年为第一阶段，主要采用重建的方式，进行了大规模的城市卫生环境改良；②1910—1939 年为第二阶段，这个阶段采用重建的方式，进行了城市美化运动；③1945—1980 年为第三阶段，主要任务是推动城市经济振兴和发展，这个阶段运用了综合整治建设的方式；④1980 年以后为第四阶段，主要采用维护式或微更新的方式，以实现城市人文精神的复苏为目的。[1]

步入 90 年代后期，我国发达地区的城市建设思路转向以强调城市环境改善和城市品质提升为重点，城市更新作为一种实践活动逐步成为常态。作为城市基本要素的居住用地同样面临着优化调整，改善居住环境和居住条件，维持社区邻里结构，提升既有建筑性能，完善公共服务设施和市政设施等更新诉求。在当前各地的"十三五"住房发展规划中，既有住区更新改善、住宅环境与质量提升等专项都不约而同成为重要的内容。而在《中国城市更新发展报告(2017—2018)》评出的我国该年度更新十大事件中，第一件和第四件都是老旧小区整治改造的专项事件。[2]这种现象既是对国家相关政策要求的响应，又是对老旧小区综合整治价值的再发现。

从社会效益来看，实施和加强老旧住宅小区的综合整治是一项顺民心、得民意的工程，在节约资源消耗、建设和谐社会等多个方面潜力巨大。现象上对于提升区域内建设档次与水平、改善区域环境和形象、展示城市良好风貌具有十分重要的意义；本质上带动了区域价值提高，增加了社会财富存量，彰显了国家治理能力。从经济效益来看，在经济稳中有进，但下行压力大、消费市场疲软、投资增幅下滑、产能过剩等问题的经济新常态中，老旧小区更新是以房地产存量快速刺激中国经济增长，缓解经济下行压力的良好方式。根据国家统计局和住建部的数据，1980－2000 年我国新增小区住宅建筑面积为 803 465 万 m^2，按现行 200 元/m^2 的整治标准对这一时期的老旧小区进行改造，则需要投入 1 600 亿元。如此巨大面积的老旧小区改造，不仅能刺激诸多行业的增长、形成刺激经济增长的产业链、增加就业，而且在一定程度上能够解决传统产业的产能过剩，给中国经济转型、经济结构调整和企业自主创新留出时间和空间。据相关学者研究，每年可以拉动 GDP 多增长 2.5 个百分点的老旧小区改造，无疑将成为潜在的经济增长点。[3]

2　南京老旧小区整治的缘起

笔者在南京初次参与老旧住宅的整治实践是在 2000 年迎“第六届世界华商大会”的环境整治工作中。当时政府为了办好南京首次承接的大型国际会议，投入超 90 亿元的资金新建全市 10 个大型基础设施和 8 项环境整治工程。因为一定数量的老旧住宅位于形象“装扮”和市容市貌“雕琢”的节点或沿线，进行了以美化为目的的建筑出新。由于出发点和资金的限制，有的住宅仅仅出新了沿街立面和两侧的立面。

2001 年 11 月，南京市委、市政府做出了利用四年时间（2002—2005），围绕“一环”“二区”“三轴”“四线”“五街”“六片”进行老城环境综合整治的重大决策。此次整治以 2005 年在南京召开的第十届全运会为契机，以“显山、露水、见城、滨江”为目标，提升城市功能和品质，展示古都特色（如图 1）。事实证明，这场在新中国成立之后南京历史上空前的环境整治与美化“运动”适应了历史文化名城的保护更新与发展的要求，达到了“改造一片老城，挖掘一片资源，创造一片效益，享受一片环境”的实际效果。[4]显然，老城环境综合整治的内容突破了“形象工程”或“面子工程”的局限，更加关注城市环境的优化与发展、城市的保护与更新的关系。因此，对于旧住宅的整治由散点式的出新转变为重要区域成片小区的立面整治。2002 年年底，老城环境整治就完成了多层住宅立面出新 283 幢，出新小区 33 个，合计 202 万 m^2。2005 年是收官和整合提升之年，房屋出新成为改善市容和提升城市形象的重点，当年 8 月底之前完成了 800 幢房屋整治，合计建筑

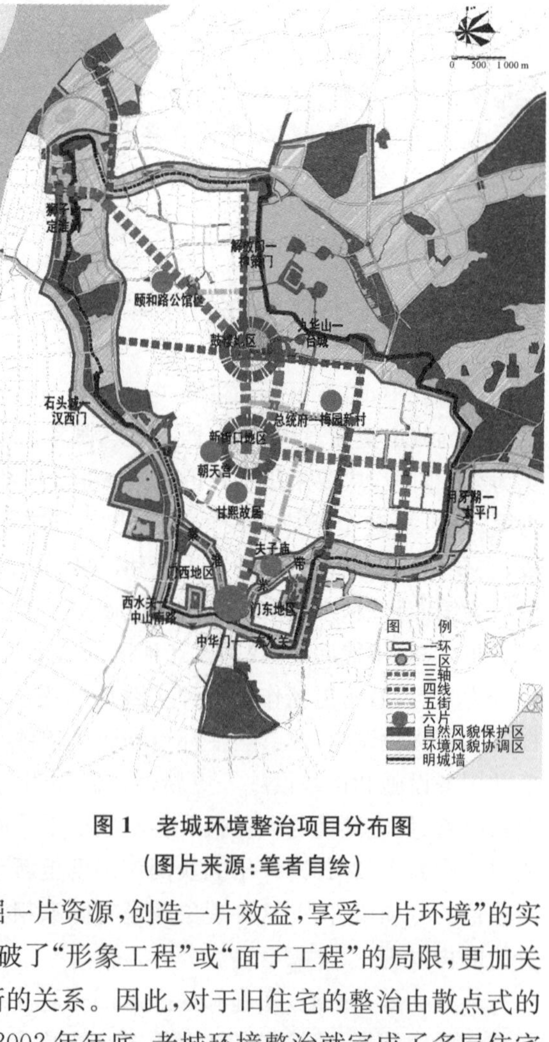

图 1　老城环境整治项目分布图

（图片来源：笔者自绘）

面积 240 万 m^2，投入资金约 2.4 亿元。老旧住宅整治的区域主要限定为 16 个"十运会"主要场馆和参会人员居住的 55 个宾馆周边，以及 11 条参会人员交通主干道两侧，而且对于宾馆周边的住宅，着重强调了屋顶"平改坡"的第五立面。[5]

3 老旧小区综合整治的常态化

2006 年，南京市房产局经过大量调研和分析制定了《2006 年南京市旧住宅小区出新实施意见》。该文件从和谐社会、环境宜居、改善居住生活条件的角度出发，系统地规定了小区出新的任务、原则、内容、资金标准、相关机制等若干要求。该文件的制定无疑正式标志着南京老旧小区出新工作的体系化、制度化、日常化。在目标任务中，该意见明确了用 3～5 年时间完成 220 个，约 1 200 万 m^2 的全市主城区的老旧小区出新工作。在出新内容方面，对优秀小区提出了五大类十八项内容要求，对标准小区提出了四大类十六项要求。相应出新资金的标准为优秀小区（50～60）元/m^2，标准小区（30～40）元/m^2。[6]随后，在同年成立的南京市小区出新办公室出台了一系列诸如老旧小区规划指导意见、安全管理规定、招投标管理规定、工程质量管理规定、出新验收标准等操作层面的文件用来保障老旧小区出新的持续进行（如图 2）。

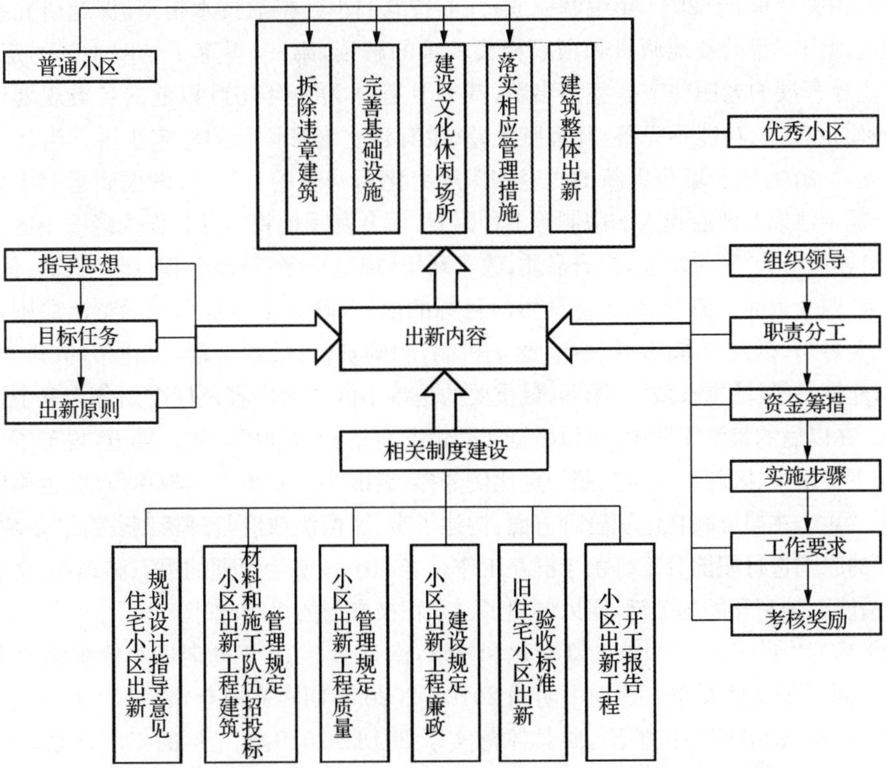

图 2　2006 年南京市旧住宅小区出新工作框架图（图片来源：笔者自绘）

为了进一步加大旧住宅区的改造力度，市房产管理局在 2008 年出台的《南京市旧住宅区综合整治实施意见》中提出用 3～5 年时间对全市约 300 个、1 800 万 m^2 的旧住宅区实施全面整治。此轮整治不仅强调了小区出新与拆违的密切结合、长效管理的认真落实，更为深入人心和惠民的是将小区整治与市政管网、天然气、门窗节能、直供水改造等工作协同推进，取得整体效果。[7]随后，在《2011 年小区出新工程内容及标准》中，按出新的内容要求不同，将小区出新分为普通小区和示范小区，普通小区和示范小区的出新标准大幅度上升到 160 元/m^2 和 280 元/m^2。[8]

2012 年的老旧住宅区综合整治以 2014 年“青奥会”的召开为契机，年度内共安排出新小区 40 个，房屋共计 500 余幢，建筑面积推算为 230 万 m^2。出新小区重点分布于青奥场馆、主要景观道路周边。其标准维持在普通小区 140 元/m^2，特色小区 240 元/m^2。[9]在迎“亚青会”和“青奥会”的压力和激励之下，2013 年的小区出新工作提出加强城市设计、组团整体式改造，共出新小区 70 个，约 850 幢，建筑面积推算为 290 万 m^2。值得一提的是对于老旧小区的年限从以往的 1995 年前建成推后至 1998 年前建成。[10]

4 老旧小区综合整治的提升

2013 年 10 月，出于对既往老旧小区综合整治工作界定、厘清、统一相关概念的需要，以及规范和制度化相关工作的需要，南京市住建委相关部门汇集各方面专家通过调研、讨论、研究以及相关评审，于 2014 年编制完成《江苏省老旧小区整治技术指南》课题研究报告。该报告通过国内广泛的实地调研和国家相关政策的解读，第一，界定了老旧小区的定义，即当前政府主导开展的老旧住宅区整治出新，基本上是约 2000 年房改以前的各类规划设计标准低、建设质量较差、功能不完善、环境脏乱差、没有建立维修资金的住宅小区。当然这个界定本身就是动态的，随着城市更新的内容和深度变化而调整的。第二，考虑到老旧小区整治的紧迫性、复杂性以及政府投入的限制等多种因素，切合实际地将“宜居”作为老旧小区整治的总目标。具体可分为“完善功能，提升品质；改善环境，规范秩序；节能环保，绿色低碳；健全机制，巩固成果”四个方面。第三，为了保证整治目标的落实，确立了系统全面的整治原则，即“政府主导，社会参与；以人为本，改善民生；健全机制，明确责任；规划引领，优化布局；科学整治，规范推进；建管并举，注重长效”。第四，最重要的是将小区整治内容及标准划分为三个层次十八项内容。在以后的整治实践中，可以根据实际情况有选择地加以实施。第五，规范了整治资金的来源，主要由市、区两级政府按照一定比例分摊，老旧小区有单一产权单位的，也相应承担部分比例。第六，主要反映在组织管理方面：构建了市、区两级政府管理机制，按照“条块结合、以块为主”的原则进行职能分工。由于群众工作是老旧小区整治管理的重点和难点，是确保老旧小区整治能否顺利开展的关键，所以创建了群众积极参与的机制（如图 3）。[11]

为了应对“十三五”所面临的新变化和要求，南京市 2016 年的老旧小区整治要求与棚户区改造在同一个文件颁布。计划中明确 2016—2020 年期间完成全市六区 936 个小区，合计约 1 685 万 m^2 的老旧小区整治，并具体落实了 2016—2018 年三年的年度计划。计划中将资金标准控制在上限为 300 元/m^2，为历年最高值。更为重要的是明确了江宁、浦口、溧水、高淳等新区的 30 个小区，约 177.61 万 m^2 的住宅列入整治计划，并参照江南六区的要求及标准执行[12]（如表 1、表 2）。由此，正式将老旧小区整治范围扩大到南京市域的范围。到了 2017 年，为了进一步做好先期示范工作、全面提升老旧小区的整治品质，政府提出了精品小区的整治概念，并将资金标准提高至 450 元/m^2。

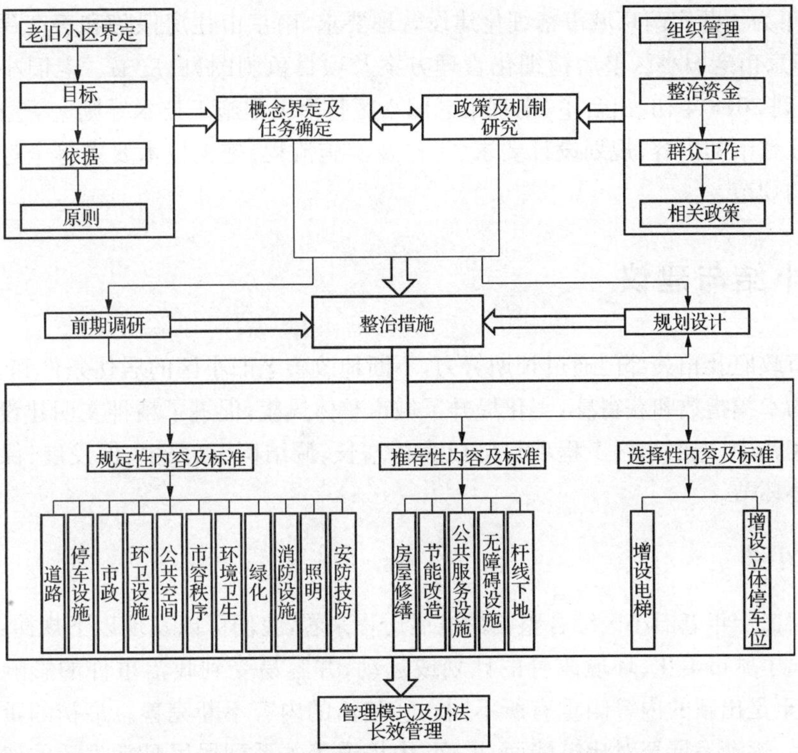

图 3　老旧小区综合整治研究核心内容框架图(图片来源:笔者自绘)

表 1　南京市主城六区老旧小区整治行动计划汇总表

区属	2016—2020 年计划		2016 年		2017 年		2018 年	
	个数	建筑面积(万 m^2)	个数	建筑面积(万 m^2)	个数	建筑面积(万 m^2)	个数	建筑面积(万 m^2)
合计	936	1 685	184	388.3	245	524.4	184	401.3
玄武区	160	296	48	87	64	120	48	89
秦淮区	141	272	42	80.3	57	109.4	42	82.3
建邺区	8	35	2	10	4	13	2	12
鼓楼区	589	981	80	183	104	242	82	185
栖霞区	10	35	5	10	3	14	2	11
雨花台区	28	66	7	18	13	26	8	22

表格来源:南京市委.南京市棚户区改造和老旧小区整治行动计划(宁委办发〔2016〕19 号)[Z].2016-03-15:附表 4

表 2　南京市新四区老旧小区整治行动计划汇总表

区属	2016—2018 年计划		2016 年		2017 年		2018 年	
	个数	建筑面积(万 m^2)	个数	建筑面积(万 m^2)	个数	建筑面积(万 m^2)	个数	建筑面积(万 m^2)
2016—2018 年合计	30	177.61	20	107.1	4	27.2	6	43.31
江宁区	13	69.11	7	22.4	2	20.4	4	26.31
浦口区	11	63.0	11	63.0				
溧水区	3	38.1	1	19.5	1	3.6	1	15
高淳区	3	7.4	1	2.2	1	3.2	1	2

表格来源:南京市委.南京市棚户区改造和老旧小区整治行动计划(宁委办发〔2016〕19 号)[Z].2016-03-15:附表 5

2017年为了落实南京城市精细化建设管理要求，南京市住房保障和房产局先后印制了《2017年南京市老旧小区整治精细化管理方案及项目鱼刺图》白皮书、《老旧小区整治工作手册》。而到2018年初，出台了《南京市老旧小区整治工程施工技术导则》。至此，老旧小区整治工作在整治的内容、规划设计要求、工作及实施流程、施工技术要求等全过程都形成了有章可循的规范。

5 小结与建议

南京市政府及相关部门通过长期努力，不断地改善老旧小区的居住条件和环境品质，提高了居民的幸福指数和获得感，美化提升了城市整体风貌，促进了精神文明建设和社会的长治久安。实践中，老旧小区工程项目已成为稳增长、调结构、惠民生、促发展、保稳定的良性循环的重要环节。

5.1 小结

从南京二十年老旧小区综合整治的发展历程来看，我们可以发现以下规律：①老旧小区的整治源起于城市美化、环境改善的计划或运动，并容易受到政治事件的影响而导致其区位、规模甚至是出新的内容侧重有所不同。②整治的内容不断完善。最初的重点在于沿街立面的效果，逐渐发展至对建筑墙面、屋面、内楼道等关系到居民日常生活的建筑本体的全面关注，进一步提升至对建筑之间的空间、小区内部的整体环境及使用便捷的诉求的回应。在此基础上，又综合了市政管网、供水供气、节能等工作的协同推进和长效管理的落实。③整治规模稳中有升。开始小规模零星的改造很快发展至老城改造中规模较大但并不连续的整治方式，继而发展到规模大、系统、计划性强、持续改造的态势。④整治的范围不断扩展。最初往往分布于重要景观节点和道路沿线两侧，很快蔓延至老城的重点区域，进而扩大至主城的重要区域，最终扩展到包括江北新市区、东山新市区、永阳、淳溪新城等重要区域在内的整个市域范围。⑤整治资金标准不断提高。起初绑定城市环境整治项目核算而没有统一的标准，在2006年制定了较低的标准为(30～60)元/m²，而到了2011年标准较大幅度地提升为(160～280)元/m²，至今对于精品小区提到了450元/m²的标准(如图4～图6)。

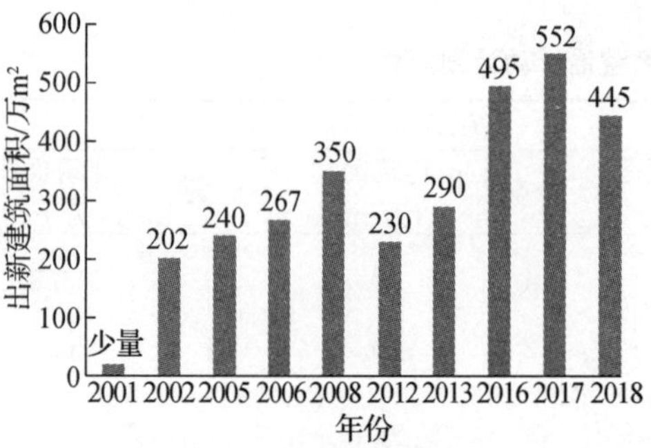

图4 老旧小区年度出新建筑面积比较
(图片来源：笔者自绘)

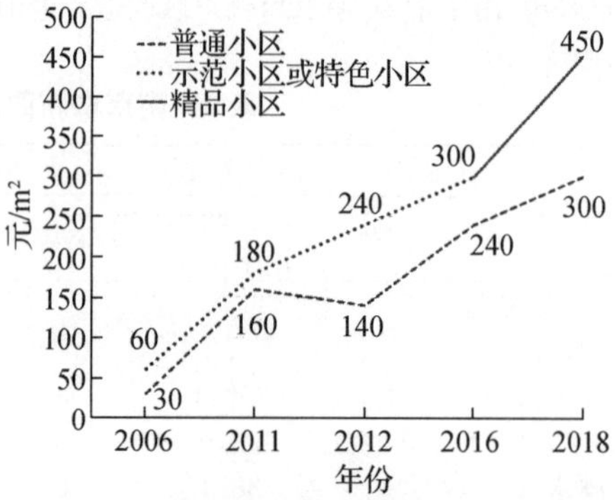

图5 出新资金标准变化比较
(图片来源：笔者自绘)

5.2 建议

在取得巨大成就的前提下，面对以往老旧小区中存在的体制与机制、规划引导、配建统筹、宜居功能、绿色节能、建筑设计、筹资方式等种种问题和不足之处，我们应当以“创新、协调、绿色、开放、共享”的发展理念为指导进行相应的调整、改善。从城市更新的角度来看，需要在老旧小区综合整治的更新类型、更新模式、更新时序等方面进行综合创新。具体表现在以下几个方面：

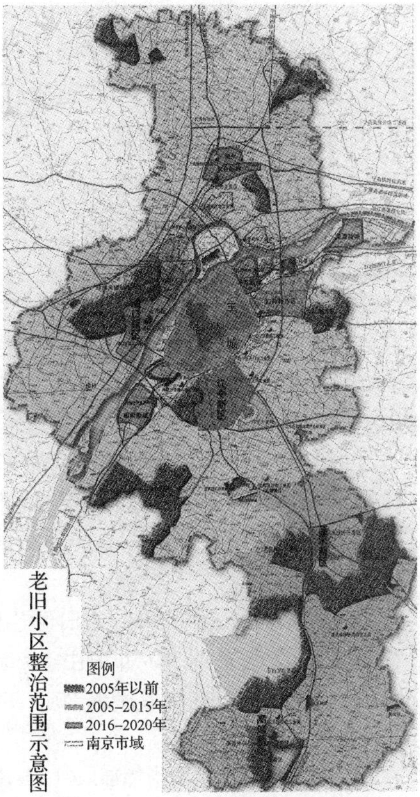

图6　老旧小区整治范围示意图
（图片来源：笔者自绘）

第一，通过法规层面、政策层面、技术标准层面、组织层面、操作层面、管理层面等方面的探索不断完善老旧住宅小区综合整治的体制与机制。

第二，继续坚持与深化“规划引领”的要求，加强小区综合整治的系统性、计划性、公平性、时序性。提倡按照实际需求、原有组团单元边界情况一体化整治，避免同一组团被拆散或零星出新。避免同一组团内部和沿街界面按照不同要求和标准分别出新。

第三，在即将全面开展的片区“城市更新规划”中充分考虑到老旧小区的整治，结合疏散老城人口、降低建筑密度、统筹停车及设施配建等问题的解决，从更广、更深、更为综合的层面来探讨老旧小区的改造。

第四，在符合有关规划的前提下，为满足当前人居生活的标准，进一步完善老旧小区的宜居功能。如厨房及卫生间的改造、原来面积较小户型二套并一套或三套并二套等。此外，为了适应南京当前老龄化快速发展的需求，老旧小区中场地和建筑的适老化建设已成为今后的改造重点。尤其是江苏省《住宅设计标准》已明确四层及四层以上新建住宅应设电梯之后[13]，原来以六、七层为多的老旧小区住宅的加装电梯问题成为完善宜居功能的关键问题。

第五，老旧小区由于建筑使用年限较长，建造时对建筑节能的标准要求较低，导致建筑总体的节能效果差。而住宅节能改造之后，节能率可普遍提高至65%。以此粗略统计，我国每年可减少约5亿t煤以上的建筑能耗。[14]南京地理位置处于“全国建筑热工设计分区图”中的夏热冬冷地区，老旧小区的综合整治应把建筑的节能改造作为基本目标，尽量满足《既有居住建筑综合改造技术集成》的相关要求[15]，使得改造后建筑的采暖和空调能耗控制达到建筑所在地区的相应节能标准。

第六，从建筑设计的角度来看，应尽量采用多样化的饰面和工艺，保持原有建筑的年代感和原有风貌特色，避免过度包装、简单统一的粉刷而导致“千城一面”和城市住区活力衰退现象。

第七，借鉴国外多元化的筹资模式。即政府提供公共产品和服务，房屋产权人受益付费，积极鼓励社会资金参与改造更新并获取相关利益。以此解决资金来源的限制。

我们处在一个“传承与变革”的时代，通过更新改造的老旧小区应该是一个人与自然和谐、环境优美的地方，是一个有文化、有故事、令人乡愁留恋的地方，能不断促进社区和谐，持续有效提供服务和保障，并全面体现对人的关怀和尊重，培育健康美丽心灵和高尚精神的场所。为此，老旧小区整治与改造工作要回归平常的生活，关注人的基本需求，捍卫文明的基础，促进经济社会持续发展。

参考文献

[1] 白友涛，陈赟畅. 城市更新社会成本研究[M]. 南京：东南大学出版社，2008.

[2] 中国城市科学研究会. 中国城市更新发展报告：2017—2018[R]. 北京：中国建筑工业出版社，2018：81 -84.

[3] 王健. 经济新增长点：老旧小区更新[J]. 行政管理改革，2015(11)：35.

[4] 涂力新，陶韬. 浅析南京老城环境整治[J]. 城市规划，2004(02)：77 - 79.

[5] 南京市建委，南京市市容局. 2005 年南京市城市环境综合整治工作方案(宁政发〔2005〕33 号)[Z]. 2005 -02 - 07.

[6] 南京市房产局. 2006 年南京市旧住宅小区出新实施意见(宁政发〔2006〕45 号)[Z]. 2006 - 04 - 05.

[7] 南京市房产管理局. 南京市旧住宅区综合整治实施意见(宁政发〔2008〕48 号)[Z]. 2008 - 03 - 11.

[8] 南京市环境综合整治指挥部. 2011 年小区出新工程内容及标准(宁综指办〔2011〕28 号)[Z]. 2011 -04 -14.

[9] 南京市环境综合整治指挥部. 2012 年南京市旧住宅区综合整治工作实施意见(宁综指办〔2012〕14 号)[Z]2012.

[10] 南京市环境综合整治指挥部. 2013 年南京市旧住宅小区出新工作实施意见(宁综指办〔2013〕8 号)[Z]. 2013 - 01 - 16.

[11] 南京市住房和城乡建设委员会.《江苏省老旧住宅小区综合整治技术指南》课题研究报告(内部资料)[Z]. 2014.

[12] 南京市委. 南京市棚户区改造和老旧小区整治行动计划(宁委办发〔2016〕19 号)[Z]. 2016 - 03 - 15.

[13] 江苏省住房城乡建设厅. 江苏省住宅设计标准(DGJ32/J26 - 2017)[S]. 南京：江苏凤凰科学技术出版社，2017.

[14] 中国城市科学研究会. 中国城市规划发展报告：2014—2015[R]. 北京：中国建筑工业出版社，2015：序言 12.

[15] 住房和城乡建设部住宅产业化促进中心. 既有居住建筑综合改造技术集成[M]. 北京：中国建筑工业出版社，2011.

“社会—空间”视角下老旧社区更新规划机制研究①

——以朝阳区新源西里社区为例

梁　颖　吕海虹

北京市城市规划设计研究院

摘　要：当前北京市中心城区老旧社区占比已高达40%，人居环境状况成为大家关注的热点问题，也折射出城市居住空间发展不平衡、不充分的现实问题，社区更新已成为我国当前发展背景下不容忽视的战略性议题。本文立足于社区“社会—空间”的双重属性，深刻反思我国当前社区更新侧重物质空间规划带来的问题和局限性，并以单位制社区为例剖析了社区老旧困境的核心根源，确立了以“人”的主体意识提升推动空间更新进而提升人的获得感、幸福感和安全感的核心规划目标，并结合新源西里社区更新规划的深度实践，针对顺民意、可实施和可持续的三个方向，从更新主体、更新内容、更新方式三个方面，提炼了更具协调性、灵活性和可操作性的社区更新机制的创新要点，进而阐明了空间规划和社会治理对社区更新的双向支撑关系。

关键词：老旧社区；城市更新；存量规划；城市治理

1　研究背景及意义

十九大报告强调“中国特色社会主义进入新时代，我国社会主要矛盾已经转化为人民日益增长的美好生活需要和不平衡不充分的发展之间的矛盾”。居住环境作为人民生活最根本的空间载体，自住房体制改革完成以来，由于建设管理体制的变革和居民生活需求的不断提升，建成20年以上、建筑主体基本完好的社区，普遍存在着基础设施老化、配套设施缺乏、景观环境脏乱、物业管理缺失等诸多典型的老旧问题，充分折射出社会发展过程中不平衡和不充分的现实。老旧社区更新是一个具有复合社会意义的战略性议题，它既是改善人居环境，提升居民获得感、幸福感和安全感的重要突破口，是落实中央关于创新社会治理重要指示的有利契机，也是落实北京市当前存量更新、城市修补等规划发展要求的重要举措。

严峻的现实和居民改善的迫切愿望构成了社区更新的强大推动力和深入探索的必要

---

①　本文受住房城乡建设部科学技术计划与北京未来城市设计高精尖创新中心开放课题（UDC2017020112）资助完成。

性。当前北京市中心城区居住用地约 329 平方公里，其中老旧社区用地占比已高达 40%，随着时间推移其用地总量还将持续急剧攀升，建成地区老旧社区成为城市中大量充斥的、典型的待提升改造存量空间(如图 1)。同时，社区的诸多老旧问题严重影响了居民基本的日常生活，成为城市更新中的痛点。

图 1　北京中心城居住用地分布(图片来源:笔者自绘)

2 "社会一空间"复合视角下我国社区更新规划问题反思

现代社区更新规划主要源于"二战"后全球性社区发展运动的推动，西方国家把社区发展作为解决社会问题、进行社会改良的一种手段和途径，进而发展为社区更新的理论体系，因此它的出现和发展均带有深刻的社会意义。社区更新所体现出的"社会一空间"复合属性本质上源自"社区"内涵，历经一百多年的发展，目前学界对社区的四方面核心组成要素已基本形成共识，这些要素分别对应"区"字所代表的空间属性(地域)以及"社"字所代表的社会属性(人口、共同意识、管理制度)。因此，在"社会一空间"这一复合视角下开展社区更新规划探索，将有助于我国当前更新规划理论体系的提升和完善。

2.1　主体需求的对接不足

老旧社区与新建社区最核心的区别在于空间使用主体在规划初始就已确定，这些空间使用主体在社区内长期生活、工作，相较于政府、规划设计和实施团队，他们更加熟悉问题及其成因，也有着"量体裁衣"的改造需求，更是更新后空间的使用者和评判者，但现实情况是这些人往往被自上而下的规划排除在外，并未掌握与之相匹配的话语权和决策权。基于以上反思，社区更新应充分围绕空间使用者的真实诉求开展，增加自下而上的公众参与，更好地聆听、吸纳和尊重空间使用者的意见，并充分激发和调动其潜在的动力。

2.2 更新语境的适应不足

区别于增量规划从无到有的白纸作画，社区更新面临的挑战是从有到精，如何实现已建成地区的内生增长，推动其资源优化配置、使用效率提升、空间结构强化、空间品质完善以及公共活力激发等。复杂的产权关系、个体需求的差异和冲突以及公共资源的稀缺性使得更新规划从利益分配走向统筹和协调。在"社会一空间"的视角下，存量资源亟待被重新理解和定义，需要被"再规划"不仅仅是空间资源本身，更离不开调动空间资源背后所涉及的主体及其可提供的各类社会资源（人、财、物等），如何通过对其有效地协调、链接和整合并发挥更大的乘数效应是影响规划实施成败及实施质量的关键。

2.3 社会层面的关注不足

我国当前的社区规划仍然以物质空间规划为侧重，较为缺乏对社会人文层面的关注，在这一导向下，规划试图通过蓝图式的结果完成最终意图的单向传递，这种方式显然难以适应社区动态的、可持续的发展需求。因此，顺应社区的动态发展的客观规律，社区更新也应该是一个长期的、动态化发展的过程，这需要技术团队全程的扎根陪伴，关注相关主体通过持续的互动如何对过程产生影响，关注以循环反馈的方式持续推动过程的不断迭代优化，并关注将社会问题融入更新规划过程实现综合解决。

以上三方面问题既是我国当前社区更新的核心问题又是难点。可见，"社会一空间"视角下的社区更新需要打破针对物质空间的、"一刀切"的常规规划方法，引入更具协调性、灵活性和可操作性的工作机制，通过空间规划和社会治理的双管齐下，更好地实现顺民意、可实施以及可持续。

3 研究对象及核心问题剖析

3.1 新源西里社区概况及研究意义

新源西里社区建于 1980 年至 1990 年间，位于朝阳区左家庄街道，处于东二环到东三环之间的城市门户地带。该地区国际文化交流功能较强，外事机构和外籍人士高度集聚，功能高度混合，城市活力较高，亮马河沿岸的滨水空间环境友好，高大上的外部环境与老旧的社区面貌格格不入、反差鲜明。社区辖区范围共约 36.4 公顷，由于西北侧受机场高速隔离现状为大量的绿化生态空间，更新规划聚焦东南侧集中建设区域，核心研究范围约 18.34 公顷，当前社区内居住了约 2 000 户、5 100 人，老年人口约达 29%，人口老龄化问题十分突出。

新源西里社区是剖析单位制社区老旧问题的典型范本。社区集聚了绝大部分老旧的共性问题，如绿地、开放空间、道路用地以及停车设施等资源配置不足，便民设施、适老化设计较为缺失，私搭乱建、人车混行等问题突出，环境品质有待提升，问题涉及面广、尺度跨度大（如图 2）。新源西里社区区位典型，与外部空间的矛盾也较为突出，同时，其复杂的权属构成（十余家单位混合其中）加之大比例的人口演替（流动人口占比达 30%）还带来了极高的协调难度，这使得新源西里对以陌生人为主的商品房社区也具备较强的参照意义。此外，由于社区中超过半数住房原隶属于企业单位，经济和住房体制转型发展对该类企业及其职工居民的冲击和影响较大，如物业管理质量较低或完全缺失，空间老旧问题中夹杂着复杂的社会制度因素，所以其更新改造的需求尤为迫切，更新的难度也更加一等。

图 2　社区现状问题——停车设施缺失、人车混行、流动摊贩、开墙打洞等（图片来源：笔者拍摄）

3.2　混合单位制社区的核心问题剖析

从“社会一空间”视角来看，老旧社区的问题主要包含人口结构、邻里关系、服务与管理和物质空间四个方面。随着调查的逐步深入，课题组发现造成老旧问题的原因虽然多样，但制约其难以走出老旧困境的核心和本质在于人，具体来说，以新源西里社区为代表的单位制社区的核心问题在于人的社会化发展滞后于社区空间的社会化转变，其他三方面要素老旧问题的产生均可从“人”的问题上追根溯源。

(1) 服务管理层面。封闭的大院打开了，但封闭的思想没有打开，居民“统包统管”的依赖心理较重。物业费收缴率较低以致物业服务更加不到位，由此引发居民愈加不满，负面情绪的恶性循环几乎已成必然。此外，受欢迎的惠民工程只要提到出资就会有相当多的居民打退堂鼓，并且口径一致地表达“希望单位或国家负担大部分经费，最好是全部”，此类问题根本上是由于居民缺少出资购买等价服务的公共意识。

(2) 物质空间层面。居民缺乏对社区的认同感和归属感。不少居民表示“目前仍居住在单位公房内，购房肯定不会选择在这里”，大量租户更是缺乏对社区环境的珍惜和维护，“少数人破坏、多数人买单”的负外部性持续加剧仿佛已成必然。生活垃圾、废弃物、狗粪等环境破坏以及乱停车、侵占公共空间等秩序破坏的情况屡见不鲜，维护卫生和秩序的公告也常常随处可见。

(3) 邻里交往层面。社区的邻里交往及融合的意愿度较低。一方面受制于“先天”因素，混合单位社区的居民交往密切度较单一单位社区本就大打折扣；另一方面，社龄 30 年以上社区均面临严峻现实，原业主年龄均已突破 50 岁，适老化设计不足导致大量的自发演替，或由其第二代甚至第三代居住，或通过存量房屋交易和出租实现。总之，社区的熟人关系被极大稀释，邻里交往的频繁度和密切度较低，老旧的混合单位制社区与商品房社区面临着相似的邻里关系破冰障碍。然而，交往是居民相互认识和熟悉的途径以及建立互信的基础，互信是凝聚共识的重要前提，缺乏熟悉的邻里关系现实增加了社区更新的挑战性。

3.3　基于“社会—空间”视角的更新规划思路

基于上述情况分析，“人”是更新规划的核心，既是原点也是最终诉求。社区更新需确立通过“人”的主体意识提升调节人与其他要素的关系，进而推动空间完善，最终再回归到人的满足感、获得感、幸福感提升的规划思路，切实围绕“以人为中心”做文章，让更新规划以及更新后的空间均真正实现服务于人。

4　更新规划工作机制创新

4.1　更新主体:从封闭的单向规划转向开放的多治融合

4.1.1　多元共治

多主体的协同参与是社区更新凝聚共识并面向可实施的重要前提,搭建多元治理平台,建立信息互通、利益共享和责任共担的发展共识是确保更新规划顺利推进的基石。新源西里更新实践中,技术团队充分对接了多类利益相关主体,包括空间使用主体(业主居民、租住居民、产权单位、经营商户)、服务及管理主体(地方政府、居委会、物业公司、相关单位)、实施主体、监督及协助主体(行业专家、高校力量)等。

同时,由于各主体的能动性存在差异,协同治理工作的开展仍需一定的铺垫和准备工作。对大部分居民来说,仅仅只停留在沟通层面远远不够,只有充分激发和调动起他们作为社区主人翁的意识和责任感才能开展有效沟通并打开深度参与的良好局面,这部分工作往往是规划成果中看不见的,但又不容忽视的“磨刀功夫”。在新源西里更新实践中,技术团队积极开展人文活动,如通过接地气、聚人气的元宵节吃汤圆活动联络居民情感并提升社区认同(如图 3),切实调动居民的主人翁意识,为协同治理奠定坚实基础。

图 3　元宵节吃汤圆活动(图片来源:笔者拍摄)

4.1.2　精治、善治

协同治理的核心在于如何有效发挥各主体的能动性,良好的工作组织及合理的责权利划分对于协同治理的质量至关重要。

一方面,社区和居民潜力的激活需要更多能动的空间。新源西里更新实践中精准选取部分权利让渡给社区和居民进行合理的行使,社区自发地开展了环境整治、健康及环保宣传、安全管理及智慧设施使用培训等一系列举措(如图 4),不仅对技术团队的工作形成了有力的支持,还让居民有机会深度参与其所在社区的蓝图谋划,真正实现“出题者、答卷者、阅卷者”的主体统一。

图 4　社区自发开展的文艺表演、环境整治、健康管理、安全巡查等工作(图片来源:社区提供)

另一方面，对于技术团队来说，工作组织的转变带来的是角色定位和工作重心的转换，协同治理需要技术团队发挥好“桥梁”与“纽带”作用，协调、沟通、引导、咨询等成为协同工作的重点。随着更新规划的不断推进以及公众参与程度的不断加深，对居民规划素养和能力的要求也逐步攀升，技术团队需要肩负起培育居民的“引导员”职责。新源西里更新实践开展了社区认知地图、适老化问题、楼门环境提升及加装电梯咨询、居民自治问题以及公共空间营造等一系列座谈及协调活动，结合活动开展了多方面培育尝试：(1) 引导居民学会识图、看方案，与技术团队的探讨需要建立必要的“语境”基础。(2) 引导居民审慎思考自身的真实需求，并培养主动表达、沟通的习惯和积极性，随着更新实践沟通工作的不断开展和深入，我们显著地发现居民从初始的生涩、被动走向自主、投入以及抒发自如，与技术团队的沟通也愈加深入(如图 5)。同时，伴随着沟通和培育，我们欣喜地发现获得了人才和智慧的红利，不仅挖掘到了有经验、有威望、有参与热情、有治理能力的居民，还收获了具有建设性的工作建议，如社区与南侧社会单位进行停车错峰共享，目前这一提案在社区居委会、技术团队与社会单位的多方沟通下推上了日程。(3) 培养居民共情力和良好的规划价值观，通过沟通活动给居民聚集起来的机会，让大家有机会倾听他人的想法，学着换位思考，以及从群体利益的站位出发衡量利弊并推动共识的凝聚。(4) 协同工作的顺利推进也离不开选择恰当的载体，为增强信息的有效传递，便于居民理解和科普，技术团队在图示化表达方面做出了创新性探索，将技术语言与卡通图示相结合，变得更生动、更可视也更有温度(如图 6)。

图 5　协调一座谈活动中居民学习识图、主动表达及积极讨论的情景(图片来源：笔者拍摄)

图 6　技术语言与卡通图示结合的探索
(图片来源：课题合作团队绘制)

此外，在深入沟通和协同工作中，规划团队还潜移默化地帮助社区管理主体提升了深度认知社区问题、精准求助等规划及治理素养。社区更新规划工作阶段编制完成后，获得了街道、社区的高度认可和肯定，街道办事处主任有感而发“专业的事需要专业的人来做”。团队在与街道和社区沟通中发现，管理主体即使持有较高的更新意愿，但仍然有可能存在“投错医”或者“求助无门”的情况，更新规划的开展可以帮助街道和社区管理主体更准确地认知社区“病”在哪里，因何而“病”，找谁“医治”，如何“用药”，甚至如何“术后护理”，帮助管理主体辨析规划、设计、景观、实施等不同“医疗团队”的“主治方向”和“对症情景”，由此可见，协同治理是一个大熔炉，多主体的磨合沟通本身就是相互成长的过程。此外，互信的建立及管理主体规划素养的提升催生了新的合作契机和动力，规划团队于 2019 年被聘任为社区所在街道责任规划师，从前一阶段由区规划分局自上而下组织更新规划及街道自下而上探索环境治理的上下互动模式，进入到了更加紧密、深入、稳固的协同治理阶段。

4.2 更新内容：从扁平化、粗放化的内向更新转向体系化、精细化的城市修补

4.2.1 多维系统修补

好的社区应让居民感到便利和有序，这就决定了更新有赖于功能性和体系性的完善，只有深入到筋骨的资源优化配置，才能深层次地、更有力地提升社区的服务职能。好的社区也应该让居民感受到舒适、整洁和美观，这就决定了更新也离不开精细化、人本化的设计，街头巷尾、房前屋后……社区的更新始于细节的不断累积。好的社区还应该以人的感受为根本遵循，“服务和管理”品质作为物质空间供给与感官体验之间的最后一公里也应被纳入规划考量的范围(如图7)。因此，社区更新规划应体现系统性和综合性，资源配置、空间塑造和服务完善缺一不可。

图7　空间设计阶段方案(图片来源：笔者自绘)

在新源西里社区的更新规划中，复合型的技术力量为更新提供了坚实保障，区规划分局及规划团队组成了自上而下的规划龙头，先后有三家设计团队负责空间环境提升的编制工作及实施方案的深化，参与到社区更新改造的人才囊括了交通、市政、景观、社会、信息技术等专业，综合性的更新工作离不开多样化的人才和技术力量的支持。

4.2.2 内外融合修补

真正有生命力的更新规划不应该是封闭自足、就事论事的，而应该是开放的、包容的、推动地区全面融合的。基于现状调查的结果，社区的物理边界并未真正将社区内外空间割裂开，无论是从社区认同或是理想社区特质的选择上看，居民对于外部空间要素均给予了高度重视(其比重与内部要素基本持平，如图8)，可见在实际生活中，社区单元与地区基底之间仍然保持着紧密的依存关联，因此公共资源的投放也不应以社区边界作为屏障而排外。

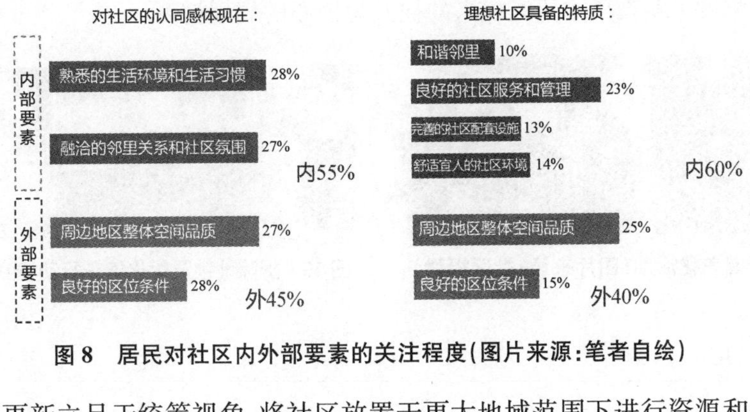

图8　居民对社区内外部要素的关注程度(图片来源：笔者自绘)

新源西里更新立足于统筹视角，将社区放置于更大地域范围下进行资源和缺口的评估，有限的资源不仅为保障社区公众利益实现了社区内部的补短板，规划还充分考虑了街道完善和提升的需求：一方面通过统筹设施实现科学配置，如为街道办事处预留空间、优化密闭

式垃圾站空间布局等;另一方面通过统筹指标实现资源优化,如通过拆除违建增补滨河绿化用地并提升其连续性、为原规划中调减的街区级设施保留建设指标等。

4.3 更新方式:从一揽子的结果导向转向动态化的过程控制

4.3.1 行动过程

社区作为社会和空间协同生产的产物,行动过程很大程度上决定了规划是否被认可、是否可实施以及成效是否可持续,这都使得过程变得尤为重要。新源西里更新实践以“陪伴式”的协同工作理念,在规划过程的每一个环节依托相关利益群体和技术团队的充分互动,通过引发共情、问题共谋、凝聚共识、协商共治等方式,充分优化规划编制方法及流程,着力提升规划的科学性和可实施性。

4.3.2 社会过程

更新规划不仅是“造物”的载体,也是人的“社会化”“组织化”“制度化”发展的过程,而后者还是更新规划的最终目标和核心价值所在。伴随着新源西里更新实践的推进,街道、社区及设计团队都更加清醒地意识到更新是一个长期的、开放的、逐步完善的持久战。社区作为有治理责任,也蕴藏着强大动力的主体,积极响应了朝阳区协商共治发展机制,目前已成功设立 1 个社区议事会和 22 个楼院议事厅,并建立了较为完善的议事制度和规范,致力于以自治能力的提升实现自我造血的良性循环。如“花香西里 · 乐享生活”邻里花园美化活动(如图 9),通过养花小课堂进行知识科普、责任养护认领和鲜花评比调动居民的积极性,最终实现了上千棵月季的栽种,缺失养护管理的邻里绿地又重新恢复了生机和活力。又如优化停车行动(如图 10),通过拆除地锁、引入停车公司规范管理、形成停车公约及详细的管理规定等一系列举措,不仅对停车设施进行了重新规划,增加了停车数量、优化了设施布局,还实现了对居民、商户、社会单位等主体的行为规范和约束,在行动结束一年之后,社区停车仍然秩序井然,各方积极自发遵守并共同监督维护,相比外力的注入,源自内生的动力更加持久而有力。随着议事机制的推行和不断实践,居民的主人翁意识充分被唤醒,邻里关系网络得到重塑,社区变得更加凝聚而有活力,在个体、群体等多维度均实现了“社会化”的积极转变和发展,一定程度上实现了本研究以人的提升为核心的规划初衷。

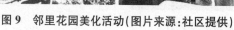

图 9　邻里花园美化活动(图片来源:社区提供)

图 10　拆除地锁及优化停车行动(图片来源:社区提供)

5　结语

社区是一个内涵丰富的社会单元,因而社区更新也是一个复杂的系统工程。冰冷、僵硬的规范、标准和指标或许能帮助我们勾勒一个崭新社区的模样,但这绝不代表就一定能兑换居民的满足感和幸福感。“社会一空间”视角下的社区更新有赖于空间规划和社会治理的齐头并进。社区更新需要秉持一定的技术理性，同时也需要进社区、近居民，去感受、去体味、去实实在在地生活。规划可以设计空间，但难以设计出每个人想要的生活，居民所向往的社区需要精耕细作、细笔描摹，也需要仔细聆听、携手创造，还需要从心出发、注入情感、增添温度。

参考文献

[1] 山崎亮. 全民参与社区设计的时代[M]. 林明月，付奇鑫，黄泽民，译. 北京：海洋出版社，2017.
[2] 张勇. 新中国城市社区建设：回顾、反思与前瞻[M]. 北京：中国社会科学出版社，2014.
[3] 于文波. 城市社区规划理论与方法[M]. 北京：国家行政学院出版社，2014.
[4] 佐藤滋. 社区规划的设计模拟[M]. 黄杉，吴骏，徐明，译. 杭州：浙江大学出版社，2015.
[5] 刘佳燕，邓翔宇. 基于社会—空间生产的社区规划：新清河实验探索[J]. 城市规划，2016(11)：9-14.
[6] 刘佳燕，谈小燕，程情仪. 转型背景下参与式社区规划的实践和思考：以北京市清河街道Y社区为例[J]. 上海城市规划，2017(02)：23-28.

“向阳花计划”社区微更新实施追踪思考

付　毓[1]　臧　珊[2]

1 国土分院

2 上海设计中心

摘　要：研究选取上海大西别墅“向阳花计划”社区微更新改造案例，对其实施效果和居民使用反馈进行跟踪访谈，试图还原从计划提出到施工使用过程中居民、设计师、街道和居委会不同参与主体的真实情况，探讨社区管理、建设资金、居民参与等要素在社区小尺度空间实践中的影响作用，并重点剖析居民在社区自治中的参与及意识引导、设计师在参与社区工作中面临的价值导向及角色再定义、政府在微更新中的参与程度及支撑体系建立等问题。为城市双修、存量更新、社会治理背景下的微更新实施工作机制提供一手资料。

关键词：向阳花计划；微更新；社区规划

1　引言

2017 年住房城乡建设部下发了《住房城乡建设部关于加强生态修复城市修补工作的指导意见》，标志着全国“城市双修”工作的开展；上海中心城基本进入以城市更新为主导的存量规划时期，《上海市城市总体规划(2017—2035)》提出存量发展思路，强调对城市建成区的空间更新和改造；与此同时，在强调“社会治理”的今天，越来越多规划工作者的实践对象也逐渐由单纯的物质空间向复杂的社会系统转变，需要面对城乡社区规划、更新和改造等规划类型，从以物质空间为主向“见物又见人”转变。

在这一趋势下，上海开展了不同层面针对城市建成区小尺度空间的规划建设实践，有部门发起的，如“行走上海 2016——社区空间微更新计划”；有各区组织的，如浦东新区“缤纷社区计划”；也有社区街道提出的“四平空间创生行动”。其中社区空间微更新计划是由公共空间设计促进中心为平台，将居民、设计师、居委会、街道、区规划和土地管理部门之间就社区更新需求、方案和实施联系起来，首批试点项目共计 11 项，涉及 6 个区 8 个街道。

课题组选取社区空间微更新计划中的长宁区大西别墅“向阳花计划”作为典型案例，以“人”的视角入手，将微更新实施过程中主要参与人群的诉求对微更新计划实施的影响作为研究对象，力图还原一个真实的社区更新实践互动过程，并重点剖析居民、设计师和政府这三大主体在参与社区更新工作中面临的挑战和问题，为未来开展多类型的城市更新改造和社区规划实践提供一定视角参考。

2 “向阳花计划”的典型性

2.1 背景概况

大西别墅的“向阳花计划”是上海首批社区空间微更新计划的 11 个试点项目之一，是 20 世纪 30 年代由一英裔地产公司建造的英式花园洋房(见图 1)，共有 17 幢，占地约 1.2 万m^2。

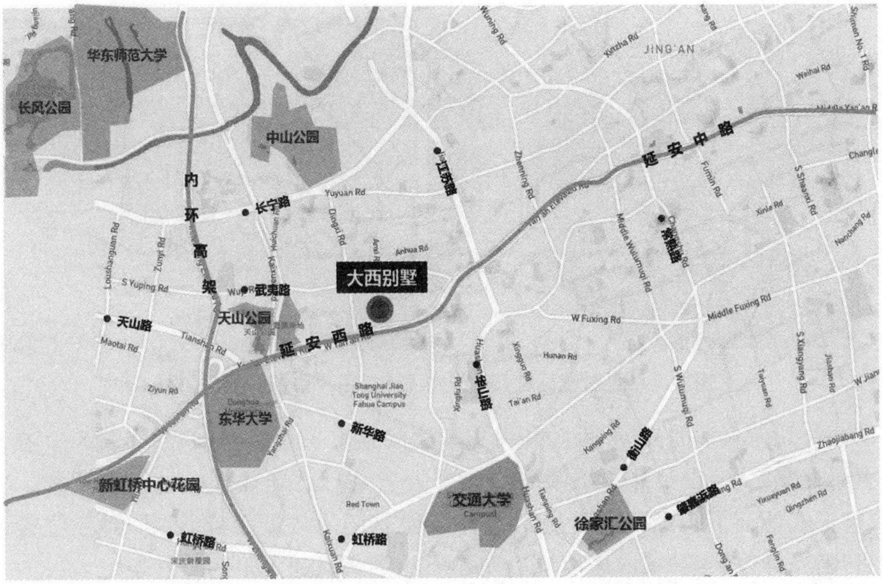

图 1　大西别墅区位图(图片来源:笔者根据地图改绘)

大部分房屋为公房属性。大西别墅目前除 15 号及 17 号部分房间为私有外，其余大部分房屋为直管公房。小区于 2004 年被确定为上海市第四批优秀历史建筑。建筑为砖木结构，机平瓦陡坡屋面。小区绿化面积近 6 000 m^2，树种以水杉为主，因年代久远，水杉树较高，每栋房屋多户共住，每户居住面积狭小。

“向阳花计划”是街道为主导的社区更新。“向阳花计划”方案的设计师为顾济荣，该方案是由大西别墅居民代表、陶家宅居委会、华阳街道、专家和长宁区规土部门共同讨论、评选出的优胜方案。选出优胜方案后，以华阳街道作为主体实施，设计费用由市里微更新项目统筹，街道提供实施资金，并与居民、设计师和施工队协调，项目于 2017 年 3 月顺利建成。主要工作是公共绿地调整，设置向阳花晾衣架、活动场地、健身步道、休闲椅等。实施前后大西别墅户外环境变化明显。

2.2 晾衣杆反映出的“实用主义”需求成为微更新的根本出发点

快速发展时期很多社区受当时规划建设水平局限，不能满足当前生活需求，谈到社区层面的城市更新，往往考虑要弥补功能设施和增加公共空间。那么究竟什么样的功能和公共空间是使用者真正需要的？为什么有些社区改造增加的活动设施和场地使用效率不高，居民体验不佳？这是课题组决定追踪探讨微更新实施的最初动力，也是“向阳花计划”最后成为研究案例的原因。

2.2.1 使用者的问题与诉求

大西别墅极度优越的绿化环境，反而成为问题和诉求的根源。大西别墅当时种植的上层乔木以水杉、雪松为主，经过多年生长，高耸茂密的乔木遮挡了日照和采光；宅间绿地面积充足、绿量充沛，但部分绿地种植密度过大，遮挡阳光（如图 2），导致场地不能被邻里所利用，居民希望半封闭的庭院空间能够开放出来，增加活动设施和场地。

图 2 大西别墅高耸茂密的水杉树（图片来源：笔者拍摄）

相比符合几何美学的广场绿地，居民更需要的是可采光的晾衣架（如图 3）。在正式组织开展微更新方案之前，设计师顾济荣曾经以个人名义自己到社区做过民意调查。项目开始后，市政府正式征询了居民和居委会的意见。原有的晾衣架沿路设置，部分位置设置不合理，照不到阳光导致利用率低，居民最迫切需要的是晒得到太阳的晾衣架。

图 3 大西别墅晾衣百态（图片来源：笔者拍摄）

2.2.2 “向阳花计划”的诞生

大西别墅微更新改造的关键就是“破好采光的题”。设计师抓住小区日照和活动空间不足这一关键点，找出现状日照较好的区域，在保留大乔木的前提下清理和移栽部分小乔木，清理出适合公共活动的室外空间，通过置入具有象征意义的“向阳花”铺地，为当地居民营造采光较好的室外活动空间，并设计和布局了部分可采光的晾衣杆区域（如图 4）。

“向阳花”晾衣杆和“向阳花”场地。设计师利用现有的晾衣架，通过调整位置，进行重组，将四个晾衣架作为一组，涂成橘黄色，放射形布置，相邻的两个之间用红色尼龙绳拉结，增加晾晒空间的同时，形成一组特色的、满足晾衣功能的景观构架小品。该项目最大的特点是在增加小区公共空间的同时，充分考虑了居民最基本的晾晒需求，因地制宜，通过一个小设计将晾衣杆巧妙地移位和组合排列，形成具有实际使用功能的景观小品(如图 5)。

图 4 “向阳花”晾衣杆设计和实施实景

(图片来源:“向阳花计划”设计师和上海市公共空间设计促进会提供)

图 5 “向阳花”改造前后对比(图片来源:“向阳花计划”设计师和上海市公共空间设计促进会提供)

2.2.3 设计师“讲技术”的目的是让方案“接地气”

既然微更新中居民的需求决定了设计师的工作目标,而如何去实现这一目标则是设计师的专业价值所在和设计成败关键。茂密的水杉树遮光,可采光区域的缺少怎么办?这个问题不是审美能力能解决的,需要借助专业技术工具来寻找实用可行的采光区域(如图 6)。

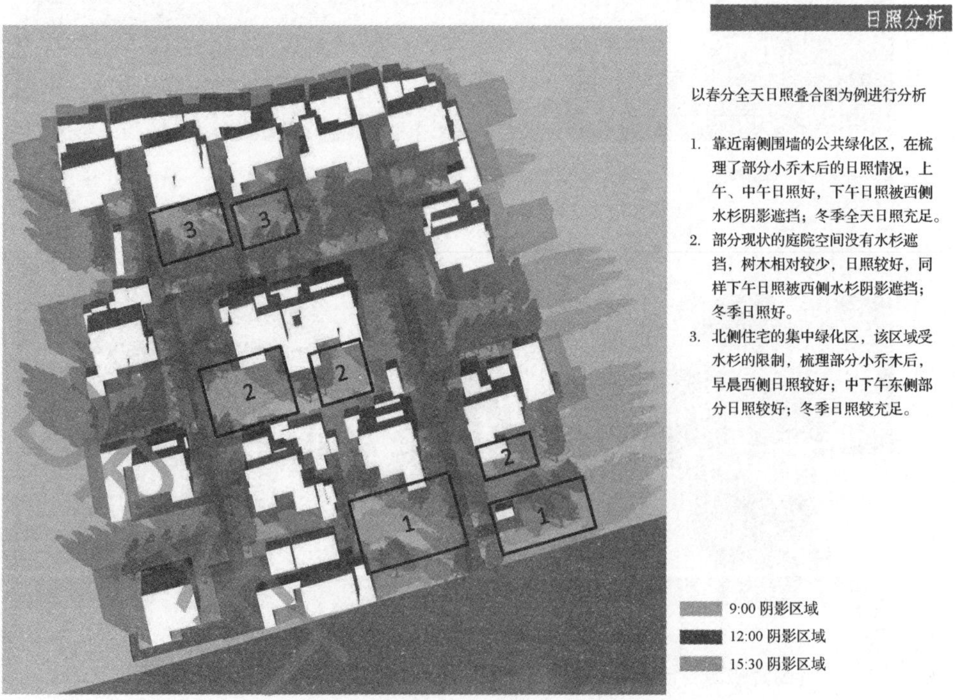
日照分析
以春分全天日照叠合图为例进行分析
1. 靠近南侧围墙的公共绿化区,在梳理了部分小乔木后的日照情况,上午、中午日照好,下午日照被西侧水杉阴影遮挡;冬季全天日照充足。
2. 部分现状的庭院空间没有水杉遮挡,树木相对较少,日照较好,同样下午日照被西侧水杉阴影遮挡;冬季日照好。
3. 北侧住宅的集中绿化区,该区域受水杉的限制,梳理部分小乔木后,早晨西侧日照较好;中下午东侧部分日照较好;冬季日照较充足。
1
2
3
9:00 阴影区域
12:00 阴影区域
15:30 阴影区域

图 6 “向阳花”日照分析模拟(图片来源:“向阳花计划”设计师提供)

设计师对整个大西别墅建了模型，采用软件模拟进行日照分析，找出现状日照较好的区域，在梳理出日照区域之后，融入了设计擅长的空间审美能力。改造布置了“向阳花”晾衣架，清理和移栽公共绿地的部分小乔木，清理能够接受日照的适合公共活动的场地区域，置入具有象征意义的“向阳花”铺地，放置与大西别墅风格相仿的定制休憩座椅，为居民营造了采光较好的晾衣区域和室外活动空间。通过专业技术来实现居民朴素的“采光”需求。

3　实施后主要利益相关者的声音

3.1　居民：对功能和环境改善效果总体满意，但主观感受不一

在“向阳花计划”的实施过程中，来自实际使用者——居民的声音占据了我们本次利益相关者追踪的主要篇章，我们试图理清居民对空间改造后的反馈以及改造过程中的重点需求（如图7）。

（1）更追求实用功能，对空间环境的改善反应平淡。在对多位居民进行随机访谈中发现，谈到绿地改造、场地美化，居民总体态度是正面肯定的，但较客观而冷静，然而提到晾衣架、厨卫环境等问题时，多位居民都表现出了激动甚至激进的态度。由于大西别墅的公房性质，内部仍然处于多户共用厨房和卫生间的状况，同时房屋具有历史保护建筑的身份但多年未修缮，存在墙面脱落等问题，居民从切身利益出发认为首要的应该是修缮房屋、改善漏水、解决厨房卫生间合用等问题。其中有两位阿姨一直在向课题组成员“吐槽”厨卫共用和房屋漏水的问题，当课题组成员试图耐心解释让其理解我们的工作范围并不能涉及其强调的领域，但阿姨还是会激动地将话题转向自己最想表达的部分。有几位居民反映增加的集中晒衣架太少，或者离自家门口太远，所以还是不够用。另外还有一些诸如小区绿化密集蚊虫较多，增加的跑道、座椅夏季用不上等问题。根据课题组之前在老旧小区的居住经验，在冬季这类可采光的公共场地座椅的利用率还是很高的。

（2）部分居民的主观感受与实际实施情况存在一定偏差。多位居住在“向阳花园”附近的居民比较认可本次改造，增加的家门口的活动场地和阳光照射面积都提升了居住房屋的采光条件。而有两位居民都提到了调整绿化中的移树行为，表示没有征询意见就把大树移掉的做法无理且粗暴，大大降低了花园洋房的品质。事后我们从促进中心、街道、居委会了

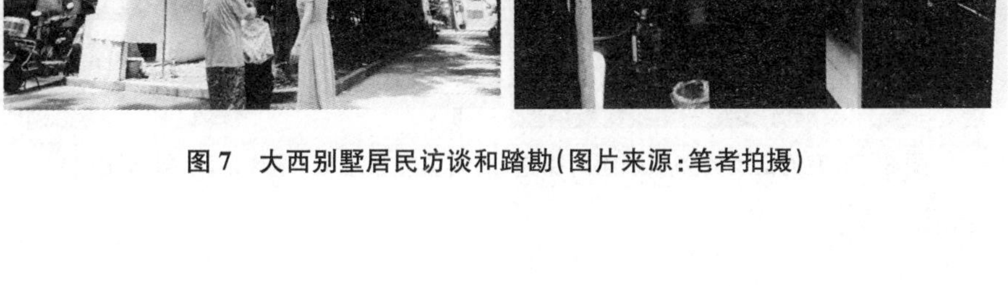

图7　大西别墅居民访谈和踏勘（图片来源：笔者拍摄）

解到的实际情况却是2015年区园林局移树工程对有倾倒危险的几棵乔木进行了移除，以排除可能存在的安全隐患，并非此次微更新改造中为了追求美观而做出的移树行为。大西别墅的水杉树均受到严格保护，进行任何移动都是要经过严格规范的批准过程的。由此可见，在征询居民意见时准确地宣传有利于帮助居民获得客观的认识。

3.2 设计师：是一次新的尝试经历，多方协调后基本达成实施效果

(1) 社区更新项目更"接地气"，不用考虑较多商业因素。微更新项目和其他项目相比，首先在于"微"，也就是项目规模往往比较小，属于"针灸式"的改造，项目往往更贴近老百姓的实际生活，比较接地气。最初参与的原因也是想做一些实实在在能够对老百姓有用的设计，而不需要考虑太多商业和其他的因素。

(2) 与居民的沟通过程在方案设计实施中占重要比重。设计师表示和居民沟通十分必要：方案设计初始首先需要了解作为使用者的实际需求；其次，在实施过程中也需要和居民多沟通，打消居民对设计的各种顾虑和担忧，还要对有误解的居民进行耐心解释。另外，方案做好之后是否能够实施也需要征得大多数利益相关居民的同意。总的来说，大西别墅从方案到落实，街道和居委会都非常支持和配合，项目推进还是比较顺利的，只是在调整晾衣架设施的时候，推进有一些困难，最后经过多方努力，与居民进行积极的沟通对话，最终顺利完成。

(3) 项目的顺利落地离不开各个方面的配合和努力。设计师感慨在方案实施过程中，遇到了不少问题，但经过多方的协调和配合，最终看到项目实施达到这样的完成度，作为设计师总体还是很满意的。这其中有设计师个人的坚持，实施过程中不断的反馈调整和技术应用，更离不开街道、居委会、志愿者的积极组织协调和大西别墅居民的理解和参与。

3.3 街道和居委会：在设计师资源和经费方面有新思路

(1) 设计参与是有价值的，但是街道不掌握设计资源。微更新与以往的社区改造最大的不同是有了设计过程，以前的社区改造诸如长宁区"家门口工程"主要工作是修修补补。而参与了此次微更新，目前来看"设计元素"在其中起到了非常重要的作用，简单实用的东西增加了设计创意，效果还是明显的。这次是借助于微更新的试点项目，因为是市里来统一组织，街道和设计师本人的接触也有限。街道层面不掌握设计师资源，原来与设计师从来没有过交集，这次也是微更新试点和属地化党建联系工作才有了接触(如图8)。对街道来说，这个平台是有价值的，如果有这种圈子，建立设计师库是有意义的，考虑到设计成本甚至可以向高校资源开放。

图8 方案论证现场和课题组对街道、居委会座谈现场(图片来源：笔者拍摄)

(2) 街道承担主要施工费用,对设计费的支出略表担忧。大西别墅"向阳花计划"微更新实施的费用主要包括两部分,大约花费土建 20 万元、绿化 23 万元。因为是微更新项目,属于市里的试点,因此在设计方面有市里的优惠政策,无需支付设计费用。后来经过了解,正常市场途径请设计师做方案,通常设计费为工程总价的 3%～5%,这些项目光设计费要支付 8 万～10 万元,费用太高,街道层面较难承受。

(3) 对社区规划设计师有阶段性需求,但设置专职岗位需求不大。社区的改造更新融入设计要素有意义,但也不难发现这类项目很多不是报建类项目,相对比较微观,更多偏重景观园林、建筑、施工的灵活性、小体量的项目,在项目推进的时候需要咨询相关专业人士,但这并非街道日常工作的核心。在街道层面需要设计的参与支持,但似乎不需要设置长期、专职岗位性质的规划师。

4 对微更新实施工作机制的浅议

4.1 居民在社区自治中的参与及意识引导

4.1.1 避免象征性的参与

"向阳花计划"中一些居民并没有全过程的参与,有居民表示不知道有征询居民意见和公众参与这回事,但街道和居委会明确前期有征询居民意见,导致更新实施后居民的反馈结果不一。

本次微更新计划中,居民实质性的决策很少,同时很多居民往往将重点放在微更新之外的方面,缺乏足够的知识性与专业性,难以形成有效的参与成果。现阶段微更新中的公众参与更多的是一种阿恩斯坦(Sherry Arnstein)所说的"象征性的参与"。

与此同时,"向阳花计划"种下了一颗基层民主意识的种子,正如大西别墅里随处可见公共绿化中树立的志愿者牌。从"西弘时"自治团队的建立可以看出,自"向阳花计划"以来,大西别墅已经出现了一定社区自治意识的萌芽,当然其中有主动因素也有由于公房性质缺少物业管理的被动因素的共同推动。目前大西别墅志愿者自治团队的建设可以预见,类似以老年人为主体的志愿者团队将会以各种形式出现并发挥积极的作用。

当然这种萌芽还远远不够,如何避免象征性的参与是探讨社区自治的重点,居民的参与程度不仅仅要纳入微更新目标评判和方案制定的步骤之中,而且要贯彻到立项、构思、评判、设计、决策、建设乃至管理的每一个过程之中。建立开放的城市更新公众参与系统需要一种良性循环的制度设计,而这种设计要在各个层面的磨合、协调、沟通方面达到最优的均衡。

4.1.2 通过合作博弈促成城市微更新的整体理性

"向阳花计划"中居民的需求与主观感受参差不齐,微更新更多地是针对公共空间的改造,而很多居民却对自己的私人利益更为关心。比如认为增加的晾衣杆离自己家太远,上海甚至有其他案例出现小区居民盗取公共盆栽回家自用的现象。

也就是说,在缺乏街道或居委会干预的情况下,居民参与势必陷入"囚徒困境"这种非合作博弈,即为了各自的利益而使公共利益最小化。

当城市微更新面临“囚徒困境”,可以通过合作博弈促成居民之间的整体理性。从“囚徒困境”我们可以发现人类社会运行的一个基本原则:社会经济生活需要合作,在相互合作的情况下,个人的最优选择才会与集体的最优选择一致。也就是说,从自身效益最大化考虑的对策不能给自己带来最好的结局,而如果能相互合作结果则要好得多,合作比自私更有利。

所以,一方面要加强居民的合作意识。当公共利益为主导时,通过政府的适当干预,寻找公共利益和私人利益之间的平衡点,对于居民意见也不能简单化地对待,而要区分哪些意见是真正有参考价值的,哪些意见是纯粹个人化的。

另一方面,要增强居民对社区的场所感和认同感。这种社区感取决于人们之间的身份认同、邻里关系甚至彼此一定程度上的依赖,从而产生强烈的社区归属感,并通过某种方式进行自我组织和自我管理实现共同利益。比如上海市浦东新区开展的“缤纷社区计划”在实践中面对居民意见不一致时,为原本互不认识的家庭拍摄全家福增进邻居间的感情,通过“柔性管理”的方式去缓解矛盾。

4.2 设计师的价值导向及角色再定义

4.2.1 价值转变:从市场化的乙方到独立公允的决策助手

通过追踪“向阳花计划”的实施过程,我们发现设计师的甲方变成了居民,协商沟通工作比重大,设计师也反复强调了多方协调对项目最终实施的重要性。

与此同时,设计师成为相关主体的重要决策助手。他们掌握了系统、全面的专业理论知识,不仅可以控制向公众开放的信息,而且对公众的意见有很大的影响,甚至也会影响决策者。形成、交流、传达信息这些行动本身就是规划行动,在设计师的沟通交流过程和相关工作成果中,表达意见时用词的褒贬,也会对决策者的态度产生影响。

所以在协调过程中,具备客观的公共价值立场应该成为社区规划师的基本价值导向。社区规划师应该保持对社区的了解和感情,从市场化的乙方转变为微更新相关主体的代言人,为协调私人利益和公共利益而奋斗,考虑到社区规划师在各方博弈中负担的角色,设计师还应该凭借自身的知识优势协助政府和公众。

4.2.2 角色转变:从技术参谋到合作博弈的促成者

在国外,社区规划师往往身兼数种角色,是城市更新过程中的重要媒介,其发挥的核心性协调作用是合作博弈形成的关键。

通过“向阳花计划”,我们发现“接地气”的社区规划设计工作是细碎而“多角色扮演”的。设计师扮演了技术人员、园艺师、政策宣传工作者甚至有的时候还要像居委会阿姨一样做耐心细致的群众工作。

解决社区更新改造实施面临的各项问题,往往还需要了解园林景观、项目预算、社会学、心理学、产权政策、土地制度和法律制度等,才能应对复杂的实际问题。社区规划师必须转变以前高高在上的精英角色,参与到规划中来,通过专业引导带动社会其他阶层对城市设计的参与,通过社会、政府和市场三者的互动,协调相互之间的利益关系。

4.2.3 路径转变:社区规划师的“在地性”培养

目前上海现阶段的“社区规划师”角色有两种:一种是隶属于外系统,其形式通常表现为外来的非政府组织，或者是理想之士的自我实践，比如上海的四叶草堂。另一种隶属于本地的公权力子系统，比如上海杨浦区及浦东新区联合同济大学聘任的社区规划师。

美国的社区规划师基本在政府公立机关、非政府组织和私人企业等行业中任职。而中国台湾地区则提供多样的培训渠道，提升社区规划师技能。通过青年社区规划师培训计划、社区规划服务中心、社区营造网站、在社区大学开办社区营造课程等措施不断推进，鼓励有奉献热诚的相关专业者及大专院校师生参与社区营造。

我们认为社区规划师不仅要自上而下地选拔，更要考虑“在地性”。可以将居住在社区里面、具有一定教育背景且对社区事务充满热情的人群，自下而上地培养成为社区规划师。比如“向阳花计划”中的志愿者团队和社区居民中为社区设计小品及雕塑的艺术家。建议可通过培训和学习，选拔社区规划师，相对固定地服务社区，对社区的日常问题制定具体策略和长远计划。

4.3 政府在社区微更新中的参与重点

4.3.1 政府的参与程度需要寻找平衡点

社区微更新往往涉及公共空间和公共资源的支配，在市场失灵的情况下必然要通过一定的政府干预，城市环境是一个整体，政府的参与可以保证在尽量满足个体理性的前提下，达成城市环境建设的整体理性。与此同时，我国有着严格的土地和规划管理制度，如果没有政府主导或支持，地区建设和改造的自主性和灵活度较差。

虽然政府不能不管，但也不能全管。在新常态之下，政府职能的转变要求政府从过去的“运动员”兼“裁判员”角色中摆脱出来，专职做好“裁判员”，也就是说，政府在社区微更新中的参与程度需要寻找平衡点，成为微更新工作顺利开展的强有力助攻。

4.3.2 微更新支撑体系的建立

通过“向阳花计划”我们发现，目前地方街道、居委会等基层组织在微更新项目的资金支持和设计师遴选方面起着不可替代的作用。

(1) 资金支持方面，从公共财政或公益资金中为社区规划师提供工作经费，制定奖励机制，提高社区规划师参与的积极性。还可考虑出让或拍卖广告冠名权等商业手段来解决社区环境改造的资金问题。

(2) 设计师遴选方面，一方面降低设计师准入门槛，对于小规模、小区域的营建和改造不但要吸引职业规划师介入，还要允许建筑、景观、园林、市政及公共艺术等具备基本专业知识和组织协调能力的团体或个人参与其中。另一方面拓宽渠道，建立设计师资源库，与高校、社会组织联合建立社区规划师公众号和微信平台，打破街道、居民和规划师之间的信息屏障，实现社区改造过程的良性循环。

5 结语

社区规划不是简单地让设计师进社区做规划设计，其工作方式和价值导向、目标诉求都发生了根本变化。在实施过程中，居民、设计师和各级政府等利益相关主体的博弈过程更是复杂。微更新起初的尝试多是政府自上而下的推动，未必是居民自发参与的。但正是这种小尺度的尝试，却能引导社区居民意识的转变，哪怕只是微小的民主意识觉醒，也是社会治理过程中重要的努力和尝试，更是城市向前发展中终将经历和面对的新阶段。在这个新阶段，设计师需要明确以居民、以使用者为本的价值导向，不仅仅停留在设计方案本身，更要发挥核心协调作用促成方案的落地。而政府在微更新中的参与程度需要寻找平衡点，建立起微更新的支撑体系。在强调社区治理的今天，我们相信社区微更新工作机制的建立虽任重道远，却仍值得期待。

参考文献

[1] 廉学勇. 对台湾社区规划师制度的认识和启示[J]. 城市规划，2014(1)：54－57.
[2] 杨芙蓉，黄应霖. 我国台湾地区社区规划师制度的形成与发展历程探究[J]. 规划师，2013，29(9)：31－35.
[3] 林晓捷. 浅议社区规划中参与主体及其角色的变化[J]. 南方建筑，2015(5)：99－102.
[4] 钱欣. 浅谈城市更新中的公众参与问题[J]. 城市问题，2001(2)：48－50
[5] 黄瓴，许剑峰. 城市社区规划师制度的价值基础和角色建构研究[J]. 规划师，2013，29(9)：11－16.
[6] 王婷婷，张京祥. 略论基于国家—社会关系的中国社区规划师制度[J]. 上海城市规划，2010(5)：4－9

基于多元共治的老旧社区微更新规划研究

姚　南　刘益滋

成都市规划设计研究院

摘　要：我国的快速城市化在促进发展的同时也催生了一系列社会矛盾，一些形成于七八十年代的老旧社区面临着许多亟待更新解决的问题。社区微更新的过程就是社区治理的过程。对社区微更新与社区治理的相关理论与实践进行探索与分析，得出多元共治是推进社区微更新的必然选择。社区微更新规划与建设包含了从平台搭建到方案设计再到推进项目落地实施的全部过程，大致可分为搭建平台、共同谋划、实施计划、资金保障、组织实施、持续维护和运营六个步骤。2018 年，成都市玉林街道面向全球招募社区规划师，成都市规划设计研究院旧城更新研究室作为被招募团队之一，在玉林青春岛社区开展了微更新规划实践，搭建了微更新共治平台，在摸清多元主体诉求的基础上，与居民多次讨论和修改，形成社区微更新规划方案和实施计划。多元共治应是社区治理的常态，推进多元共治下社区微更新可持续发展，对于建设满足人民美好生活需要的社区具有重要意义。

关键词：社区微更新规划；社区治理；多元共治；老旧社区

0　引言

2017 年 6 月，中共中央国务院发布《关于加强和完善城乡社区治理的意见》，促进城乡治理体系和治理能力现代化。同年 10 月，党的十九大明确提出，创新社会治理，打造共建共治共享的社会格局，推动社会治理重心下移，加强社区治理。2017 年 9 月，成都市召开了城乡社区发展治理大会，明确提出加快转变超大城市发展治理方式，努力建设高品质和谐宜居生活社区，在全国率先设立城乡社区发展治理委员会，开展社区发展治理探索与实践。

我国快速城市化在促进城市发展的同时也催生了一系列的问题，形成于七八十年代的社区逐步面临着建筑破旧、环境恶化、市政设施老化、公共服务配套欠缺、活力不足等突出矛盾，亟待更新。与此同时，老旧社区多元的利益主体、复杂的人际关系、滞后的物业服务等都在无形中加大了社区更新的难度，社区微更新作为一种循序渐进、行稳致远的更新模式被国内外各大城市越来越多地运用，但仍然面临利益协调难度大、项目资金短缺、实施推进缓慢等诸多问题。

社区是满足人民美化生活诉求的基本生活单元，也是构建城市现代化治理体系的基本治理单元。因此，不能将社区微更新仅仅看作是物质空间环境的改善，而应将其作为多元主体参与社区治理的载体，通过基于多元共治的社区微更新来推动社区从物质空间到精神文明的全面发展。

本文从社区微更新与社区治理的相关理论与实践研究出发，提出基于多元共治的微更新规划思路，并以成都玉林青春岛社区为例，开展多元共治的社区微更新规划实践，最后对多元共治下社区微更新可持续发展进行了思考。

1 社区微更新及社区治理的相关研究

1.1 社区微更新的理论与实践

回顾“二战”以来西方城市更新的发展历程，是一个从大拆大建到微改造更新方式转变的过程，城市经济和社会发展越趋于成熟，物质环境的更新就越趋于缓慢和谨慎。我国自 20 世纪 90 年代起，依托房地产开发的推倒重建式城市更新占据了主导地位，引起了一系列社会矛盾，也不利于文化的保护与传承。微更新是对城市原有发展模式的反思，符合新发展理念，已逐渐成为社区更新的主流方式，在我国新型城镇化转型发展时期具有重要意义。

社区微更新是针对社区的物质环境、社会、文化和经济等方面的综合提升，是从细小的地方入手进行除旧布新，具有尺度微、投入微、导向切入点微等特点。国内关于社区微更新的实践已经起步，2010 年以来，有关社区微更新的研究从无到有并且迅速增加。冯斐菲以北京三个历史文化街区的微更新实践过程为例，阐述了在不同目标导向下，针对各街区的特点，进行有侧重的微更新模式，并借助设计周及互联网新媒体平台进行理念的推广宣传[1]；李郇等人引入共同缔造工作坊，探讨参与式的微更新规划方法，并在广州深井村进行了一系列实践，展示了从挖掘深井村的“益生菌”改造项目，到以点带面形成整个系统性的更新方案的过程；黄瓴等人从社区资产的角度出发，梳理社区中的物质、社会、人力和文化四类资产特征，并从空间和治理两个层面探讨了社区空间资产挖掘和社区力培育的微更新路径[2]。总的来说，社区微更新是从问题导向出发，解决社区中设施改造、建筑修缮、服务提升、功能完善、环境美化、文化彰显等具体问题，以增强社区凝聚力，建立居民认同感、归属感和幸福感。

1.2 社区治理的理论与实践

社区治理是指在一定区域范围内政府与社会组织、社会公民共同管理社区公共事务的活动。它是一种集体选择的过程，是政府、社区、企业、非营利组织、居民等之间的合作互动过程。社区治理的基本要素包括参与、分权、制度以及标准[3]。结合中国实际，社区治理可以分为政府主导型、政府扶持型、多元主体合作型、居民自治型等多种类型。政府主导型是指政府基于城市建设计划启动，区、街道办和社区居委会告知居民并协调进行；政府扶持型是指政府划拨社区基金，由街道办或社区居委会启动，组织公众参与并设定项目；多元主体合作型是指社区与外援基金、关联资本等进行合作开展社区治理活动，共同推进项目实施；居民自治型是指社区居民自发形成组织，对社区内的物质空间进行改造升级。

目前，我国的社区治理依旧以政府主导型为主，对英国、日本、中国台湾等先进国家和地区的社区治理实践进行分析，可以指导我国社区治理结构向多元化转变。英国在20世纪80年代开始推行“最小政府”战略，政府在社区治理中不再扮演全知全能的角色，而是通过建立多方合作的伙伴关系以加强社区自治能力；2010年后，在“大社会”理念指导下，发展社区自治能力、培育社会资本、发挥第三部门的积极作用成为社区治理的主旋律[4]。日本的社区治理路径同样经历了从管理到治理的转变，在社区治理活动中，市民、非营利组织等多元主体与政府的关系从诉求、对抗发展到合作与协商，逐步形成了以居民为主体，政府、非营利组织、企业共同协调合作的工作机制[5]。中国台湾地区的社区营造活动则以文化认同驱动社区的多元共治，将社区营造理念内化为台湾民众生活的行为模式，使居民能够在日常生活的方方面面参与到社区治理中来。归纳总结上述国家和地区社区治理实践经验可得，新时代的社区治理需要实现从“管到底、一刀切、跑断腿”向多元主体共同协商的社区治理转变。

2　基于多元共治的社区微更新思路

2.1　多元共治是推进社区微更新的必然选择

社区微更新虽然着眼于微小空间内的微小问题，但却涉及多类主体的利益，包括社区居民，街道办事处、社区居委会等政府类主体，企事业单位、个体工商户等市场类主体，社会组织、设计团队等服务类主体。他们对社区微更新的关注点和诉求各不相同，无论以哪一类主体为主导，都可能产生较大的偏颇，进而引起其他主体的不满。因此需要以多元共治的思路来推进社区微更新。即将社区微更新从规划到建设实施的全过程发展为多方主体通过多种机制相互融合、调和冲突，以达到合作共建、资源共享的社区治理过程，在这个过程中，多元主体通过反复对话、反复协调以求得平衡，最后形成集体决策与行动。虽然这个过程难免会增加时间成本，但从长远来看，多元共治所带来的和谐氛围、多方支持等良好成效将抵消掉这一部分成本[6]，进而推动社区持续良性发展。

2.2　基于多元共治的社区微更新思路

社区微更新规划建设包含了从平台搭建到方案设计再到推进项目落地实施的全部过程，可大致分为六个步骤，每个步骤的工作内容各有侧重（如图1）。第一步，搭建协商共治的平台，建立工作机制，确保各类主体能够在自由平等的氛围中参与相关事务的决策。第二步，针对各方诉求进行深入的调查，系统梳理社区问题，整合社区资源，提出社区发展整体规划方案，在此基础上推动多元主体参与决策，共同谋划微更新规划蓝图。第三步，根据协商统一后的方案，形成社区微更新项目库，明确年度实施计划，并提请相关部门审查、立项，同时筹备建设单位。第四步，充分发动社会力量参与共建，设立政府扶持、社会捐助、社区众筹的社区发展基金，为微更新提供资金保障。第五步，多种方式推动具体项目的落地实施。第六步，建立长效机制以维护更新成果，推进社区的持续更新。

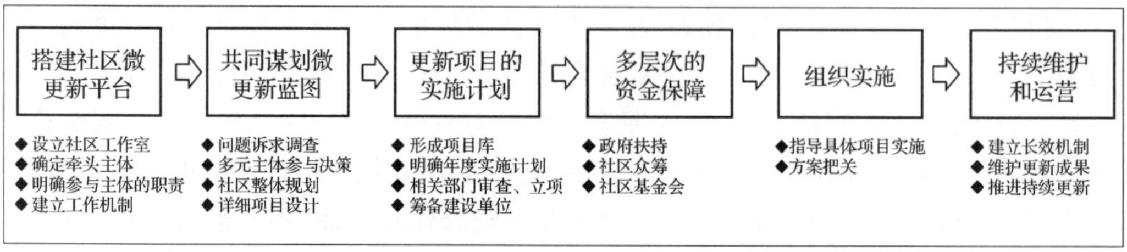

图 1　基于多元共治的社区微更新思路(图片来源:笔者自绘)

3　成都玉林青春岛基于社区多元共治的微更新规划探索

2018 年，成都市玉林街道面向全球招募社区规划师，成都市规划设计研究院旧城更新研究室作为被招募团队之一，与玉林街道办签订了社区规划师服务情怀协议，并选取青春岛社区进行社区微更新规划实践。

青春岛社区位于成都市玉林街道，建成于 20 世纪 90 年代，面积 0.44 km^2，人口1.7 万人。社区内以居住建筑为主，拥有尺度宜人的街巷、闲适的生活氛围、萌芽的文创基因，是老成都休闲生活方式的典型代表。然而作为传统老旧居住社区，青春岛社区也面临着建筑破旧、院内空间杂乱、市政设施老化、环境品质不高等一系列问题。社区微更新规划着眼于公共空间、功能、设施等方面对整个社区进行了系统研究，并探索了多元共治在社区微更新规划实践中的可行性。

3.1　“搭台织网”:搭建多元共治的微更新平台

社区是居民的社区，社区微更新不是政府“要我改”而应从居民的诉求出发，以居民为主体实现“我要改”。为此，成都市规划设计研究院联合社区居委会、社会组织共同组建了青春岛社区微更新工作小组，全面负责推进微更新工作，并通过不定期的议事会议机制，对上衔接区级部门、街道办事处，向下联动社区居民及其他社区主体。面向青春岛社区的 27 个院落和 4 835 户居民，建立了骨干领衔的居民参与网络。即由社区居委会推荐 30 余名社区骨干，包括了院落负责人、楼栋长、小区业委会成员、兴趣活动小组负责人等在居民中有号召力和影响力的人，以他们为纽带去联系和发动更大范围的居民参与社区微更新(如图 2)。

有别于过往通过政府公告、征求意见等方式象征性地参与到规划编制当中，通过这个平台，从更新项目的确定到建设实施，青春岛社区居委会、居民、商户、社会组织等多类主体实现了对整个过程的全面参与。规划初期他们提出诉求，规划中期他们和专业团队一起仔细研究规划方案、共同决策，实施阶段他们有钱出钱、有力出力，一步步把微更新蓝图变成现实，实现了社区共建共治共享。

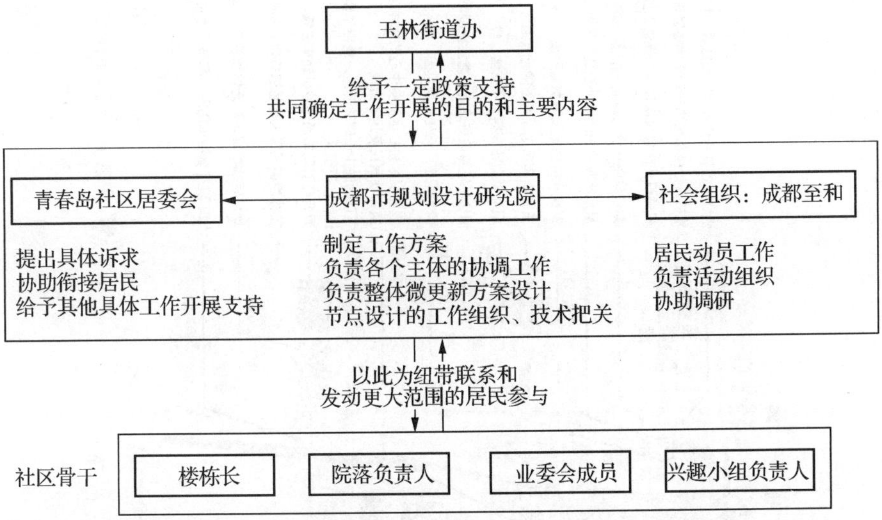

图 2　青春岛社区微更新共治平台(图片来源:笔者自绘)

3.2 “望闻问切”:摸清各类主体诉求

找准问题、弄清需求是微更新规划工作开展的前提条件，也是促进多元主体参与社区治理、协调各方利益的必然要求。规划师除了采取地毯式踏勘现场、问卷调查以外，还通过一对一访谈、观察式访谈、社区骨干座谈等多种方式，以期获得对青春岛社区最全面、最真实的认知。问卷调查显示大家对社区的整体满意度不足 25%，尤其对公共活动空间方面最为不满；一对一访谈中找到了社区的点状问题；观察式访谈中勾勒出了不同主体的活动路线等。将多渠道搜集的多方诉求整理集合并分类，形成了“青春岛社区问题一张图”(如图 3)。

在调查与访谈中不难发现，多元主体的诉求不尽相同(如图 4)，居委会希望提升社区形象、塑造文化名片；商户关心前来消费的顾客是否能够方便停车；社区居民关注生活中的点点滴滴，比如共享单车挡路、小广场缺乏夜间照明、老年人活动设施不足等；社区规划师则带有理想化色彩，希望公共空间、基础设施、功能业态、文化、服务配套等方方面面都能有明显的改善和提升。基于多方诉求和汇总的问题一张图，工作小组将各类主体约到一起座谈协商，对所需解决问题的迫切性和重要性进行排序，为规划蓝图及实施计划的制定奠定基础。

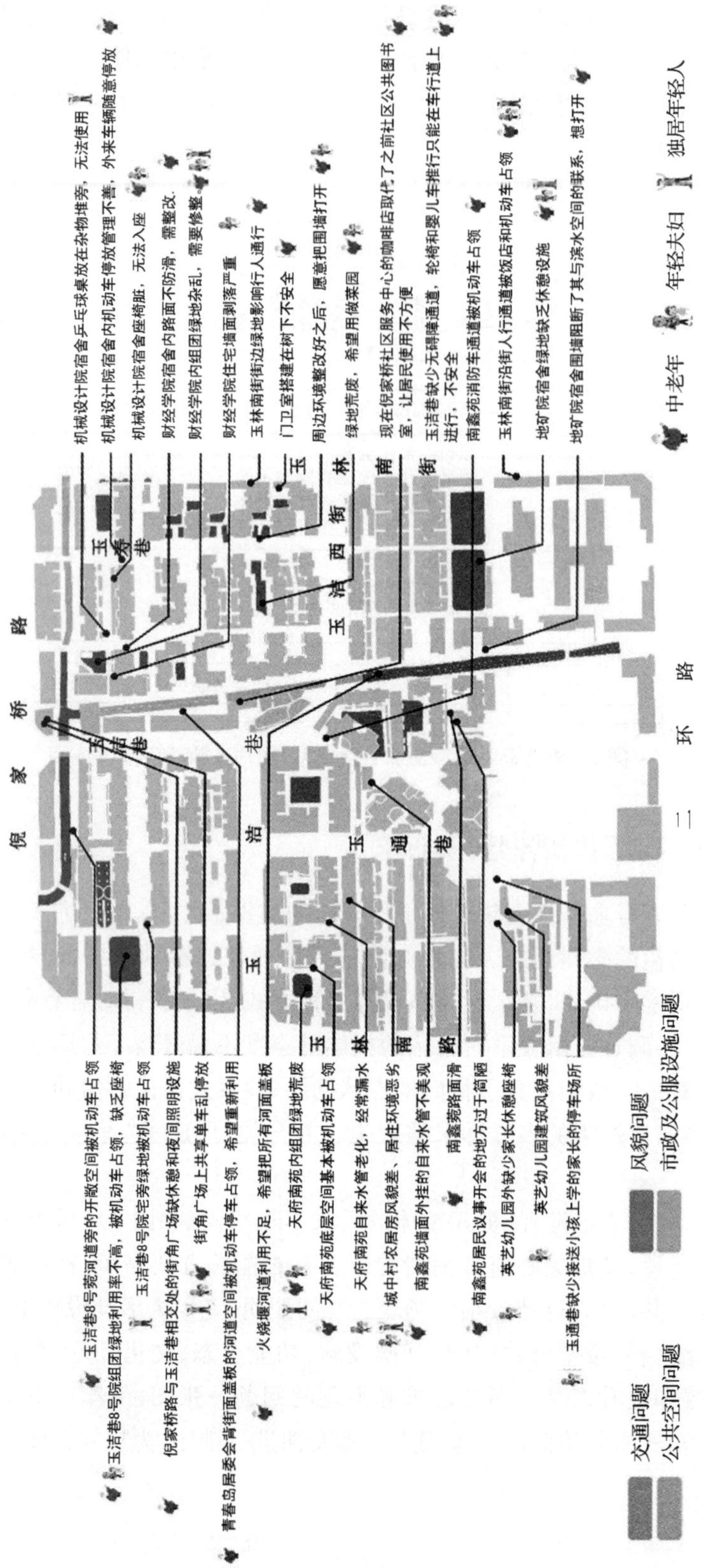

图3　青春岛社区问题一张图(图片来源:笔者自绘)

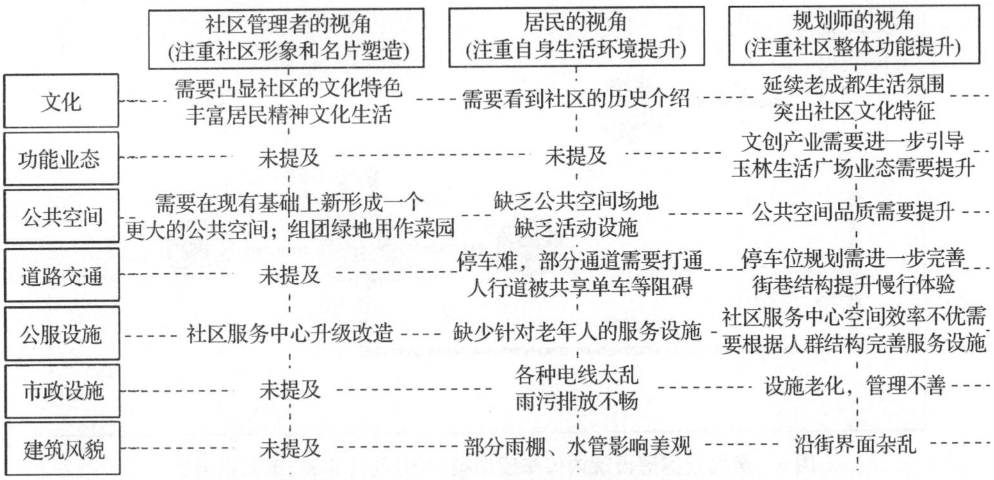

图 4　不同视角下各方的诉求与问题总结(图片来源:笔者自绘)

3.3　“共绘蓝图”:多方探讨形成规划方案

在充分协调各方诉求的基础上,规划师提出了青春岛微更新规划初步方案。规划以“看起舒服、住起舒服、走起舒服、耍起舒服的舒服社区”为目标愿景,结合社区的问题和需求,形成了“拼合记忆碎片,重现回忆场景”“激活文创基因,提升业态品质”“重塑公共空间,激发社区活力”“整合公服配套,提升空间效率”“疏通毛细血管,提升慢行体验”“优化建筑风貌,凸显展示窗口”“规整市政管线,设置垃圾绿盒”七大策略。

规划依托社区滨水空间和中心广场,基于老照片分享、口述历史等活动中居民提供的素材,打造一条文化回忆长廊和一处回忆博物馆,将历史要素在全新的场景中重现,以彰显社区文化;以社区内现有院子文创园为激发点,通过开展文化节、文创集市、文创生活消费品设计与售卖等活动,重塑玉林生活广场,培育社区文创基因;针对不同年龄结构的人群需求,在社区中心广场置入老年健身场地、儿童趣味活动区、露天影院、滑板场地等功能,打造多元复合型的空间(如图 5);结合社区服务中心的功能拓展和复合再造,以缓解目前社区公共空间资源紧缺的问题;在社区主要道路增设非机动车道,打通断头路,火烧堰河流揭盖,恢复滨水空间,提升慢行体验,并鼓励以居民众筹建设院内停车设施的模式缓解停车难的问题(如图 6);最后对社区建筑及市政设施进行修缮和特色化改造,提升社区环境,形成社区亮点(如图 7)。

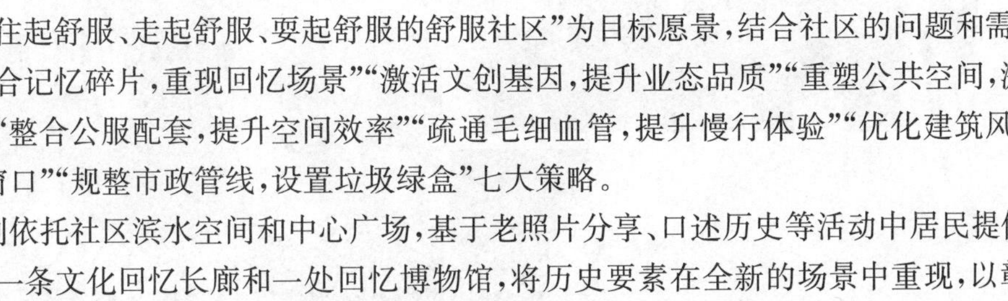

图 5　社区中心广场复合化改造前后对比(图片来源:笔者拍摄/自绘)

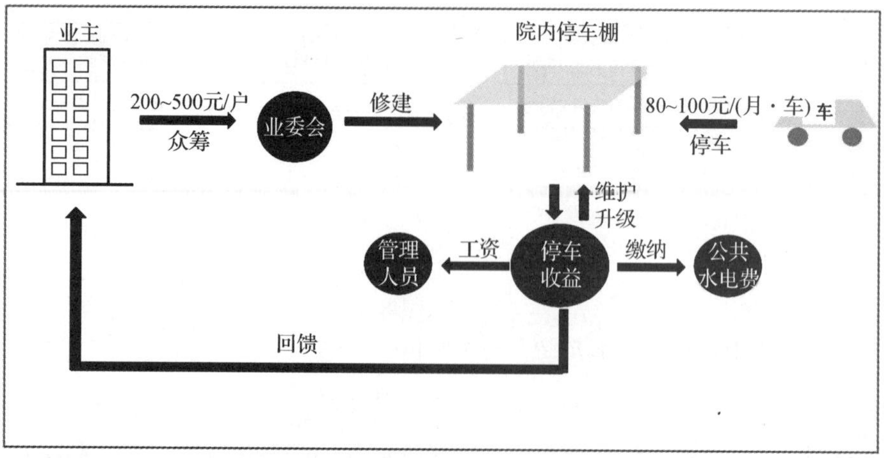

图6　居民众筹建设院内停车设施模式图(图片来源:笔者自绘)

图7　社区风貌改造意向图(图片来源:互联网)

初步方案完成后,规划师与社区居民进行了深入讨论与反复推敲(如图8),吸纳了居民关于门户节点、自行车棚改造、玉林南街人行道改造(如图9)等建议,最终形成了居民一致认可的社区规划蓝图,并明确了21个微更新项目及其实施时序,为青春岛社区微更新的持续推进提供了指引。

图8　方案讨论会现场照片(图片来源:笔者拍摄)

图 9　玉林南街人行道方案修改(图片来源:笔者自绘)

3.4　“共建共享”:多方携手推进微更新项目实施

社区微更新规划完成了对整个社区的系统谋划,但 21 个微更新项目的落地还要深化设计、筹措资金、组织实施等,需要争取各方的资源支持(如图 10)。青春岛社区采取众筹共建的方式启动了社区微更新的第一个项目“玉寿苑快乐农场”建设,该项目以社区内的社会企业为实施牵头主体,由武侯区民政局投入社区营造公益创投项目资金、青春岛社区投入社区保障资金、企业投入自有资金、居民众筹资金等渠道形成资金保障。在专业团队的指导下,成立“社区规划师训练营”,巧用本土居民作为农场规划师,对原有的两个院落之间荒废的绿地进行基础改造和板块划分,通过居民认领、共建的方式,打造播种希望、收获果实的社区菜园。“快乐农场”项目得到社区居民的热情参与,目前已完成了一期建设。“农场主们”收获的第一批蔬菜被做成了爱心午餐送往社区空巢老人家中,让社区居民真真切切体会到社区微更新带来的益处(如图 11)。

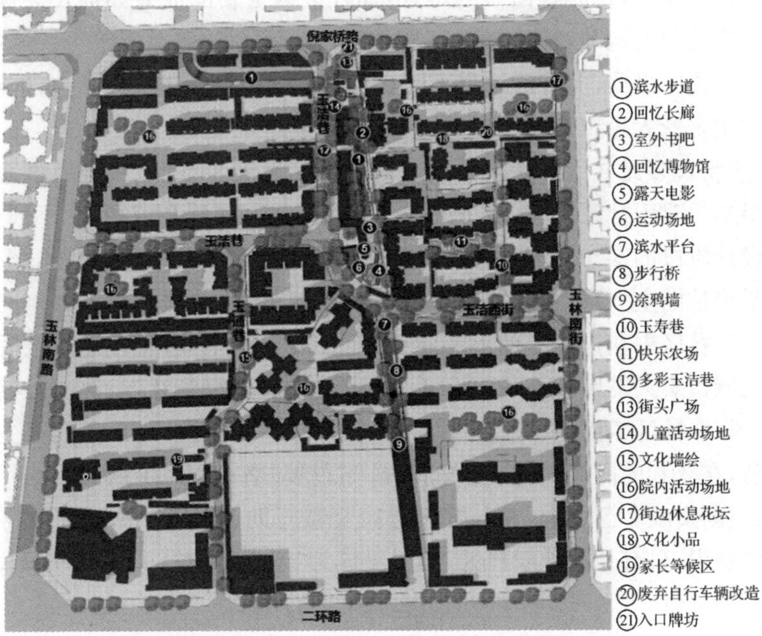

图 10　青春岛社区微更新项目(图片来源:笔者自绘)

图 11　玉寿苑“快乐农场”改造前后对比(图片来源:青春岛社区居委会拍摄)

2019 年,青春岛社区在规划蓝图的指引下,微更新工作还将继续大力推进。玉洁巷将借助成都“最美街巷”评选活动进行升级改造,社区商户正在谋划参与青春广场提升项目,滨水空间及回忆长廊的打造拟申报成都市年度社区微更新示范项目等。社区微更新规划将通过提升社区环境品质,促进政府、居委会、居民、专业人士、社会组织等多元治理主体的共商共建共治共享,落实社区赋权,彰显空间正义,创造社区和谐共生。

4　多元共治下社区微更新可持续发展的思考

社区微更新的过程就是社区治理的过程,社区微更新不是一个可以一蹴而就的项目,而是一项需要长期推进的工作,多元共治也应是社区治理的常态。但如何实现多元共治下社区微更新的可持续发展,仍面临诸多的难点:如社区微更新的成果如何长久保持,多元主体持续参与的积极性如何调动,社区微更新持续投入的资金如何保障等等。这些难点看似是一件件可独立解决的事项,但背后均离不开良好健全的可持续微更新机制的支撑,而决定机制运转状况的则是受人思想意识控制的行为选择。

因此,要想实现多元共治下社区微更新的可持续发展,首先应解决人的思想意识问题,这是一切的根本。对于社区居民,要持续强化对社区的归属感和获得感,不仅体现在微更新规划和项目设计阶段的参与决策,还要在实施和维护阶段强化主人公意识,把他们培养成为社区更新成果维护的主力军,不仅要管好自己的小区,还要共同维护公共空间的环境品质,使自己及家人在社区中获得愉悦的身心感受;对于政府类主体,要建立社区思维,认识到社区是落实一切城市宏大发展战略的基本单元,同时要树立服务意识,改变长期以来“自上而下”的工作作风,在社区微更新中真正做到还权于民、还利于民;对于市场类主体,要建立对社区的责任感,在获利的同时,要有道德底线,不仅要“各自打扫门前雪”,还要履行社会责任,为社区微更新贡献一己之力,并与社区居民互帮互助、互信互利;对于服务类主体,要培养和树立深耕意识,只有长期扎根社区,与居民成为“家人”,与社区共同成长,才能更好地实现组织及个人的价值。

其次,应建立一套社区发展的长效机制。一是要建立社区微更新多元主体的持续参与机制,该机制不应随微更新规划完成或某个项目建成而结束,而应形成多元主体共议社区事务的常态,定期召开微更新议事会议,既要谋划下一步可推进的微更新工作,也要审视已完成微更新的成效与问题,通过多元主体的持续参与来实现社区微更新的持续推动和持续改进。二是要建立社区微更新的持续投入机制,一方面以政府引导性投入、企业居民众筹的方式设立社区发展基金,建立基金使用规则,加强对基金使用的公示和监督,保障公开透明;另一方面全面盘点社区可创收的公共资源,对其进行适度资产化运作,通过获取租金收入等方式,持续投入社区发展基金,实现对社区发展的反哺。三是要建立社区微更新的持续维护机制,包括建立社区公约,约定居民行为准则,通过培养良好的行为习惯来保障微更新成果不被破坏;宣传贯彻社区更新维护人人有责的理念,建立责任主体轮流制、公共区域认领制等责任认定机制,建立维护工作积分制,承担维护工作获得的积分可在社区换取更多服务或奖励,以此让每家每户都参与到社区更新维护中来。

参考文献

[1] 冯斐菲.北京历史街区微更新实践探讨[J].上海城市规划,2016(05):26-30.

[2] 黄瓴,沈默予.基于社区资产的山地城市社区线性空间微更新方法探究[J].规划师,2018,34(02):18-24.

[3] 陈诚.社区治理能力评估指标体系研究[M].北京:经济日报出版社,2017:15-16.

[4] 黄晴,刘华兴.治理术视阈下的社区治理与政府角色重构:英国社区治理经验与启示[J].中国行政管理,2018(02):123-129.

[5] 胡澎.日本"社区营造"论:从"市民参与"到"市民主体"[J].日本学刊,2013(03):119-134,159-160.

[6] 赵波.多元共治的社区微更新:基于浦东新区缤纷社区建设的实证研究[J].上海城市规划,2018(04):37-42.

社区微更新中第三空间的社区化过程
——以广州为例

吴逸思

广东省城乡规划设计研究院

摘　要:在存量内涵式提升背景下,社区微更新强调关注人的需求,循序渐进地推进修复、活化、培育,多元主体参与的社区微更新模式也开始崭露头角。另外,第三空间在进入社区、实现社区化过程中,对社区微更新而言也具有重要意义。基于社区型第三空间应满足不同人群的活动、可达、社交及情感的需求,本文通过广州三个实践案例发现,第三空间社区化存在不同模式:以永庆坊"万科云"为例的空间改造、功能导入模式,以车陂村"宗祠剧"为例的文化交互、场所活化模式,以"807 公共图书馆"为例的社区营造、地方创生模式等。第三空间通过承载丰富的业态或活动,串联参与社区微更新的多元主体,逐步推进社区微更新;一些社会创新型的第三空间甚至比政府更早地进入社区并介入社区微更新中,使自己成为社区微更新的参与主体之一;第三空间的社区化在空间上呈现向外扩张、融合、自生长的现象;地方创生的社区化模式较容易在第三空间发生并形成多元互动关系。

关键词:第三空间;社区微更新;社区化;地方创生;多元主体参与;广州

1　引言

1.1　多元主体参与的社区微更新

存量时代来临,城市更新逐步转为城市发展的主要方式,特大城市中毗邻 CBD 的老旧小区、城中村既是人口流动密集地区,亦是资本扩张的潜在空间资源,是当前城市更新的重点改造对象。在物质空间转向社会空间、生产空间转向生活空间的规划转向背景下,"以人为本—存量改造"社区微更新模式聚焦于整治社区环境、提升社区品质、预防社区衰败、实现社区振兴,摒弃了传统的大拆大建,转为循序渐进地修复环境与设施、活化地方与机制、培育社区共同意识等"协同"价值范式的手段[1-3],成为近年来城市更新的主要方向。

目前社区微更新以政府主导—社区落实或政府扶持—社区主导为主要模式[4],多元主体参与主要通过外援基金、社区及关联资本合作、资本运营等方式逐步成长。上海市规土局于 2016 年启动"行走上海 2016——社区空间微更新计划";广州市更新局、深圳市城市设计促进中心陆续启动"老广州·新社区"广州市老旧小区微改造规划设计方案竞赛、"小美赛"

城市微设计竞赛，通过公众参与、社区营造等方式激发微改造活力。以上一些项目尽管以政府为主导，但也突出了企业、高校、社会人士、艺术家等多元主体参与的作用，作为当下社区微更新的新兴力量，多元主体参与也是促使许多社区更新成功的主要原因之一。

1.2 第三空间的社区化

随着城市居民对生活品质的要求逐步提高，第三空间的出现为居民提供了丰富生活创意及逃避日常枯燥的可能性。美国社会学家 Ray Oldenbury 于 1980 年代提出第三空间的概念[5-6]，是家与工作地点之外的非正式公共聚集场所，它被称为“远离家的家”，具有中立性、开放性、舒适性、可达性与共享性。传统的第三空间被赋予了社交、休闲的功能，例如茶馆、咖啡店、酒吧、图书馆、街道等；信息化时代下，学习型、创新与创业型的第三空间应运而生，最为典型的是公共图书馆和联合办公空间[7-10]。

在强调存量发展的城市里，越来越多第三空间依靠旧厂房、旧住宅、旧商铺改造而成，通过保留外立面和活化内部空间，凸显其创意和变化，使之成为人们欣然向往的场所，可以说第三空间本身就是存量更新的成果。作为公共空间，第三空间应成为构建社会网络的主要载体[11]，并具备环境—行为互馈共生关系、非线性的室外场所空间及行为持续循环多样化等特征[12]。因此，伴随第三空间通过修复、改造、可持续营造等形式进入社区、实现社区化，在促进社区日常公共性的生活、生长，倡导社区微更新在空间上在地并在场等方面具有重要意义[13]。

本文试图从“空间—行为互动”的社区人群需求[14]出发对社区型第三空间展开研究，并通过对广州的社区微更新实践中出现的不同类型的社区型第三空间观察、走访及对比分析，探讨第三空间的社区化过程，以及在多元主体参与中作用于社区微更新的方式及路径。

2 对社区第三空间的需求

在多元主体参与的社区微更新中，第三空间的使用者主要由在地居民或就业者、游客、外来者、年轻社群以及社区更新工作者组成。

第三空间的特征之一是允许不同阶层、不同职业的人的可进入性，达到聚集、互动、共享的目的。社区人口结构的多层次性，加上社区微更新过程中社区主动关联主体的行为，使第三空间社区化成为一个复杂的过程。由于行为主体的不同，社区内第三空间的使用情况也会有所差异。通过从物理空间向行为空间、情感空间的逐步叠加，从距离、活动、交往与情感四个方面来分析人们对第三空间的需求。

2.1 对社区第三空间的距离偏好

以往在对第三空间的分析中，可达是非常重要的一个因素，但具体如何可达，对于不同的使用者而言，有较为明显的区分。

对于社区而言，受限于身体、家庭、经济、偏好等多种因素，第三空间的选择往往是近家的，社区化的第三空间也应首先满足于本土居民的使用。许多历史文化街区在商业化更新后，增加不少新型业态，并以创意文化街区为噱头吸引人流，但由于不是以社区居民为首要考量，这类第三空间往往得不到本土居民的青睐。

对游客或外来者而言，往往需要突破日常通勤的时空制约才能进入不属于他的社区的第三空间，社区型的第三空间需要通过不同信息渠道的转译、加持、增值，产生极具本土特色和创意的强吸引力，才能抵消所产生的时空成本；有的人可能从几十公里以外的地方专程来到社区的第三空间只为待上一个下午，甚至可能只是为了拍照“打卡”留念。

对于社区微更新的工作者以及在地的一些年轻社群而言，多元化主体的构成即导致了距离的不确定性。部分社区相关主体选择邻近社区，便于实地调研、考察的工作，而另一些外来力量则可能受邀于前者，来自较远的地方，但社区化的第三空间对这些人的影响并不亚于本土的社区居民。

2.2 对社区第三空间的活动需求

对于同一个个体，针对不同情境的时空制约与角色转换，会选择进入不同类型的第三空间，而在社区中则交织着多个群体，不同群体社区型第三空间的活动需求也各有侧重(如表1)。社区居民选择就近社区内的第三空间，主要是作为对生活日常的补充与对休闲社交的满足，通常利用第三空间开展亲子、聚会、休闲或学习等日常休闲活动，要求空间具备便利性与安全性；游客或外来者则更倾向于创新、创意类的第三空间，在第三空间开展的活动以游乐、休闲、线上—线下交往为主；社区更新的工作者在社区型的第三空间中，除了休闲与交往，需要经常进行非正式的学术交流、创作等活动。

表1　不同人群社区第三空间的具体需求(表格来源：笔者自制)

社区第三空间的使用者类型	对社区第三空间的距离需求	在社区第三空间进行的主要活动类型
社区居民	邻近第一空间	亲子、聚会、休闲、学习
游客或外来者	与第一空间相距较远	游乐、休闲、交往
年轻社群或社区更新工作者	邻近第二空间，或介于前两者之间	交往、创作

2.3 对社区第三空间的交往需求

社区第三空间通过活动将与社区相关的人们在一定的时间里联系起来，满足人们与人交往、自我展现的需求(如图1所示)。由于不同人群在第三空间中寄望获取独特的知识或经验，进入第三空间的时间、频率、方式也有所差异，通过第三空间创造的交往纽带，很大程度上是一种弱联系。当然，弱联系可以激发创新，而这种创新也应用在了社区微更新中。但想通过第三空间构建更亲密的交往关系，是人们对社区第三空间更高的要求。

但另一方面，人们对第三空间的认知是一种公共空间，不同类型的使用者进驻，更是增加了他们对“陌生感”这一关键资源的需求[15]，一般来说强调的是在空间中可以拥有不被打扰的权利，借此达到共同构建良好的社区空间秩序的目的。

2.4 对社区第三空间的情感需求

传统的城市更新借助于第三者的视角，往往忽视了本地居民的情感需求。更新后的城市空间对于外来者而言充满了新奇和趣味，但对于在地居民而言，空间依旧是看似日常的、

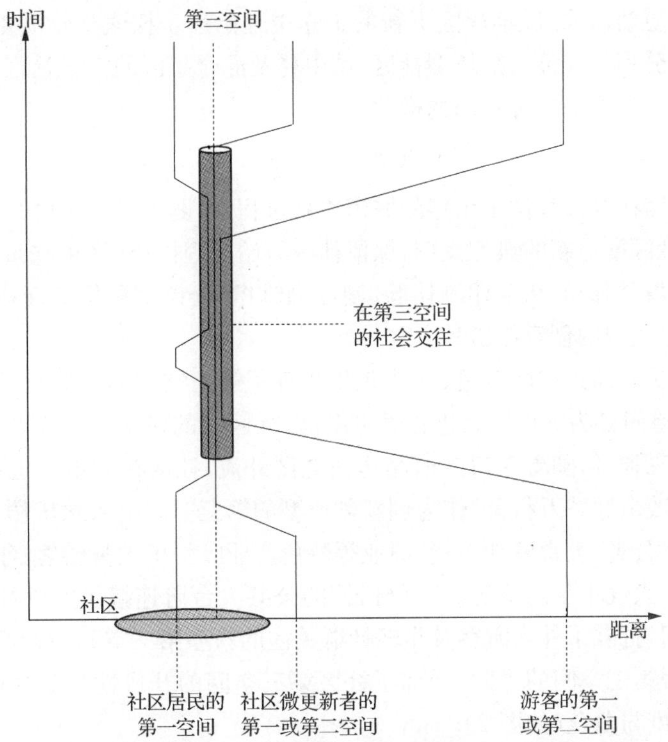

图 1　通过第三空间构建的社会交往的时空图示(图片来源:笔者自绘)

琐碎的、重复的[16],居住环境改善并不能使他们逃离生活日常,在逃离的情感驱动下[17],本地居民更需要借第三空间的社区化扭转困境。因此,第三空间在社区化的过程中不仅满足社区不同人群交往、集聚、社交活动的需求,更应促使地方生长出创意,使本地居民重新挖掘日常的多变与可能,并借此培育社区认同感,重塑社区情感。

3　第三空间的社区化过程

3.1　第三空间社区化的类型

从第三空间的产生来看,传统的第三空间,在原社区发展中本就承担着第三空间的功能,经过社区微改造后其主要功能不发生改变,通过其他手段为其注入新的活力;新型的第三空间,指的是原本不具备第三空间功能的场所,在微改造的过程中经历了私有化向公共化转变的过程,外观及功能均发生改变。

从第三空间的角色来看,第三空间既可以作为微改造的客体,在多元主体(尤其是非营利性合作方)介入微改造的过程中,第三空间也可以发挥其集聚资源的特性,成为社区微改造的主体。

3.2　第三空间社区化的案例

广州作为社区更新的先驱在 2016 年起实施的《广州市城市更新办法》曾创造性地提出

"微改造"的城市更新模式，近年社区更新的工作中开始逐步探索从物质更新向社区发展的模式。本文选取分别代表传统街坊型社区、城中村及混合小区的三个社区，对比研究第三空间在社区微更新中形成的三种不同的模式。

3.2.1 联合办公空间——空间改造、功能导入

荔湾区恩宁路在经过长达十余年的城市更新过程中，诞生了永庆坊"政府主导＋企业承办＋公众参与"社区微更新的典型案例，保留社区原始肌理格局，优化空间环境，传承特色文化，结合手绘墙、岁月邮局、活字印刷体验、网红咖啡馆、会议室租赁等新业态推动"体验式"旅游，成为广州最热门的创意旅游景点之一。

永庆坊的微更新通过空间改造、功能转化实现了第三空间的社区化，以改造型建筑"万科云"联合办公空间最为突出。在进行微更新前，社区内的建筑大多为老旧破败的危房，尽管是历史岁月的见证者，随着人口向商品房住宅区外流，社区在城市中也更加濒临边缘化；在针对建筑单体改造后，"万科云"作为创新创业型的第三空间引入永庆坊社区，并以其承载的众创办公、青年公寓、教育营地、特色商业等特色产业吸引了大量游客、年轻社群共同走进社区，改善了社区人气不足的情况。"万科云"的公共大台阶连接了室外社区公共空间与室内办公、教育空间，打破了外来游客及年轻社群关注的新型第三空间与社区居民日常使用的广场、街道等常规第三空间的界限，增加了社区第三空间的开放性与共享性，拓宽了第三空间在社区内的尺度与角色(如图2)。

岁月邮局　　活字印刷体验馆

"万科云"内部空间改造　　"万科云"、社区广场

图2　永庆坊社区微改造实景(图片来源：笔者拍摄)

3.2.2 城中村宗祠——文化交互、场所活化

随着城市化的进程加速，乡村空间不断被压缩，所剩不多的城中村也逐渐沦为中心城区的孤岛。祠堂建筑是区隔于现代城市建成环境、代表传统民俗的独特人文景观，更是村民集体记

忆的符号象征。祠堂不仅具有一般第三空间的共同特性，更带有浓厚的宗族文化氛围；但由于它并不是所有人的情感寄托，尽管作为第三空间向所有人开放，但一般情况下非原住村民对祠堂并没有强烈的兴趣；此外，随着宗族社会结构一定程度上有所消解，有些地区的宗祠所承担的社会角色开始走向单一化，日常生活中较少人踏入祠堂，仅仅保留为节庆聚会场所。

然而，祠堂也可以以社区型第三空间的形式与社区微更新相结合，从中挖潜出更高的文化内生价值，典型案例如天河区车陂社区。经了解，车陂村有 1 500 年历史，村内有超过 30 个姓氏设立了宗祠。逢年过节，每个祠堂均设有自家流水席，宗祠作为第三空间具有一定的排他性与时效性。在 2017 年，车陂社区被列入广州市的“微改造计划”，本土乡贤牵头成立的龙舟文化促进会希望通过弘扬传统龙舟文化的形式，在社区原住民、新住户、外来者等不同群体之间实现文化融合、社区共治；祠堂兼具休闲聚会、文化传承的功能，成为联结不同人群的“锚”。龙舟文化促进会联合广州大剧院于 2018 年祠堂节庆聚会的同时引入“席间剧”的元素；2019 年，首次探索“宗祠剧”这一具有鲜明时空特色的艺术形式(如图 3)。

尽管不是对空间进行实体性的改造，但从促进社区融合的层面上，这项活动也是一种多主体参与式的社区微更新，它以本土乡贤为多元主体参与联络人，以原创剧场为创作支撑平台，以艺术院校学生、艺术家、本地村民为合作参与角色，以本土龙舟文化为社区融合脉络，以传统宗祠为社区微更新的空间载体，通过“科研＋创作”的形式，挖掘每个宗祠的故事，最终通过原创戏剧的形式在祠堂展示。以龙舟文化为主题的“宗祠剧”在端午节上演，吸引了海内外人士前往社区参观游览；戏剧活动从宗祠向外延伸至社区公园，形成一系列艺术文化活动，扩大了宗祠作为第三空间在社区的影响。宗祠通过文化活动、艺术媒介实现了第三空间的社区化，提升了空间价值，达到了联结不同人群的目的。

演出祠堂

户外公园的特邀表演

宗祠剧

宗祠剧

图 3　车陂社区龙舟宗祠剧(图片来源:笔者拍摄)

3.2.3 公益图书馆——社区营造、“地方创生”

海珠区怡乐社区是一个混合型的居住社区，曾因毗邻大学校园，许多大学教师在此地建屋而被誉为“岭南大学教师村”；由硫酸罐砌成墙的废弃硫酸厂、“孖屋”构造的民国旧式别墅、中西风格交融的“翘角楼”均是本地的特色建筑，且在中心城区快速扩张中一直未受大肆拆建的影响。但随着时间推移，怡乐社区出现部分建筑老化、公共配套落后等问题，社区微更新成为新的发展需要，位于怡乐路的 807 公共图书馆开始走进社区。

807 公共图书馆既是一个学习型第三空间，也是一个典型的以公益为导向的社会创新型第三空间。作为学习型第三空间，在图书馆里发生着读书会、放映会、分享会等不同的事件，吸引志同道合的青年在图书馆里聚集；而作为公益导向型的社会创新型第三空间，它关注社区不同群体、不同空间，结合跨界合作、社区发展、社区教育、本土文化等主题，集聚社区服务、公共艺术、规划设计、生态景观等专业的师生、专业人士及志愿者，与社区居民共同开展社区导赏、社区艺术展、儿童社区探险、马拉松绘本读书会等社区营造活动(如图 4)。例如在儿童社区探险项目中，807 图书馆引导社区儿童以身体感知出发，以 1 m 的视线高度与独特的儿童思维，发现并挖掘社区问题，共同设计社区移动公共空间，并提出改善人行道标识、修复盲道等实质建议；与社区儿童共同认识社区植物并设计社区特色形象大使，并将形象大使的创意融入社区立面彩绘、互动墙及社区移动公共空间等设计中；在社区艺术展的项目中，807 图书馆通过与艺术院校合作，走访社区居民，将居民的形象及故事转化为不同的艺术作品并散布在社区的各个角落，使探索社区成为有趣的生活日常，也使单一场所意义的第三空间向全社区生长。社区的第三空间也从单一的图书馆空间逐步延伸至社区内部的慢生活馆、亲子绘本馆以及公益社团的联合办公空间等其他场所空间，整个社区的第三空间已开始出现自生长的迹象。

社区艺术展

社区探险与立面微改造

社区移动公共空间设计

马拉松绘本读书会

图 4 807 公共图书馆的社区微更新项目(图片来源:笔者拍摄)

807 公共图书馆落地怡乐社区并以社区营造、地方创生的方式推进社区微更新的工作始于 2016 年，直到 2018 年怡乐社区才通过社会招标的形式正式实施社区微改造项目，807 公共图书馆的社区微更新的脚步走得比政府主导的社区微更新更快。807 公共图书馆作为第三空间在社区微更新的过程中不仅发挥其空间载体的作用，更是逐步演变为社区微改造、微更新的主体，通过诱发多元化的互动关系，促进社区居民加深社区情感，培育社区共同意识。

3.3 第三空间社区化的路径

上述三个案例所提及的第三空间被赋予的场所功能不同，但在第三空间社区化过程中仍存在一些共同点：其一，三个案例均以多元主体参与的模式推进社区微更新，包括与社区有关联的主体、援助性公益主体、出于资本运营目的的市场主体等不同形式，而第三空间则是社区微更新的重要节点，或在微更新中扮演串联多元主体的纽带角色；其二，第三空间通过承载丰富的业态或活动集聚人气，建构社区良好社会网络，激发片区新生活力，逐步推进社区微更新；其三，第三空间的社区化在空间上呈现向外扩张、融合、自生长的现象。三个案例也代表着第三空间社区化作用于社区微更新的全过程，其路径包括四个过程：空间改造—场所活化—地方创生—社区共融（如图 5）。

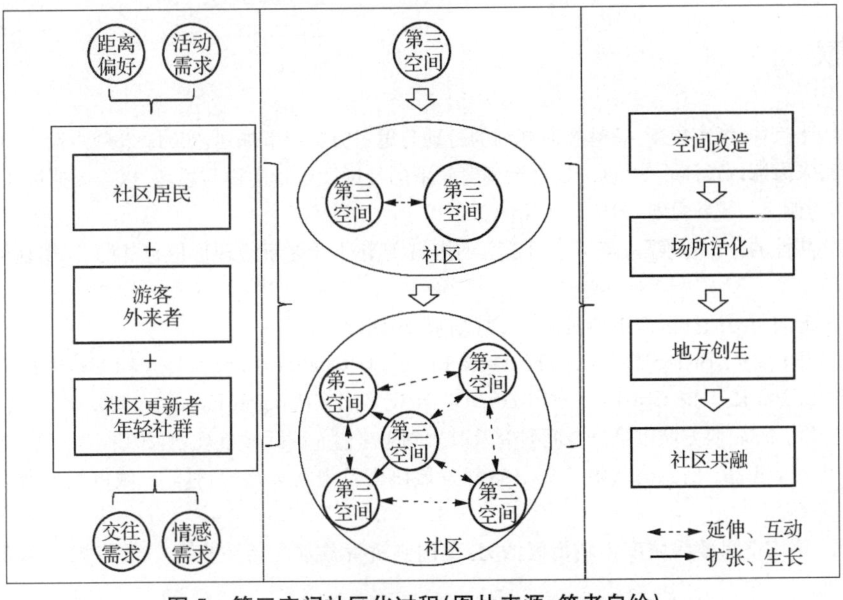

图 5 第三空间社区化过程（图片来源：笔者自绘）

“万科云”为游客和社群提供了丰富、有趣的第三空间，并为社区居民孕育了一系列社区文化活动，但直观的社区观察仍然发现主要受众仍是游客和社群，大量的外来者涌入也使得社区更像景区而非生活居住区。其可能的原因是第三空间并没有建立起社区居民与外来者的社会空间秩序，社区居民不认为在他们生活日常的第三空间可以享受到陌生感，也因此产生排他心理。而由于在第三空间进行的诸如游玩、体验、会议等活动均为人们可以独立完成的，所以外来的游客也并不需要通过第三空间与社区居民建立起互动关系。

祠堂形式的第三空间从传统角色向更加开放的现代创作平台转型，第三空间、社区居民、游客、社区微更新者也有效地建立起互动关系；但相对来说，仅仅是在单一场所下建立的单一互动关系，例如：被研究—创作，指导表演—学习表演，演出—观看，进入—被进入。而在公共图书馆的模式中，一方面社区的第三空间已经出现自生长的迹象，逐步成为集学习、信息、教育、服务于一体的"社区心脏"，在全开放的同时，更加针对性地服务不同人群，不同人群又通过第三空间的社区化缔造社区关系；另一方面第三空间本身就是社区微更新多元参与主体的核心组成部分，因此第三空间、社区居民、游客以及其他社区微更新者得以在多层次第三空间场所共同建立多元化的互动关系，甚至从中获得情感需求满足。

4 结论与展望

随着存量内涵式提升的社区微更新工作在城市全面铺开，越来越多的社区型第三空间出现并融入社区生活，满足人们多样化的需求。第三空间在社区化过程中除了作为交往、集聚的场所，更注重增强人的社区情感与体验感，联结社区邻里关系，复兴社区文化价值。

社区微更新的主体及方式也日益多元化，发生在第三空间的多元主体合作更新项目更容易促进社区信息交流、思维碰撞，并为社区注入新鲜活力；多元主体参与微更新的模式将逐渐成为符合人民利益的主流趋势，进一步强调居民参与、社会公平与价值共享。

参考文献

[1] 程大林，张京祥. 城市更新：超越物质规划的行动与思考[J]. 城市规划，2004，28(2)：70－73.

[2] 徐磊青，宋海娜，黄舒晴，等. 创新社会治理背景下的社区微更新实践与思考：以 408 研究小组的两则实践案例为例[J]. 城乡规划，2017 (4)：43－51.

[3] 李昊. 公共性的旁落与唤醒：基于空间正义的内城街道社区更新治理价值范式[J]. 规划师，2018，34(2)：25－30.

[4] 王承慧. 走向善治的社区微更新机制[J]. 规划师，2018(2)：5－10.

[5] OLDENBRRG R，BRISSETT D. The Third Place[J]. Qualitative Sociology，1982，5(4)：265－284.

[6] OLDENBRRG R. The Great Good Place[M]. New York：Paragon House，1989.

[7] 冯静，甄峰，王晶. 西方城市第三空间研究及其规划思考[J]. 国际城市规划，2015，30(5)：16－20.

[8] 冯静，甄峰，王晶. 信息时代城市第三空间发展研究及规划策略探讨[J]. 城市发展研究，2015，22(6)：47－51.

[9] 邓智团. 第三空间激活城市创新街区活力：美国剑桥肯戴尔广场经验[J]. 北京规划建设，2018(1)：178－181.

[10] 贾佳. 图书馆作为第三空间的社会价值研究[D]. 武汉：华中师范大学，2013.

[11] 何深静，于涛方，方澜. 城市更新中社会网络的保存和发展[J]. 人文地理，2001，16(6)：36－39.

[12] 张侃侃，王兴中. "第三空间"的社区化[J]. 生产力研究，2012(4)：105－106.

[13] 任凯，徐磊青. 第三场所可持续营造的环境行为学研究：基于室外环境一行为互馈共生分析与选择性行为验证[J]. 城市设计，2017(2)：76－81.

[14] 柴彦威，谭一洺，申悦，等. 空间一行为互动理论构建的基本思路[J]. 地理研究，2017(10)：145－156.

[15] NASSEHI A. Mit dem taxi durch die gesellschaft：soziologische storys[M]. Murmann Publishers GmbH，2010.

[16] TUAN Y F. Escapism[M]. Baltimore：JHU Press，1998.

[17] LEFEBVRE H. Everyday life in the modern world[M]. New York：Harpeand Row，1971.

第四章

城市更新的制度建设与技术创新

我国城市更新立法事权划分探析①

汪　灏

西华大学法学院

摘要：立法在城市更新制度创新中起着最为重要的作用，但我国中央与地方在城市更新的立法权限并没有得到科学划分。通过对我国立法体制的制度分析，能够清晰判断出城市更新立法是中央与地方共同立法事权。结合对我国城市更新立法的实证研究，在我国一元三级立法体系中，目前城市更新立法事权划分最适宜的方案是中央立法继续观望，等待地方立法经验，省级立法通过整理经验打开僵局，力争做中央立法的“试验田”，而设区市是当前的立法重点，要鼓励制度创新，大胆采用地方性法规的立法形式。

关键词：城市更新；立法权限；央地关系；制度竞争

1　引言

我国城镇化率已经从1978年的17.9%上升到2018年的59.58%②，按照诺瑟姆的城镇化过程S形曲线理论[1]，仍处于城镇化率30%～70%的加速阶段，但按目前每年1%左右的城镇化率增速，离增长缓慢甚至停滞的后期阶段也就10年左右的时间了。基于长期以来我国城镇化资源利用粗放等原因，土地城镇化远快于人口城镇化[2]，更应提前谋划城市空间生产的转型，适应城镇化增长后期阶段的发展需要。城镇化进程中的空间生产，主要围绕两个维度展开：一是城市内部空间的更新，二是城市空间的外延扩张[3]。过去40年，我国城镇化空间生产的主要方式是城市空间的外延扩张，而未来的我国城镇化空间生产的主要方式将很快转型为城市内部空间的更新。在这一转型过程中，如何通过城市更新制度创新鼓励城市存量土地再开发，从而满足城市空间生产的需要，将是回应生态文明建设视野下推动新型城镇化发展的时代命题。

我国对城市更新立法的关注，始于20世纪90年代中期。最早是规划学界在城市规划建设的实践中，发现与城市更新相关的各个法规条例大多分属于不同的承办机构，提出只有将这些有关机构的法规，纳入城市更新的范围，制定统一的准则，进行统一的管理，才能取得

① 2019年度成都市哲学社会科学规划项目“成都市城市更新地方立法研究”、2019年度四川省委党校四川行政学院重大研究项目市州项目“四川省城市更新地方立法研究”（ZDSZ2019001）资助。

② 数据来源于中国知网大数据研究平台。

应有的实效[4]，此后规划学界一直高度重视法律在城市更新中的重要作用[5]。法学界对城市更新立法研究起步更晚，研究重点集中于城市更新中公共利益界定、推进城市更新国家统一立法、地方立法经验提炼、公众参与机制建立等几个领域。城市更新启动合法性问题一直以来就是法学界关注的焦点，界定公共利益，划清公共利益与私人利益的边界，是解决城市更新合法性问题的关键和基础[6]。也有学者通过对我国城市更新立法现状的考察，发现存在结构性缺陷、基本原则缺位、公众参与保障不足等问题，认为需要通过修改相关法律、专门制定“城市更新法”推进国家层面法律体系的完善，从而系统性规范城市更新活动[7]。法学界还高度关注以深圳、广州、上海等城市为代表的城市更新地方立法实践，重视从地方立法实践中提炼出能够适用全国的普遍性经验[8]。

目前的研究都关注到了立法对于城市更新制度创新的作用，但对于我国中央与地方在城市更新的立法权限划分这一基础命题只有一般性论述，缺乏从央地事权划分的角度深层次观察中央与地方在城市更新上的立法权限。有鉴于此，本文通过对城市更新立法事权的文本进行观察，分析中央、省、设区市三级复杂府际关系作用下，科学确定当前中央、省、设区市三级在城市更新立法中的权限边界和内容范围。

2 我国城市更新立法事权类型：中央与地方共同立法事权

2.1 我国城市更新立法现状

城市更新是当前全球城市发展中最受关注的问题之一，但其进入法治视野是从20世纪上半叶在西方兴起的一门新兴交叉学科“法与城市规划”开始的，进入我国法治视野的时间就更短，被认为始于20世纪70年代末80年代初[9]。

2015年《中华人民共和国立法法》(简称《立法法》)修订后，在全国范围内城市更新立法权包括国家层面(1)、省级层面(35)以及设区市层面(284)。通过“北大法宝”对国家层面(1)、省级层面(35)以及设区市层面(284)现行城市更新立法情况进行了检索，目前尚无国家层面的城市更新专门立法，省级层面的只有上海市，在设区市层面目前已有广州、深圳、珠海、昆明四个城市制定了城市更新的政府规章或规范性文件①。

2.2 我国立法事权类型

作为世界上最大的单一制集权国家，我国立法事权模式是“行政发包制”。地方立法事权一般是立法授予的，仅限于法律上明确列举的事项。除此之外，皆归中央。地方立法事权有多大，地方能够就哪些地方性事项立法，都取决于中央的意愿，以及地方与中央的博弈[10]。

在单一制和中央集权下，我国立法事权主要由中央专属立法事权以及中央与地方共同立法事权构成。地方立法很大程度上只是一种执行性、辅助性立法，地方不享有完整、独立的立法权。中央专属立法事权，通常是指这些专属中央的立法事项，具有强烈的“排他性”和

① 采用“北大法宝”进行城市更新法律检索的日期为2019年6月12日。

“独占性”，只能专门由中央来进行立法。而中央与地方共同立法事权，并不专属中央或地方的任何一方，地方有权就某些事项在中央立法的框架之内进行立法，但是，针对这些事项的地方立法权，不得排斥中央立法权，也不得与中央立法的原则性规定相抵触。在中央制定了上位法之后，与之相抵触的地方立法必须加以修改[11]。

2.3 我国城市更新立法事权类型划分

城市更新法的部门法属性在我国学界尚无定论，笔者认为其属于规划法。在我国法律体系中，规划法的上位法是城乡建设法①，这将是确定城市更新立法事权类型的逻辑前提。根据我国《立法法》第八条、第九条的规定，城市更新不属于法律专属立法领域；根据我国《立法法》第六十五条的规定，城市更新法属于行政法规的立法领域；根据我国《立法法》第七十二条的规定，城市更新法属于省、自治区、直辖市、设区市、自治州地方性法规的立法领域；根据我国《立法法》第八十条的规定，城市更新法属于国务院相关部委部门规章的立法领域②；根据我国《立法法》第八十二条的规定，城市更新法属于省、自治区、直辖市、设区市、自治州地方政府规章的立法领域。通过以上对《立法法》关于城市更新立法事权的制度文本分析，可以判断城市更新立法并非中央专属立法事权，中央与地方均可以进行立法，应属于中央与地方共同立法事权。

3 城市更新立法事权在我国一元三级立法体系中科学分配

2015 年修改后的《立法法》主要的变化之一，就是扩大立法主体，赋予设区市地方立法权，我国立法体制呈现的是“一元三级”的立法格局[12]。在“一元三级”的立法体系中，如何科学分配城市更新立法事权是推动城市更新制度创新最重要的立法保障。

3.1 中央与地方事权分配是立法权配置的基础

从地方治理意义上说，有关事项的立法权是归属中央还是地方变得不再重要，关键是中央与地方如何协调，以一种适宜的方式共同对它们进行立法[13]。城市更新立法事权作为一种中央与地方共同立法事权，关键是如何加强中央、省、设区市三方面的协调，通过一种适宜的方式共同进行城市更新立法。

我国绝大多数央地立法实际上是遵循“中央决策、地方执行”的思路在运作，中央层面主要负责全国性法律和行政法规的制定与立法监督职责，而这些全国性法律法规的具体执行细则与办法要依赖于地方立法[14]。根据前面对我国城市更新立法文本的全面检索，我们发现目前尚无国家层面的城市更新专门立法，只有一个直辖市（上海）、四个设区市（广州、深圳、珠海、昆明）制定了城市更新的政府规章或规范性文件，体现的是“中央观望、地方先行”

---

① 根据第十二届全国人大法律委员会关于《中华人民共和国立法法修正案（草案）》审议结果的报告中的说明，城乡建设与管理包括城乡规划、基础设施建设、市政管理等，因此规划法属于城乡建设法。

② 根据 2018 年党和国家机构改革后的国务院部门分工，我国城市更新主管部门主要是自然资源部、住建部。

的立法状态，中央正在等待地方立法的成功经验，为中央立法做准备。与此同时，我国中央与地方自上而下立法职责同构的现象也很明显，缺乏针对不同层级地方在立法职能和事权方面的合理化、精细化区分[15]。中央与地方共享立法权的优点，就在于它使得地方政府就某个领域的立法先行先试，待条件成熟后，中央再进行立法。此外，权力的共享使得中央可以制定全国通行的标准，同时允许地方细化相关的标准，这样的权力分配方式能更好地经受住社会变迁的考验[16]。在进行城市更新立法事权配置时，要充分发挥中央与地方共同立法事权这些具体的优点，在中央、省、设区市之间科学划分城市更新立法权限。

具体来说，在中央、省、设区市之间科学划分城市更新立法权限关键在于顺应中央与地方事权分配的改革趋势，将立法事权配置镶嵌于中央与地方事权分配改革框架之中。2014年，党的十八届四中全会通过的《中共中央关于全面推进依法治国若干重大问题的决定》就推进央地事权划分改革提出要求："推进各级政府事权规范化、法律化，完善不同层级政府特别是中央和地方政府事权法律制度，强化中央政府宏观管理、制度设定职责和必要的执法权。"2016 年，针对我国央地关系出现的新特点和新问题，国务院发布《关于推进中央与地方财政事权和支出责任划分改革的指导意见》，该意见明确提出："将有关居民生活、社会治安、城乡建设、公共设施管理等适宜由基层政府发挥信息、管理优势的基本公共服务职能下移，强化基层政府贯彻执行国家政策和上级政府政策的责任。"城市更新作为城乡建设的重要领域，毫无疑问属于应下移基层政府的基本公共服务职能。"社会生活中所需要的知识至少有很大部分是具体的和地方性的"[17]，城市更新更是极端依赖于地方性知识，一个城市所处的城市化发展阶段、产业结构、土地使用现状、发展趋势等等，这些地方性知识决定了这个城市采取何种城市更新发展模式、选择何种城市更新制度设计，这都需要作为基层政府的设区市(也包括四个直辖市)充分发挥其信息、管理优势来进行制度创新，如期待中央或省制定一个统一的标准，则这些规定必然过于原则、宏观而缺乏可操作性、针对性。

3.2 中央立法：继续观望、等待经验

如前文所述，目前尚无国家层面的城市更新专门立法，但有学者检索发现全国性立法中对于城市更新有三处原则性规定：一是《中华人民共和国城乡规划法》第三十一条关于旧城区改造的原则性规定："旧城区的改建，应当保护历史文化遗产和传统风貌，合理确定拆迁和建设规模，有计划地对危房集中、基础设施落后等地段进行改建"；二是《中华人民共和国土地管理法》第四十三条就建设用地的范畴、使用程序等原则性规定："任何单位和个人进行建设，需要使用土地的，必须依法申请使用国有土地"，"国有土地包括国家所有的土地和国家征收的原属于农民集体所有的土地"；三是《国有土地上房屋征收与补偿条例》第八条关于危房及旧城区改造的征收规定："政府依照城乡规划法有关规定组织实施的对危房集中、基础设施落后等地段进行旧城区改建的需要"，"由市、县级人民政府作出房屋征收决定"[18]。该学者还通过对现有制度体系的分析和详尽的比较研究，提出要"专门制定《城市更新法》，系统性规范城市更新活动，做到城市更新有法可依"[19]。但从目前我国城市更新立法的制度实践和理论研究来看，制定全国性专门立法的条件还不成熟。邓小平同志曾经说过："有的法规地方可以先试搞，然后经过总结提高，制定全国通行的法律。"[20]观察改革开放后我国立法发展实践，地方立法在某种程度上一直是中央立法的智慧与经验来源，在某

种意义上，当地方立法普遍开花形成燎原之势时，就是中央立法条件成熟之日[21]。目前，全国只有五个城市制定了城市更新地方立法，制定了政府规章的只有三个，其他都是规范性文件(详见表1)。深圳市是制定城市更新地方立法最早的城市，2009年制定了《深圳市城市更新办法》，在2016年就进行了修订，而且一两年就要对相关城市更新政策进行修正，难说成熟。广州市、珠海市的城市更新地方立法比较单薄，还没有完全形成一套完整的制度体系。上海市城市更新办法是地方规范性文件，明确规定该办法自2015年6月1日起施行，有效期至2020年5月31日，还在试验期中。昆明市城市更新办法也是地方规范性文件，也还在试验中。鉴于目前我国城市更新地方立法实践和理论研究现状，推动城市更新全国专门立法的时机尚不成熟，应该继续观察地方立法的实践并加大理论研究力度，为城市更新全国专门立法作更充分的准备。

表1　我国城市更新地方立法情况(表格来源:笔者自制)

城市名称	具体的规章名称	城市更新立法类型
深圳市	《深圳市城市更新办法》	地方政府规章，深圳市人民政府令(第290号)
广州市	《广州市城市更新办法》	地方政府规章，广州市人民政府令(第134号)
珠海市	《珠海经济特区城市更新管理办法》	地方政府规章，珠海市人民政府令(第114号)
上海市	《上海市城市更新实施办法》	地方规范性文件(沪府发〔2015〕20号)
昆明市	《昆明市城市更新改造管理办法》	地方规范性文件(昆政办〔2015〕33号)

3.3　省级立法:整理经验、打破僵局

目前除了上海市，省级层面城市更新尚无专门立法，比较有代表性的省级规范性文件有《广东省人民政府关于推进"三旧"改造促进节约集约用地的若干意见》(粤府〔2009〕78号)。"要理解立法就必须理解它所依赖的物质生活条件和它与该物质生活条件的联系"[22]，缺乏省级立法，说明中国省域辽阔，省域内各个城市发展情况千差万别，难以制定一个对省域内各个城市均适用的城市更新法。但正因为这样，省级立法对于中央立法的借鉴意义就更为重要。对此，在改革开放之初主持全国法制工作的彭真同志就曾有过很清晰的论述:"有些法律，全国立法的条件一时还不具备，势必先由省、自治区、直辖市制定地方性法规，一方面解决工作进行中发生的问题，同时也为全国立法做准备，在总结经验的基础上，才能考虑全国立法的问题。"[23]特别是广东省，已经有深圳市、广州市、珠海市相继制定了城市更新地方政府规章，最有条件在全国率先制定城市更新省级地方法规，作为全国的"立法试验田"，打破城市更新省级立法的僵局。制定城市更新省级地方法规，一方面要重视"面上指导"，要对城市更新各方面的关系进行全方位的规范和调整，发挥省级立法管全局基本的作用;另一方面要侧重"共性"制度制定，要注意主要确定基本原则、基本标准和主要制度等"共性"制度。

3.4　设区市立法:鼓励创新、注重个性

2015年《立法法》修订后在城市更新领域具有地方立法权的设区市有284个，但目前严格意义进行城市更新地方立法的只有3个，从总量来看太少。下一步，应鼓励这些设区市在城市更新领域进行地方立法，在立法中应注意充分重视每个城市的个性，针对城市的特殊需

求进行立法，这个特殊需求一般为本城市所独有，中央和省级不可能专门进行立法。这样，一方面有效避免了与中央、省级立法的重复，另一方面充分体现了设区市立法的针对性、实效性，为中央、省级立法提供足够的地方经验。目前已经进行城市更新地方立法的三个城市都是采用地方政府规章（详见表 1），特别希望设区市进行城市更新地方立法时能大胆采用地方性法规的立法形式。根据 2015 年《立法法》的规定，没有法律、行政法规、地方性法规的依据，地方政府规章不得设定减损公民、法人和其他组织权利或者增加其义务的规范。这是《立法法》修改时新增加的内容，充分体现了党的十八届四中全会提出的“行政机关不得法外设定权力”的要求。如果涉及设定减损公民、法人和其他组织权利或者增加其义务的规范且无上位法依据的，应当制定地方性法规[24]。从制度竞争的角度考量设区市立法权，设区市之间实际存在横向制度竞争。所谓横向制度竞争，主要是指各地方根据自身的发展战略和立法规划，在地方立法权扩容的政策激励下，挖掘并定位其独特的区位优势，再以立法的形式将该优势内化为制度构建，并通过建立正向激励结构实现区位优势与制度建构之间的良性互动[25]。城市更新地方立法的核心是利益调控和保障机制[26]，不可避免会涉及设定减损公民、法人和其他组织权利或者增加其义务，在横向制度竞争背景下，在城市更新地方立法中，地方性法规比地方政府规章具有更大的制度优势。

4　结语

本文通过对我国城市更新立法文本进行全面的实证观察，在中央与地方事权分配改革框架中，具体分析中央、省、设区市三级复杂府际关系作用下的城市更新立法权限边界和内容范围。总体来说，在中央、省、设区市之间科学划分城市更新立法权限关键在于顺应中央与地方事权分配的改革趋势，特别将立法事权配置镶嵌于中央与地方事权分配改革框架之中，并重视 2015 年《立法法》修订后客观存在的横向制度竞争，充分发挥中央、省、设区市三级的立法积极性。

参考文献

[1] 周一星．城市地理学[M]．北京：商务印书馆，1995：104.

[2] 辜胜阻，李行，吴华君．新时代推进绿色城镇化发展的战略思考[J]．北京工商大学学报（社会科学版），2018(4)：107－116.

[3] 陈进华．中国城市风险化：空间与治理[J]．中国社会科学，2017(8)：43－60.

[4] 袁铁声．谈城市更新工作立法[J]．北京规划建设，1997(3)：57－58.

[5] 阳建强．走向持续的城市更新：基于价值取向与复杂系统的理性思考[J]．城市规划，2018(6)：68－78.

[6] 张微，王桢桢．城市更新中的“公共利益”：界定标准与实现路径[J]．城市观察，2011(2)：23－31.

[7][18][19] 朱海波．当前我国城市更新的立法问题研究[J]．暨南学报（哲学社会科学版），2015(10)：69－76.

[8] 朱冰.论我国规划保证义务的立法结构[J]．法律科学，2017(2)：109－119.

[9] 阳建强．中国城市更新的现况、特征及趋向 [J]．城市规划，2000(4)：53－63.

[10][13] 余凌云. 地方立法能力的适度释放：兼论"行政三法"的相关修改[J]. 清华法学，2019(2)：149-162.

[11][14][15] 封丽霞. 中央与地方立法事权划分的理念、标准与中国实践：兼析我国央地立法事权法治化的基本思路[J]. 政治与法律，2017(6)：16-32.

[12][24] 王腊生. 新立法体制下我国地方立法权限配置若干问题的探讨[J]. 江海学刊，2017(1)：141-149.

[16] 冯洋. 论地方立法权的范围：地方分权理论与比较分析的双重视角[J]. 行政法学研究，2017(2)：132-144.

[17] 苏力. 法治及其本土资源[M]. 北京：中国政法大学出版社，1996：18.

[20] 邓小平. 邓小平文选(第二卷)[M]. 北京：人民出版社，1994：147.

[21] 封丽霞. 中央与地方立法关系法治化研究[M]. 北京：北京大学出版社，2008：349.

[22] 周旺生. 立法学[M]. 北京：法律出版社，2009：37.

[23] 彭真. 论新时期的社会主义民主与法制建设[M]. 北京：中央文献出版社，1989：266.

[25] 周尚君，郭晓雨. 制度竞争视角下的地方立法权扩容[J]. 法学，2015(11)：141-151.

[26] 岳隽，陈小祥，刘挺. 城市更新中利益调控及其保障机制探析：以深圳市为例[J]. 现代城市研究，2016(12)：111-116.

始于情怀，长于制度：实操视角下街镇责任规划师工作挑战反思与路径探索

梁思思

清华大学建筑学院

摘　要：基于北京市海淀区街镇责任规划师的工作实践经验，总结定位、类型、周期、机制四方面工作挑战，结合具体案例，从行动统筹、工作内容、配合进程、组织方式四个方面提出责任规划师工作的策略和回应，并提出下一步的改进方向和建议。

关键词：街道责任规划师；城市更新；城市治理

1　引言

在新的时期，中国城市，特别是北京市发展面临规划模式、发展模式和治理模式的三个层面转型需求[1]。一是《北京城市总体规划（2016 年—2035 年）》再一次明确了北京作为超大城市建设国际一流的和谐宜居之都的愿景目标，城市建设从“粗放拓展”到“精细绣花”的规划模式转型；二是城市空间面临优化绩效和提质跨越的发展模式转型；三是随着城市资源、服务、管理向基层街镇下沉，街道和社区面临新的治理模式转型。

在街道层面引入规划工作意义至关重大，并充满挑战：在实施层面，街道是规划设计工作落地的“最后一公里”，所有蓝图和布局都在此得到体现；在空间层面，街道是存量空间品质提升的“最后一百米”，有着最为微小精细的空间场所营造；在治理层面，街道作为最小的基层行政管理单元，是城市治理见效的最重要也是最根本的社区和片区所在。

2018 年，北京市规划和自然资源委员会发布《关于推进北京市核心区责任规划师工作的指导意见》，以建立责任规划师制度为抓手，完善专家咨询和公众参与长效机制，推进城市规划在街区层面的落地实施，提升核心区规划设计水平和精细化治理水平，打造共建共治共享的社会治理格局。北京市中心城区各区纷纷展开街道（街镇）责任规划师制度探索。东西城率先展开责任规划师介入胡同的修葺整治工作；海淀区于 2019 年年初展开“1＋1＋N”的“高校合伙人＋街镇责任规划师＋规划设计团队”的制度探索；朝阳区于 2019 年 6 月正式亮相街道责任规划师并展开工作。

随着工作的推行，对于街道责任规划师的工作定位、责任、权利、机制等各个方面出现了很多讨论的声音：“权、责、利”如何明确界定？责任规划师的身份是运动员、裁判，还是甲方、乙方、第三方？街道责任规划师的工作向谁汇报，受谁监督，被谁考核？责任规划师签字审

批的权力是责任还是约束和桎梏？如此等等，不一而足。

2019年年初海淀区委十二届九次全会明确提出推进“两新两高”发展战略，即“挖掘文化与科技融合发展新动力、构建新型城市形态；推动高质量发展、打造高品质城市”。笔者以高校合伙人身份，受聘成为北京市海淀区街镇责任规划师，基于2019年以来的工作实践经验，总结定位、类型、周期、机制四方面工作挑战，结合具体案例，从行动统筹、工作内容、配合进程、组织方式四个方面提出责任规划师工作的策略和回应，并提出下一步的改进方向和建议。

2 定位：街镇责任规划师 vs 社区规划师

上海是我国率先展开社区规划师调查工作的城市。以《关于进一步创新社会治理加强基层建设的意见》《上海市城市更新实施办法》《上海市15分钟社区生活圈规划导则》和《上海市城市总体规划（2016—2040）》为指导，以社区自治、共治的方式，聚焦居民日常需求，进行社区微更新，创造富有亲和力的城市公共空间，营造开放共享、有温度的宜居社区，用智慧和工匠精神让城市空间更新的街角、道旁都发生着精致的变化，激发基层社会治理的创新热情[2]。杨浦区、浦东新区、普陀区、北外滩街道、天平街道、湖南街道等纷纷聘任同济大学、上海交大等规划专家学者担任社区规划师，并已展开卓有成效的工作。

北京是否能够完全挪用上海的社区规划师的经验？街镇责任规划师和社区规划师又存在哪些不同？如表1所示，上海某街镇社区规划师工作指导意见里显示，尽管执行制度的主体为街道，但上海市较多社区规划师的工作主体是对接社区的居委会和业委会，因此，工作机制主要包括：工作自下而上的需求采集；听证会、协调会、评议会等沟通过程；以及借助规划设计的专业力量，对微小空间展开品质提升的整治改造，并对其进行技术负责。

表1 上海某街镇社区规划师工作指导意见[3]

信息类	具体内容
工作目的	城市空间如街角、道旁精致变化 激发社区自治、共治活力
工作内容	九项行动：活力街道、口袋公园、慢行路径、设施复合体、艺术空间、林荫道、运动场所、破墙开放行动、街角空间
工作主体	居委会、业委会为主体
工作机制	自下而上的需求采集 听证会、协调会、评议会 设计师和导师签字的技术负责
激励机制	社区自治金 评优

反观北京，特别是海淀区的城市发展现状，街道层面与上海的工作基底存在若干不同。首先，在用地布局上，海淀区大量土地被国有机关和科研机构等单位院所占据，整治权不在街道，有待进行统筹；其次，在空间规模上，东西城的一个街道管辖范围的规模约等于海淀区的一个社区大小，而海淀区的任何一个街道都有十数个或者数十个居住社区，因此，街道责任规划师的工作范围远超出社区；再次，海淀区仍然存在数量不小的棚户区和城中村，因而腾退、改造、拆迁等工作也在责任规划师的考量范围中。

因此，基于北京实践的街镇责任规划师，不仅需要具备对接社区、园区等微小细胞单元的社区深入参与能力，也要具备对接街道办事处等最小层级行政治理单元的规划实施工作和统筹协调工作。即参与式“自治”与协调式“管理”兼具的责任规划师的角色任务。

3 难点与需求分析

下文结合北京市海淀区街镇责任规划师的实际工作，归纳街道责任规划师的工作属性与街道工作方式之间磨合存在的若干工作难点，主要包括定位、类型、周期、机制四个方面。

3.1 定位：点对点指导空间任务 vs 统筹协调定位方向

传统街道工作以事件类为导向，既有每年的必选动作，比如春季的杨柳絮整治、行道树防虫喷洒、节日庆典摆花；也有特定的定制事件，比如棚户区腾退、背街小巷整治、景观绿道建设、立面改造；还有突发类事件，如防洪排涝、社区民意冲突、园区内停车整治等等。因此，街道办事处在机构设置上也是按事件类型部门进行分类，并不完全和市区一级的机构完全一一对应。由于城市规划的定位更偏向于研究城市地区未来发展方向、合理布局功能和活动以及规范城市发展建设的行为，因此并不出现在街道层级的机构设置中。然而，随着城市治理和规划权力的下放，街道层面也开始需要对管辖范围内的相关规划建设工作进行统筹和协调考虑。但是，街道层面的规划应该怎么做，并没有固定的范式可以参考，仍然有待进一步摸索。

在责任规划师刚刚介入街道工作之初，很多街道都要求规划师做一份“战略规划”。但是，街道层面的战略规划是否需要编制？怎么编制？均存在很多疑点。不论是方向、结构、内容还是措施等方面，都有很多在街道层面无法完成的工作。另外，街道的各项行动计划，以纸质文件和文字报告形式呈现，出现了若干行动计划指向同一道路段的情况，由于缺乏统筹沟通，造成建设工作的重复。

3.2 类型：行动计划纷繁多样，如何抓重点做聚焦

街道作为基层治理最小单元，既承接上位管理部门的考核压力，又下接管辖范围内的社区居民、大院机构、园区企业等主体的直接诉求，更直面每一寸土地、建筑、植被和路面的建设管理维护工作，因此各类行动计划纷繁多样。以马连洼街道为例，一年的工作行动有近200项，其中一半与规划建设工作相关。街镇责任规划师介入工作，面对千头万绪，如何抓重点，做聚焦，成为一大挑战。

此外，每个街道的实际情况不同。在海淀区，有的街道位于城市建成区，基本完成建设；有的街道尚有大量村庄用房有待腾退；有的街道范围内是三山五园历史地区；有的街道老旧社区占据了大半。如何根据街道的特征进行工作重点的取舍，是对街镇责任规划师的一大考验。

3.3 周期：建设工程的实践周期短 vs 规划设计的研究周期长

街道有特定的办事流程，如每年9月申报下一年的预算，预算根据每一年的具体的行动计划来进行。在建设工程类的行动计划中，往往将实施放在第一位。究其原因，以前的街道

工作经验，均关注的是完成度，即在短时间内完成上级指派的工作，如路面维护、拆除违建、调解冲突等。并且，预算审批、招标工作等时长因流程的缘故无法缩短，因此倒推时间表，留给调查研究工作的时间就几乎没有，因此前期调查研究通常开展得并不到位，甚至并没有展开调研，基于主观经验判断便展开工作。相比之下，规划设计所需要的周期比纯建设施工要长，尤其涉及前期的选题选点论证等方面。当二者同期开展时，便会遇上预期时长和工作流程不一致的情况。

3.4 机制：利益主体各方诉求不一，协商协调统筹是重点

在街道工作层面存在各方利益相关的主体，同一片物质载体空间最多可涉及多达十多个部门、机构和个人。以一条普通的道路为例，从产权视角来看，干道路面到两侧的人行道的供方包括交通、市政、园林、规划、建设等多个部门，以及具体负责管辖治理的街道各个科室；从使用方来看，包括行人、机动车、骑行、停车、商家、摊贩等等。看似简单的一段街道立面整治可能涉及架空电线入地、配电箱调整、种植行道树、停车位管理、单车停放整饬、非正式摊贩活动治理、商家立面标识整治、沿街墙面修葺、违章违建拆除、空调室外机调整等等诸多行为。

在街道工作内部，同样存在需要协商协调的难点。在传统的街道工作中，部门采购、财务审批定价、招标建设等工作，均不涉及规划设计内容。规划设计实施“最后一公里”的实际操作内容，也往往分散到各个科室部门和各个社区领导干部。统一对规划的共识、了解规划的工作方式并予以配合成为工作统筹的一大重点。

4 具体策略和回应

海淀区的街镇责任规划师团队由三方面组成：1 位高校合伙人，1 位责任规划师，N(多)个规划设计专业团队。并且，明确了高校合伙人的“培训、咨询、教研”职责，并在招聘责任规划师时明确了“全职、建筑/规划/风景园林背景”等要求。以此为背景，在具体工作中，笔者从四个策略入手，构建面向实操层面“1+1+N”的工作指南(如图 1)。

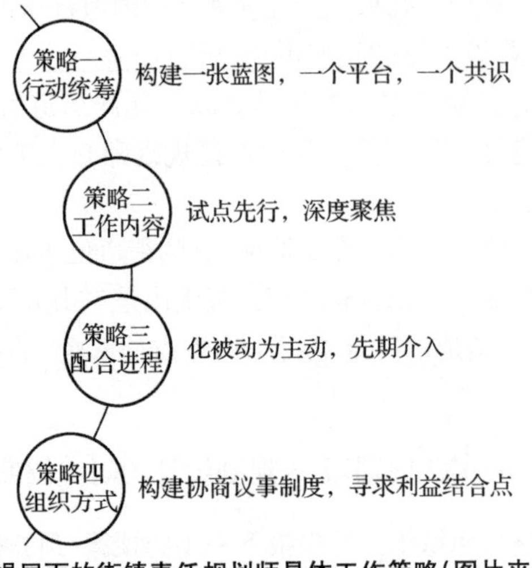

图 1 基于实操层面的街镇责任规划师具体工作策略(图片来源：笔者自绘)

4.1 策略一：在行动统筹上，构建一张蓝图，一个平台，一个共识

基于街道工作的特殊性和大多数规划师、高校合伙人对街道工作的陌生感，梳理街道现状、整理工作任务、了解办事流程等等，成为工作的第一步。具体信息源可以分为 6 类：地图类信息源，上位政策类信息源，工作档案类信息源，公众反馈类信息源，建成环境现状类信息源，以及工作流程类信息源（见表 2）。

表 2　责任规划师视角的多源街道信息（表格来源：笔者自制）

信息类	具体内容
基本资讯类	社会经济人口数据，用地功能，产权边界，道路等级，建筑，绿地……
上位政策类	上位规划，详细指标，地块属性……
工作档案类	历年整治记录，应急响应时间处理，行动计划……
公众反馈类	即时反馈，空间提案，问卷反馈……
建成环境现状类	建成环境使用现状，建筑质量评估，公共空间使用后评估……
工作流程类	对接科室，上报批文，规划审批，立项，上会……

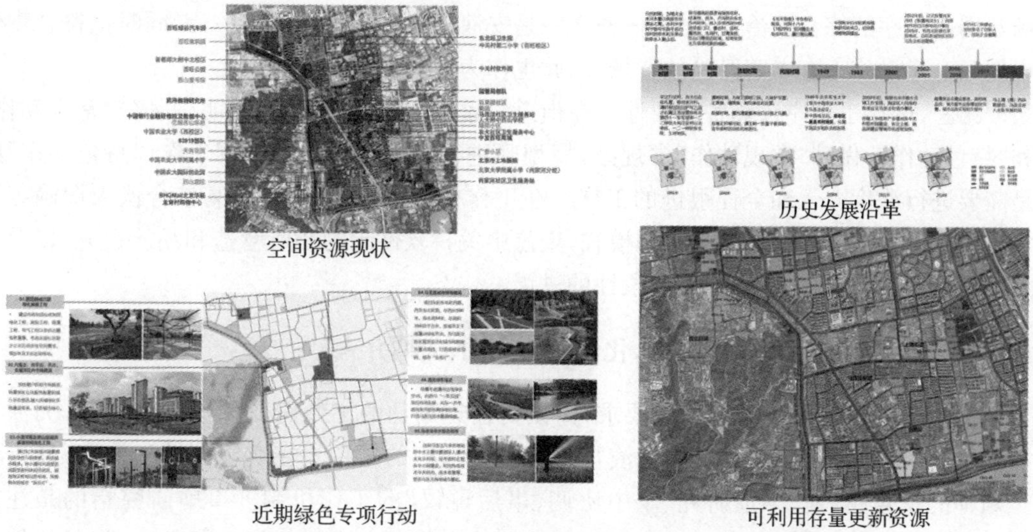

图 2　马连洼街道行动统筹（图片来源：笔者根据团队工作成果自绘）

基于信息类型的汇总以及区规划分局提供的“一图一册”资料，责任规划师可以构建属于每个街道的工作蓝图（如图 2），并进行动态的更新和维护。工作蓝图的最大特点是以街道管辖范围的地图为基地标注相关信息，与规划专业的属性吻合，不同于以往的工作纸质文献类型，能够避免不同行动计划指向同一空间但实际上并不知情和交流的情况。目前，已有相关研究机构正在联合开展面向责任规划师的智慧街区平台建设工作，并通过此平台对接已有的若干调查工具、舆情反映、管控程序等，以期将此平台对接多个方面的利益主体，如街镇政府管理、民众提案反馈、规划工作进展协调、既有工作回溯总结等方面。

4.2　策略二：在工作内容上，试点先行，深度聚焦

责任规划师介入时间尚短，高校合伙人工作周期有限，因此需要对工作内容进行聚焦。聚焦的标准基于三个方面：一是可操作性，二是紧迫性，三是重要性。

第一，可操作性指的是，与责任规划师的专业背景相吻合。由于街镇责任规划师具有建筑、规划、风景园林等不同的设计背景，擅长的项目类型并不相同，因此，在试点选择上需要有所侧重。如马连洼街道的责任规划师是一级注册建筑师，在前期场地踏勘的同时，结合街道工作进展，选择了腾退的一处兴隆庄景观绿地腾退改造和社区服务站建设项目进行深度跟进。再如清河街道作为“新清河实验”的阵地，与社会学系学者展开社区治理的创新实践；学院路街道借助北京林业大学设计团队的力量，展开城市设计的竞赛、征集、公众参与等活动。

第二，试点工作需要有紧迫性。责任规划师的聘期通常为一年，在短时间需要尽快做出一定的工作成效，相关项目选择需要有紧迫性，便于更好地介入整个街道机构的团队工作。马连洼街道在今年年初协助提出“马上清西”行动计划列表，结合上地、清河、西北旺等街镇，统筹海淀片区的中部地带，进行整体城市空间品质提升和功能优化的相关工作安排，在此基础上挑选责任规划师的试点工作则更具针对性。比如，行动计划中的一项为地铁站站前广场及周边秩序的综合整治，今年的任务之一是安河桥北站点的前广场整治，同时也符合责任规划师对建设施工有丰富经验的背景，因此也作为规划师的工作试点之一。

第三，试点工作应该具备重要性。在街道纷繁复杂的工作中，需要明确区分“常规动作”和“特色动作”，做到“常规动作”常规办，规划师进行和规划相关的协调工作；“特色动作”则是需要进行深度介入和全程跟进的工作。在工作初期，马连洼街道和高校合伙人即确定了“一个园区＋一个社区”的试点工作模式，聚焦中关村软件园的场所营造和品质提升，以及兰园社区治理工作，目前已取得了阶段性的进展。

4.3　策略三：在配合进程上，化被动为主动，先期介入

基于规划对前期调查研究的要求，街镇责任规划师的工作需要化被动为主动，关注项目起始的全过程咨询，而非仅仅扮演“项目评审专家”的角色。在实际街道工作中，从责任规划师的视角，构建“事前研究、事中协调、事后评议”的工作机制。事前研究指的是注重自下而上的需求采集机制，由责任规划师筛选确定议题。在寻找好委托方后，责任规划师的工作角色转化为协调工作：由责任规划师指导，专业规划设计团队参与，通过协调会吸纳民意民智。在项目完成后，进行事后评议，评估设计优缺点和实施有效性，并形成可复制、可推广的经验。

以中关村软件园二期项目为例，中关村软件园（包括一期和二期）是由商务区和研发区组成的中国著名软件基地（图 3）。截至 2018 年底，软件园共集聚了联想（全球）总部、百度、腾讯（北京）总部、新浪总部等 687 家国内外知名的 IT 企业总部和全球研发中心。园区单位密度的科技 GDP 产出占全国领先地位。不同于一期的低密度建设，位于马连洼街道辖区范围内的软件园二期采用了较高密度的布局方式，1.21 km^2 聚集了 6.4 万名员工，工作人口密度直逼北京 CBD。规划师通过海淀规划分局编制的“一图一册”，发现其中软件园二期同时

也是海淀区城市设计的二级重点地区，是海淀区实现精细化设计和重点管控、全面提升海淀的城市形象和空间品质的重点地段。软件园二期公共空间优化和公共服务设施优化，有助于推动高质量发展、打造高品质城市以及实地走访调查后的研究。

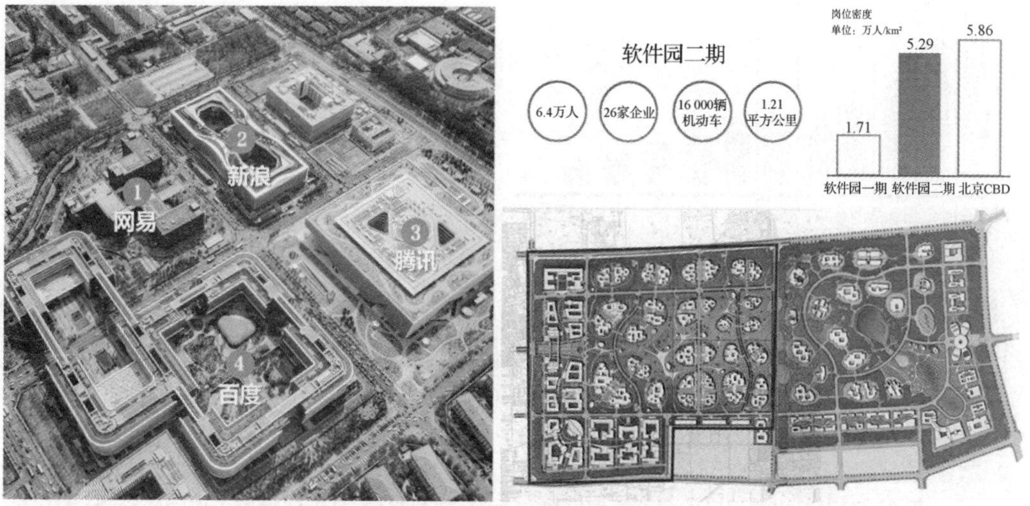

图 3　中关村软件园二期示意(图片来源：笔者根据团队工作成果自绘)

基于此想法，在立项之前，街道领导以及责任规划师多次召开项目研究讨论会，数次走访中关村软件园区管理方、物业；并走访联想总部、东软集团、苗圃等企业和产权方(如图 4)。并且，基于新媒体的“路见”程序，确定 12 个核心议题，引导公众就相应的议题在对应的地图空间上发表意见，并提供“自定义”标签，让公众可以就其关心的问题提供建议(如图 5)。

公众调查和前期沟通取得了良好的效果，“中关村软件园二期公共空间营造及专项优化设计提升研究”4 月顺利立项并展开工作。无独有偶，基于其他因素推动，2019 年 5 月，陈吉宁市长就“关于互联网公司聚集园区员工生活服务设施不配套问题的反映”批示，海淀区人民政府公文“‘马上清西’行动计划里要有这些内容”，可以看到，责任规划师的工作做在了前头。

图 4　前期走访和论证研讨工作(部分)(图片来源：马连洼街道提供)

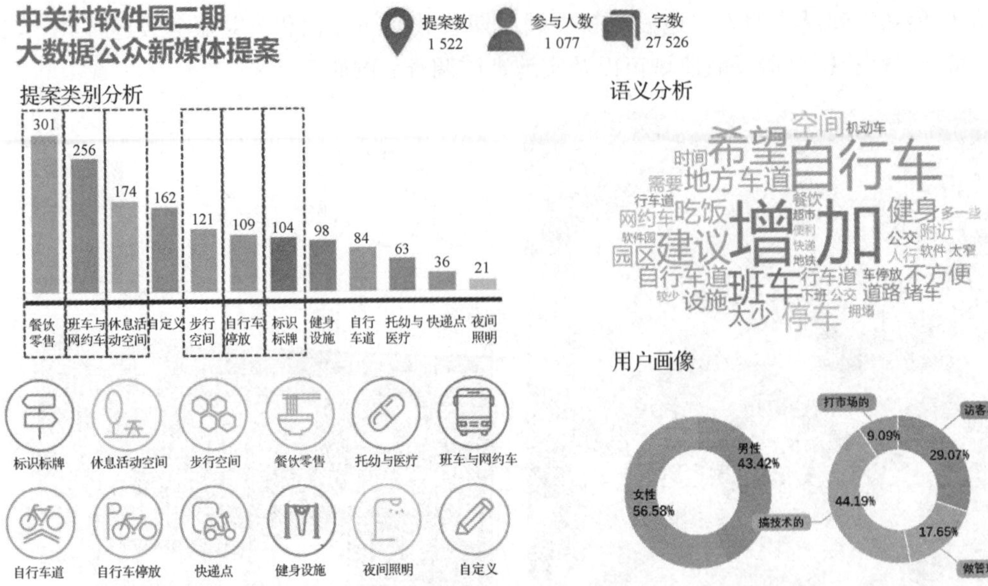

图5　基于新媒体程序的公众提案征集和反馈(图片来源:马连洼街道工作团队绘制)

4.4　策略四:在组织方式上,构建协商议事制度,寻求利益结合点

街道责任规划师在工作过程中面临的最大挑战来自多方的利益主体的协调工作——无论是协调方式还是工作流程都没有可以参考的先例。在组织方式上,笔者在海淀镇责任规划师工作中构建了四类协商议事制度:先期沟通类、规划师团队内部类、项目导向类以及研究协商类(详见表3)。在协商过程中,需要明确两点:一是寻求彼此的利益共同点或交换点;二是明确分工机制,使得工作有效推进。

表3　街镇责任规划师涉及的四类协商议事制度(表格来源:笔者自制)

类别	工作相关主体	工作内容
先期沟通类	街道负责人,1+1,街道相关科室	旁听主任办公会,进行宣讲培训解读,各科室形成规划共识等
规划团队内部类	街道负责人,1+1+N	每周例会制度,微信工作群,工作日志记录,宣传报道工作
项目导向类	街道负责人,1+1+N,园区管理方,企业,居民,社区	形成工作小组机制,包括综合协调组、规划调研组、数据采集组、保障支持组等
研究协商类	街道负责人,1+1,园区物业、企业、社区、上位指导部门(园林局、规划局、水务局、市政局等)	与各家单位和利益主体逐个进行沟通访谈和协商

5 结论与建议

作为新生事物，责任规划师介入街道的日常工作必然存在一定的磨合，涵盖了思想认识、办事流程、工作内容、工作协调等方方面面，涉及权责利分配的边界、认定、归责、认可等各个细节。本文主要从在实际操作过程中责任规划师的工作属性与街道工作方式之间存在的若干工作难点出发展开分析，并基于工作经验提出相应的策略，并不过多涉及街镇责任规划师制度建设本身的探讨。

基于不同街道的类型不同，街镇责任规划师的工作属性也会有所区别，根据存量更新、景观保护、村庄腾退、增量开发、社区治理等不同的需求，选择相应的专业工作者进行配合和团队介入，是工作能够圆满完成的前提。

面向旺盛动力和无序建设，街镇责任规划师需要化身多个角色，敢做承压者和解铃人，比如解读者、蓝图平台搭建者、评审专家、牵线搭桥者、传递信息者等等。街镇政府的领导和机构负责人则需要探索新的应对机制的改革，如办公会例会制度、设计取费和审计定价、规划统筹协商平台建设等。规划设计专业团队的责任则是创造小而美的精品，营造美好空间，引导公众审美，并结合不同专业团队和在地力量，探索城市设计导则的落地和实施。总而言之，街镇责任规划师的工作尽管在工作前期的推动始于情怀，以及专业工作者的热情与理想，但最终需要依托制度，形成持之以恒的动力。

参考文献

[1] 蔡奇代表：服务大局 推动首都城市转型[N/OL]. 人民日报，(2018－03－04). http://politics.people.com.cn/n1/2018/0304/c1001－29846098.html.
[2] 奚文沁. 社会创新治理视角下的上海中心城社区规划发展研究[J].《规划师》论丛，2018(1)：27－39.
[3] 徐磊青. 上海社区规划师与街区更新//西南交大“城乡社区再造与可持续发展”论坛报告[Z]. 2019.

亚洲视野下城市更新制度建设的四地比较研究

祝　贺[1]　杨　东[2]

1 清华大学建筑学院

2 华夏幸福基业股份有限公司

摘　要:地缘接近和发展周期相近,使亚洲的国家和城市——特别是中国的周边邻近地区,在城市更新制度建设与运作方法上的实践探索,可为我国的城市更新发展提供重要的经验参照。在当前学界普遍关注西方发达国家城市更新理论和制度的背景下,对国内外亚洲城市或地区的城市更新制度进行系统化的比较研究更加具有借鉴意义。本文所选择的四座亚洲城市,均在20世纪后期经历了快速发展,实现了社会经济和城市建设的快速发展。与此同时历史保护与资源约束导致的物质空间更新需求在四地逐渐变得日益强烈,城市更新活动逐步形成了规范化、制度化的运作体系,相对于我国起步较早、制度体系更加完善,并形成了一系列具有针对性的本地制度安排。本文通过对四地的分析,一方面探讨因政治经济背景不同,四地城市更新制度体系的差异以及所衍生出的特色化制度安排。另一方面,总结归纳四地在城市更新制度建设中表现出的共性特征,以求为我国进一步的制度建设提供借鉴。

关键词:亚洲城市;城市更新;制度

1　引言

近代城市更新理论多诞生于西方发达国家,从19世纪末至今涌现出了很多相关概念,如城市更新、城市复兴、城市再开发、城市重建等[1-2]。这些理论概念贯穿于西方国家的城市发展历史中,具有较强的实践基础,所以较好地贴合了当地不同背景环境下城市更新活动的思路与侧重[3]。而多数亚洲国家相较于西方国家普遍发展较晚,在20世纪的民族解放运动后才从殖民地转变为独立的主权国家,并在"二战"后较短的时间内经历了快速发展时期,实现了城市社会经济的突飞猛进以及城市扩张建设的急速推进[4]。基本国情上的差异,决定了这些国家的城市更新实践和理论支撑与西方国家必然存在差异。不同于西方国家在工业化后长达二百余年的城市更新历程,我国在改革开放后经历了快速城镇化的过程,近年来城市更新的需求集中爆发,故对亚洲城市城市更新的研究更具有现实借鉴意义[5]。

在学界普遍关注西方发达国家城市更新历程与得失启示的当前,对国内外亚洲城市或地区的城市更新制度的系统化探索则较为少见。周怀龙、卢为民等人研究了中国香港地区的城市更新制度体系[6-8],钟澄、郎嵬等人研究了香港城市更新中强制售卖等特色制度安排[9-10]；李婷、唐艳、王雨等研究了中国台湾地区的城市更新制度体系[11-13]，张孝宇、金广君等人研究了台湾诸如容积率转移等制度安排[14-17]；孔明亮、于海漪等人研究了日本的城市更新制度体系[18-19]；高舒琦研究了土地区划重整等制度在日本城市更新中的作用[20]；唐子来、王才强等人研究了新加坡的城市更新制度体系[21-24]。从过往研究看，对亚洲国家的城市更新制度研究通常针对一地，缺少横向比较其差异与共性。故本文希望通过对四地城市更新制度体系的梳理和对重点特色化制度安排的研究，比较差异、定位相同的趋势，为我国的城市更新制度发展提供更多借鉴思路。

2 研究对象选择

本文选取的案例研究对象——中国香港、中国台北、新加坡，均曾经被殖民统治，也是曾经经济腾飞的"亚洲四小龙"成员。而东京则是"二战"战败国首都，但日本经历了20世纪后半叶的快速发展后早已迈入发达国家行列。在此之后四地都面临强烈的城市更新需要，并相对我国内地较早建立了更加全面且具有特色的城市更新制度体系。同时，四地所处的国家或地区均为完全的市场化经济制度，较我国内地的市场化进程起步更早。我国内地经济发展虽滞后于上述四地，但在城市更新发展的时间跨度上相较于西方国家具有更强的相似性。此外，我国内地各地发展程度差异较大，部分一线城市的经济水平和国际发达城市差距相距较小甚至已经赶超，以上海、广州和深圳为代表的城市已经完成了基础城市更新制度体系的构建，处于完善和调整时期。在此背景下，对诸如文中四地特定城市而非国家的对比研究(详见表1)就更加具有对标借鉴意义。除了从机构设置、法律体系等传统角度认识四地城市更新外，本文更加关注四地在城市更新中局部的特色化制度安排，并将在下文着重引介和分析。

表1 四地城市更新制度特点横向对比

	中国香港	中国台北	日本东京	新加坡
制度发展历程	起步于20世纪80年代 成熟于21世纪初	起步于20世纪70年代 成熟于21世纪初	起步于20世纪60年代 成熟于21世纪初	起步于20世纪60年代 成熟于20世纪90年代
国家(地区)层面法规	—	"都市计划法" "都市更新条例"	《城乡规划法》《都市再生特别措施法》《都市再开发法》《土地整理法》	《新加坡土地管理局法案》《新加坡市区重建局法案》《新加坡住房发展部法案》
城市层面核心法规	《市区重建策略》	《台北市都市更新实施办法》	《首都圈整备法》《首都圈城市开发区域整备法》	—
城市层面配套法规	《楼宇安全及适时维修综合策略》《文物保护政策声明》《土地(为重新发展而强制售卖)条例》等	《台北市都市更新单元规划设计奖励容积评定标准》《台北市划定更新地区标准作业程序》等	《特定都市再生紧急整备地区制度》《首都圈都市环境基础设施宏观设计》等	—

续表

	中国香港	中国台北	日本东京	新加坡
主管机构	独立机构——市区重建局	规划体系——台北市政府都市发展局下属都市更新处	规划体系——东京都市整备局	独立机构——城市重建局
更新目标	重建发展、楼宇复修、旧区活化与文物保育	重建发展、建筑和片区改造、旧区活化与文物保育	土地整理、重建发展、片区重建、基础设施发展、绿色建筑改造、街景整治、防灾改造	重建发展、楼宇复修、旧区活化与文物保育
更新导向	自发更新为主	政府与市场共同作用	政府与市场共同作用	政府主导为主
更新方式	拆除重建、改造整治、保护维护	拆除重建、改造整治、维修维护	拆除重建、改造整治、政府出租	拆除重建、改造整治、保护维护、政府收购运营
更新规划	发展计划	都市更新计划	城市再开发计划 城市更新导则	城市更新计划 城市更新设计导则
产权收拢	市场交易、强制拍卖	市场交易、强制收购	市场交易、强制重划	政策指令获取

3 香港城市更新的特色制度

(1) 统筹性治理平台

香港市区重建局(简称市建局)作为城市更新的主管部门实际为法定的半官方机构,既行使统筹规划、项目评估、项目审批等传统行政职能,还具有较强的平台性质,香港新版《市区重建策略》提出在旧区设立"市区更新地区咨询平台"以加强地区层面市区更新的规划[25]。一方面,市建局自身的机构组成中包含了较大比重的非公职人员,由各学科专家和地区议员代表组成,直接面向学界与民众群体常态化地征询意见;另一方面,市建局在针对不同城市更新项目时,采取一事一议的模式,负责搭建面向现有业主、未来业主、其他政府部门、开发商、融资方等主体的多元议事平台。在不同项目中,对于权益主体的细分是市建局因时而异采取不同更新策略的基础,例如项目中少数业主握有待更新空间多数产权且有意愿进行更新改造时,市建局会将他们与握有分散产权的其他业主进行区分,促进双方进行谈判协商。如果协商不成功,市建局将援引香港立法会于 1998 年制定的《土地(为重新发展而强制售卖)条例》①,强制分散产权业主出售不动产权益[9]。

(2) 需求主导模式

市建局正在逐步推进"自上而下"城市更新规划和"自下而上"的需求申请之间的握手对接。"需求主导"重在打通老旧空间业主自发申请进行城市更新的制度途径,市建局在对老旧空间进行评估后予以批准立项[7]。立项后根据不同情况,市建局的介入程度有所不同:在有些项目中其会作为实施主体,完全统筹负责协议签订、安置补偿、规划设计、工程施工等一

① 《土地(为重新发展而强制售卖)条例》规定必须以市场公开拍卖的方式进行出售,以保证小业主的利益不受到损害。

系列环节；而当前市建局更加鼓励市场主体进行自主实施，政府则充当监管者和辅助者的角色。为此，市建局设立了市区更新地区咨询平台、市区更新信托基金、市区重建中介服务有限公司等针对更新项目特定环节的专职部门，用以提供政策协调、融资服务和技术咨询等支持。需求主导模式的好处在于由业主自身的需求出发，避免了机械行政指令强加于民，在更新项目立项之时往往政府与业主之间的共识就已经形成，基本摆脱了城市更新规划作为一种制度供给难以精准对接需求的困境。

(3) 项目影响评估机制

市建局在主导多年的城市更新实践后，于2008年针对过往更新项目中发现的不足开展了为期两年的“香港市区重建策略检讨”，这一过程中其对已完成的城市更新项目进行后续评估调查，并向社会各界开展意见征询[26]。在此基础上，香港建立了当前相对全面的城市更新项目影响评估机制，以求对城市更新项目的全过程进行把握。评估机制包括经济影响评估和社会影响评估两大板块：经济影响评估不仅是对项目建设周期内开发成本与收益的简单估算，更着眼于项目完成后对本地与所在区域的长期影响、政府财政税收规模和结构的变化、创造的本地就业机会和收入水平提升等问题；社会影响评估则关注更新项目是否会对特定群体产生不可逆的影响，进而破坏当地社会结构，以及能否延续保留城市历史文化、风貌特色等内容[10]。

4 中国台北城市更新的特色制度

(1) 容积率转移

容积率转移是指在法律制度监督的前提下，将特定土地上未开发建设的规划面积转移到其他土地的做法。转移的容积率抵消掉了城市更新的成本，甚至产生了盈余。为鼓励土地权属人积极开展更新工作，施行容积率奖励计划，台北市出台了《都市更新单元规划设计奖励容积评定标准》[14]。相关法规指出容积率送出的土地多为在都市计划中被限定的文物古迹用地、公共设施保留地，此类土地因为自身特点不应进行高强度开发。这些用地未用满的指标，被转移给同一都市计划区内的住宅、商业、公共设施更新所用，故保证了同一都市计划区总体开发强度不变。

在土地价值较高、增量用地有限的台北市，容积率转移已经成为诱导城市更新投资的主要做法。自1990年代以来，这种做法一度被认为是大幅减少政府再开发成本、促进公私协作的都市更新的捷径。但是，近年来岛内有学者认为：第一，因为房价高企，私营开发商将大量资本投向台北的住宅和商业市场，这两类用地抢夺走了绝大部分可转移的存量指标，逐渐造成了更新成本高、收益少的公共空间再开发困难；第二，在利益驱使下，强大的资本力量催生了社会公平危机。台湾与香港相似，法令规定只要更新项目涉及三分之二的业主同意更新，那么剩余业主就必须接受。在现实中，开发商会通过不断重划扩大更新区，寻找三分之二这个数量临界点。这就意味着在房价不断上涨的背景下，开发商可以无限使用金融杠杆扩大项目投资，清退所有不同意更新项目的业主，并做到稳赚不赔[27]。

(2) URS计划

URS(Urban Regeneration Station)即“都市再生前进基地”，是台北市政府将自身拥有的公有用地和产权单位提供给私营企业和社会组织，以使用权诱导非政府主体进行更新的老旧空间。这一计划已经成为国际上公私协作进行城市更新的典范，同时也代表了从物质空间更新向城市复兴和活化的理念转变。2010年台北市发布《都市再生前进基地助推计划》，都市更新处签约收拢了一定数量产权属于“国有财产局”的空置用房，以及土地和房屋的所有权单位委托都市更新处代为管理的闲置用房作为都市再生基地。私营企业和机构可以申请免费使用这些老旧空间，申请的前提是向都市更新处提交符合政策引导的更新计划。根据《都市再生前进基地推动计划补助要点》规定，对于那些有利于塑造地区风貌特色、具有社区复兴效果的更新计划，每年最高可提供120万新台币的资金补助[16]。这就要求更新计划本身不仅应包含物质空间建设的设想，还应当包括社区参与式规划、后续运营计划、活动事件安排等内容[17]。

5 日本东京城市更新的特色制度

（1）连锁式更新

由于日本严格的土地私有化制度，都市再生工作高度有赖于多数业主的共识能否顺利产生，一个项目经历少则十年，多则数十年才能完成。所以项目在经由政府规划立项，或是业主自发申请并审核通过立项后，根据项目的具体情况，后续更新机制是很不相同的。在这种一事一议的缓步推进中，不断产生着多种模式创新，避免了政府单一政策下的“一刀切”流程。连锁式更新是指在建设时，签订协议的业主仍可使用原有建筑。城市更新在原有建筑周边的建筑物内率先进行，在顺利完成施工建设后，签约业主直接搬入新建筑，做到了无缝衔接，极大降低了安置成本，同时其原有土地就变成了新的更新对象来重复上一个过程。这种连锁式逐步更新的做法依托于完善的城市更新规划保障和强有力的持续执行往往会持续多年。

（2）土地区划重整

日本的土地区划整理制度已经趋于系统化、稳定化。1888年的《东京市区更新条例》首次明确土地重划是一种合法的市区发展手段。面对“二战”后迅速兴起的城市化进程和重建，日本于1954年颁布《土地重划法》以监管土地重划的执行。权利转换的目的在于保障土地及建筑权属人的合法利益，因为核心地区地价高、利益关系复杂，权利转换按照更新前权利价值及提供资金比例来分配更新后的土地及建筑物应有部分或资金，以克服无法更新的障碍[20]。不论待更新土地的规模有多大，也不论更新需求来自土地原所有者、投资开发商、地方政府、专业部门（建设省）或者带有政府背景的城投公司的任何一方，只要用地范围边界明确，且已经征得三分之二产权人的同意，用地就可向规划主管部门提出土地区划整理的申请。申请获批后，可通过产权集中和再开发来最终实现城市更新。

6 新加坡城市更新的特色制度——公私分治模式

与前三地以私有土地产权为主的安排不同，新加坡全国的国有土地占比超过90%，国有土地仅出让使用权而非所有权，租约年限的确定依据来自总体城市规划。用地租约到期后，政府会根据土地价值评估与城市规划要求，重新考虑是否续约，并制定新的出让价格；对于那些租约未到期的土地，政府仍有权在依法支付赔偿的前提下进行强制收回。这种制度安排，使政府可以相对灵活的收回土地进行更新，而无需付出过高成本收拢产权。当前，新加坡超过 85%的人口居住在公共住房内，这些住房由政府统一管理，有着完善的保障体系，房屋粉刷、电路装配、电梯修缮等都按周期年限进行更新[23]。大型商业、基础设施的更新则由土地管理局根据城市规划进行收拢、重划，由城市重建局设定出让条件，通过市场招标的方式出让给私人开发商进行更新或重建。

新加坡政府对剩余约 10%私有土地的更新，很少采取与前三地类似的激励与补贴制度，反而更多地采用了倒逼的政策。在新加坡，私人产权单位的出租并非完全的市场行为，租金不得高于政府评估得出的标准金额，想提高租金的途径之一便是更新或重建房屋，切实提高空间质量，才可向政府申请加租[24]。同时，新加坡政府认为自身对这些私有土地并不具有更新重建的责任，明确其自发更新项目的申请必须以城市概念规划和总体规划为依据。对那些物质空间破损严重或不符合相关安全法规的私人住宅，政府会使用行政手段强制勒令翻新，更新费用来自私人业主提前交付的公共维修基金。对于自发进行的城市更新，新加坡政府重视保护个体产权业主的权益，20 世纪末最初的城市更新项目需征得所有相关业主的同意方可实施，后放宽至 10 年楼龄以上的建筑更新需 80%业主同意[28]。

7 亚洲地区城市更新制度建设的趋势与特点

四地城市更新都已经上升为国家或地区的最高战略和政策要点，在国家或地区的最高权力机关内设有相应领导机构，形成了综合统筹的顶层设计（见图 1）。从制度体系上看，通常更新活动以城市更新管理法规为核心，进而根据地方特点衍生出一系列专项配套法规，使土地出让、产权收拢、公众参与、实施管理等关键环节都有法可依。而四地的主要差异主要

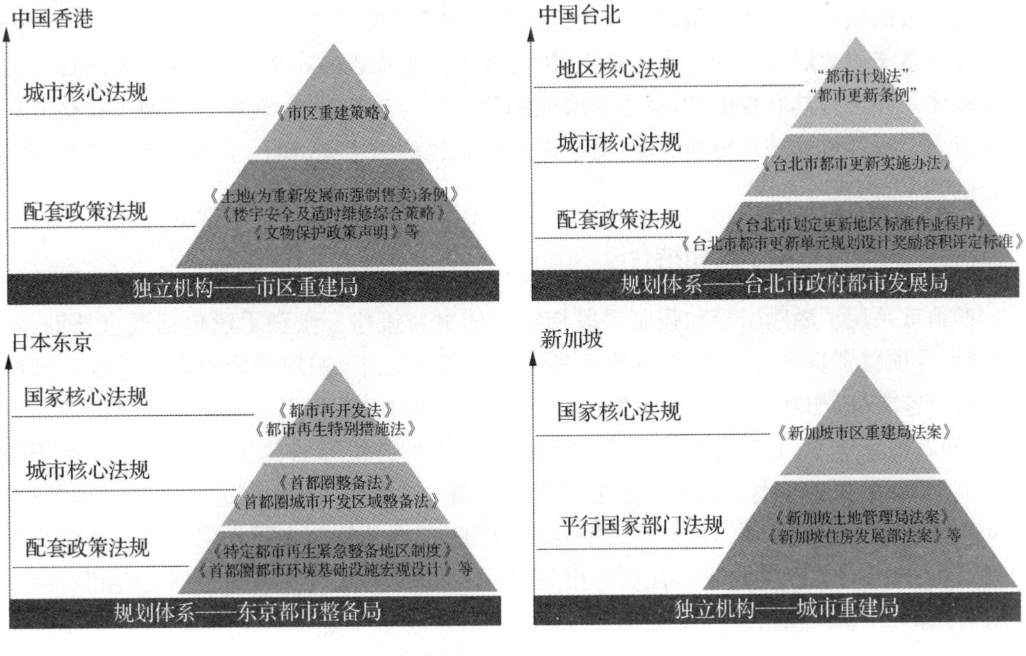

图 1 四地城市更新的正式制度框架

体现在主管机构、更新目标、更新导向三个方面。在主管机构方面，中国香港与新加坡为政府独立机构，依靠相应行政法规与其他诸如城市规划、建设等部门形成联动，而中国台北与日本东京则是在规划主管部门下设相应机构。在更新目标方面，东京①的城市更新有别于其他三地，不仅对片区和建筑进行更新，职责范围还包括了对道路、水电等基础设施的更新，这与其土地区划重整制度释放用地资源的职能息息相关。在更新导向方面，除新加坡外，三地都采取了政府与市场共同作用方式，不同在于政府与市场的参与程度，在中国台北和日本东京都存在较多政府主导土地收储、规划设计、施工建设的更新项目，中国香港则是引导社会资本在正式制度框架下采取自发更新为主，并为符合制度的更新项目提供金融支撑。除以上差异外，四地城市更新还存在地方化、特色化的具体制度安排，并在差异中体现出共同的趋势与特点。

7.1 积极引导公私协作式更新

除新加坡“官办为主、官督民办为辅”的城市更新思路外，其他三地从 20 世纪末以来都表现出逐步从“官办为主”走向“官促民办”的趋势。政府让私人开发商作为更新实施者，同时将“民申官审”与政府先行制订更新计划相结合，疏通了自下而上的需求导向的城市更新制度路径。在这一过程中，政府并非退出而是将职责转向如何更好地服务市场主体，更多承担起了监督管理、信息汇总、利益协调、资金补助、融资支持、少数群体利益保障、历史文化保护等责任。中国台北的 URS 计划更是直接将政府所持有的土地交托私人部门，以空间使用权换取更新成本，进而提升更新区域和城市活化效应。公私协作式更新大幅降低了政府更新的经济成本、减少了政府与私人业主的矛盾，避免了行政“一刀切”的弊端。但同时，也必须看到私人资本的逐利性，在公私协作中既要守住不侵害公共利益的底线，又要合理让利给资本激发其积极性实际上很难平衡，需要根据各地实际情况一地一议、密切监督和适时调整。新加坡的城市更新体系是建立在土地国有化这个大前提之下的，与其他三地大不相同。但这并不意味着政府对公众诉求的漠视，因为其更新工作以城市规划为依据，而新加坡的城市规划体系完善且具有权威性，有着系统化的公众参与制度安排，较好地平衡了社会共识与国家意志。新加坡的城市更新经验，对于以公有制经济为主体、实行土地公有制的我国具有很强的借鉴意义。

7.2 引导与强制手段相结合

四地都采用了激励引导和强制手段相结合的更新策略。激励手段包括资金补助、容积率奖励、专项融资贷款等方式，已为大家所熟知。相比之下，四地采用的强制手段在城市更新中有可鉴之处，如基于多数原则的产权和土地的强制出售，可以有效避免常见的“钉子户”现象，提高更新效率；而利益相关人的冻结调查、合理的补偿标准、剩余产权的公开市场拍卖等制度安排，可在一定程度上保证业主的合法权益。尽管台北的多数原则和更新区域重划共同构成的漏洞造成了新的社会不公平，亟待更正，但也从侧面表明任何一项公共政策都难以保证百分之百的公平，更难以让所有相关利益人都满意，尤其在城市更新这样利益纠葛复

① 详见：http://japan.kantei.go.jp/policy/tosi/kettei/040416kihon_e.html.

杂的领域，其决策往往是平衡集体效率和个体诉求的结果。我国因为缺少相关制度安排，在产权收拢这一关键环节可能出现强拆，导致社会矛盾激化和业主产权受到侵犯；加码施行高额补偿，将更新成本转嫁全社会；延长更新周期，孤立剩余业主以达到迫迁的目的：这同时增加了政府和业主双方的机会成本。因此，通过平衡利弊，确定引导与强制手段相结合的城市更新制度十分必要。

7.3 注重历史文化和地域特色保留

四地在经济高速发展时期对具有历史文化价值的空间都有不同程度的损害，后续城市更新进程逐步意识到文化保育和地域特色保留的重要性。中国香港、中国台北和新加坡在历史上都经历过殖民统治，普遍存在文化认同感危机，能否塑造代表自身独立特征的物质空间成为政府考量城市更新的重点。虽然，历史文化保护和城市更新经济性之间的矛盾普遍难以调和，但四地政府都认识到风貌特色所带来的附加价值、以点带面对周边区域的活化作用，以及不能简单用直接经济收益来评价对城市核心竞争力的提升。在新加坡，城市重建局兼具城市更新和历史风貌保护的责任：对具有历史价值的建筑和地区，重建局制定了系统化的评估体系，在综合评价的基础上通过城市设计手段指导更新实施，并根据片区自身特点选择诸如整体保护、再生利用、仿制重建等不同策略。

总体而言，四地在城市更新的机构设置、法规体系、多元参与、运作模式和配套政策等维度上已经具有相对成熟的做法。与四地相比大陆部分先行城市在基本制度建设方面已经取得长足进展，而进入查缺补漏和重点攻关的阶段。可以从四地经验发现，未来这些城市的更新制度建设应当以基本制度为出发点，针对长期实践中表现出的难点，加大具有针对性和地方特色的制度供给，不断完善制度体系建设。

参考文献

[1] 丁凡，伍江. 城市更新相关概念的演进及在当今的现实意义[J]. 城市规划学刊，2017(11)：87－95.

[2] 董玛力，陈田，王丽艳. 西方城市更新发展历程和政策演变[J]. 人文地理，2009(10)：42－46.

[3] 唐燕. "新常态"与"存量"发展导向下的老旧工业区用地盘活策略研究[J]. 经济体制改革，2015(4)：102－108.

[4] 唐燕，杨东，祝贺. 城市更新制度建设：广州、深圳、上海的比较[M]. 北京：清华大学出版社，2019.

[5] 翟斌庆，伍美琴. 城市更新理念与中国城市现实[J]. 城市规划学刊，2009(2)：75－82.

[6] 周怀龙. 建设用地瘦身 城市发展增效[N]. 中国国土资源报，2015－12－16(1).

[7] 卢为民，唐扬辉. 城市更新，能从香港学什么[N]. 中国国土资源报，2017－1－11(5).

[8] 刘贵文，易志勇，刘冬梅，等. 我国内地与香港、台湾地区城市更新机制比较研究[J]. 建筑经济，2017(4)：82－85.

[9] 钟澄. 以政策更新破解城市更新中的难题：由香港土地"强制售卖"制度引发的思考[J]. 中国土地，2017(5)：27－30.

[10] 郎嵬，李郇，陈婷婷. 从社会因素角度评估香港城市更新模式的可持续性[J]. 国际城市规划，2017(10)：1－9.

[11] 李婷，方飞. 我国台湾省都市更新发展历程研究[J]. 吉林建筑大学学报，2015(6)：53－56.
[12] 唐艳. 产权视角下台湾都市更新实施方法研究及对大陆的启示[D]. 哈尔滨：哈尔滨工业大学，2013.
[13] 王雨. 基于土地制度差异的城市更新比较研究：以大陆与台湾地区的比较为例[D]. 南京：南京大学，2013.
[14] 张孝宇，张安录. 台湾都市更新中的容积移转制度：经验与启示[J]. 城市规划，2018(2)：91－96.
[15] 金广君，戴锏. 台湾地区容积转移制度解析[J]. 国际城市规划，2010(8)：104－109.
[16] 敖菁萍. 公私协力型都市更新研究：以台湾都市更新为例[D]. 重庆：重庆大学，2017.
[17] 尹霓阳，王红扬. 多元协同下的城市更新模式研究：以台北 URS 为例[J]. 江苏城市规划，2016(9)：8－13.
[18] 孔明亮，马嘉，杜春兰. 日本都市再生制度研究[J]. 中国园林，2018(8)：101－106.
[19] 于海漪，文华. 国家政策整合下日本的都市再生[J]. 城市环境设计，2016(8)：288－291.
[20] 高舒琦. 日本土地区划整理对我国城市更新的启示[C]//规划 60 年：成就与挑战——2016 中国城市规划年会论文集. 北京：中国建筑工业出版社，2016.
[21] 唐子来. 新加坡的城市规划体系[J]. 城市规划，2000(1)：42－45.
[22] 王才强，沙永杰，魏娟娟. 新加坡的城市规划与发展[J]. 上海城市规划，2012(3)：136－143.
[23] 黄春明. 借鉴新加坡经验保证城市持续更新[N]. 珠海特区报，2014－04－27.
[24] 黄大志，马云新. 新加坡中心区的转化：从贫民窟到全球商业中枢(上)[J]. 北京规划建设，2007(9)：102－104.
[25] 香港发展局. 市区重建策略[Z]. 2011.
[26] 殷晴. 香港《市区更新策略》检讨过程及对内地旧城更新的启发[C]//城市时代，协同规划：2013 中国城市规划年会论文集. 青岛：青岛出版社，2013.
[27] 杨友仁. 金融化、城市规划与双向运动：台北版都市更新的冲突探析[J]. 国际城市规划，2013(8)：27－36.
[28] 刘宣. 旧城更新中的规划制度设计与个体产权定义：新加坡牛车水与广州金花街改造对比研究[J]. 城市规划，2009(8)：18－25.

城市更新视角下社区生活圈智慧化建设数据库构建①

左 进[1] 孟 蕾[2] 张 恒[2] 孟 悦[1] 马嘉佑[2] 董 菁[1]

1 天津大学建筑学院

2 天津市城市规划设计研究院

摘 要：快速城市化进程导致城市发展以生产导向为主，忽视日常生活空间的营造。社区生活圈建设是解决设施配套不足、职住失衡、交通污染问题，构建完整便捷生活空间的有效方法。针对城市中心区建成环境复杂，可利用存量空间有限的现实困境，本文积极探索梳理社区要素空间分布现状，共享社区要素信息，促进社区生活圈智慧化建设的方法。研究以构建社区生活圈数据库为目标，以天津市河东区为研究区，基于"人地关系"全面系统地梳理城市中心区社区生活圈建设要素；对接规划部门与相关机构，并结合百度地图 Place API 接口获取地理空间数据，基于 ArcGIS 软件实现多源地理空间数据融合；借助百度地图 LBS 传输与采集居民行为数据，并进行行为数据的空间化处理(格网精度 30 m)；从供需关系的视角出发，建立数据分类结构，构建基于多源数据融合的社区生活圈数据库。结果表明：(1) 社区生活圈建设要素由 2 大类 8 小类构成，针对每一类要素共获取 10 种相关数据，从服务需求、服务路径、服务供给三个方面建立数据分类结构。(2) 基于百度地图 LBS 获取的行为数据采集点网格密度为 100 m，处理精度为 30 m×30 m，暂将其作为生活圈数据库的建议性内容。(3) 百度地图的设施数据(POI)是对规划院设施数据的有效补充，但公共管理与公共服务设施数据重复率较高，需结合百度坐标拾取系统与 ArcGIS 软件进行删减。研究成果为城市中心区社区生活圈智慧化建设、管理与服务提供评估、优化与决策的支撑平台。

关键词：城市更新；城市中心区；多源数据融合；空间化处理；社区生活圈；数据库

1 引言

20 世纪 50 年代，世界上只有 30%的人口居住在城市，到 2014 年，城市化水平达到 54%，联合国预计 2050 年，全球城市化率将达到 66%[1]。快速城市化进程中城市系统面临着巨大压力[2]。针对工业化与城市化过程中出现的资源过度集中、发展失衡、环境污染等问题，1965 年日本政府提出"广域生活圈"概念。1975 年第三次"全国综合开发计划"提出建设

① 本研究受天津市哲学社会科学规划项目(TJGL18－021)资助。

示范定居圈，提倡人和自然和谐相处[3]。《广州城市更新总体规划(2015—2020)》构建社区步行网络，打造15分钟社区步行生活圈。2016年，《中共中央国务院关于进一步加强城市规划建设管理工作的若干意见》提出建设"15分钟社区生活圈"。2018年12月1日起中国施行的《城市居住区规划设计标准》(GB 50180—2018)(以下简称《标准》)提出以"生活圈"的概念取代"居住区、居住小区、居住组团"的分级模式，突出能够在居民适宜步行时间内满足其生活服务需求[4]。鉴于城市中心区建成环境复杂、利益主体多元、公共服务设施增加及提升的可利用存量空间有限[5]等现实困境，有必要探索如何科学盘点区域内外资源，研究居民日常行为活动，构建社区生活圈数据库平台，促进社区生活圈智慧化建设，共享社区要素信息，提升社区生活圈建设的落地实施性，即从城市更新的视角出发，完善社区公服配套，增强城市社区活力，改善居民生活品质。

目前关于社区生活圈的研究主要集中在生活圈空间界定、服务评价与规划策略三个方面：

不同政治体制与区域背景下，生活圈的空间界定标准多样[6-7]；从现状建设、居民日常活动等方面审视评估社区居民与土地使用、空间组织之间的关系[8-11]；围绕居住、就业、服务、交通、休闲等方面提出规划策略[11-13]。但《标准》对生活圈的空间界定与评价内容提出明确要求，现有研究与新的标准体系存在差异。且目前社区生活圈建设尚未充分考虑行政管理单元，街道等行政主体在规划实施中处于缺位状态[14]。关于社区智慧化建设，相关学者从智慧社区实践思考[15-18]、建设模式[19-22]与服务内容[23-25]等方面展开研究。信息孤岛、数字鸿沟、信息数据互联不畅等是影响社区智慧化建设的瓶颈[26-27]。

本研究针对城市中心区建成环境复杂、可利用存量空间有限的困境，以社区要素信息共享、社区生活圈智慧化建设为目标，弥补当前社区生活圈研究不适应新的国家标准体系、社区生活圈建设尚未充分考虑行政管理单元、社区智慧化建设信息数据互联不畅等方面的不足之处，科学盘点梳理社区要素空间分布现状，积极探索城市中心区社区生活圈数据库的构建方法。更精确地说研究拟解决以下三个问题：社区生活圈建设需要获取什么数据？怎样获取数据？如何集成、匹配与融合多源数据？进而对接社区生活圈智慧化建设与管理需求深化数据库结构设计，提升社区生活圈数据库的准确度与使用效率。研究结果将为有效评估社区生活圈的资源配置提供数据支持，为设施布局优化选址提供可利用存量空间信息，为行政管理单元提供智慧决策的支撑平台。

2 研究方法

2.1 研究区选取

河东区是天津市中心城区行政分区之一，总规模42 km^2(见图1)。

选择天津市河东区作为研究区的原因如下：

(1) 居住用地占比偏高，服务用地不达标：河东区城市建设用地中居住用地占比47%，高于标准值25%～40%；人均公共管理与公共服务设施用地4.1 m^2/人，低于标准值下限5.5 m^2/人；人均绿地与广场用地2.5 m^2/人，远低于标准值10 m^2/人[28]。

(2) 公服后备用地有限,存量土地缺乏统筹:河东区现有可改造存量用地约 489 ha(如图 2),公共服务设施后备用地有限。在河东区可利用土地资源有限的情况下,如何以科学、合理、有效、复合的用地规划完善配套设施空间布局是河东区社区生活圈建设面临的核心问题。

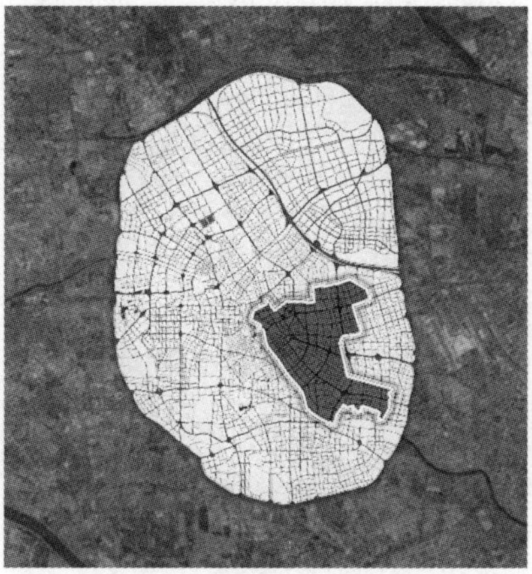

图 1 天津市河东区区位
(图片来源:笔者自绘)

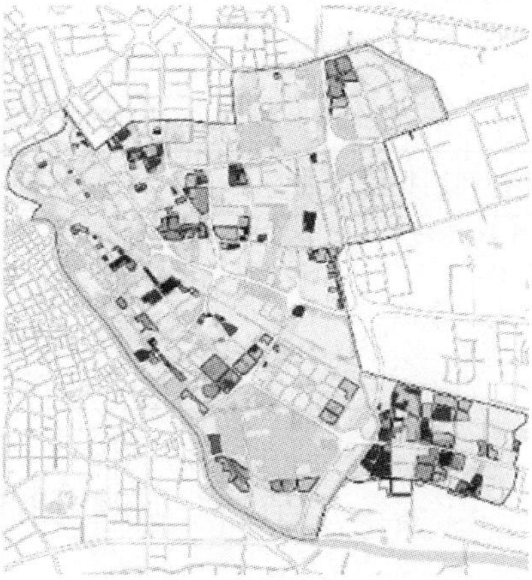

图 2 河东区存量可改造土地空间分布
(图片来源:天津市城市规划设计研究院提供)

2.2 研究方法

城市更新视角下城市中心区社区生活圈智慧化建设数据库构建方法,即从“人地关系”的视角出发,全面系统地梳理社区生活圈建设要素;充分对接规划、国土、测绘、遥感等机构,结合百度地图 API 接口获取地理空间数据,重点关注可利用存量空间现状,并基于 ArcGIS 软件实现多源地理空间数据融合;借助百度地图 LBS 传输与采集居民行为数据,基于 ArcGIS 软件的分析模块实现行为数据的空间化处理;从供需关系视角出发建立数据分类结构,构建社区生活圈数据库,为社区智慧化建设、管理与服务提供评估、优化、决策的支持平台。

2.2.1 基于“人地关系”的社区生活圈建设要素梳理

人地关系及人地关系地域系统核心的研究范畴是人类活动与环境的相互作用关系[29]。在人口与建筑聚集的城市中心区,居民(“人”)主动进行社会经济活动,社区地理环境(“地”)为居民的活动提供空间载体与物质依赖,居民活动需求与社区地理环境供给共同构成社区生活圈建设的重要要素(见表 1)。

表 1 社区生活圈建设要素梳理(表格来源:笔者根据参考文献[9]、[12]、[31]、[32]、[33]总结)

研究范围	一级要素	二级要素	三级要素	参照依据
城市分区层面	“人”(行为要素)	社会活动需求	服务	参考文献[12]
			居住	参考文献[30]
			休闲	参考文献[31]
			就业	参考文献[9]
		经济活动需求	土地利用	
			建筑环境	
	“地”(空间要素)	地理环境供给	道路交通	参考文献[31]
			配套设施	参考文献[32]

2.2.2 社区生活圈智慧化建设数据选取

(1) 地理空间数据

覆盖现状、规划与建设信息的土地利用数据：包含现状、建设、规划数据三部分，空间与属性两种类型(如表2)。

表2 土地利用数据内容(表格来源：笔者总结)

土地利用数据	空间数据	属性数据
现状数据	用地空间位置 用地拓扑关系	用地类型 用地规模 是否为存量可改造用地
规划数据	用地空间位置 用地拓扑关系	用地类型 用地规模
建设数据	项目空间位置	项目类型 项目建设状态 项目建设规模

道路交通数据：道路交通数据包含城市道路的道路名称、空间位置、道路等级，以及道路设施的空间位置、类型等数据内容。道路交通数据是真实计算生活圈圈域范围及设施服务范围的数据基础。

涵盖现状、建设信息的建筑数据：建筑数据主要是指建筑的空间位置、建筑名称、建筑类型、建筑层数以及建筑基底面积等数据内容。其中居住建筑数据是居住人口空间化的指示因子，公共建筑数据是公共服务供给规模、设施承载力的计算依据。

配套设施数据：配套设施数据是指各类设施的空间位置、设施名称、设施类型、设施规模等数据内容。配套设施数据与土地利用数据、公共建筑数据的叠加结果为分析与评价社区生活圈服务资源配置提供基础数据支撑。

(2) 居民行为数据

居住人口数量：居住人口数量是指居住地块内常住人口的数量，反映了服务的需求量。以往社区服务设施的"千人指标"计算方法独立处理规模与空间分布，更注重总量规模的保障，难以全面解释配套问题[33]。本文认为社区生活圈服务配置应充分考虑居住人口数量，目标为服务范围覆盖所有居住人口。

设施点客流量：传统公共服务设施配置采用"从指标到设施"的规划方式缺乏设施使用层面的主观性指标，对服务设施"有效性"的思考不足[34]。本文认为社区生活圈公服配置应结合客观标准与主观使用数据，在关注服务设施空间布局均等化的同时要强调服务设施的有效性。设施点客流量是指服务供给点的日均客流量，主要反映服务供给容量。

2.2.3 社区生活圈智慧化建设数据获取与处理

2.2.3.1 多源地理空间数据获取与融合

(1) 多源地理空间数据获取

随着3S技术、移动互联网技术的应用与普及，地理空间数据的获取途径呈现多元化的趋势，规划部门因进行项目规划与编制的要求，在前期调研、现状分析、方案编制与优化的各个阶段与多个部门积极对接，从测绘、遥感、规划院、百度地图 Place API 接口等多种渠道可获取各类地理空间数据①。

（2）多源地理空间数据融合

多源地理空间矢量数据集成和融合不是孤立的两个过程。集成是融合的基础，融合是集成基础上进一步的发展[35]。融合是利用不同数据的优势派生出比原始数据可用性更好的新数据[36]。地理空间数据融合的具体步骤如下：数据集成、数据匹配、数据融合[37]。数据集成实现多源地理空间数据的一致性处理；数据匹配建立了不同数据集中同名地物间的联系[38]；数据集成实现了数据逻辑的统一，数据匹配建立了同名实体之间的联系，数据融合则是整合不同数据集的优势，产生准确性、现势性、完备性更高的数据。

2.2.3.2 行为数据获取与空间化处理

（1）居民行为数据获取

基于 LBS 的时空数据研究主要包含从移动运营商处获取的手机基站定位数据和通过智能手机 APP 采集的定位数据[39]。百度地图开放平台的定位服务支持 GPS、Wi-Fi、基站融合定位，目前日响应超 800 亿次位置服务请求。百度慧眼基于百度地图开放平台获取去隐私化定位数据，经过脱敏清洗处理提取用地内的居住人口数量、设施点客流量等人群行为数据②。

（2）居民行为数据空间化处理

人口数据空间化是获取人口空间分布数据的有效途径，在精细刻画人口分布、多源数据融合研究等方面具有重要科学意义[40-42]。本文假设人均居住用地面积相同[43-44]，在 ArcGIS 软件中基于居住地块建立 Fishnet，并转换为格网面；计算居住地块的居住人口密度，同时在属性表中添加字段 Population Density；将 Fishnet 与居住地块进行 Union 操作，保留居住地块的 ID、Population Density 字段以及 Fishnet 的 ID 字段；计算 Union 后的每个格网的面积，存储在字段 Area 中；添加新的字段 Population，利用 Field Calculator 为该字段赋值，Population＝Population Density * Area，基于 ArcGIS 分级显示可视化居住人口数量空间化处理结果。

2.2.4 多源数据分类

基于供需关系的分析方法兼顾服务人口、服务范围、设施规模等多个要素，供给与需求的量化差值可直观反映社区公服配置的供需矛盾，进而通过调整社区管理方案、调整设施空间布局、改变设施规模平衡社区生活圈服务的供需关系。因此本文认为社区生活圈数据库应基于供需关系视角从社区生活圈的服务需求、服务路径、服务供给三个方面划分数据门类，形成集成“数据门类—数据类—数据子类—精度描述—格式描述”的数据分类结构。

---

① 基于天津市哲学社会科学规划课题（TJGL18－021）的合作关系，天津市城市规划设计研究院将部分数据对本研究开放。

② 2018 年 1 月，百度地图与天津市城市规划设计研究院签署战略合作协议，成立“百度地图慧眼天津规划院创新实验室”，天津市域内相关数据向天津市城市规划设计研究院开放。

2.3 技术路线(如图3)

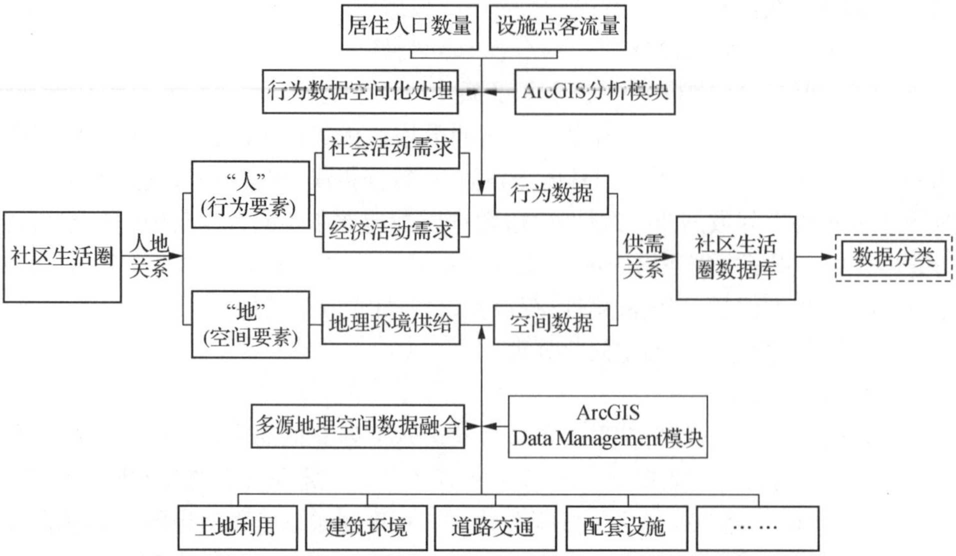

图3　社区生活圈智慧化建设数据库构建(图片来源:笔者自绘)

3　结果分析

3.1 基本管理单元划分

社区生活圈建设应与街道、居委会等行政管辖区紧密结合[45],本文以15分钟社区生活圈规模、河东区街道边界、控规单元边界作为基本管理单元的划分标准,每个单元规模约为1～3 km^2,将河东区划分为21个基本管理单元(如图4)。

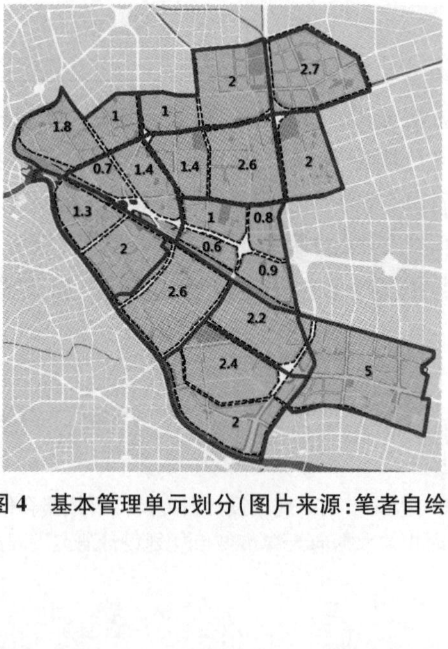

图4　基本管理单元划分(图片来源:笔者自绘)

3.2 数据获取结果分析(如表3)

表3 数据获取结果(表格来源:笔者总结)

数据类型		数据名称	数据坐标		数据来源	数据精度	
			地理坐标	投影坐标		空间精度	时间精度
地理空间数据	土地利用	现状数据	天津90坐标	无	规划院	1∶2000	2017年
		存量可改造用地	无	无	规划院	无	2016年
		规划数据	天津90坐标	无	规划院	1∶2000	2017年
	道路交通	路网	WGS_1984	无	电子地图	1∶2000	2017年
	建筑环境	建筑	天津90坐标	无	测绘院	1∶2000	2015年
	配套设施	现状设施	WGS_1984	无	规划院	—	2017年
		现状设施	百度坐标	无	百度POI	—	2017年
	河东区遥感影像		WGS_1984	无	全能地图	—	2018年
居民行为数据	居住人口数量	居住人口数量	百度坐标	无	百度地图	地块尺度	监测两个月平均至每天
	设施点客流量	设施点客流量	百度坐标	无	百度地图	地块尺度	每隔一小时监测一次

3.3 研究区多源地理空间数据融合

3.3.1 地理空间数据集成

(1) 统一数据坐标

在导入数据前,在Arcmap中将数据框属性的坐标系设置为国家2000大地坐标系,以天津市为例,天津市位于经度东经116°～118°,应选择“投影坐标系—Gauss Kruger—CGCS2000—CGCS2000 3 Degree GK CM 117E”。在ArcGIS软件中定义数据原始坐标,并通过数据管理工具将各类地理空间数据地理坐标转换为GCS_China_Geodetic_Coordinate_System_2000,投影坐标统一为数据框属性坐标(如图5)。

图5 统一数据地理与投影坐标
(图片来源:笔者自绘)

(2) 空间数据矫正与配准

各类地理空间数据获取来源不同,导致统一坐标后也会存在各类空间数据的错位现象(如图6)。空间矫正与地理配准是指通过手动移动、变形等操作将数据对齐到正确的空间位置。矢量数据空间校正:以路网数据为基准(原坐标为WGS_1984,与大地2000坐标系具有对应关系),从目标数据出发添加空间校正位移控制点,运行空间校正,直至数据完全叠合。栅格数据地理配准:勾选“自动校正”选项,参照空间校正添加控制锚点的方法，完成栅格数据地理配准(如图 7)。最终实现河东区多源地理空间数据集成(如图 8)。

图 6　空间错位现象(图片来源:笔者自绘)

图 7　空间校正、地理配准结果(图片来源:笔者自绘)

图 8　多源地理空间数据集成(图片来源:笔者自绘)

3.3.2　地理空间数据匹配

河东区配套设施数据来源于规划院与百度地图 POI 两个渠道，按照《城市居住区规划设计标准》统一设施分类标准[①]。根据统计结果，百度 POI 商业服务业设施数据是对规划院设施数据的有效补充，但其公共管理与公共服务设施数据与传统设施数据具有一定的重复率(如图 9)。

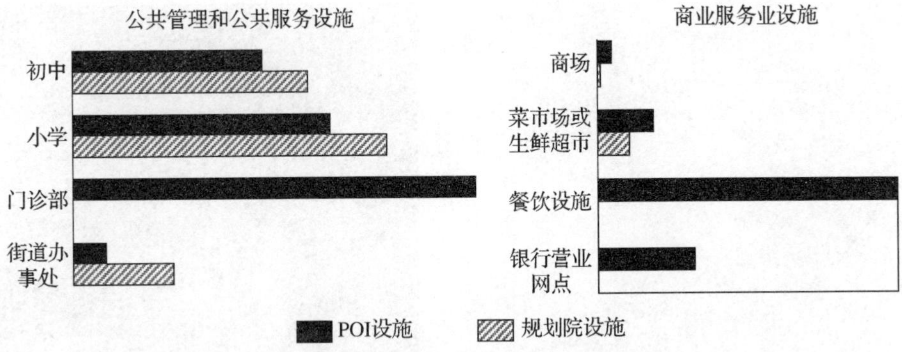

图 9　规划院与百度 POI 部分设施数量对比示意(图片来源:笔者自绘)

两种来源下的配套设施数据属性字段描述不同，因此，本文基于配套设施点状数据的几何特征实现配套设施数据的同名实体匹配：以“小学”这一类设施数据为例，借助 ArcGIS 空间分析模块的距离分析工具，将规划院“小学”设施作为源数据进行欧氏距离计算，栅格计算结果与 POI“小学”设施叠加，结合百度坐标拾取系统判别两个来源下“小学”设施点的距离。本文认定同一类型设施且小于一定阈值(本文认定为 100 m)的数据为数据库的重复数据。

3.3.3　地理空间数据融合

多源配套设施数据融合：根据数据匹配结果，共发现“小学”设施数据重复点 13 处，基于 ArcGIS 的数据编辑功能，删除百度 POI 中与规划院重复的“小学”设施数据(如图 10)。采取同样的方法删除各类配套设施中的重复部分，并融合百度 POI 与规划院设施的属性数据，进而优化配套设施数据的完备性与现势性(如图 11)。

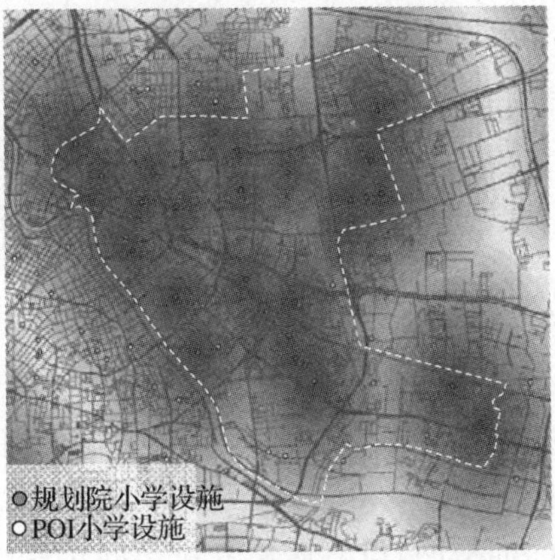

图 10　“小学”设施删除重复数据(图片来源:笔者自绘)

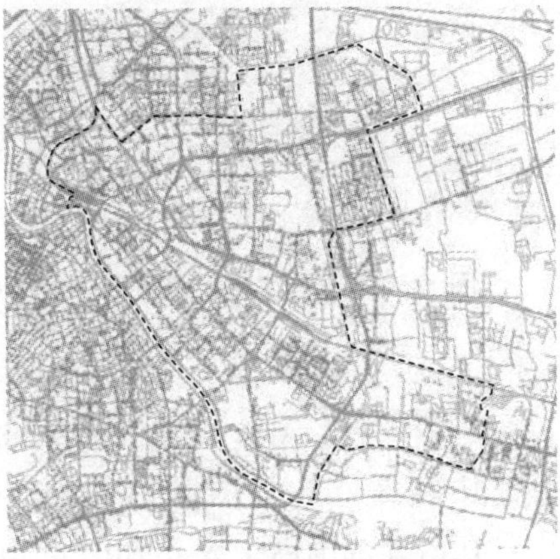

图 11　多源配套设施数据融合(图片来源:笔者自绘)

① 分为公共管理与公共服务设施、商业服务业设施、市政公用设施、交通场站、社区服务设施五种类别。

存量可改造用地信息与土地利用现状融合：根据天津市勘察院调查结果，河东区现有存量用地约 489 ha，本文根据已有 JPG 信息于 ArcGIS 中进行矢量化处理(如图 12)，并与河东区土地利用现状进行叠合，在土地利用现状属性表中添加字段，存储存量可改造土地信息(如图 13)。最终实现河东区多源地理空间数据融合(如图 14)。

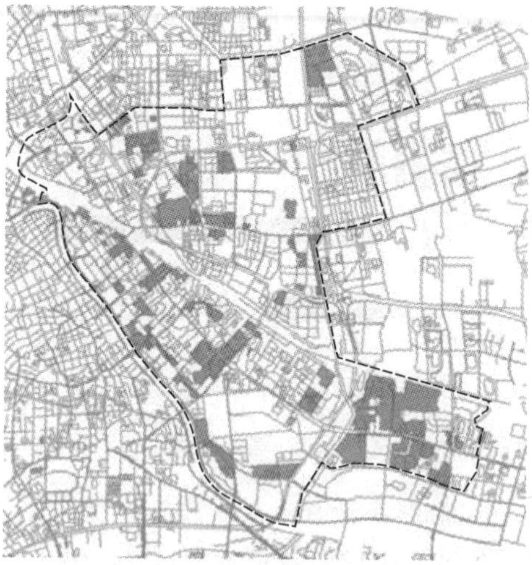

图 12　存量可改造用地信息矢量化
(图片来源:笔者自绘)

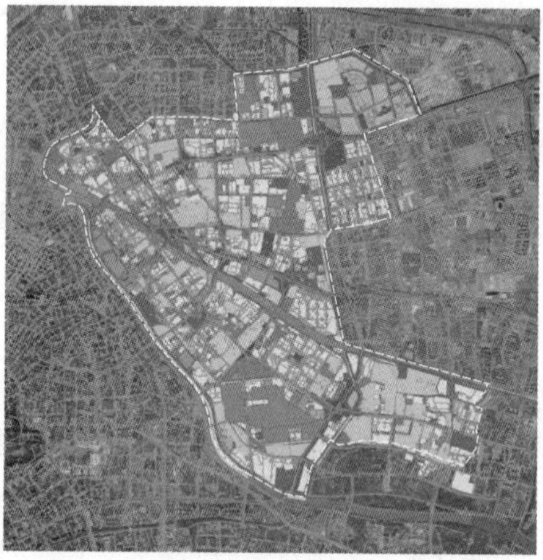

图 14　河东区多源地理空间数据融合
(图片来源:笔者自绘)

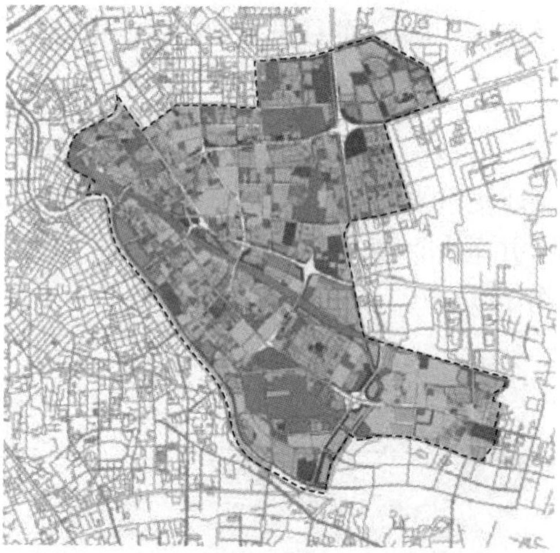

Shape_Le_1	Shape_Area	存量可改
0.001648	0.000000	是
0.001374	0.000000	是
0.003551	0.000000	是
0.010765	0.000005	是
0.003059	0.000001	是
0.004596	0.000001	是
0.007130	0.000001	是
0.010405	0.000003	是
0.004575	0.000001	是
0.004513	0.000001	是
0.003047	0.000000	是
0.004053	0.000001	是
0.001773	0.000000	是
0.003971	0.000001	是
0.001697	0.000000	是

图 13　存量可改造用地信息与土地利用现状数据融合(图片来源:笔者自绘)

3.3.4　行为数据空间化处理

在土地利用中选取 A 类、B 类、G 类用地添加字段存储设施点客流量数据。河东区居住用地总面积 16.3 km^2(如图 15)，结合居住用地尺度(100～300 m)，利用 ArcGIS 软件 Fishnet 工具在研究范围内生成 30 m×30 m 的标准格网，进行居住人口空间化处理(如图 16)。通过 ArcGIS 软件分级显示的居住人口数量可更直观地反映空间单元内居住人口的精细化分布情况(如图 17)，空间化的居住人口数量可为分析并统计设施服务范围所覆盖的人口数量提供基础数据。

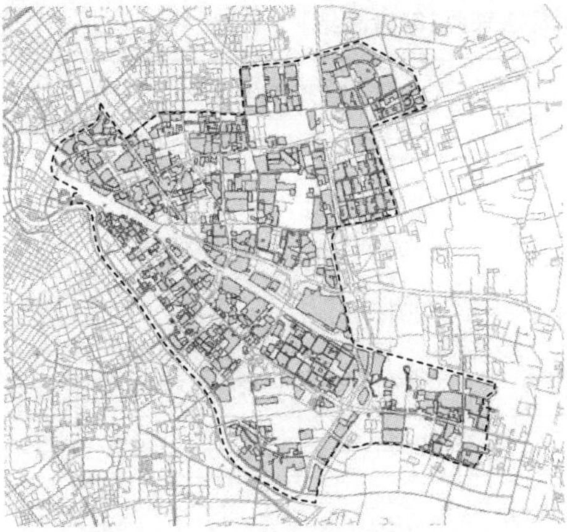

图 15　河东区居住用地分布
(图片来源:笔者自绘)

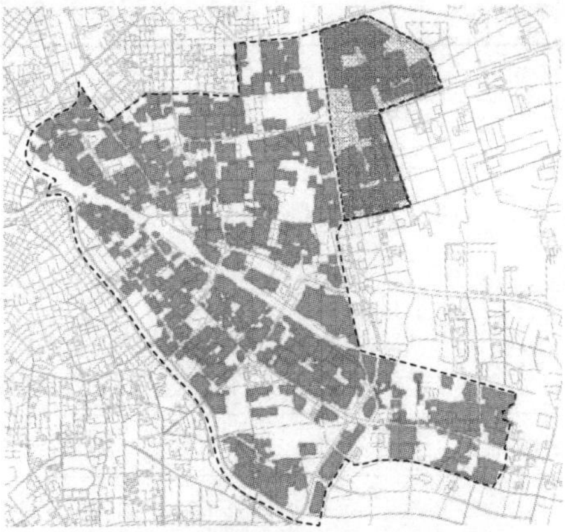

图 16　河东区居住人口空间化结果
(图片来源:笔者自绘)

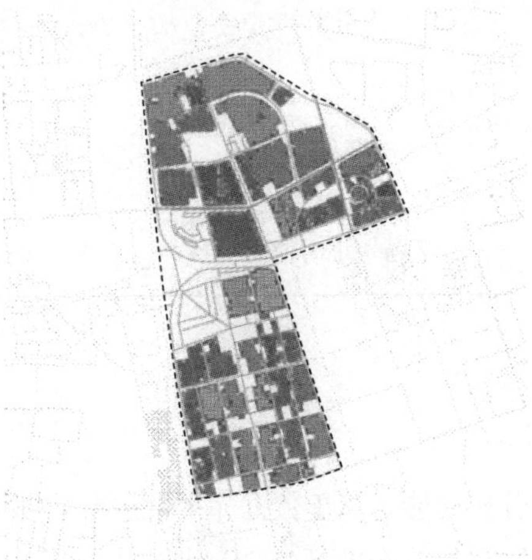

居住人口数量	每个格网居住人口数量
5264	35
5264	35
5264	35
5264	35
5264	35
5264	35
5264	35
5264	35
5264	35
5264	35
5264	35
5264	35
5264	35
5264	35

图 17　河东区空间单元居住人口空间化结果(图片来源:笔者自绘)

3.4　河东区多源数据分类整理

从社区生活圈的服务需求、服务路径、服务供给三个方面划分数据门类(如图 18、表 4)。

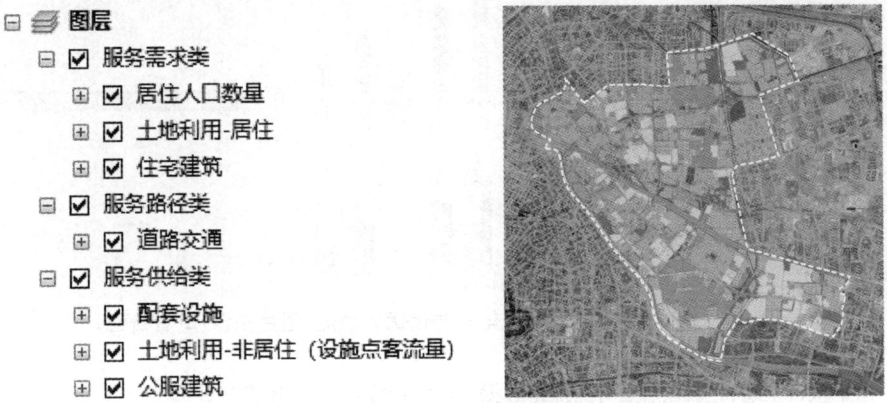

图 18　河东区多源数据分类整理(图片来源:笔者自绘)

表 4　河东区多源数据分类(表格来源:笔者总结)

数据门类	数据类	数据子类	精度描述		格式描述
			时间精度	空间精度	
服务需求	居住人口数量	居住人口数量	监测两个月平均到每天	30 m×30 m网格精度	矢量数据
	土地利用	居住用地(含小区出入口)	2017 年	1∶2 000	矢量数据
	建筑环境	住宅建筑层数/建筑基底面积	2017 年	1∶2 000	矢量数据
服务路径	道路交通	城市路网	2017 年	1∶2 000	矢量数据
服务供给	土地利用	商业用地/商务用地/医疗卫生用地/教育科研用地/文化体育/绿地与广场用地	2017 年	1∶2 000	矢量数据
	建筑环境	公服建筑层数/类型/建筑基底面积	2017 年	1∶2 000	矢量数据
	配套设施	公共管理与公共服务设施/商业服务业设施/市政公用设施/交通场站/社区服务设施	2018 年	—	矢量数据
	设施点客流量	设施点使用人数	每隔一小时监测一次	—	属性数据

3.5　数据库呈现

3.5.1　数据库主功能Ⅰ:评估与优化

社区生活圈数据库具有以下功能:(1) 空间分析功能。基于数据库平台进行数据挖掘与定量分析,能够准确、定量描述社区地理环境供给的空间分布特征。(2) 可视化展示①。将空间分析结果以图表形式更加直观、形象地表达生活圈空间要素配置的评价结果。(3)迭代优化。通过现状与优化方案、优化方案之间的对比高效判断优化方案的有效性(如图 19、图 20)。

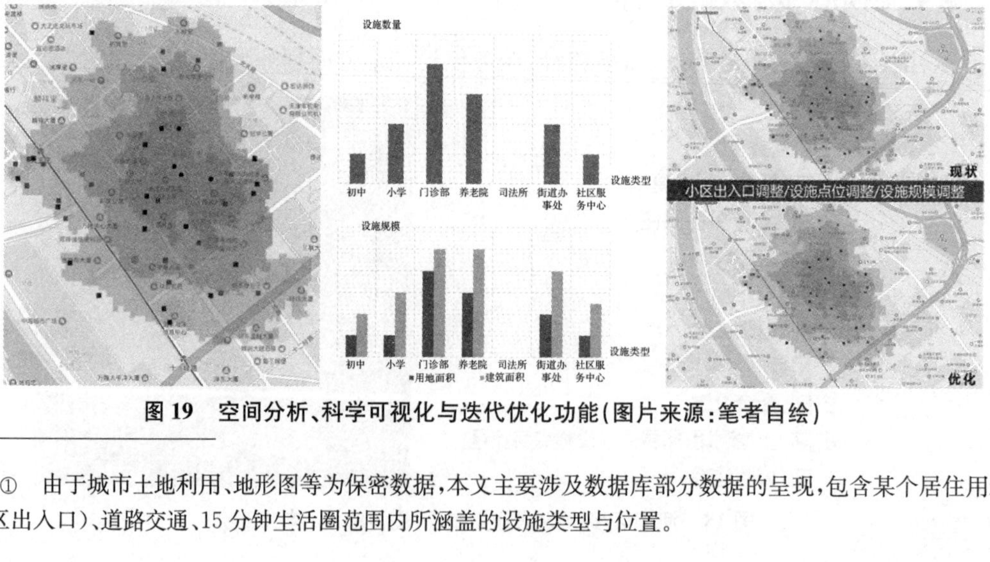

图 19　空间分析、科学可视化与迭代优化功能(图片来源:笔者自绘)

① 由于城市土地利用、地形图等为保密数据,本文主要涉及数据库部分数据的呈现,包含某个居住用地(小区出入口)、道路交通、15 分钟生活圈范围内所涵盖的设施类型与位置。

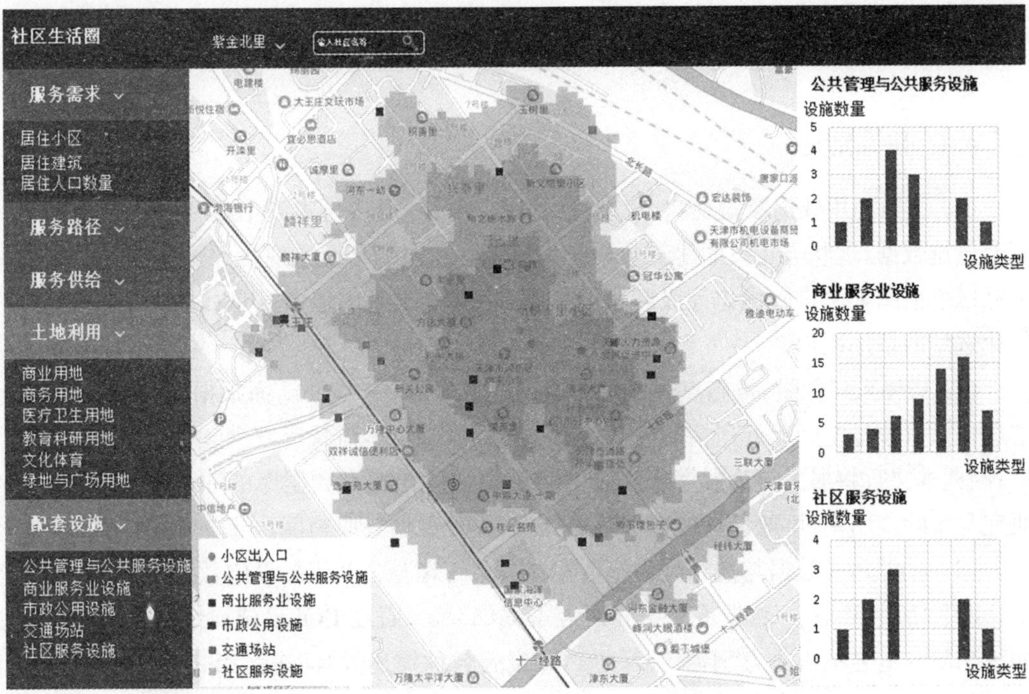

图 20　数据库主页面(图片来源:笔者自绘)

3.5.2　数据库主功能Ⅱ:决策与管理

空间分析结果包含“居委会—空间单元(对接街道)—行政区”三个层级,每一层级以下一级为基本评估单元计算达标率(以居委会层级为例,达标率=达标居住小区数量/总居住小区数量)(如图 21、图 22),各层级管理人员可依此判断需要改善提升单元的优先等级,明确居住小区层面社区生活圈建设的核心问题。

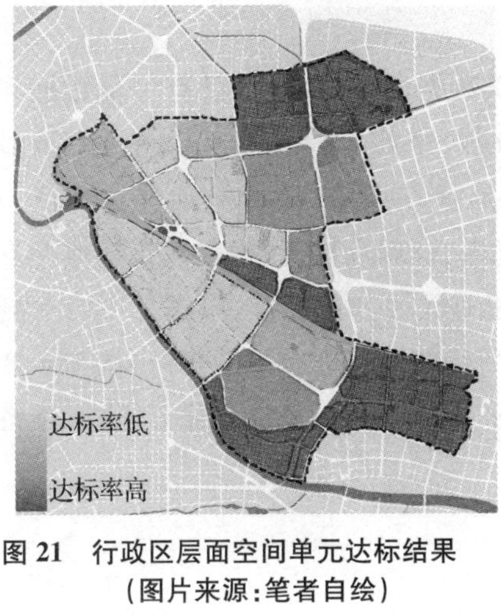

图 21　行政区层面空间单元达标结果
(图片来源:笔者自绘)

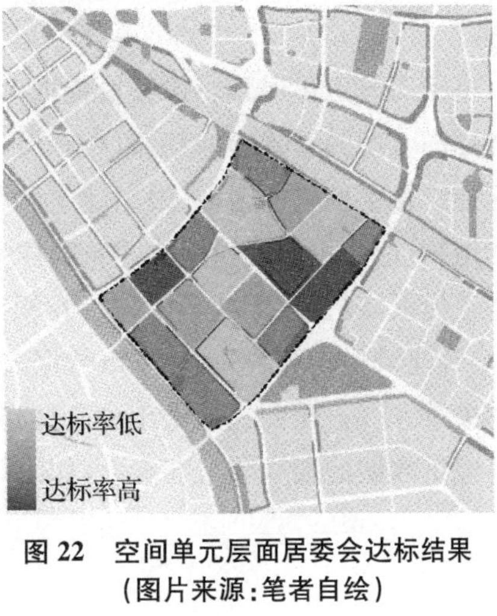

图 22　空间单元层面居委会达标结果
(图片来源:笔者自绘)

4 研究结论与展望

4.1 研究结论

(1) 土地利用数据覆盖现状、建设、规划三个部分,现状与建设土地利用数据叠加,结合配套设施数据、现状与建设的建筑数据作为社区生活圈配套设施现状评价基础,规划数据作为社区生活圈配套设施优化等级判别的依据,存量可改造用地信息是社区生活圈配套设施优化选址的备选用地。

(2) 居住人口数量、设施点客流量获取精度为 100 m×100 m,而根据居住地块尺度确定的居住人口数量空间化处理精度为 30 m×30 m,设施点客流量反映独立占地设施的服务容量,因此本文暂将居民行为数据作为社区生活圈智慧化建设数据库的建议性内容。在后续研究与实际应用中,可通过拓展数据获取渠道,提升数据获取精度。

(3) 百度 POI 数据与规划院设施数据在公共管理与公共服务设施数据中存在一定重复率,其中"初中""小学"数据重复率分别为 35%、56%。百度 POI 设施属性描述更加具体(例如规划院设施名称描述为"小学",百度 POI 设施名称描述为"河东区第一中心小学"),因此在删除百度 POI 设施数据重复内容的同时,将其"设施名称"字段整合到规划院设施数据属性表中,进而丰富配套设施属性信息。

4.2 研究展望

目前城市中心区地理空间数据更新存在变化发现难[46]、修测成本高的现实问题,本文认为基于高分卫星遥感影像矢量提取建筑的方法是对现行地形图修测技术的有效补充。高分辨率卫星遥感图像的重要应用之一是通过地形测绘生成和更新 GIS 数据库[47]。建筑作为城市地理数据库中最重要、更新最频繁的部分之一[48],也是高分辨率遥感影像的重要内容。

基于高分卫星遥感影像矢量提取动态更新建筑数据的方法:基于已有矢量数据和与矢量数据同时期的遥感影像、后时相影像,采用影像分割、分类、影像变化检测方法获取城市中心区建筑发生变化的区域;根据建筑物具有的规则形状,剔除植被、水体等光谱特征差异明显的地物,选取可信度较高的建筑物样本,计算其光谱、纹理等特征;根据建筑物典型形状构造建筑模板,对变化区域影像进行卷积计算,提取建筑区域;对建筑区域进行边缘检测与细化,实现建筑物轮廓的矢量提取;数据入库,对发生变化的建筑进行更新,并协调与未变化建筑的关系[49-50]。至此完成城市中心区建筑数据更新,并以一定周期动态循环操作,维持中心城区建筑数据的现势性与准确性(如图 23)。

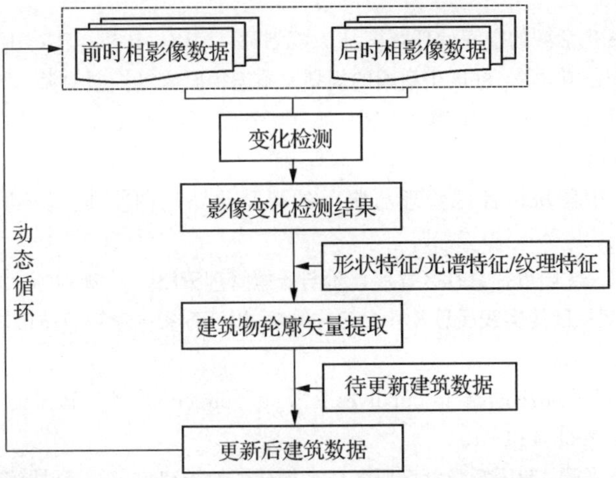

图 23　基于高分卫星遥感影像矢量提取的建筑数据动态更新方法(图片来源:笔者根据参考文献[49][50]绘制)

参考文献

[1] United Nations. Department of economic and social affairs[Z]. World urbanization prospects: the 2014 revision. New York, 2014.

[2] BIBRI S E, KROGSTIE J. Smart sustainable cities of the future: An extensive interdisciplinary literature review [J]. Sustainable Cities and Society, 2017, 31:183 - 212.

[3] 逯新红. 日本国土规划改革促进城市化进程及对中国的启示[J]. 城市发展研究, 2011,18(05): 34 -37.

[4] 住房和城乡建设部. 城市居住区规划设计标准:GB 50180—2018[S]. 北京:中华人民共和国住房和城乡建设部,2018.

[5] 何瑛. 上海城市更新背景下的 15 分钟社区生活圈行动路径探索[J]. 上海城市规划, 2018(04): 97 -103.

[6] LIU T, CHAI Y. Daily life circle reconstruction: a scheme for sustainable development in urban China [J]. Habitat International, 2015, 50:250 - 260.

[7] 柴彦威, 张雪, 孙道胜. 基于时空间行为的城市生活圈规划研究:以北京市为例[J]. 城市规划学刊, 2015(03):61 - 69.

[8] 萧敬豪, 周岱霖, 胡嘉佩. 基于决策树原理的社区生活圈测度与评价方法:以广州市番禺区为例[J]. 规划师, 2018,34(03):91 - 96.

[9] 赵彦云, 张波, 周芳. 基于 POI 的北京市"15 分钟社区生活圈"空间测度研究[J]. 调研世界,2018(05): 17 - 24.

[10] 孙道胜, 柴彦威, 张艳. 社区生活圈的界定与测度:以北京清河地区为例[J]. 城市发展研究,2016,23(09):1 - 9.

[11] 卢银桃, 侯成哲, 赵立维, 等. 15 分钟公共服务水平评价方法研究[J]. 规划师, 2018,34(09): 106 -110.

[12] 李萌. 基于居民行为需求特征的"15 分钟社区生活圈"规划对策研究[J]. 城市规划学刊, 2017(01):

111 - 118.

[13] 程蓉. 15 分钟社区生活圈的空间治理对策[J]. 规划师，2018,34(05):115 - 121.

[14] 廖远涛,胡嘉佩,周岱霖，等. 社区生活圈的规划实施途径研究[J]. 规划师，2018,34(07):94 - 99.

[15] 吴胜武,朱召法,吴汉元，等. “智”聚“慧”生:海曙区智慧社区建设与运行模式初探[J]. 城市发展研究，2013,20(06):145 - 147.

[16] 柴彦威,郭文伯. 中国城市社区管理与服务的智慧化路径[J]. 地理科学进展，2015,34(04):466 -472.

[17] 刘思,路旭,李古月. 沈阳市智慧社区发展评价与智慧管理策略[J]. 规划师，2017,33(05):14 - 20.

[18] 常恩予,甄峰. 智慧社区的实践反思及社会建构策略:以江苏省国家智慧城市试点为例[J]. 现代城市研究，2017(05):2 - 8.

[19] John Naisbitt. Gig Trend:change in our lives is a new direction[M]. Beijing: Chinese Social Science Publishing House，2008:136 - 137.

[20] 郑从卓,顾德道,高光耀. 我国智慧社区服务体系构建的对策研究[J]. 科技管理研究，2013,33(09):53 - 56.

[21] 申悦,柴彦威,马修军. 人本导向的智慧社区的概念、模式与架构[J]. 现代城市研究，2014(10):13 - 17,24.

[22] 梁丽. 北京市智慧社区发展现状与对策研究[J]. 电子政务，2016(08):119 - 125.

[23] Eger J M. Smart growth，smart cities，and the crisis at the pump a worldwide phenomenon[M]. IOS Press，2009.

[24] 王京春,高斌,类延旭，等. 浅析智慧社区的相关概念及其应用实践:以北京市海淀区清华园街道为例[J]. 理论导刊，2012(11):13 - 15.

[25] 徐宏伟. 智慧社区建设背景下的基层社会治理研究:以江苏路街道为例[D]. 上海:上海交通大学,2014.

[26] 梁丽. “十三五”时期北京市智慧社区建设创新发展研究[J]. 电子政务，2017(12):54 - 63.

[27] 陈莉,卢芹,乔菁菁. 智慧社区养老服务体系构建研究[J]. 人口学刊,2016,38(03):67 - 73.

[28] 住房和城乡建设部. 城市用地分类与建设用地标准:GB 50137[S]. 北京:中华人民共和国住房和城乡建设部,2011.

[29] 李扬，汤青. 中国人地关系及人地关系地域系统研究方法述评[J]. 地理研究，2018,37(08):1655 -1670.

[30] WANG R，FENG L，HU D，et al. Understanding eco-complexity: Social-Economic-Natural Complex Ecosystem approach [J]. Ecological Complexity，2011，8(01):15 - 29.

[31] HUANG J，DUAN X，ZHOU J. Study on livability evaluation and planning countermeasures of community space based on multi-sources data-Taking Changsha as an example[J]. IOP Conference Series: Earth and Environmental Science，2018:189.

[32] 孙道胜，柴彦威. 城市社区生活圈体系及公共服务设施空间优化:以北京市清河街道为例[J]. 城市发展研究，2017,24(09):7 - 14.

[33] 卢银桃，侯成哲，赵立维，等. 15 分钟公共服务水平评价方法研究[J]. 规划师，2018,34(09):106 -110

[34] 李颖，颜婷，曾艺元，等. 行为量化分析视角下的公共服务设施有效使用评估研究[J]. 规划师，2019(02):66 - 72.

[35] 唐文静. 海陆地理空间矢量数据融合技术研究[D]. 哈尔滨:哈尔滨工程大学,2009.

[36] COBB M，CHUNG M，FOLEY H. A rule-based approach for the conflation of attributed vector data

[J]. Geoinformation,1998,2(01):7 - 35.

[37] 陈换新，孙群，肖强，等. 空间数据融合技术在空间数据生产及更新中的应用[J]. 武汉大学学报(信息科学版)，2014,39(01):117 - 122.

[38] 徐枫,邓敏,赵彬彬. 空间目标匹配方法的应用分析[J]. 地球信息科学学报，2009,11(05):657 - 663.

[39] 孙津，龚建华，周洁萍. 基于智能手机定位与活动日志调查的个体行为时空数据管理与对比研究[J]. 地理与地理信息科学，2018,34(05):68 - 73.

[40] 符海月，李满春，赵军，等. 人口数据格网化模型研究进展综述[J]. 人文地理，21(03)：115 - 119，114.

[41] 林丽洁，林广发，颜小霞，等. 人口统计数据空间化模型综述[J]. 亚热带资源与环境学报，2010,5(04)：10 -16.

[42] 柏中强，王卷乐，杨飞. 人口数据空间化研究综述[J]. 地理科学进展,2013,32(11):1692 - 1702.

[43] 朱瑾，李建松，蒋子龙，等. 基于"实有人口、实有房屋"数据的精细化人口空间化处理方法及应用研究[J]. 东北师范大学学报(自然科学版),2018,50(03):133 - 140.

[44] Li L，Li J，Jiang Z，et al. Methods of population spatialization based on the classification information of buildings from China's first national geoinformation survey in urban area：a case study of Wuchang district，Wuhan City，China [J]. Sensors，2018，18(08).

[45] 吴秋晴. 生活圈构建视角下特大城市社区动态规划探索 [J]. 上海城市规划,2015(04):13 - 19.

[46] 赵小阳，孙颖. 大数据背景下的城市大比例尺地形图更新及应用探讨[J]. 测绘通报,2016(02)：116 -119.

[47] Alkan M. Information content analysis from very high resolution optical space imagery for updating spatial database [J]. Remote Sensing and Spatial Information Sciences，2018(04).

[48] Du S，Luo L，Cao K，et al. Extracting building patterns with multilevel graph partition and building grouping[J]. ISPRS Journal of Photogrammetry and Remote Sensing,2016,122:81 - 96.

[49] 赵敏，陈卫平，王海燕. 基于遥感影像变化检测技术的地形图更新[J]. 测绘通报，2013(04):65 - 67.

[50] 吴炜，骆剑承，沈占锋，等. 光谱和形状特征相结合的高分辨率遥感图像的建筑物提取方法[J]. 武汉大学学报(信息科学版)，2012,37(07):800 - 805.

土地节约集约利用评价辅助的城市存量规划
——以武汉为例

洪　旗[1]　熊　威　肖　璇　周维思　陈华飞
武汉土地利用和城市空间规划研究中心

摘　要:在落实新发展理念,促进高质量发展,满足人民对美好生活向往的导向下,城市更新应以人的需求为核心,以城市建设的质量与人的需求的匹配程度为标准,城市更新过程中应在全面提升城市品质的基础上,重点针对存量空间资源进行合理增效。土地节约集约利用评价辅助的存量规划是武汉市在国土空间规划改革"多规合一"背景下,针对城市更新需求提出的一种面向实施和策划的实施规划。重点在于通过节约集约利用评价充分掌握城市现实土地利用效率、潜力、资金平衡需求,将评价反馈至规划,并与规划充分结合,实现了总体评价与城市宏观规划目标对接,功能区评价与法定控规对接,宗地评价与实施规划对接,建立"评价—规划一体化"编制模式,增强了城市更新存量规划的可实施性,同时也促进了城市土地节约集约利用。

关键词:土地节约;集约利用评价;存量规划;城市更新

城市更新的概念源于西方的城市更新运动。伴随半个多世纪的不断发展与探索,其理念经历了从形体主义到人本主义、从推倒重建走向渐进式谨慎更新、从单纯物质层面走向综合更新、从地块改造提升走向区域整体复兴的转变,进入了全新的"城市复兴"阶段[1]。在我国,城市更新从20世纪90年代才开始逐步得到学术界的普遍关注,围绕城市更新在我国国情背景下的内涵和现实选择,不同学者从各自的角度提出了对城市更新的理解[2-4]。总的来看,城市更新逐步发展成为针对存量空间开展的从理念到范式、从任务到实践的系统工作,并通过存量规划得以实现。

面对城市更新转型新需求和城市土地资源日益紧缺的现状,武汉市探索编制了城市土地节约集约利用评价辅助存量规划的规划范式。探讨以存量挖潜为主导的分层次空间规划,合理确定城市规模与容量、优化和调整城市土地和空间资源的分配、平衡城市发展中的利益主体及指引规划落实,借助土地节约集约利用评价手段,积极探讨尝试评价与规划一体化编制模式,以真正实现城市土地集约、空间高效、社会和谐的发展目标。

1　城市更新概念及相关研究

1.1　城市更新的发展历程

1.1.1　理论研究时期(1960—2000年)

国外的城市更新研究始于20世纪60年代,我国城市更新理论研究起步于改革开放初期,特别是20世纪90年代初我国城镇化建设进入快速发展期,"存量"等概念被引入城市更新领域,城市建成区的存量空间成为城市更新关注对象,但主要停留在理论研究层面。不同学者从城市更新的评价体系[5-6]、城市更新模式的研究[7]、城市更新的主体利益及公共参与[8-10]、城市更新的制度与法规体系[11]等多个角度开展了大量研究。

1.1.2 物质改造时期(2000—2013年)

进入21世纪,伴随着城镇人口规模持续增长,在城镇建设空间向外不断扩张的同时,环境品质差、人口密度高、公共服务设施配套不完善、治安及消防隐患大等"城市病"在存量空间中愈演愈烈。我国城市更新从理论走向实践,主要在原有建成区开展"三旧"(旧城、旧村、旧厂)改造,广州、深圳、佛山等地开展了大量实践[12-13],重点关注物质空间环境形象改造和土地利用经济效益提升等方面。对存量空间的单一物化改造导向忽略了城市功能多元和体系性,并未实质性地实现城市更新。

1.1.3 存量提升时期(2013年至今)

以2013年"中央城镇化工作会议"为标志,在经历了以投资驱动和增量发展为主的阶段后,我国城镇化进入以注重质量为导向、以存量提升为手段的发展阶段,上海、深圳等地率先探索多种更新迭代模式并出台专项实施管理办法。城市更新强调以相对有限的空间资源和非单一的资金来源,达到更高的城镇化质量,即开始探讨如何对城市存量空间开展科学理性、系统多元的规划研究,"存量规划"成为城市更新的重要技术手段,以期实现从讲求物质形象、经济效益等物化导向,向追求人本需求、生态持续等多元导向转化[14-15]。

1.2 存量提升语境下城市更新内涵

1.2.1 目标上更关注社会多元需求:从"单一经济"到"多元融合"

存量提升时期对物质空间进行改造的同时也伴随着社会关系的重构,地方文化、社会网络、生态环境等问题也成为城市更新不容忽视的问题。例如对老城区进行大规模推倒重建,虽然物质空间得以重构、土地价值得到提升,但原住民中低收入居民无法回迁,老城区空间格局、传统风貌、社会关系、生态本底和场所文化受到巨大冲击。因此,城市更新在关注物质经济效益基础上,应兼顾土地利用、产业经济、城市空间、生态环境、历史文化等多元诉求,从"多规合一"角度出发实现城市更新目标导向的"多元融合"。

1.2.2 空间上更关注系统性全局性:从"微观宗地"到"宏观城市"

"多元融合"目标导向下存量空间资源的再开发利用不是个体行为。微观层面应关注单宗用地的改造开发经济和规模潜力;中观层面应针对商务区、工业区、居住区等不同功能片区开展差异化规划;宏观层面应以行政辖区为对象,系统化解读城市更新的目标体系。在新的历史时期,城市更新应站在城市全局的角度,寻找个体问题和公共利益之间的平衡点,从宏观城市到微观宗地进行系统研究、统筹安排。

1.2.3 实施上更关注可操作易管理:从"定性分析"到"定量评价"

传统的规划编制重空间布局、轻土地权益,重规划理想、轻规划实施。为城市更新服务的存量规划要求在理想化、静态化的定性分析基础上,盘清土地、空间和生态等资源"家底”，并通过系统化的数据量化分析、土地资产经营动态思路的融入以及土地资源量化空间数据库的建立，提出与成本收益和实施管理相衔接的规划方案，促进城市更新的实施可操作。

1.3 以基于土地节约集约利用评价的存量规划应对城市更新发展新要求

综上所述，城市更新发展需要探索一种兼顾城市“目标多元＋空间全局＋实施可行”的存量规划新方法。我们发现不同规划领域对于存量空间研究均存在一定差异。从土地管理角度出发，更注重土地节约集约利用中所体现的使用效率及经济效益，强调量化分析和可实施性，但缺乏对城市品质、社会文化等方面的考虑，也缺乏为城市未来发展的综合效益引导。从规划角度出发，更加关注提升城市物质环境和功能品质、保护利用生态资源与社会文化，多从定性角度探讨城市发展方向性问题，但缺乏实施层面的操作手段。在强调“多规合一”的国土空间规划全新语境下，武汉市探索编制了“城市土地节约集约利用评价与发展规划”全新存量规划模式，综合各类规划优势，尝试“多元评价与实施规划”一体化编制，探讨以存量挖潜为主导的空间规划，即在量化研究基础上，一体化系统识别、诊断城市更新问题，并通过“多规合一”技术方法实现城市更新所强调的土地集约、空间高效、社会和谐的发展目标。

2 土地节约集约利用评价辅助存量规划的内涵

2.1 土地节约集约利用评价

城市土地节约集约利用评价是国家运用行政、技术等手段，对城市土地的规模、布局、结构、用途、利用强度等进行定性和定量评估，从而全面掌握土地节约集约利用状况、潜力规模与空间规模及变化趋势，并在此基础上提出土地规模挖潜、结构调整、布局优化的途径和措施，为制定土地节约集约利用政策，促进科学用地、管地，提高城市土地利用效率和效益提供依据的过程。国家一直高度重视土地节约集约利用评价工作。土地节约集约利用评价作为一项基本国策，是全面掌控全国城市土地利用状况的重要抓手，原国土资源部于 2012 年完成全国 30 个重点城市建设用地节约集约利用评价工作。2014 年颁布《节约集约利用土地规定》，要求县级以上主管部门应组织开展区域、城市和开发区节约集约利用评价工作。经过十几年的发展，逐步确立了土地节约集约利用评价技术体系，规范了评价工作机制，搭建了推广平台。

2008 年颁布《建设用地节约集约利用评价规程》（简称《规程》）作为国家行业标准。按照《规程》规定，土地集约利用评价包括总体评价（全市域和行政区整体评价）、功能区评价（商业、居住、工业等专项用地评价）。总体评价侧重存量建设用地利用效益（人口、经济投入、产出效益的承载强度）、增量建设用地消耗（增长耗地和用地弹性等指标）、土地管理绩效（批次土地供地率等指标）等方面的评价；功能区评价通过划分居住、工业、商业、教育和其他用地等不同用地类型进行评价，重点侧重建设强度（容积率、建筑密度等指标）、利用效益（承载人口、经济投入、产出效益等指标）等方面的评价。通过各项指标现状值与理想值（达到理想集约程度的水平值）对比评价，找出土地集约利用存在的问题、差距以及挖潜潜力空间分布，同时通过潜力测算，明确潜力用地规模和空间分布以及潜力用地开发收益、可承载的人口、经济产出等潜力，为政府用地挖潜提供决策支撑。其中，经济潜力测算公式为：

$$E_a = Q_c \times (R_c \times J_c - F_c \times J_x - R_c \times C_c)$$

E_a——进行整体改造、拆除现有物业进行挖潜土地经济潜力；

Q_c——改造地块面积，单位为 ha；

R_c——改造地块规划允许的容积率；

F_c——改造地块现状容积率；

J_c——改造地块新建物业单位建筑面积市场价格；

C_c——改造地块新建物业单位建筑面积开发成本；

J_x——改造地块现有物业单位建筑面积市场价格。

现有的评价方法中，各功能区划分主要以主导用地占比来界定(如居住功能区中住宅用地占比 50%以上，商业功能区中商服用地占比 60%以上，工业功能区中工业用地占比 40%以上)，总体和功能区评价结论均偏向于宏观，功能区内部具体宗地的评价精准性不足。武汉市一直以来在国土空间管理上具有"规土融合"优势，可以精准确定每一宗土地的利用情况，并汇总成为边界明确的居住、工业、商业、教育等功能区。为支撑以规划实施为目标的城市更新改造，武汉市探索了以宗地为对象的集约利用评价，精准锁定可改造用地，并掌握其开发成本、收益、潜力等情况。

2.2 建立"评价＋规划"编制方法必要性

土地节约集约利用评价虽然推行了近 20 年，评价成果如何应用一直是未很好解决的问题。单从评价体系建立来看，从总体评价、功能区评价到宗地评价是集约利用评价的完整体系，然而，脱离了空间的土地节约集约利用评价，仅仅只能提出和分析问题。因为没有空间规划支撑和落实而缺乏解决问题的路径，评价的结果只是成为自上而下考核的依据。同样，单从规划编制框架来看，从现状调研、目标设立、规划策略到改造实施这种传统的规划编制框架，如果没有数据分析作为手段，没有土地经济规模产业效益、环境效益分析作为基础，规划编制更多地体现在描绘愿景而缺乏说服力，更无法引导利益相关者共同参与。因此，以土地节约集约利用评价为辅助的存量规划通过"多规合一"手段，建立部门协调机制，不仅能从技术上破解土地利用、城市建设中存在的问题，同时能有助于发挥市场经济下规划的导控作用。在规划编制探索中，借助于 GIS、数字三维等技术，建立各个阶段、各个层面土地节约集约利用评价与存量规划的联动框架。通过多部门、多领域的共同参与以及数据库平台的建立，也增强了规划的公众参与和规划编制的可操作性。

2.3 土地节约集约利用评价辅助存量规划的内涵

基于土地节约集约利用评价的存量规划是满足城市可持续发展需要，整合空间与数据分析，运用 GIS 技术，通过特定时点下的城市土地和空间中存在的定性问题进行定量化评价比较，有针对性、有计划性地优化空间资源、安排城市重大建设项目、提升城市功能和土地价值，最终实现土地集约高效利用和空间理性增长的重要手段(如图 1)。

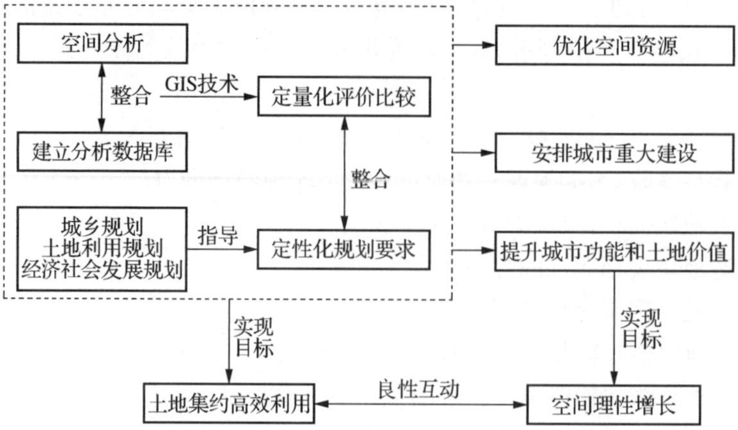

图　基于土地节约集约利用的空间发展规划主要内容(图片来源:笔者自绘)

在城市更新品质提升背景下,从国土空间改革"多规合一"导向出发,将能够定性与定量反映土地利用效率和利用潜力的土地节约集约利用评价与存量规划结合。其中总体评价与市、区规划目标对接,功能区评价与法定控规对接,宗地评价与实施规划对接。主要表现在以下三个方面。

2.3.1　基于总体评价的战略导向规划

城市更新中所面临的人口分布不均、交通堵塞、环境污染等方面问题多源自城市土地利用粗放、结构不合理、低效利用等方面。土地节约集约利用总体评价主要通过开展城市或行政区整体土地利用结构、强度、效益和土地管理绩效等方面评价,盘清存量建设用地、批而未供用地(准存量用地)家底,诊断总体规模和扩展边界、目标定位和产业发展、用地结构和建设强度等方面问题,对城市或行政区整体存量空间提出产业转型提升、人口聚集疏解、空间拓展整合、环境改造优化等方面总体规划策略。从而抓住重点、认清差距、找准不足,促进城市更新总体水平提升。

2.3.2　基于功能区评价的专项控制规划

城市不同区位、不同类别用地在更新中的问题和诉求各不相同。土地节约集约利用功能区评价通过开展专类功能区域评价和专项用地评价,细化掌握上述各类用地节约集约利用水平和使用规律,有效指导城市功能结构、用地布局优化。并在此基础上,研判居住、商业、工业、教育等现状土地利用合理性;解读商务区、工业园、大学城等城市各类功能区空间发展特征,对应功能区指标评价的各项结果,提炼空间、人口、产业等方面专项规划导控内容,为深化重点用地和区域存量规划提供技术支撑。

2.3.3　基于宗地评价的项目化实施规划

土地节约集约利用宗地评价是以宗地为单元,对其利用程度和效率进行量化分析。在存量规划中:(1) 可结合现状建设状况评价和潜力测算识别存量可改造用地;(2) 可结合地块大小、土地权属、土地产出效益等制定存量用地改造开发模式(单宗或整合开发、先期储备、综合整治);(3) 可结合经济潜力、人口和交通承载力、生态景观等因素综合确定存量可改造用地开发强度;(4) 可结合经济和规模潜力测算推导存量用地改造建设时序。通过宗地评价可实现对存量用地制定项目化改造开发方案，从而提高存量规划实施的经济可操作性。

3 土地节约集约利用评价辅助存量规划编制方法

3.1 土地节约集约利用评价辅助存量规划的模式

土地节约集约利用评价辅助的存量规划编制思路主要表现为以评价促规划、评价与规划结合，建立"评价—规划一体化"的编制模式。总体评价与规划目标对接，功能区评价与规划策略对接，宗地评价与地块改造对接，通过土地评价在宏观、中观、微观层面充分融合到用地规划优化方案编制中，使得规划成果更加科学合理、具有可操作性(如图 2)。

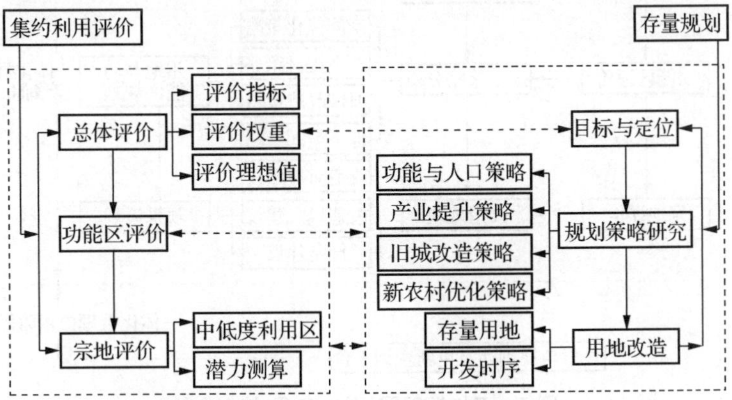

图 2　土地节约集约利用评价辅助存量规划模式示意(图片来源:笔者自绘)

3.2 "评价＋规划"的编制方法

围绕城市土地集约利用总体评价与空间规划目标、策略的对接，功能区、宗地评价与功能区对接，潜力测算与具体地块改造对接，创新性地建立从宏观、中观到微观的"多规合一"一体化评价规划编制方法。

"一体化现状调研"实现了城镇地籍现状与城市规划用地现状权属、用途的无缝接边，使"多规"信息真正合一，并建立了一体化的现状融合数据库。"一体化综合分析"在传统规划仅对用地结构、建设状况进行分析基础上，通过土地集约利用总体评价、功能区评价和宗地潜力测算，对土地利用强度、投资强度、人口密度、土地产出效益、土地社会效益、土地生态效益以及土地利用效率等进行一体化的综合分析，科学研判土地使用存在的问题。"一体化规划策划"是规划的核心，实现了三个层面的突破：一是从宏观上基于总体评价制定战略目标；二是中观上基于功能区评价提出规划策略，并指导各行政区各专项层面规划实施；三是在微观上以具体用地、具体项目为对象，提出开发时序与实施建议。每个层面都按照评价与规划的衔接模式进行规划分析，既最大限度地提高了规划编制的科学性水平，又避免了政府部门因政出多门，无法通盘决策的弊端(如图 3)。

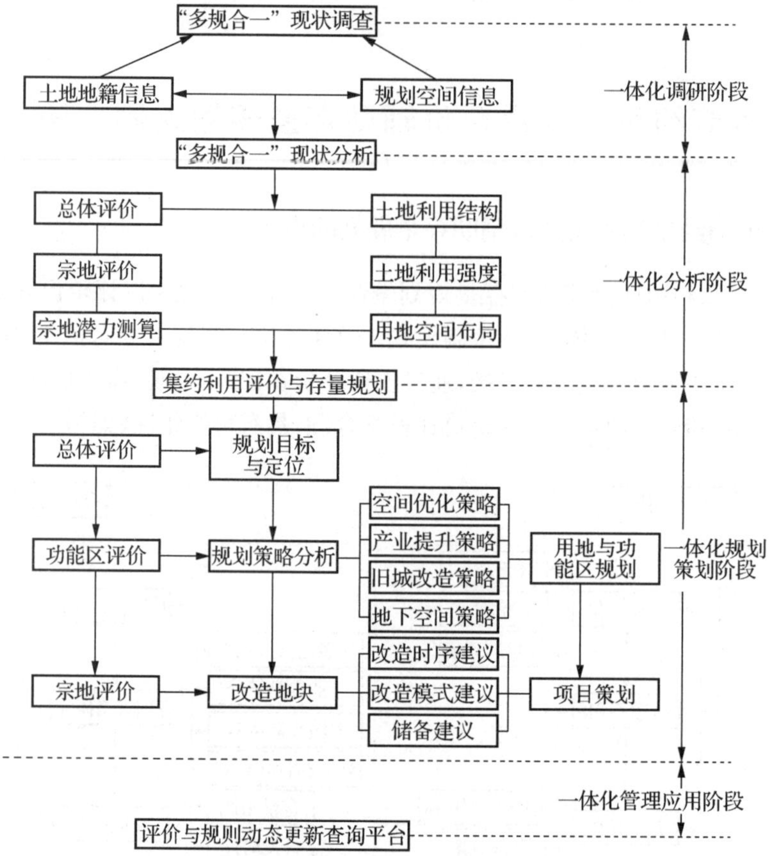

图3　工作框架图(图片来源:笔者自绘)

4　土地节约集约利用评价辅助存量规划的武汉实践

4.1　规划编制思路

在武汉市"133"(1个主城+3个新城+3个副城)结构及六大绿楔入城的空间格局下,全市7个中心城区新增建设用地指标已接近天花板,其中江汉区已无新增地来源。外围新城和副城的发展面临生态底线约束,武汉市已进入从增量扩张向存量挖潜的发展阶段。

从2012年开始,武汉市以原国土资源部统一部署的全国30个重点城市建设用地节约集约利用评价工作为契机,逐步推进市域、行政区土地节约集约利用评价与发展规划工作。以土地节约集约利用评价技术为手段,以武汉市全市域和行政区层面的土地节约集约利用评价为基础,强化城市空间定量化评价。以切实找出城市低效、潜力存量空间为目标,陆续开展了以旧城更新、服务业升级、传统工业基地转型、新农村建设为代表的武汉市江岸区、江汉区、青山区、汉南区等行政区评价辅助存量规划实践探索。

4.2 开展武汉市和各试点行政区总体评价，综合研判规划发展战略

基于对武汉市和各试点行政区近万宗用地开展权属、用途、面积、建设状况现状调查，全面摸清土地资源家底，建立“多规合一”的现状调研数据库（如图 4、图 5）。

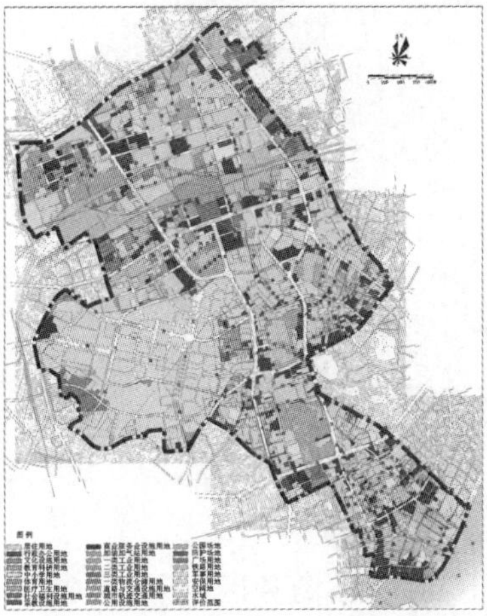

图 4　江汉区土地利用现状图

（图片来源：笔者自绘）

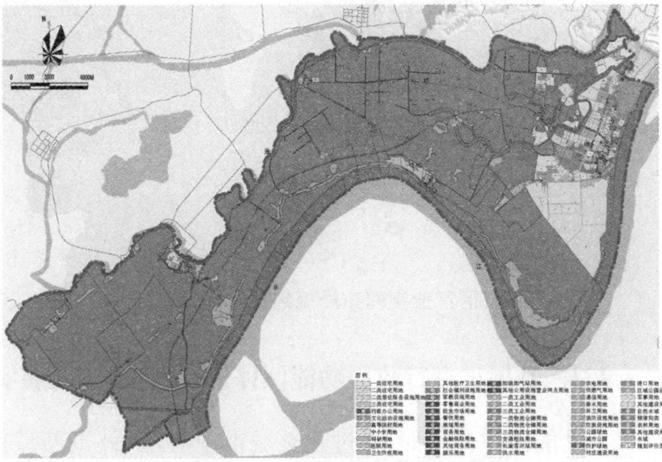

图 5　汉南区土地利用现状图

（图片来源：笔者自绘）

开展土地节约集约利用总体评价，在总体评价中结合各区实际发展诉求增加了用地结构、地下空间、生态环境效益等方面的指标，根据总体评价中用地结构指标评价提出用地结构优化建议，根据建设强度、人口密度、地均产值评价理想值提出建设强度控制目标、人口控制目标、产业发展目标等总体发展策略。如江汉区结合服务业发展的优势增加了商业服务业用地结构评价指标，通过评价发现服务业用地空间占比不足的问题，并根据用地结构理想值提出了全区服务业用地和居住用地比例由 2∶8 调整至 6∶4，有效凸显江汉区全国现代服务业改革发展示范区的战略定位（如图 6）；青山区结合工业重镇特征增加工业用地能耗、产出等方面指标，根据工业用地地均产值和能耗评价发现工业用地粗放利用且发展后劲不足的问题，并根据工业用地地均产值理想值制定了工业用地准入门槛，提出低效传统工业用地植入高铁经济、循环经济，整合全区空间资源，促进传统工业基地转型升级；江岸区结合旧城改造的发展实际，根据人口密度指标评价发现旧城人口密度大、后湖新城人口集聚不足的问题，提出旧城人口疏解、产业疏散与新区人口、产业聚集相结合的战略目标（如图 7）；汉南区结合城乡统筹发展的实际增加了农村宅基地评价指标，根据容积率、增长耗地指数、农村人均宅基地面积等指标评价，发现现状建设强度较低、批而未用土地较多、农村居民点闲置严重问题，并依据容积率理想值制定了强度分区指引，根据增长耗地理想值划定了城镇开发边界，根据农村闲置宅基地制定了迁村并点村庄规划。

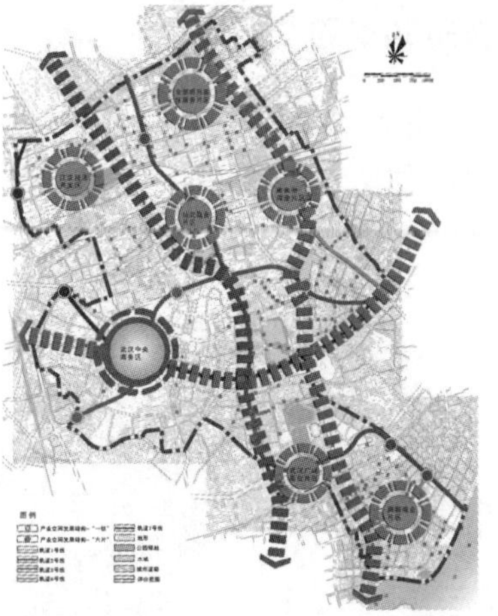

图6　江汉区产业空间布局规划图

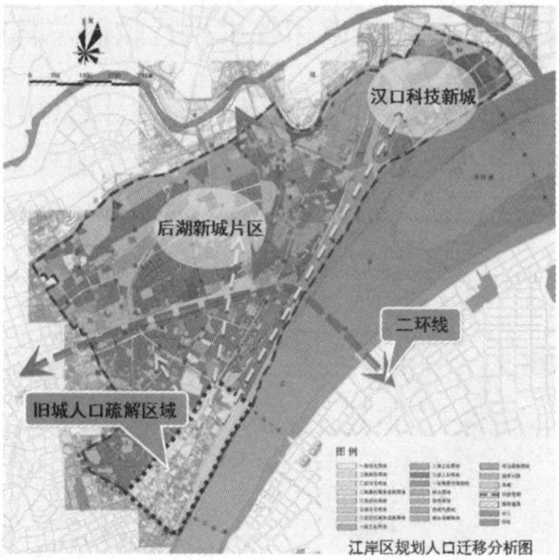

图7　江岸区规划人口迁移分析图

4.3　开展试点行政区功能区评价，制定适应发展实际的专项规划

在功能区评价层面，通过建立城市中心区、外围新城区等不同区位，商务区、工业区、居住区等不同类别用地的分类、分区评价指标体系，掌握各功能区集约利用水平，测算存量改造潜力，从而有针对性地开展专项规划。与此同时，结合土地产权特征明确功能区存量用地的独立、并宗、收储、捆绑平衡等多种开发模式，结合经济潜力制定存量用地改造的近、中、远期建设时序，从而通过土地资产经营促进功能区规划适应发展实际(如图8、图9)。

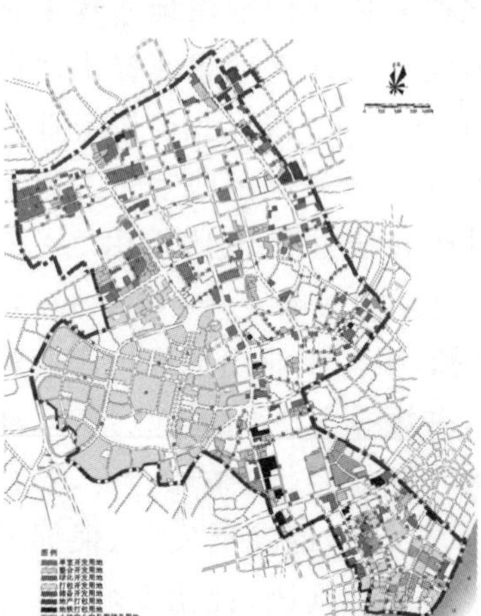

图8　江汉区存量地开发模式图

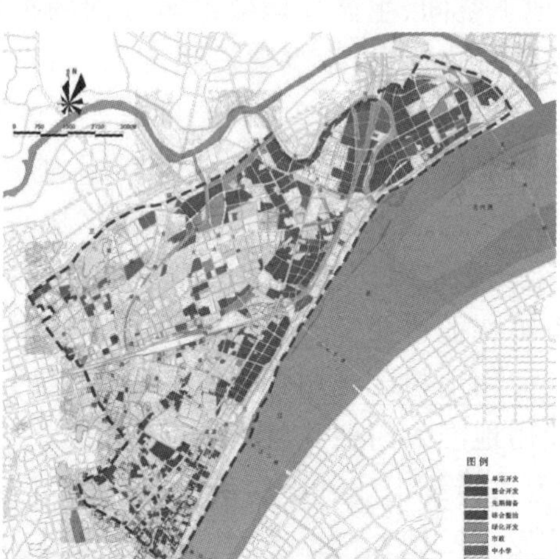

图9　江岸区存量地开发模式图

江岸区“三旧”专项规划中，将居住、商业、工业等用地评价潜力地区与城市传统“三旧”对象相校核，建立更为客观实际的“三旧”识别标准，并划分各类功能组团，以评价潜力为基础明确每一片改造对象、改造模式、改造实施主体和主要项目(如图10、图11)。在江汉区服务业布局专项规划中，根据服务业用地效率明确潜力用地，选择容积率、产业空间匹配度等因子优化用地结构与布局，选择地下空间利用水平因子找寻地下空间利用潜力，形成了服务业布局专项规划。在青山区工业用地专项规划中将关键性评价指标转换为针对单个工业项

目建设强度、经济效益、节能减排等方面的管控目标，并从园区规模、投资强度、用地比例、配套控制等规划指标着手，对工业园区提出提质增效策略(见表1)。在汉南区城镇空间发展边界划定专项规划中，结合潜力评价划定发展边界，并依据潜力分区制定边界扩张时序；在新农村社区建设专项规划中，结合农村居民点评价中闲置用地、低效用地以及农村居民点增减挂钩潜力，对新农村社区布局、规模进行规划。

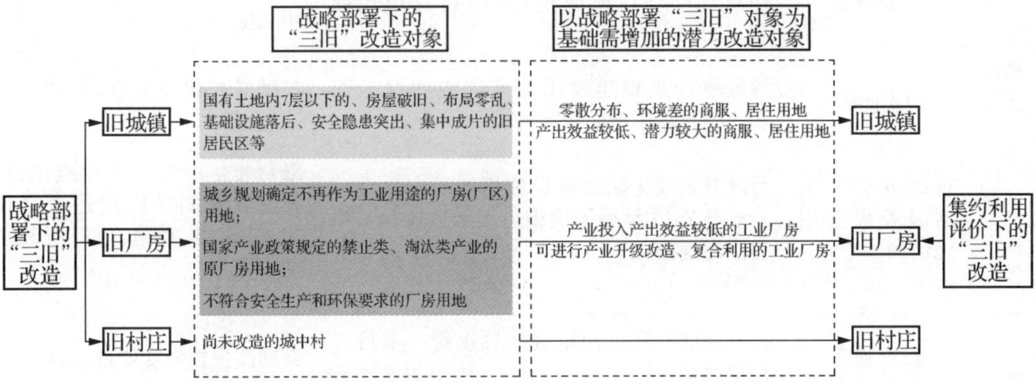

图10　江岸区“三旧”改造用地清理分析

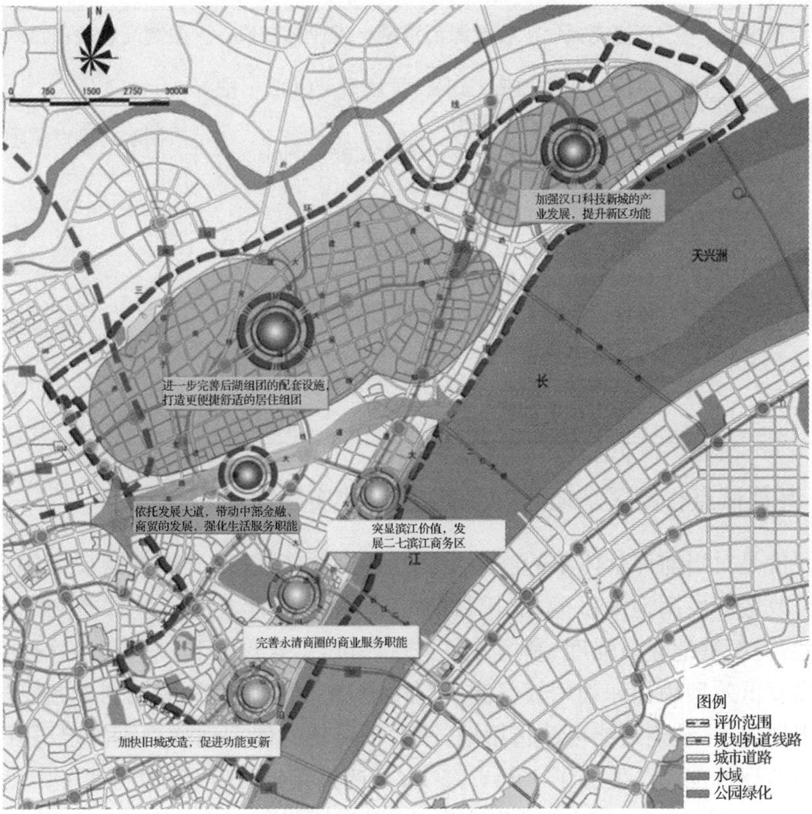

图11　江岸区“三旧”改造片区划分图

表 1　青山区单个项目用地指标体系设计和指标选取表

指标类别	指标项	计算公式	意　义
用地强度	容积率	容积率＝总建筑面积÷总用地面积	鼓励提升项目对土地的空间利用强度
	建筑系数	建筑系数＝(建筑物占地面积＋构筑物占地面积＋堆场用地面积)÷项目总用地面积×100％	鼓励提升项目对土地的平面利用强度
	绿地率	绿地率＝规划建设用地范围内的绿地面积÷项目总用地面积×100％	鼓励提高建设强度，控制企业圈地行为
	行政办公及生活服务设施用地比例	行政办公及生活服务设施用地所占比重＝行政办公、生活服务设施占用土地面积÷项目总用地面积×100％	限制非生产性配套设施比例，杜绝在规划区内建造成套住宅、专家楼、宾馆、招待所和培训中心等
经济效益	投资强度	投资强度＝项目固定资产总投资÷项目总用地面积	鼓励高投资强度项目入园
	产出强度	工业总产值÷项目总用地面积	考核已入园的项目产值，作为腾退淘汰落后企业的依据
节能减排	产值能耗	产值能耗＝综合能源消费量÷工业总产值	限制高能耗项目入园
	单位工业增加值 CODcr 和 NH_3－N 排放量	单位工业增加值 CODcr 排放量＝CODcr 排放总量÷工业增加值 单位工业增加值 NH_3－N 排放量＝NH_3－N 排放总量÷工业增加值	限制水污染严重项目入园
	单位工业增加值 SO_2、烟尘、粉尘排放量	单位工业增加值 SO_2 排放量＝SO_2 排放总量÷工业增加值 单位工业增加值烟尘排放量＝烟尘排放总量÷工业增加值 单位工业增加值粉尘排放量＝粉尘排放总量÷工业增加值	限制空气污染严重项目入园

4.4　开展试点行政区宗地评价，制定项目化实施性规划

宗地评价是对当前评价体系的进一步深化和细化，武汉市开展微观层面的宗地评价，以找寻低效可改造开发用地为目标，依托目前的分居住、商业、工业、教育、特殊类型功能区评价指标体系，对每宗地建设强度、利用效益进行评价，结合规划和投入产出管控标准，直接判别出开发强度低效型用地和利用效益低效型用地，将低效用地叠加规划控制要求、“三旧”改造规划等规划要求，锁定最终可改造用地，改变了传统的依靠现状判读确定可开发地块的模式。通过宗地评价江岸区发掘了 1 344.75 ha 可改造用地，江汉区发掘了 645.89 ha 可改造用地，青山区发掘了 1 418.09 ha 可改造用地，汉南区发掘了 2 645.41 ha 可开发改造用地(如图 12～图 14)。在此基础上，结合改造地块、规划审批信息、集约利用评价等要求，以满

足公益性服务设施配套为前提，以挖掘土地利用潜力为导向，优化了法定控规用地布局并增强了规划合理性。

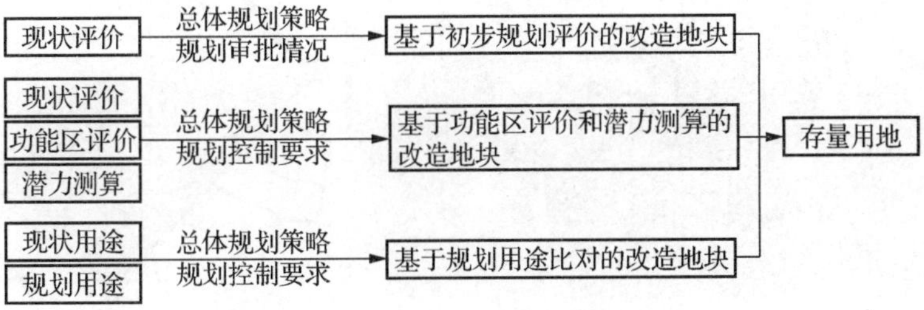

图 12　确定存量可改造用地要素示意

图 13　青山区存量可改造用地分布图

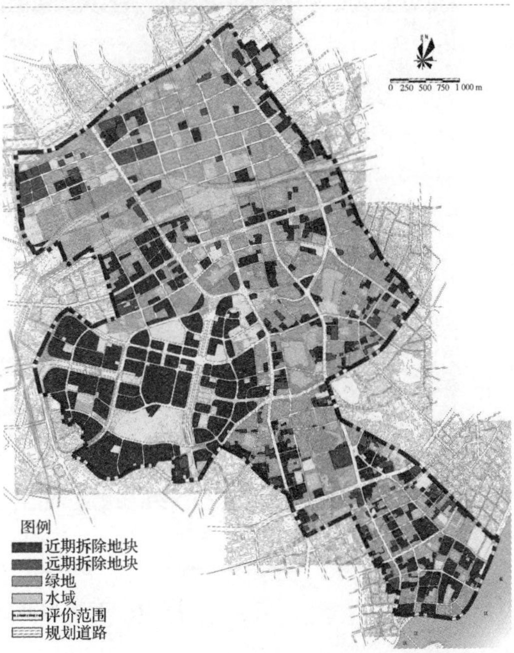

图 14　江汉区存量可改造用地分布图

在找寻所有可开发改造土地潜力后，为有效支撑可开发改造土地资产经营，在现有评价所要求的规模潜力基础上，增加了土地开发成本、价值收益等潜力测算，明确潜力用地各地块土地收储开发成本、土地出让收入以及土地收益，并且对土地价值潜力为负值、规划为经营性的可开发改造用地增加了土地经济平衡容积率测算，提出规划推荐的建设强度，同时也增加对所有可开发改造土地未来可承载的人口和经济效益潜力进行测算，提出规划优化方案。如江汉区、江岸区、青山区、汉南区根据经济测算推荐的建设强度分别对 23 个、32 个、54 个、93 个地块制定了建设改造规划方案，并根据人口、经济效益潜力测算提出了环境容量、交通支撑、产业导向等方面的咨询建议，形成项目库，从而有效将规划控制内容转化为项目实施平台（如图 15、图 16）。

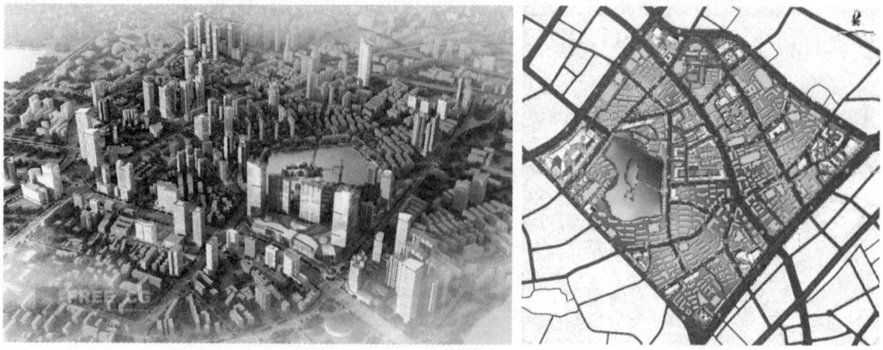

图 15　实施性规划示意图

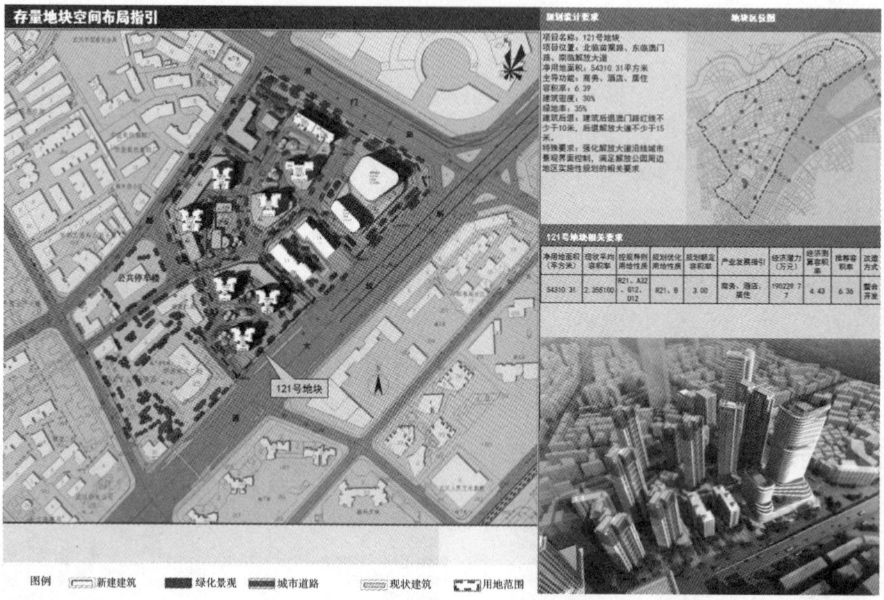

图 16　存量用地项目策划示意

4.5　建立存量规划动态管理系统，服务政府决策管理

采用 GIS 技术和 C/S(Client/Server)结构建立存量规划动态管理系统，系统集成现状、集约利用评价、存量规划等多层面综合数据，以影像图、地形图为基础底图，包括土地利用及规划层两大板块。其中土地现状利用层包括权属、性质、面积、建筑总量、容积率、建筑密度、基准地价、开发状况等宗地基本信息，并增加如人口、用地营业额、税收等社会、经济状况信息及节约集约利用评价结论信息；规划层分为专项规划层和实施性规划层，规划层整合了控规及专项规划优化方案，实施性规划层包括存量用地分布、开发模式、建设时序安排，以及基于经济平衡的实施性方案，并可查询重点存量地块的规划设计指引、经济测算指引及用地方案图、三维模型图等信息。

同时，系统可在成果运用过程中，结合现状数据的调整实现评价和规划的实时更新，具备地块储备成本、经济潜力和经济容积率的实时测算等辅助功能，创造了可查询、可更新、可互动的“动态更新”的全新规划成果形式，有效满足了政府管理决策的实际需求（如图 17、图 18）。

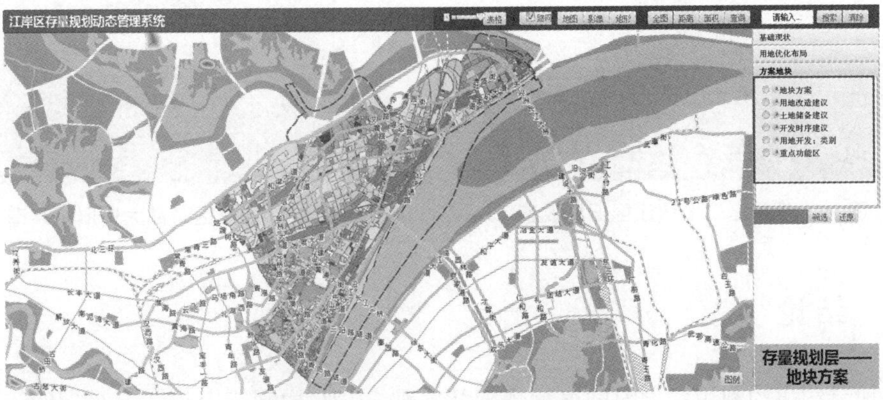

图 17 动态管理信息平台示意 1

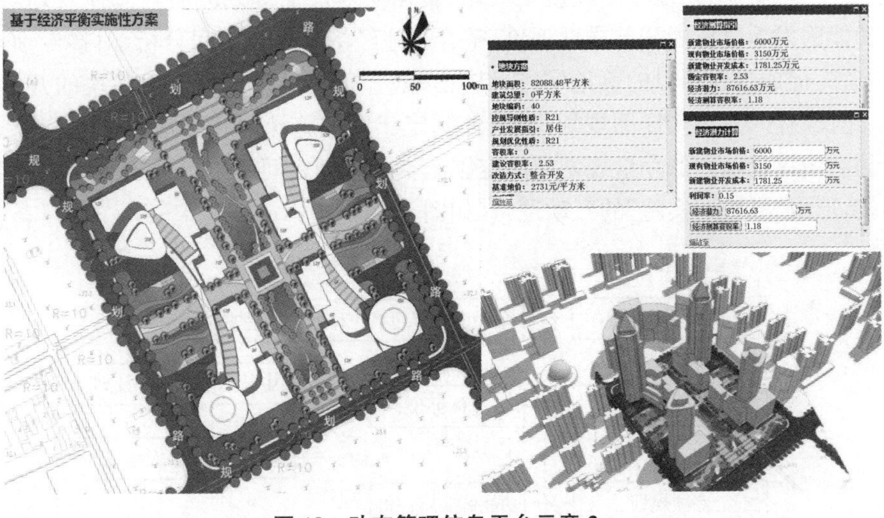

图 18 动态管理信息平台示意 2

4.6 “评价+规划”实施应用成效

武汉市江岸区土地节约集约利用评价与存量规划成果成功应用到江岸区旧城、旧村和旧厂等区级层面的实施性规划中，有效地推动了江岸区二七片实施性规划编制与实施，推动了江汉大学等区级重点改造地块的建设，为区域内重大项目的招商建设提供了依据。江汉区土地节约集约利用评价与存量规划成果成功应用到长江大道江汉段、新华路沿线产业升级等方面，为全区产业规划与改造实施提供基础。青山区土地节约集约利用评价与存量规划成果成功应用到青山区“红房子”片历史街区改造、青山滨江区实施性规划中。汉南区土地节约集约利用评价与存量规划成果成功应用到汉南区外围乡镇城镇增长边界划定、新农村社区建设标准制定和工业用地节约集约利用标准制定中（如图 19、图 20）。

图 19　江岸区二七滨江区旧城改造

图 20　江汉区长江大道旧城改造

5　结论

土地节约集约利用评价辅助存量规划从宏观、中观、微观三个层次开展“评价—规划一体化”工作，明确指向规划实施，并全面对接国土空间规划体系中各类规划。首先通过总体评价，整合产业、交通、用地等专项规划要求，提出宏观层面规划战略与总体规划对接；其次对标各功能区发展目标展开差异性评价，整合土地经济测算与空间分析，对接专项规划关键内容；最后为促成具体项目的落地实施，结合宗地评价安排存量可改造地块的开发方式、投资效率、建设时序等，对接详细规划，并延伸制定年度实施计划和土地资产经营规划。土地节约集约利用评价辅助的存量规划与法定国土空间规划之间通过上述宏观、中观、微观层面系统对接，形成“导控—实施”的互动逻辑(如图 21)。

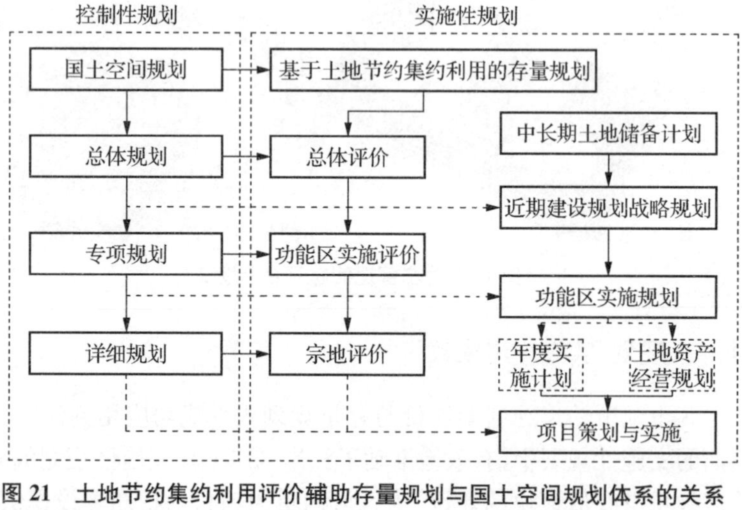

图 21　土地节约集约利用评价辅助存量规划与国土空间规划体系的关系

城市更新所关注的“目标多元＋空间全局＋实施可行”存量规划导向，不仅取决于规划合理的空间结构，更重要的因素是对服务于人本需求的土地利用结构和可实施性的理解、对策。从这个角度来看，基于土地节约集约利用评价的存量规划是呼应新时期城市更新要求的有效手段，它同时也是武汉市在国土空间规划“多规合一”方面所做的初步尝试，打破了传统就规划论规划、就土地论土地的局限，将规划实施、土地研究和产业经济等多个领域有效结合为一个整体开展评价和存量规划，对新时期发展需求下的城市更新转型发展起到了一定的带动作用。武汉规划实践是一个有益的探索，克服了传统规划只关注长远性、理想性的城市空间布局，通过数据分析意识的增强、土地资产经营思路的融入以及建设用地与资源量化数据和空间库的建立，提升了规划参与社会经济发展调控、制定相应公共政策的需要与能力，也最大化提升了土地效益，保证了城市更新中广大居民的获得感，为政府决策提供了基础，同时也为市场开发提供了有益的导向，这些都将为新时期城市更新创新转型提供积极实践和参考。

（感谢郑金、丁兰、孙牧、张峥维、周舟等同志在论文相关研究内容中所做的工作。）

参考文献

[1] 刘巍，吕涛. 存量语境下的城市更新：关于规划转型方向的思考[J]. 上海城市规划，2017(5)：17－22.

[2] 阳建强. 中国城市更新的现况、特征及趋向[J]. 城市规划，2000(4)：53－63.

[3] 张平宇. 城市再生：我国新型城市化的理论与实践问题[J]. 城市规划，2004(4)：25－30.

[4] 吴晨. 城市复兴中的城市设计[J]. 城市规划，2003(3)：58－62.

[5] 李东泉. 政府“赋予能力”与旧城改造[J]. 城市问题，2003(2)：22－25.

[6] 李俊杰，张建坤，刘志刚. 旧城改造的社会评价体系研究[J]. 江苏建筑，2009(6)：1－3.

[7] 蔚芝炳. 旧城整合进程中的大规模改造与小规模更新[J]. 安徽建筑工业学院学报(自然科学版)，2005(6)：59－61.

[8] 赵涛，李煜绍，孙蕴山. 当前我国城市更新中的主要问题分析[J]. 武汉大学学报(工学版)，2006(5)：80－83.

[9] 杨帆，王晓明，陈亮. 基于复杂适应系统的旧城改造利益共生参与机制[J]. 华中科技大学学报(城市科学版)，2005(9)：40－43.

[10] 赵春容，赵万民，谭少华. 市场经济运行中的利益分配矛盾解析：以旧城改造为例[J]. 城市发展研究，2008(2)：123－126.

[11] 郭娅，柯丽华，濮励杰. 小规模旧城改造现状评价模型初步研究：以武汉黄鹤楼街区改造为例[J]. 武汉科技大学学报(社会科学版)，2006(12)：88－91.

[12] 赵燕菁. 存量规划：理论与实践[J]. 北京规划建设，2014(4)：153－156.

[13] 邹兵. 增量规划、存量规划与政策规划[J]. 城市规划，2013(2)：35－37.

[14] 刘昕. 深圳城市更新中的政府角色与作为：从利益共享走向责任共担[J]. 国际城市规划，2011(1)：41－45.

[15] 吕晓蓓. 城市更新规划在规划体系中的定位及其影响[J]. 现代城市研究，2011(1)：17－20.

基于空间句法的街巷适老性改造新思路探究
——以广州某街区为例

林　琳　范艺馨

中山大学地理科学与规划学院

摘　要：广州市街区适老性问题比较突出，复杂的老龄化问题对街巷适老性提出了更高的要求。筛选了广州市海珠区某街区的38个住区，对其中7个住区展开问卷调查并利用Depthmap软件分析整体街区和7个住区各自的街巷路网整合度、拓扑深度、选择度、熵值和视线整合度等，最后通过SPSS统计分析得出住区分类以及各类住区老年人户外活动与街巷空间路网特征的相关关系，基于上述分析提出街巷空间适老性改造策略。研究发现：①案例街区内商品房住区、单位大院和城中村3种类型住区的街巷路网可达性、便捷性、人流分布、混乱度和视线效果差异较大，城中村和单位大院的街巷路网建成情况较差；②路网可达性和便捷性越高且混乱程度越低的住区，老年人对街巷的感知评价越好，进行户外活动的次数越多；③3类住区应采取不同的街巷改造思路提高其适老性水平，建议客村北约城中村采取街巷等级结构优化思路，新船宿舍等单位大院采取结合视线效果、道路熵值将人流较低街巷改造为活动空间的思路，愉景雅苑等商品房住区采取利用视线分析对广场和休憩空间选址和功能进行优化的思路。通过推动街巷空间的适老性改造，促进老年人积极进行户外活动，对实现“健康老龄化”具有重要意义。

关键词：空间句法；街巷路网；老年人；户外活动；适老性改造

1　引言

我国老龄化程度不断加深，中国60岁及以上老年人慢性病危险因素最高的是“缺乏户外活动(不户外活动)”，该因素流行率达到80%[1]。促进老年人积极进行日常户外活动，对实现“健康老龄化”有重要意义。

住区的建成环境会影响老年人进行户外活动的方式和频率，且居住时间越长这一特征体现得越明显[2]。目前北京、广州等地均已开展住宅、街道等的适老性改造，探索中国城市养老的模式。城市公共空间的适老性不仅要体现在其构成要素上，由于老年人对户外活动空间感知的3个维度为可达性、环境和服务性[3]，因此更需要考虑空间布局层面的安全性、可达性、舒适性等[4]。

我国养老服务设施的分配与日益增长的需求之间存在极大的矛盾[5]。解决这一矛盾的关键在于依托现有住区，改变以往大规模的“增量规划”模式，通过“存量挖掘”与更新改造，实现“就地养老”[5]。由于空间构成与空间主体的行为活动之间存在着高度相关性，在探讨街巷空间的适老性改造方法时，需要结合街巷空间布局与主体行为特征及两者相关关系[6]。因此，本文对空间属性、行为特征综合分析得出街巷路网适老性改造方法，旨在解决现存供需矛盾，提高空间利用率，并推动“健康老龄化”发展。

本文的研究运用了空间句法和问卷调查法。使用空间句法的 Depthmap 软件，以可视化图像呈现道路空间特征[7-9]，并建立空间信息数据集。综合考虑住区的区位特征、人口构成和路网特征等因素，选取较为典型的住区进行调查。采用问卷对老年人的日常户外活动进行调查，运用 SPSS 定量分析，对所获得的数据进行整理和分析。

2 道路空间网络的句法解析

2.1 空间网络的建立

广州市区 1990 年进入老年型城市，人口老龄化增长速度快[10]。本文选择的案例地处广州市海珠区，范围为上(下)渡路以东、新港西路以北、广州大道南以西和珠江以南(如图 1)，该街区具备以下几个典型特征：住区类型混合多样，有新开发的商品房住区，也有开发年代久远的单位大院和城中村，是快速城市化建设的微观缩影。街巷为树枝状与网络状结合，建筑密度较高，开发增量空间不足，街边开敞空间与“暗空间”分散分布未成体系。住区普遍存在老龄化现象，但随着城市化建设，压缩了老年人的户外活动空间。

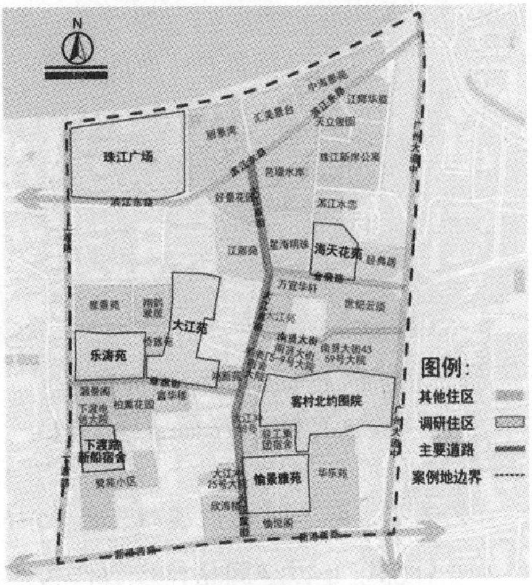

图 1 案例地内部社区分布图
(图片来源:笔者自绘)

案例地与广州市 CBD 珠江新城直线距离仅 2 km，用地面积约 73.98 ha，建筑约 338 栋，人口约 22 194人。大江直街、上渡路、下渡路和新港西路为主要的生活性干道，雅蕙街和南贤大街为 2 条生活性次干道，有大量的人车流，路两旁汇集了众多的商店和市场，是老年人购物和休憩停驻的主要场所。住区内部的活动空间以小型开敞空间为主，无大型广场，北侧沿江步道可供老年人进行户外活动。

按照该案例地的建筑和街巷空间分布建立如表 1 网络轴线模型。

表 1 轴线模型构建表(表格来源:笔者自制)

卫星图	建筑分布平面图	道路轴线模型	重点街区感知分析模型
	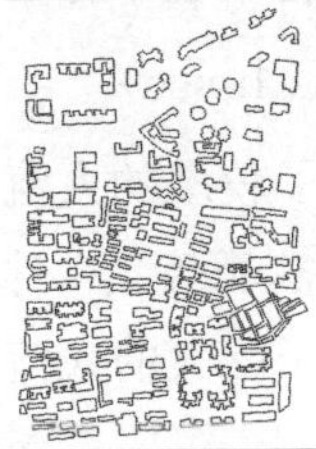	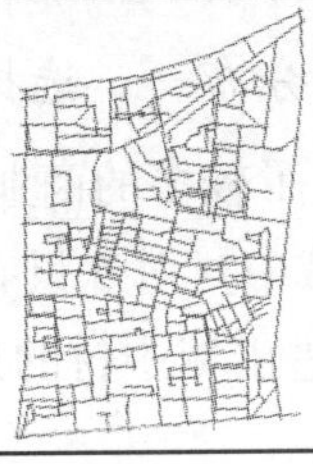	

2.2 街巷空间网络的组织逻辑分析

2.2.1 街巷路网可达性——整合程度分析(Integration)

整合度的含义是将所有轴线的整合度数值加起来，得到是1，整合度较高的道路可达性也较高。如图2，颜色越暖的道路整合度越高，是重要的城市道路或是与城市道路直接连接的街巷，可达性更高，来往人流较多；颜色越冷的街巷整合度越低，通常是住区内部小路，可达性较低。

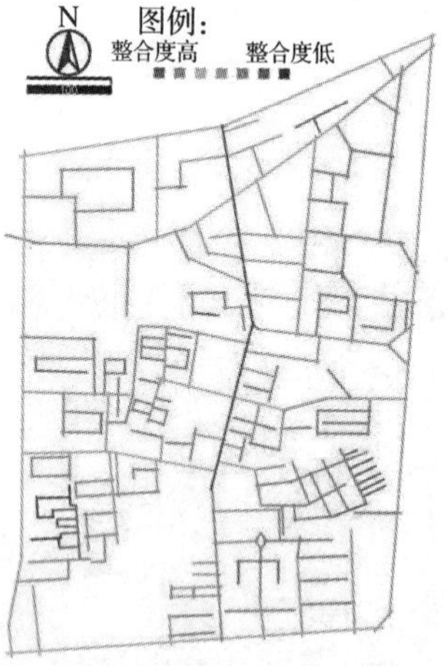

图2 街巷路网整合度分析图

(图片来源：笔者用Depthmap软件绘制)

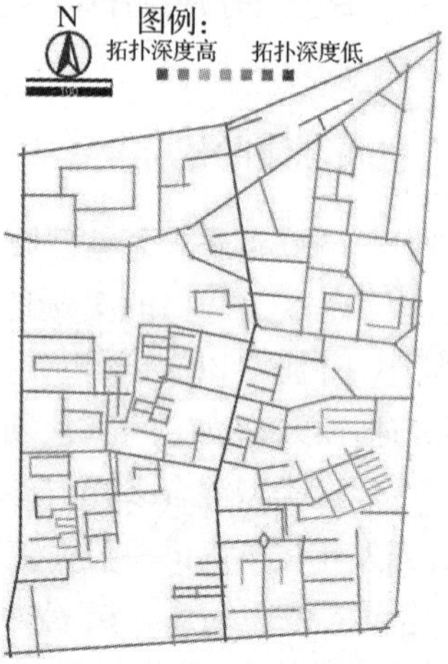

图3 街巷路网拓扑深度分析图

(图片来源：笔者用Depthmap软件绘制)

2.2.2 街巷路网便捷性——拓扑深度分析(Step Depth)

拓扑深度是以空间拓扑步数作为计数单位，颜色越冷代表拓扑深度值越低，街巷便利性越好，颜色越暖则表示步行出行的便利性越差(如图3)。北部街巷拓扑深度值分布在0～3，占到80%，出行较为便捷。而一些单位大院住区和城中村的街巷拓扑深度值普遍分布在4～7，居住在这些住区的老年人出行便捷性较低。

2.2.3 街巷路网混乱度——熵值分析(Entropy)

熵值较高的区域代表混乱程度较高，路网不成体系，给户外活动空间的组织带来了较大的难度。如图4，整体街巷路网熵值较高，混乱程度较高，体系化不强。图4中有4处熵值偏高，有3处单位大院住区和1处城中村，内部较少活动空间供居民户外活动，街巷布局混乱，断头路较多，此类街巷排布方式在老旧小区或城中村中也十分常见。

2.2.4 街巷路网人流分布——选择度分析(Choice)

整合度较高的街巷汇集了较多的商业，也吸引了较多的人流，人流的选择度能反映整个地块的路网结构。如图5，城中村对外只有1条道路，宽度约1米，选择度较高的道路与多条低选择性道路直接相连，给进出城中村的道路造成了巨大的人流压力，对居民的出行具有一定的阻碍作用。

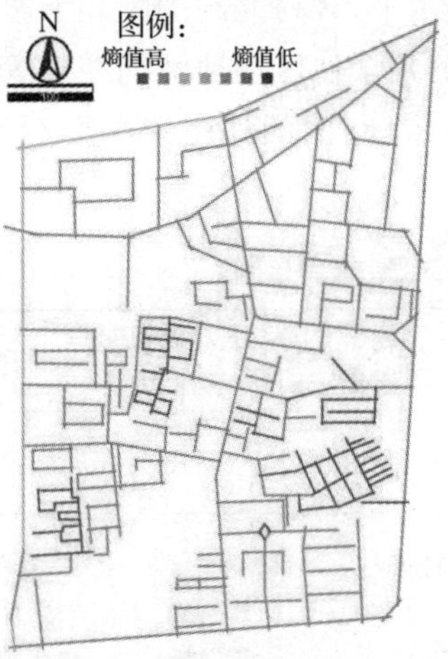

图 4　街巷路网熵值分析图
(图片来源:笔者用 Depthmap 软件绘制)

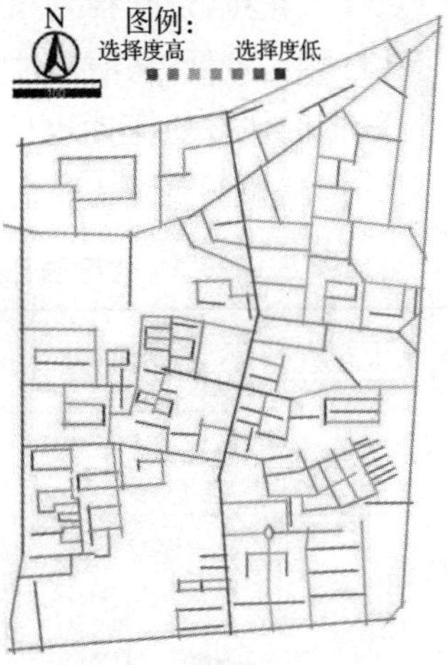

图 5　街巷路网选择度分析图
(图片来源:笔者用 Depthmap 软件绘制)

2.3　视线效果分析

视线整合度(Visual Integration)表示剔除了影响因素后的视线深度(如图 6),整合度较高的道路具有较强的导向性,集聚了较多的商业。可视化集聚系数(Visual Clustering Coefficient)表示空间边界对视线的干扰和限定效果,可视化集聚系数较高的街巷中实体边界对视线干扰较大(如图 7),冷空间代表该区域内各位置之间具备相互可视特征,主要分布在住区内部和道路交汇点。

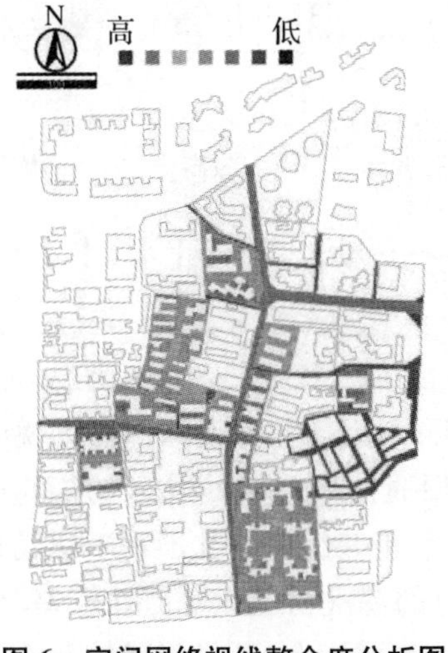

图 6　空间网络视线整合度分析图
(图片来源:笔者用 Depthmap 软件绘制)

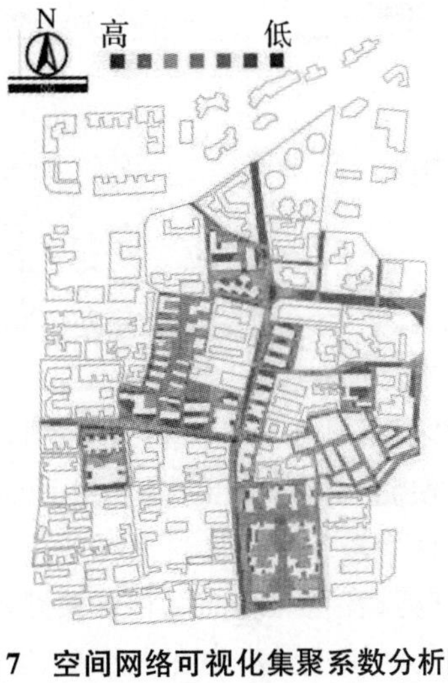

图 7　空间网络可视化集聚系数分析图
(图片来源:笔者用 Depthmap 软件绘制)

2.4　住区内部街巷的句法分析

对调研的 7 个住区的街巷路网情况进行比较,如表 2 所示,从可达性方面来看,滨江怡院、大江苑、海天花苑、愉景雅苑和乐涛苑的可达性为中等水平，客村北约围院和下渡路新船宿舍的可达性相对较低；从便捷性方面来看，可达性较高的几个住区便捷性均在中等水平以上，可达性较低的住区便捷性也较低；从道路混乱程度来看，路网的秩序性水平不高，大江苑、客村北约围院和下渡路新船宿舍的路网熵值最高。

表 2　住区内部道路建成情况统计表(表格来源:笔者自制)

	滨江怡院	大江苑	海天花苑	愉景雅苑	客村北约围院	下渡路新船宿舍	乐涛苑
编号	1	2	3	4	5	6	7
可达性	中等	中等	中等	中等	较低	很低	中等
整合度高　整合度低	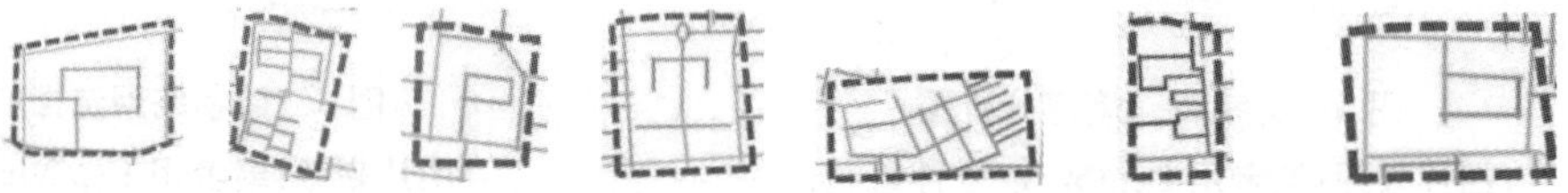						
便捷性	较高	中等	中等	较高	很低	很低	较高
拓扑深度高　拓扑深度低	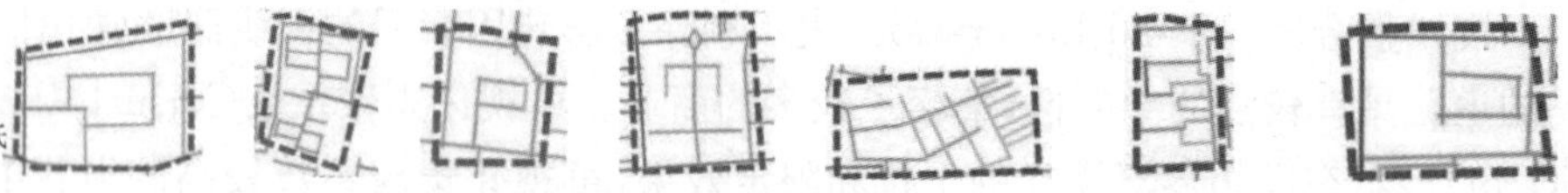						
选择度高　选择度低	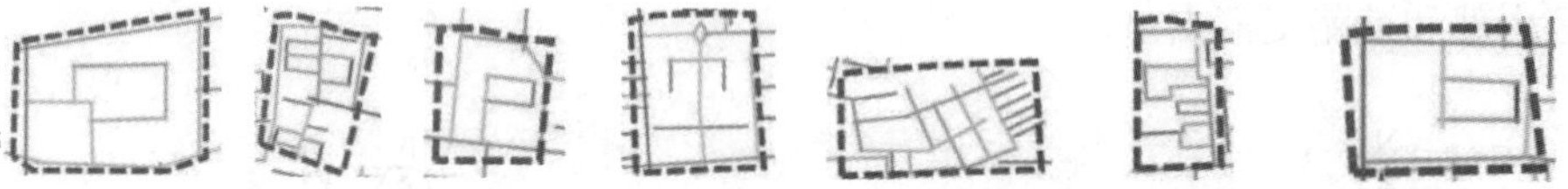						
道路混乱程度	中等	较高	中等	中等	较高	较高	中等
熵值高　熵值低	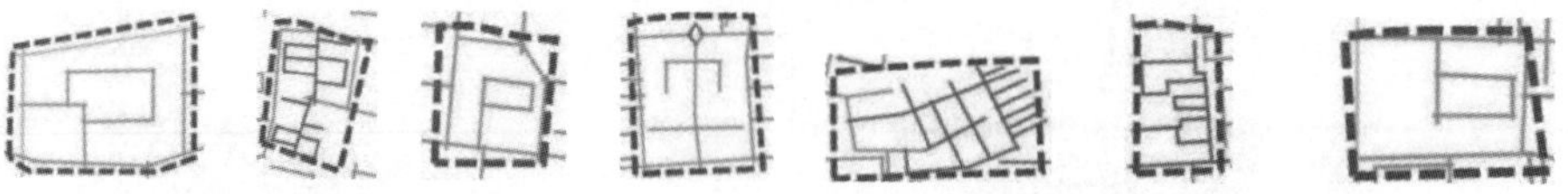						

总之，案例地局部街巷的可达性较差，人流流通受阻；利用拓扑深度和选择度说明居民出行的便捷性，客村北约围院和下渡路新船宿舍的出行便捷性最差，2 个住区的街巷可达性和便捷性均较差；居民出行时的路线会受到街巷秩序影响，街巷组织混乱不利于居民日常出行，大江苑、客村北约围院和下渡路新船宿舍存在较严重的混乱情况。便捷性较差、街巷秩序混乱的区域主要集中在大江苑、客村北约围院和下渡路新船宿舍，开发年代较新的几个住区街巷秩序和便捷性水平较高。

3 老年人户外活动特征

3.1 老年人户外活动时空特征

为了解老年人户外活动的情况，对案例地老年人的日常户外活动进行了问卷调查。受访老年人中男性占 36.8%，女性占 63.2%，81.6%的受访者集中在 65～74 岁。选择进行户外活动的场地有住区内部空地或健身点(40.2%)、公共空地广场(36.5%)和街边(23.3%)。具体情况如表 3。

表 3 各住区老年人户外活动特征统计表

	空间特征					时间特征		
住区	场地选择	步行距离(m)	可达性感知	便利性感知	干扰性感知	步行时长 min	主要时间分布	频数分布(次)
滨江怡院	沿江步道、住区内部	670	较高	较高	较低	3.59	17:00—20:00	7
下渡路新船宿舍	沿江步道	1 300	很低	较低	很高	9.76	14:00—17:00	3
大江苑	住区空地	790	较低	中等	中等	5.50	14:00—17:00	5
客村北约围院	街边和沿江步道	1 200	很低	很低	较高	9.15	14:00—17:00	2
海天花苑	沿江步道、住区内部	1 000	中等	中等	中等	6.33	17:00—20:00	5
愉景雅苑	住区内部	1 210	中等	较高	中等	7.44	17:00—20:00	3
乐涛苑	沿江步道	1 200	较高	较高	很低	9.88	17:00 以后	5

3.2 老年人户外活动感知特征

根据问卷结果(如图 8)，街巷可达性和是否拥挤是影响老年人外出活动的两大主要因素；公共活动场地数量及场地质量因素的影响对不同住区受访者表现出较大差异；到专业体育场活动的老年人所占比例较少。

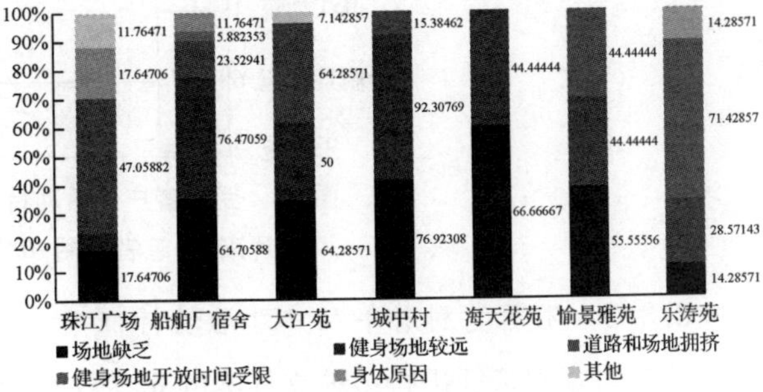

图 8 老年人户外活动限制因素统计图
(图片来源:笔者自绘)

从老年人对街巷建成情况的主观感知调查可知(如图 9)，居住在不同住区的老年人对街巷的感知评价在 7 个因素方面表现得较为一致，在7个住区之间表现差别显著。客村北约围院居住的老年人对街巷的感知评价较差，尤其是街巷的便利性；下渡路新船宿舍、大江苑和海天花苑的老年人对街巷的评价在一般到较差之间；乐涛苑、愉景雅苑和滨江怡院的老年人对街巷的感知评价较好。

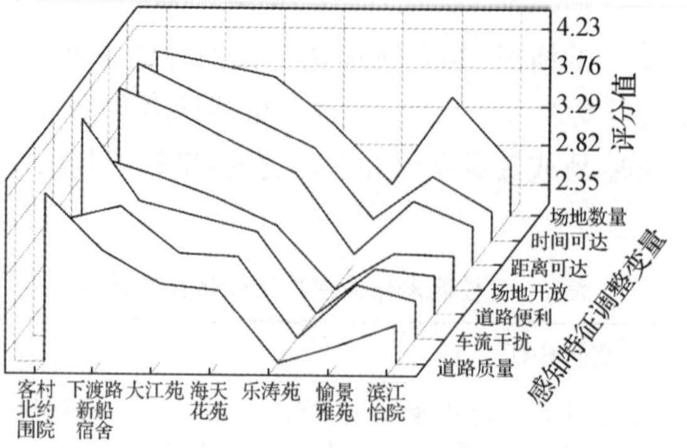

图9　老年人对道路环境感知调查统计图

(图片来源:笔者自绘)

3.3　老年人户外活动特征分类分析

3.3.1　聚类分析

根据样本特征的相似性进行客观分类，采用SPSS聚类分析，根据平均联结的树状图(如图10)进行同类合并，大江苑、海天花苑和下渡路新船宿舍首先进行合并，为Ⅰ类，此类主要包括单位大院和海天花苑1处较小型商品房住区；再次是客村北约围院为Ⅱ类，此类包括城中村住区；最后的个体聚成1类，此处命名为Ⅲ类，此类为较大型的商品房住区。

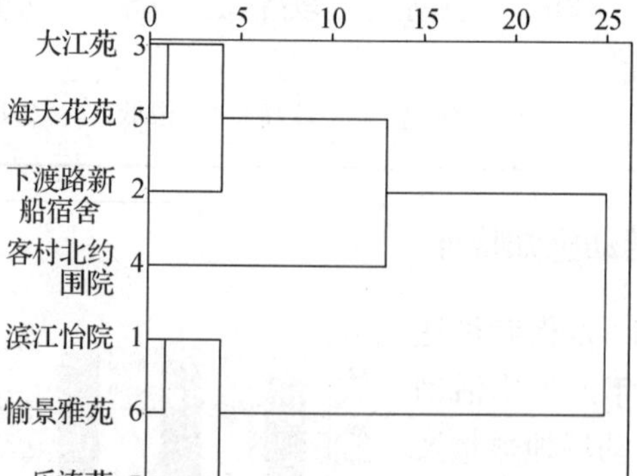

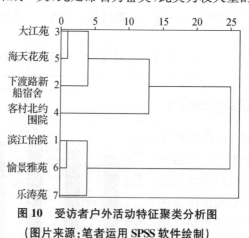

图10　受访者户外活动特征聚类分析图

(图片来源:笔者运用SPSS软件绘制)

3.3.2　不同类别老年人户外活动特征

首先对观察特征进行多独立样本的非参数检验，如果显著性水平低于0.005，则认为该特征存在显著性差异。具有显著性差异的几个观察变量是户外活动次数、时间分布、空间感知情况。

Ⅰ类住区受访老年人的每周户外活动次数较高，户外活动时间集中在14:00到20:00，对空间的感知评价一般；Ⅱ类住区老年人每周户外活动次数最低，时间集中在14:00到20:00，对空间的感知评价较低；Ⅲ类住区受访老年人的每周户外活动次数最高，时间集中在17:00后，对户外活动空间表示非常满意。（如图11、图12、表4）

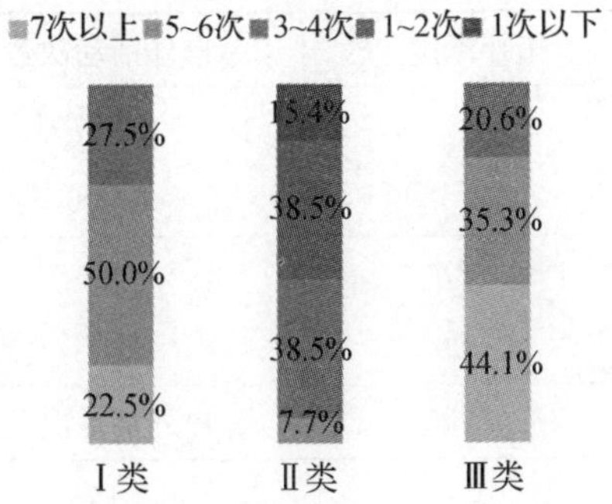

图11　受访者每周户外活动次数及比例统计图
（图片来源：笔者自绘）

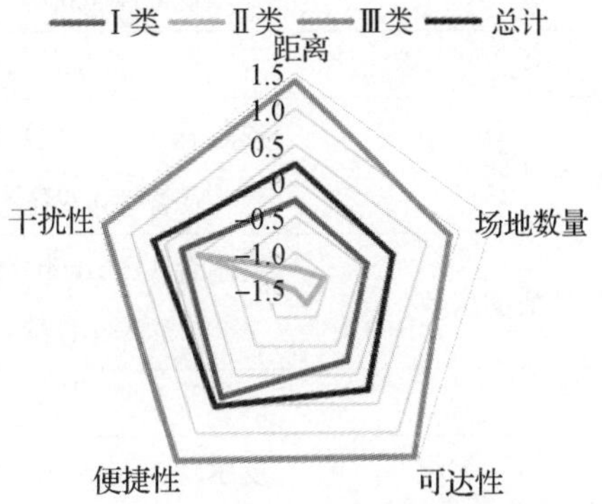

图12　受访者空间感知评分图
（图片来源：笔者自绘）

表4　受访者户外活动时间分布统计表(表格来源:笔者自绘)

	5:00—8:00	8:00—11:00	11:00—14:00	14:00—17:00	17:00—20:00	20:00—23:00
Ⅰ类	7.5%	11.3%	0.0%	39.6%	28.3%	13.2%
Ⅱ类	13.3%	6.7%	0.0%	40.0%	40.0%	0.0%
Ⅲ类	14.8%	9.3%	1.9%	16.7%	44.4%	13.0%

4　老年人户外活动与道路空间网络特征的相关性分析

运用Depthmap计算不同类别社区内街道的可达性、便捷性和混乱度数值(如表5)。

表5　3类社区道路整合度平均值统计表(表格来源:作者自制)

研究变量	Ⅰ类	Ⅱ类	Ⅲ类
整合度平均值	0.931 913	0.800 005	1.010 13
拓扑深度平均值	2.935 82	3.176 74	2.623 48
熵平均值	3.055 46	3.142 81	2.587 44

将街巷路网与老年人户外活动的各特征变量进行统计学上的关系拟合，计算皮尔森(Pearson)相关系数和显著性水平来判断是否具有相关关系。

表 6　道路建成情况与受访者户外活动次数相关系数计算结果统计表(表格来源:笔者运用 SPSS 软件绘制)

		整合度	户外活动次数
整合度	皮尔森 (Pearson) 相关	1	0.602**
	显著性 (双尾)		0.000
户外活动次数	皮尔森 (Pearson) 相关	0.602**	1
	显著性 (双尾)	0.000	
		拓扑深度	户外活动次数
拓扑深度	皮尔森 (Pearson) 相关	1	−0.527**
	显著性 (双尾)		0.000
户外活动次数	皮尔森 (Pearson) 相关	−0.527**	1
	显著性 (双尾)	0.000	
		选择度	户外活动次数
选择度	皮尔森 (Pearson) 相关	1	0.515**
	显著性 (双尾)		0.000
户外活动次数	皮尔森 (Pearson) 相关	0.515**	1
	显著性 (双尾)	0.000	
		熵值	户外活动次数
熵值	皮尔森 (Pearson) 相关	1	−0.399**
	显著性 (双尾)		0.000
户外活动次数	皮尔森 (Pearson) 相关	−0.399**	1
	显著性 (双尾)	0.000	

** 相关性在 0.01 水平上显著(双尾)

由表 6 可知,街巷路网的各观察变量和老年人户外活动次数均有线性相关关系,其中街巷整合度与受访者户外活动次数的相关系数为 0.602,说明两者之间存在最强的相关性。街巷可达性、便捷度、人流量与老年居民每周户外活动次数呈正相关,混乱度与老年居民每周户外活动次数呈负相关。因此,要想促进老年人积极进行户外活动,可提高街巷的可达性、便捷性,以及道路系统的整体性和组织性。同理,可得街巷路网建成情况与老年人选择户外活动时间之间不存在线性相关关系。

通过因子分析和相关性分析,对街巷路网建成情况是否影响老年人对户外活动空间的感知进行分析。结果表明,街巷路网建成情况越好,老年人的满意度越高且户外活动次数越多。因此,街巷路网可达性、便捷性的提升以及混乱度的降低,有助于提高老年人日常户外活动的积极性。

5 街巷适老性改造措施的方案比选

基于健康老龄化视角，老年人每周户外活动次数不应低于3次，然而目前案例地内城中村和单位大院住区内居住的部分老年人每周运动次数不足3次，户外活动积极性受到街巷路网的影响和限制，同时由于此类住区老龄化程度较高，因此改造需求极高。利用空间句法的Depthmap软件，客观对街巷整合度、拓扑深度和熵值等展开分析，并结合案例地老年人的户外活动特征，基于街巷路网特征与老年人户外活动的内在关联，提出不同类型住区街巷路网的改造措施。

方法一：使用单项分析指标展开街巷分析和改造。结合整合度、拓扑深度、熵值和选择度等，宏观把握街巷特征，将各特征值控制在合理的范围内，对于数值偏大或偏小的街巷优先考虑进行改造，精准提升街巷的可达性和便捷度，降低混乱度，合理对人流分布进行设计。

方法二：结合两项或多项指标展开街巷分析和改造。结合熵值和选择度两项指标展开分析，对街巷分布较为混乱的区域进行改造，将熵值较高但是出行选择度较低的街巷进行空间改造，这类空间目前利用率较低，具备一定的优化潜力，结合老年人的户外活动场地选择特征，改造成为可进行户外运动的节点广场，从而提高空间的使用率。

方法三：结合视线系统分析进行核心街区空间的组织和住区内部开放空间的选址。在视线效果好的地方设置集聚节点，或在改造中投入更多的资源，充分利用视线优势带来空间体验感提升。根据街巷路网分等级进行“质”和“量”的发展与提升，完成差异化配置、集约化配套和整体化布局。在视线效果一般的区域，为老年人设计小型活动空间，供老年人进行棋牌等娱乐活动。

街巷路网的建设情况会对老年人积极参与户外活动产生影响。对于老年人户外活动积极性较低的住区，从街巷路网的角度思考如何促进老年人进行户外活动，可以根据以上几种方法由步行路网的便捷性、可达性、混乱度等等着手进行改造。对于老年人户外活动积极性较高且现有街巷设计相对更为合理的住区，关注点应放在如何优化户外活动空间的质量。下面以本文的3类住区为例展开具体的改造方法讨论。

Ⅰ类住区改造方案：街巷可达性、便捷性和混乱度为中等偏下到中等水平，老年人户外活动的积极性一般。针对此类住区，可采用方法二和方法三，内部街巷显示熵值为红色的道路，将选择度较高的街巷保留，选择度较低的街巷改造为户外活动空间，视线效果好的可以结合路边空地改造成为开放的户外活动场地，视线效果一般的改造成为棋牌休闲场地。

Ⅱ类住区改造方案：街巷可达性、便捷性和混乱度都非常差，老年人户外活动的积极性较差。针对此类住区，可采用方法一和方法二，根据表7中的图示，该住区仅有1条进出道路，内部街巷可达性极差，老年人出行十分不便，街巷路网等级也需要重新梳理。对外道路为一级，一级道路宽度亟须提升，确保承载更多的人流量。与一级道路连接的为二级道路，提升二级道路的可达性和便捷性，需要打通道路之间的联系，提升该等级道路的对外连通性。由于视线效果普遍较差，因此不适合改造为大面积的户外活动场地，可将街巷熵值较高的道路改造为小型的活动场所，引导老年人从室内积极到户外活动。

Ⅲ类住区改造方案：街巷可达性、便捷性和混乱度相对较好，老年人户外活动的积极性较高。针对此类住区，可采用方法三，结合视线效果分析，在住区的中轴位置设计开放的户外活动广场，尤其是在视线整合度和可视化集聚系数较高的区域，是较好的活动空间选址。在整合度较低街巷连接的空地设计半开放或私密空间，供老年人停坐休息和交流。

表 7　基于空间句法的 3 类住区街巷与空间视线分析图整合表(表格来源:笔者运用 Depthmap 软件绘制)

街巷整合度分析图	街巷拓扑深度分析图	街巷熵值分析图
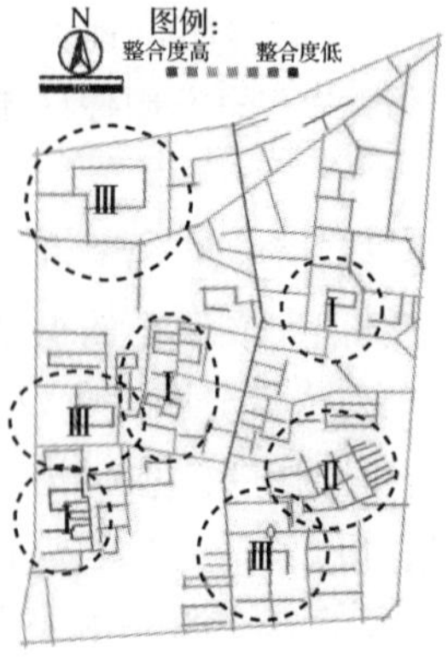	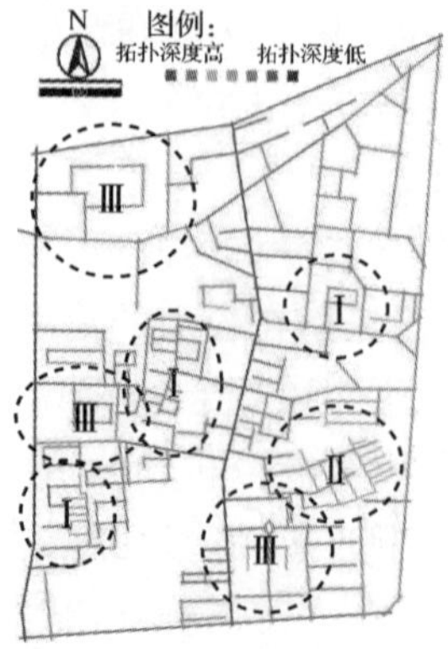	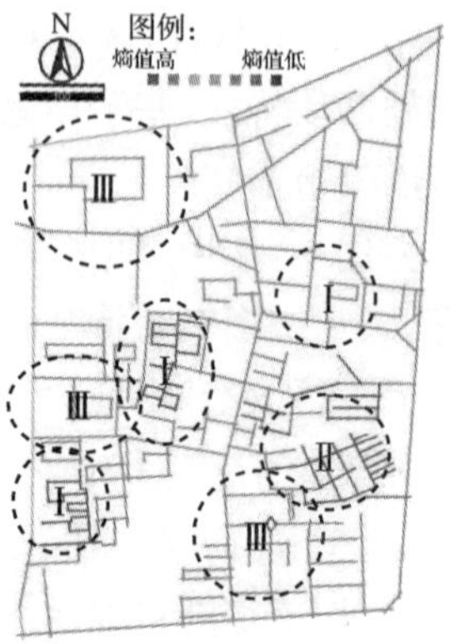
街巷选择度分析图	空间网络视线整合度分析图	空间网络可视化集聚系数分析图
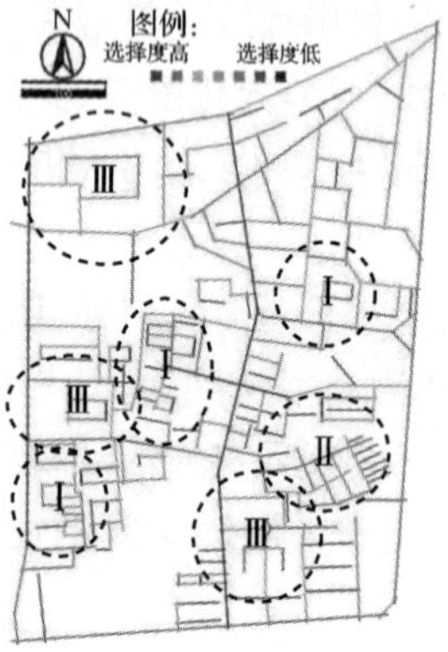	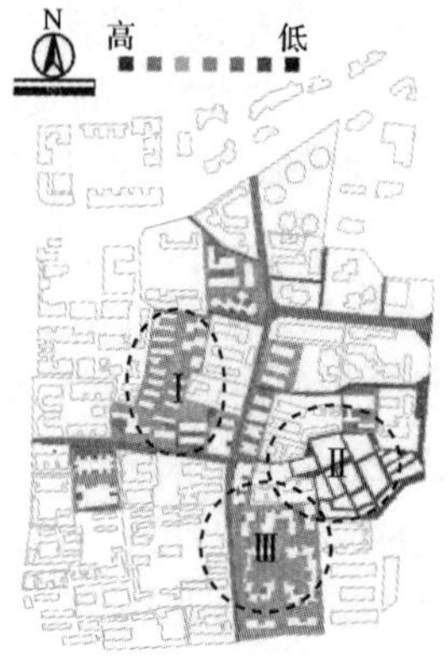	

6　总结

本文针对老年人的户外活动特征展开街巷的适老性改造措施探讨。由空间句法分析可得，案例地街巷可达性平均水平一般，便捷性较低，城中村和单位大院住区的街巷可达性较差、便捷性较差、混乱程度较高，商品房住区的街巷可达性较高、便捷性较高、混乱度较低。由老年人户外活动调研可得，老年人较依赖住区内的健身点和住所周边的公共活动空间，不同类别住区居住的老年人每周户外活动次数差异较大，城中村老年人外出活动的积极性最差，商品房小区的老年人户外活动积极性最高。街巷空间网络与老年人户外活动相关性分析可得，街巷空间网络情况越好，老年人对户外活动空间及通往户外活动空间街巷的感知评价越高，老年人每周户外活动次数越多。基于空间句法得出的街巷特征，以及不同类别住区的老年人户外活动特征，提出相应的改造方案，城中村住区改造中应优先提升街巷的可达性和便捷性，使内部街巷形成体系，单位大院住区的改造中应将熵值较高的街巷结合视线效果改造为活动空间，设计较好的商品房住区的改造中充分利用视线好的空间，视线一般且可达性低的空间设计为静坐和交流场地。

人口老龄化是我国目前和未来面临的重要挑战，街巷空间采取积极有效的措施进行适老性改造，充分开发潜力空间实现“存量开发”，满足健康老龄化的需求，是适应社会发展、实现“以人为本”的重要途径。

参考文献

[1] 中国医疗大数据:2020 年健康预测报告[J]. 健康管理，2015(07)：20－23.

[2] 徐明智. 建成环境对成年人和老年人身体活动影响的差异性及优化策略[D]. 大连：大连理工大学，2016.

[3] 李文川. 上海市老年人体育生活方式研究[D]. 上海：上海体育学院，2011.

[4] 邓毅，胡彬. 基于空间句法的城市公共空间适老性规划设计框架[D]. 城市问题，2016(06)：53－60.

[5] 谢波，魏伟，周婕. 城市老龄化社区的居住空间环境评价及养老规划策略[J]. 规划师，2015(11)：5－11.

[6] 李小龙，黄明华. 基于空间网络的城市商业步行空间分析与优化：以西安书院门商业步行街为例[C]//规划创新:2010 中国城市规划年会论文集. 重庆:重庆出版社，2010.

[7] 徐晓燕，曲静. 不同时期住区服务设施可达性的比较研究：以合肥市为例[J]. 建筑学报，2015(S1)：197－201.

[8] 陈烨. Depthmap 软件在园林空间结构分析中的应用[J]. 实验技术与管理，2009(09)：87－89.

[9] 赵天宇，李昂. 寒地小城镇居住区公共空间冬季日照环境设计研究：基于数字模拟的设计方法初探[C]//计算性设计与分析:2013 年全国建筑院系建筑数字技术教学研讨会论文集. 沈阳:辽宁科学技术出版社，2013.

[10] 林琳，黄少宽，余炜楷. 广州人口老龄化与共享社区的构建[J]. 南方人口，2001(03)：46－52.